高等学校计算机类课程应用型人才培养规划教材

嵌入式系统与应用

周鸣争　主　编

谢永宁　李敬兆　副主编

中国铁道出版社有限公司
CHINA RAILWAY PUBLISHING HOUSE CO., LTD.

内 容 简 介

本书以当前主流嵌入式系统技术为背景，以嵌入式系统原理为基础，以嵌入式系统开发体系为构架，针对嵌入式系统领域的最新发展趋势与嵌入式应用型人才知识结构的需求，结合编者多年的教学和科研经验，系统全面地介绍了嵌入式系统的基本概念、软硬件的基本体系结构、软硬件设计方法、相关开发工具及应用，同时配有相应的实验指导以方便读者开发实践。通过对本书的学习，不但可以使读者掌握使用工具开发嵌入式软硬件的方法，具备较为实用的技能，而且可以帮助读者从总体的角度系统掌握嵌入式系统基本知识，选择适当的技术与方法，全面规划和设计嵌入式系统。

本书可作为高等学校计算机及相关专业的“嵌入式系统与应用”课程教材，同时也可作为从事嵌入式产品开发的工程技术人员的自学与参考用书。

图书在版编目（CIP）数据

嵌入式系统与应用／周鸣争主编. -- 北京：中国铁道出版社，2011.3（2021.8 重印）
高等学校计算机类课程应用型人才培养规划教材
ISBN 978-7-113-12194-5

Ⅰ. ①嵌… Ⅱ. ①周… Ⅲ. ①微型计算机-系统设计-高等学校-教材 Ⅳ. ①TP360.21

中国版本图书馆 CIP 数据核字（2010）第 264124 号

书　　名：嵌入式系统与应用
作　　者：周鸣争

策划编辑：严晓舟
责任编辑：周海燕　　**编辑部电话**：（010）51873202
特邀编辑：王　惠　　**编辑助理**：包　宁
封面设计：付　巍　　**封面制作**：白　雪
责任印制：樊启鹏

出版发行：中国铁道出版社有限公司（北京市西城区右安门西街 8 号　　邮政编码：100054）
印　　刷：北京建宏印刷有限公司
版　　次：2011 年 3 月第 1 版　　2021 年 8 月第 4 次印刷
开　　本：787mm×1092mm　1/16　**印张**：22　**字数**：535 千
书　　号：ISBN 978-7-113-12194-5
定　　价：33.00 元

编审委员会

序言

PREFACE

当前，世界格局深刻变化，科技进步日新月异，人才竞争日趋激烈。我国经济建设、政治建设、文化建设、社会建设以及生态文明建设全面推进，工业化、信息化、城镇化和国际化深入发展，人口、资源、环境压力日益加大，调整经济结构、转变发展方式的要求更加迫切。国际金融危机进一步凸显了提高国民素质、培养创新人才的重要性和紧迫性。我国未来发展关键靠人才，根本在教育。

高等教育承担着培养高级专门人才、发展科学技术与文化、促进现代化建设的重大任务。近年来，我国的高等教育获得了前所未有的发展，大学数量从1950年的220余所已上升到2008年的2200余所。但目前高等教育与社会经济发展不相适应的问题越来越凸显，诸如学生适应社会以及就业和创业能力不强，创新型、实用型、复合型人才紧缺等。2010年7月发布的《国家中长期教育改革和发展规划纲要（2010—2020）》提出了高等教育要"建立动态调整机制，不断优化高等教育结构，重点扩大应用型、复合型、技能型人才培养规模"的要求。因此，新一轮高等教育类型结构调整成为必然，许多高校特别是地方本科院校面临转型、准确定位的问题。这些高校立足于自身发展和社会需要，选择了应用型发展道路。应用型本科教育虽早已存在，但近几年才开始大力发展，并根据社会对人才的需求，补充了新的教育理念，现已成为我国高等教育的一支重要力量。发展应用型本科教育，也已成为中国高等教育改革与发展的重要方向。

应用型本科教育既不同于传统的研究型本科教育，又区别于高职高专教育。研究型本科培养的人才将承担国家基础型、原创型和前瞻型的科学研究，它应培养理论型、学术型和创新型的研究人才。高职高专教育培养的是面向具体行业岗位的高素质、技能型人才，通俗地说，就是高级技术"蓝领"。而应用型本科培养的是面向生产第一线的本科层次的应用型人才。由于长期受"精英"教育理念的支配，脱离实际、盲目攀比，高等教育普遍存在重视理论型和学术型人才培养的偏向，忽视或轻视应用型、实践型人才的培养。在教学内容和教学方法上过多地强调理论教育、学术教育而忽视实践能力的培养，造成我国"学术型"人才相对过剩，而应用型人才严重不足的被动局面。

应用型本科教育不是低层次的高等教育，而是高等教育大众化阶段的一种新型教育层次。计算机应用型本科的培养目标是：面对现代社会，培养掌握计算机学科领域的软硬件专业知识和专业技术，在生产、建设、管理、生活服务等第一线岗位，直接从事计算机应用系统的分析、设计、开发和维护等实际工作，维持生产、生活正常运转的应用型本科人才。计算机应用型本科人才有较强的技术思维能力和技术应用能力，是现代计算机软、硬件技术的应用者、实施者、实现者和组织者。应用型本科教育强调理论知识和实践知识并重，相应地其教材更强调"用、新、精、适"。所谓"用"，是指教材的"可用型"、"实用型"和"易用型"，即教材内容要反映本学科基本原理、思想、技术和方法在相关现实领域的典型应用，介绍应用的具体环境、条件、方法和效果，培养学生根据现实问题选择合适的科学思想、概念、理论、技术和方法去分析、解决实际问题的能力。所谓"新"，是指教材内容应及时反映本学科的最新发展和最新技术成就，以及这些新知识和新成就在行业、生产、管理、服务等方面的最新应用，从而有效地保证学生

"学以致用"。所谓"精"，不是一般意义的"少而精"。事实常常告诉我们"少"与"精"是有矛盾的，数量的减少并不能直接导致质量的提高。而且，"精"又是对"宽与厚"的直接"背叛"。因此，教材要做到"精"，教材的编写者对教材的内容，要在"用"和"新"的基础上再进行去伪存真的精练工作，精选学生终身受益的基础知识和基本技能，力求把含金量最高的知识传承给学生。"精"是最难掌握的原则，是对编写者能力和智慧的考验。所谓"适"，是指各部分内容的知识深度、难度和知识量要适合应用型本科的教育层次、适合培养目标的既定方向、适合应用型本科学生的理解程度和接受能力。教材文字叙述应贯彻启发式、深入浅出、理论联系实际、适合教学实践，使学生能够形成对专业知识的整体认识。以上四个方面不是孤立的，而是相互依存的，并具有某种优先顺序。"用"是教材建设的唯一目的和出发点，"用"是"新"、"精"、"适"的最后归宿。"精"是"用"和"新"的进一步升华。"适"是教材与计算机应用型本科培养目标符合度的检验，是教材与计算机应用型本科人才培养规格适应度的检验。

中国铁道出版社同高等学校计算机类课程应用型人才培养规划教材编审委员会经过近两年的前期调研，专门为应用型本科计算机专业学生策划出版了理论深入、内容充实、材料新颖、范围较广、叙述简洁、条理清晰的系列教材。本系列教材在以往教材的基础上大胆创新，在内容编排上努力将理论与实践相结合，尽可能反映计算机专业的最新发展；在内容表达上力求由浅入深、通俗易懂；编写的内容主要包括计算机专业基础课和计算机专业课；在内容和形式体例上力求科学、合理、严密和完整，具有较强的系统型和实用型。

本系列教材是针对应用型本科层次的计算机专业编写的，是作者在教学层次上采纳了众多教学理论和实践的经验及总结，不但适合计算机等专业本科生使用，也可供从事 IT 行业或有关科学研究工作的人员参考，适合对该新领域感兴趣的读者阅读。

在本系列教材出版过程中，得到了计算机界很多院士和专家的支持和指导，中国铁道出版社多位编辑为本系列教材的出版做出了很大贡献，本系列教材的完成不但依靠了全体作者的共同努力，同时也参考了许多中外有关研究者的文献和著作，在此一并致谢。

应用型本科是一个日新月异的领域，许多问题尚在发展和探讨之中，观点的不同、体系的差异在所难免，本系列教材如有不当之处，恳请专家及读者批评指正。

"高等学校计算机类课程应用型人才培养规划教材"编审委员会
2011 年 1 月

从20世纪90年代中期到现在，嵌入式系统在消费电子、航空航天、汽车电子、医疗保健、网络通信、工业控制等领域得到了广泛的应用，正以各种不同的形式改变着人们的生活、生产方式，已成为计算机应用技术领域的一个热点。

为了满足嵌入式系统开发与应用人才市场的需求，"嵌入式系统与应用"已成为高等学校计算机、信息及相关专业的一门重要的技术基础课程，它直接面向应用，在应用型人才培养的知识体系结构中有着十分重要的作用。根据教育部高等学校计算机科学与技术教学指导委员会编制的《高等学校计算机科学与技术专业公共核心知识体系与课程》中嵌入式系统课程的教学要求，同时兼顾目前嵌入式系统应用开发的主流技术，结合我们近几年"嵌入式系统与应用"应用型人才培养的教学实践，以高等学校"嵌入式系统与应用"课程教学为对象，确定了本书的内容与结构。

本书的编写原则

理论与实践并重，基础与发展兼顾；在选材上力求实用、新颖；在叙述上力求简洁、易懂；在介绍嵌入式系统基本原理、方法和应用技术的同时，综合考虑嵌入式系统硬件与软件两大内容，涵盖了教指委"嵌入式系统"所规定的核心知识单元。通过突出嵌入式系统软硬件依赖性、实时性、可靠性、低功耗等特点，在使读者掌握利用工具开发实际嵌入式应用系统的同时，理解嵌入式应用系统的特色及各种开发原理与技术，为读者提供了嵌入式应用系统开发的完整体系结构和思路，使之具有嵌入式系统产品设计方案规划、硬件设计与软件开发等方面的综合能力。

本书的适用对象

本书适合作为计算机、电子、电气、通信等与控制相关的专业的"嵌入式系统与应用"课程教材，也可作为IT企业嵌入式工程师进行嵌入式开发的参考手册。

读者在学习本课程之前，必须了解计算机的基本工作原理，掌握汇编语言或C语言的程序设计方法，能够使用汇编语言或C语言进行应用程序的开发。本课程的前导课程应该包括：计算机概论、微机原理、数字电路、汇编语言程序设计和C语言程序设计。

本书的结构

本书共9章，各章的内容如下：

第1章介绍嵌入式系统的一些基本知识，包括嵌入式系统的概念、发展、特点、组成、分类、应用等，使读者初步建立起对嵌入式系统的全面认识，为今后的深入学习和研究打下基础。

第2章针对嵌入式系统开发的实际需求，在讲述嵌入式系统开发相关基本概念的基础上，系统介绍两种常用的嵌入式系统开发模式，重点描述嵌入式系统的设计步骤与方法，帮助读者进一步理解嵌入式系统的开发过程与设计原则，使之对嵌入式系统的开发有较为清楚的整体认识。

第3章介绍ARM微处理器的一些基本知识，包括ARM的版本、ARM微处理器系列和ARM微处理器的体系结构，使读者了解ARM微处理器体系结构的特点、ARM微处理器的结构和分类，并使读者初步了解基于ARM9的 S3C2410AX微处理器。

第 4 章详细介绍 ARM 指令集和 Thumb 指令集，使读者了解 ARM 指令系统的功能，理解 ARM 指令在嵌入式系统中的地位和作用，应用 ARM 指令进行简单编程。

第 5 章主要介绍 ARM 开发平台 RealView MDK 的使用和程序设计的一些基本概念，如 ARM 汇编语言的伪指令、汇编语言的语句格式和汇编语言的程序结构等，同时介绍 C/C++和汇编语言的混合编程等内容。

第 6 章以三星公司的 S3C2410A 嵌入式处理器为例，详细介绍了最小系统的设计过程及典型外围接口电路的扩展方法。

第 7 章主要介绍 S3C2410A 的通信接口设计，包括 UART 接口、IIC 接口、SPI 接口、USB 接口及常用的网络接口。

第 8 章介绍基于 Linux 操作系统的嵌入式应用系统的开发过程和步骤，对开发环境的构建、Linux 系统的构建、设备驱动程序的开发等技术都进行了详细的讲述，使读者可以较全面地掌握基于 Linux 操作系统的嵌入式系统设计的方法和技术。

第 9 章介绍嵌入式应用系统的一般开发步骤，并且通过一个实例介绍嵌入式应用系统开发的全过程，帮助读者进一步理解嵌入式系统的开发过程与设计原则，使之对嵌入式系统的开发有更为清楚的整体认识。

本课程的教学建议

由于不同的专业对本课程的要求不同，所以在教学安排上，可以有选择性地学习相关内容，这里给出两种建议。

（1）将本课程作为专业主干课程的，建议教学学时为 64 学时，学时安排如下：

第 1 章	嵌入式系统概述	2 学时
第 2 章	嵌入式系统的开发模式与方法	2 学时
第 3 章	ARM 微处理器体系结构	2 学时
第 4 章	ARM 指令系统	12 学时
第 5 章	ARM 应用软件开发环境	4 学时
第 6 章	应用接口设计	18 学时
第 7 章	通信接口设计	10 学时
第 8 章	基于嵌入式 Linux 的应用开发	12 学时
第 9 章	嵌入式应用系统的开发实例	2 学时

（2）将本课程作为非专业主干课程的，建议教学学时为 48 学时，学时安排如下：

第 1 章	嵌入式系统概述	2 学时
第 2 章	嵌入式系统的开发模式与方法	2 学时
第 3 章	ARM 微处理器体系结构	2 学时
第 4 章	ARM 指令系统	4 学时
第 5 章	ARM 应用软件开发环境	4 学时
第 6 章	应用接口设计	18 学时
第 7 章	通信接口设计	10 学时
第 8 章	基于嵌入式 Linux 的应用开发	4 学时
第 9 章	嵌入式应用系统的开发实例	2 学时

应用软件的开发以 C 语言为主，教学过程中可以忽略汇编语言，第 4 章只简单介绍 ARM 指

令系统与 Thumb 指令系统的不同，不详细介绍 Thumb 指令系统。教学内容可以不考虑基于嵌入式 Linux 的应用开发，第 8 章也只作简单介绍。

“嵌入式系统与应用”是一门实践性很强的课程，除课堂教学外，还应辅以一定量的实验；为此，编者同时编写了一本相应的“嵌入式系统与应用实验教程”配套使用，建议实验 20 ~ 30 学时。

本书的编写工作

本书的第 1、2 章由周鸣争编写；第 3、5 章由谢永宁编写；第 4 章由李敬兆编写；第 6 章由郎璐红编写；第 7 章由谢永宁、吕立新编写；第 8 章由吕立新编写；第 9 章由谢永宁、鲍光喜编写；全书由周鸣争、谢永宁最后统稿，赵森严也参加了最后的统稿工作。

致谢

本书在编写的过程中得到了周耕林教授热心的指导与帮助，中国铁道出版社为本书的及时出版做了大量的工作，编者在此一并表示衷心的感谢。本书写作时参考了大量文献资料，在此也向这些文献资料的作者深表谢意。

由于时间仓促和编者水平有限，书中难免有不当和欠妥之处，敬请各位专家、读者批评指正。

编　者

2010 年 12 月

CONTENTS

目录

第1章 嵌入式系统概述

本章导读

本章重点介绍嵌入式系统的一些基本知识，包括嵌入式系统的概念、发展、特点、组成、分类、应用等。

本章内容要点

- 嵌入式系统的概念；
- 嵌入式系统的组成；
- 嵌入式系统的类型；
- 嵌入式系统的应用领域与发展趋势。

内容结构

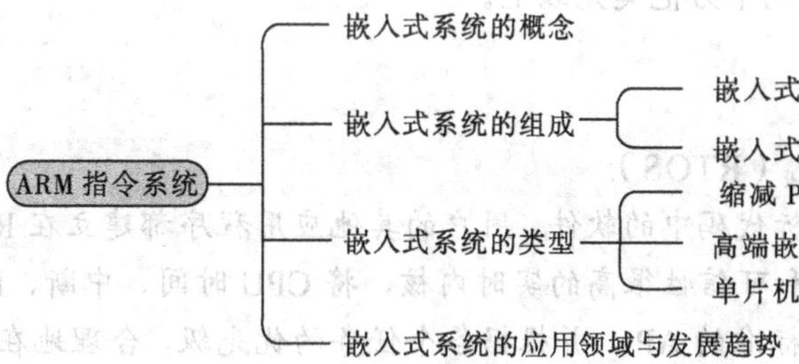

学习目标

本章内容一般只要求作认识性了解，通过学习，学生应该能够：

- 初步建立对嵌入式系统的全面认识；
- 为今后的深入学习和研究打下基础。

1.1 嵌入式系统的概念

20 世纪末，随着信息技术与网络技术的迅速发展，计算机技术已经进入后 PC 时代。大量的计算机应用系统从传统的办公管理、科学计算、企业管理等领域，逐渐渗透到人们日常生活的方方面面，形成当前最热门的嵌入式系统领域。

1.1.1 嵌入式系统的发展历程

嵌入式系统从出现至今已有 40 多年的历史，其发展轨迹呈现出硬件和软件交替发展的双螺旋式。

20 世纪 60 年代初，以晶体管、磁心存储为基础的计算机已开始应用于航天、航空、工业控制等领域，可以看成是嵌入式系统的雏形。

20 世纪 60 年代末出现的阿波罗导航系统被认为是首个现代嵌入式系统，就这个年代使用的嵌入式系统而言，基本上不考虑成本因素，价格昂贵。

20 世纪 70 年代，随着微处理器的出现，嵌入式系统才出现了历史性的变化。1971 年，出现了第一款微处理器——Intel 4004，1976 年 Intel 公司推出了 8048 微处理器。Motorola 公司同时推出了 68HC05 微处理器，Zilog 公司推出了 Z80 系列，20 世纪 80 年代初，Intel 公司又进一步完善了 8048 微处理器，在它的基础上研制成功了 8051 单片机，使得嵌入式系统的应用更为广泛和灵活。

随着硬件实时性要求的提高，嵌入式系统的软件规模也不断扩大，逐渐形成了实时多任务嵌入式操作系统（RTOS），并开始成为嵌入式系统的主流。1981 年，Ready System 发展了世界上第一个商业嵌入式实时内核（VTRX32），它包含许多传统操作系统的特征，包括任务管理、任务间通信、同步与相互排斥、中断支持、内存管理等功能。随后，出现了 Integrated System Incorporation （ISI）的 PSOS、IMG 的 VxWorks、QNX 的 QNX 等，还出现了 Palm OS、Windows CE、嵌入式 Linux、Lynx、uCOS、Nucleus，以及 Hopen、Delta OS 等嵌入式操作系统。嵌入式操作系统的应用使得嵌入式应用软件的开发周期大大缩短了，提高了开发效率。

嵌入式系统产品已经在全球形成了一个巨大产业，根据美国 EMF（电子市场分析）报告，全球嵌入式系统市场产值达几十万亿美元以上。

小知识

实时多任务操作系统（RTOS）:

RTOS 是一个嵌入在目标代码中的软件，用户的其他应用程序都建立在 RTOS 之上。不但如此，RTOS 还是一个可靠性和可信性很高的实时内核，将 CPU 时间、中断、I/O、定时器等资源都包装起来，留给用户一个标准的 API，并根据各个任务的优先级，合理地在不同任务之间分配 CPU 时间。

嵌入式系统的发展大致经历了以下 4 个阶段。

1. 无操作系统阶段

其系统硬件是以单芯片为核心的可编程控制的形式，具有与监测、伺服、指示设备相配合的功能。这类系统大部分应用于一些专业性强的工业控制系统中，一般没有操作系统的支持，而是通过汇编语言编程对系统进行直接控制，运行结束后再清除内存。这些装置虽然已经初步具备了嵌入式的应用特点，但仅仅只是使用 8 位的 CPU 芯片来执行一些单线程的程序，因此严格地说还谈不上“系统”的概念。这一阶段系统的主要特点是：系统结构和功能相对单一，处理效率较低，存储容量较小，几乎没有用户接口。由于这种嵌入式系统使用简单，价格低，以前在国内工业领域应用较为普遍，但是已经远远不能适应高效的、需要大容量存储的现代工业控制和新兴信息家电等领域的需求。

2. 简单操作系统阶段

这一阶段的系统以嵌入式微处理器为基础，以简单操作系统为核心。20 世纪 80 年代，随着微电子工艺水平的提高，IC 制造商开始把嵌入式应用中所需要的微处理器、I/O 接口、串行接口，以及 RAM、ROM 等部件统统集成到一片 VLSI 中，制造出面向 I/O 设计的微控制器，并一举成为嵌入式系统领域中异军突起的新秀。与此同时，嵌入式系统的程序员也开始基于一些简单的操作系统开发嵌入式应用软件，大大缩短了开发周期，提高了开发效率。这一阶段嵌入式系统的主要特点是：出现了大量高可靠性、低功耗的嵌入式 CPU（如 PowerPC 等），但通用性比较弱；各种简单的嵌入式操作系统开始出现并得到迅速发展，并初步具有一定的兼容性和扩展性，系统开销小，内核精巧且效率高，主要用来控制系统负载及监控应用程序的运行；应用软件较专业化，但用户界面不够友好。

小知识

超大规模集成电路（VLSI）：

是指数毫米见方的硅片上集成上百万至数亿个晶体管、线宽在 0.1μm 以下的集成电路。由于晶体管与连线一次完成，故制作上百万至上亿个晶体管的工时和费用增加是有限的。大量生产时，硬件费用很低，费用主要取决于设计和掩膜。目前，硅片面积可至十几平方毫米，管数达十几亿个而线宽已达 0.03μm 以下。

3. 实时操作系统阶段

20 世纪 90 年代，在分布控制、柔性制造、数字化通信和信息家电等巨大需求的牵引下，嵌入式系统进一步飞速发展，而面向实时信号处理算法的 DSP 产品则向着高速度、高精度、低功耗的方向发展。随着硬件实时性要求的提高，嵌入式系统的软件规模也不断扩大，逐渐形成了实时多任务操作系统（RTOS），并开始成为嵌入式系统的主流。主要特点是：嵌入式操作系统能运行于各种不同类型的微处理器上，兼容性好；操作系统内核小，效率高，并且具有高度的模块化和扩展性；具备文件和目录管理，多任务，网络支持，图形窗口及用户界面等功能；具有大量的应用程序接口（API），开发应用程序较简单；具有丰富的嵌入式应用软件。

小知识

分布式控制系统：

分布式控制系统是由多台计算机分别控制生产过程中的多个控制回路，同时又可集中获取数据、集中管理和集中控制的自动控制系统。分布式控制系统采用微处理机分别控制各个回路，而用中小型工业控制计算机或高性能的微处理机实施上一级的控制。各回路之间和上下级之间通过高速数据通道交换信息。分布式控制系统具有数据获取、直接数字控制、人机交互及监控和管理等功能。分布式控制系统是在计算机监督控制系统、直接数字控制系统和计算机多级控制系统的基础上发展起来的，是生产过程的一种比较完善的控制与管理系统。

柔性制造系统：

柔性制造系统是由统一的信息控制系统、物料储运系统和一组数字控制加工设备组成，能适应加工对象变换的自动化机械制造系统。典型的柔性制造系统由数字控制加工设备、物料储运系统和信息控制系统组成。加工设备主要采用加工中心和数控车床，前者用于加工箱体类和板类零件，后者则用于加工轴类和盘类零件。中、大批量少品种生产中所用的FMS，常采用可更换主轴箱的加工中心，以获得更高的生产效率。柔性制造总的趋势是，生产线越来越短，越来越简，设备投资越来越少。

数字信号处理（DSP）：

数字信号处理是一种通过使用数学技巧执行转换或提取信息来处理现实信号的方法，这些信号由数字序列表示。在过去的20多年时间里，数字信号处理已经在通信等领域得到了极为广泛的应用。

4．面向Internet阶段

进入21世纪后，各种网络环境中的嵌入式应用越来越多。目前，大多数嵌入式系统还孤立于Internet之外，信息时代和数字时代的到来为嵌入式系统的发展带来了巨大的机遇。随着Internet的发展，以及Internet技术与信息家电、工业控制技术结合日益密切，嵌入式设备与Internet的结合将代表嵌入式系统的未来。

1.1.2 嵌入式系统的定义

嵌入式系统是一个相对模糊的定义，人们很少会意识到自己往往随身携带了好几个嵌入式系统——MP3、手机或者智能卡等，而且人们在与汽车、电梯、厨房设备、电视、录像机及娱乐设备的嵌入式系统交互时，也往往对此毫无察觉。正是“看不见”这一特性将嵌入式计算机与通用PC区分开来。嵌入式系统通常用在一些特定的专用设备上，一般情况下，这些设备的硬件资源（如处理器、存储器等）非常有限，并且对成本很敏感，有时对实时响应要求很高。嵌入式系统早期主要应用于军事、航空、航天等领域，后来逐步应用于工业控制、仪器仪表、汽车、电子、通信和家用消费类等领域。随着消费家电的智能化，嵌入式系统显得更加重要。

嵌入式系统往往作为一个大型系统的组成部分被嵌入其中，嵌套关系可能相当复杂，也可能非常简单，其表现形式多种多样。目前，存在多种嵌入式系统的定义，有的是从嵌入式系统的应用定义的，有的是从嵌入式系统的组成定义的，也有的是从其他方面进行定义的。

下面给出两种比较常见的定义。

定义1：嵌入式系统是“以应用为中心，以计算机技术为基础，且软硬件可裁减，功能、可靠性、成本、体积、功耗严格要求的专用计算机系统”。它与通用计算机的最大差异是必须支持硬件裁减和软件裁减，以适应应用系统对体积、功能、功耗、可靠性、成本等的特殊要求。

定义2：根据IEEE（国际电气和电子工程师协会）的定义，嵌入式系统是“用于控制、监视或者辅助操作机器和设备的装置”（devices used to control，monitor，or assist the operation of equipment，machinery or plants）。可以看出，此定义是从应用上考虑的，嵌入式系统是软件和硬件的综合体，还可以涵盖机电等附属装置。

根据嵌入式系统的定义，可从以下几个方面来理解嵌入式系统。

① 嵌入式系统是面向用户、产品、应用的，它必须与具体应用相结合才会具有生命力，才更具优势。嵌入式系统与应用紧密结合，具有很强的专用性，必须结合实际系统需求进行合理的裁剪、利用。

② 嵌入式系统是将先进的计算机技术、半导体技术、电子技术及各个行业的具体应用相结合后的产物，因此它必然是一个技术密集、资金密集、高度分散、不断创新的知识集成系统。

③ 嵌入式系统必须根据应用需求对软硬件进行裁剪，以满足应用系统的功能、可靠性、成本、体积等要求。如果能建立相对通用的软硬件基础，然后在其上开发出适应各种需求的系统，将会是一种比较好的发展模式。目前嵌入式系统的操作系统内核往往是一个只有几千到几万个字节内存的微内核，需要根据实际应用进行功能扩展或者裁剪，而由于微内核的存在，使得这种扩展或裁剪能够非常顺利地进行。

一方面，随着芯片技术的发展，单个芯片具有更强的处理能力，集成多种接口已经成为可能，众多芯片生产厂商已经将注意力集中在这个方面；另一方面，由于应用的需要，以及对产品可靠性、成本、更新换代要求的提高，使得嵌入式系统逐渐从纯硬件实现和使用通用计算机实现的应用中脱颖而出，成为近年来令人关注的焦点。嵌入式系统采用“量体裁衣”的方式把所需的功能嵌入到各种应用系统中，融合了计算机软硬件技术、通信技术和半导体微电子技术，是信息技术（Information Technology，IT）的最终产品。

1.1.3 嵌入式系统的主要特征

嵌入式系统是应用于特定环境下，针对特定用途来设计的系统，其硬件和软件都必须进行高效率的设计。与通用计算机系统相比，嵌入式系统具有以下特征。

1．系统内核小

由于嵌入式系统一般应用于小型电子装置，系统资源相对有限，所以其嵌入式操作系统内核与传统的操作系统内核相比，要小得多。例如，ENEA公司的OSE分布式系统，内核只有5KB，而Windows的内核则要大得多。

2．专用性强

嵌入式系统的个性化很强，其中的软件系统和硬件结合非常紧密，一般要针对硬件进行系统的移植。即使在同一品牌、同一系列的产品中，也需要根据系统硬件的变化和增减不断进行修改，同时针对不同的任务，往往需要对系统进行较大的更改，程序的编译下载要和系统相结合，这种修改和通用软件的“升级”是完全不同的概念。

3．系统精简

嵌入式系统一般没有系统软件和应用软件的明显区分，不要求其功能设计及实现过于复杂，这样有利于控制系统成本，同时也有利于实现系统安全。嵌入式系统是将计算机技术、半导体技术和电子技术与各个行业的具体应用相结合后的产物，是一门综合技术学科，是技术密集、资金密集、高度分散、不断创新的知识集成系统。

4．实时可靠

对于嵌入式系统，整个软件要求固态存储，以加快速度，大多以电池供电，要求功耗低。系统运行环境复杂，往往条件恶劣，要求系统不出错运行，即使出现错误，系统也可以进行自我修复，不需要人工干预，这就对嵌入式系统的可靠性与实时性提出了极高的要求。

5．嵌入式软件开发走向标准化

嵌入式系统的应用程序可以没有操作系统，直接在芯片上运行。为了合理地调度多任务，利用系统资源、系统函数及专家库函数接口，用户必须自行选配RTOS（Real－time operating system）开发平台，这样才能保证程序执行的实时性、可靠性，并缩短开发时间，保障软件质量。

6．嵌入式系统开发需要开发工具和环境

由于嵌入式系统本身不具备自主开发能力，即使设计完成以后，用户通常也不能对其中的程序功能进行修改，必须有一套开发工具和环境才能进行开发。这些工具和环境一般是基于通用计算机的软硬件设备及各种逻辑分析仪、混合信号示波器等。嵌入式系统开发时，往往有主机和目标机的概念，主机用于程序的开发，目标机作为最后的执行机，开发时需要两者交替结合进行。

1.1.4 嵌入式系统与 PC 的区别

嵌入式系统一般是专用系统，而 PC 是通用计算机平台；嵌入式系统的资源比 PC 少得多；嵌入式系统软件故障带来的后果比 PC 大得多；嵌入式系统一般采用实时操作系统；嵌入式系统大多有成本、功耗的要求；嵌入式系统得到多种微处理体系的支持；嵌入式系统需要专用的开发工具。

从某种意义上说，通用计算机行业的技术是垄断的。占整个计算机行业 90%的 PC 产业，80%采用 Intel 公司的 8x86 体系结构，芯片基本上出自 Intel、AMD 和 Cyrix 等几家公司。在几乎每台计算机必备的操作系统和办公软件方面，Microsoft 公司的 Windows 和 Office 约占 80%～90%。因此，当代的通用计算机行业已被认为是由 Wintel（Microsoft 和 Intel 公司于 20 世纪 90 年代初建立的联盟）垄断的行业。

嵌入式系统则不同，没有哪一个系列的处理器和操作系统能够垄断其全部市场，即便在体系结构上存在着主流，但各不相同的应用领域决定了不可能有少数公司、少数产品垄断全部市场。因此，嵌入式系统领域的产品和技术必然是高度分散的，留给各行业的中、小规模高新技术公司的创新余地很大。另外，各个应用领域是在不断向前发展的，要求其中的嵌入式处理器核心也同步发展。尽管高新科技的发展起伏不定，但嵌入式行业却一直保持持续强劲的发展态势，在复杂性、实用性和高效性等方面都达到了一个前所未有的高度。

1.2 嵌入式系统的组成

嵌入式系统一般指非 PC 系统，它包括硬件和软件两个部分，前者是整个系统的物理基础，用于提供软件运行平台和通信（包括人机交互）接口，后者实际控制系统的运行。

1.2.1 嵌入式硬件组成

嵌入式系统硬件由嵌入式处理器、外围电路、外设与扩展 3 个部分组成，如图 1-1 所示。

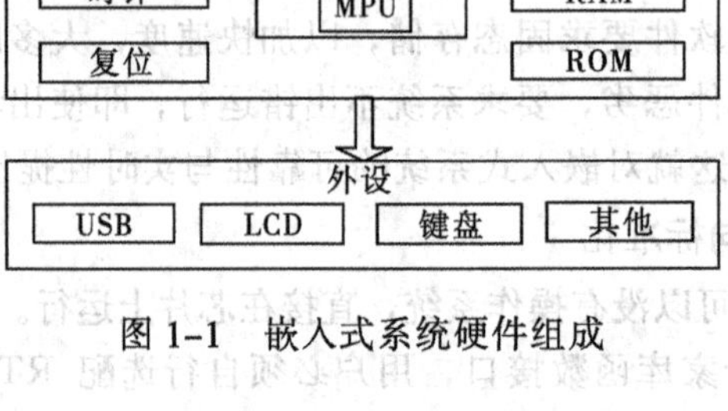

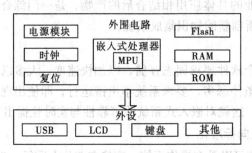

图 1-1 嵌入式系统硬件组成

1. 嵌入式处理器

嵌入式系统的核心是嵌入式处理器。嵌入式处理器一般具备以下 4 个特点：

- 对实时多任务有很强的支持能力，能完成多任务并且有较短的中断响应时间，从而使内部的代码和实时内核的执行时间减少到最低限度。
- 具有功能很强的存储区保护功能。这是由于嵌入式系统的软件结构已模块化，而为了避免在软件模块之间出现错误的交叉作用，需要设计强大的存储区保护功能，同时也有利于软件诊断。
- 可扩展的处理器结构，以便能迅速地开发出满足应用的最高性能的嵌入式微处理器。
- 嵌入式微处理器必须功耗很低，用于便携式的无线及移动的计算和通信设备中靠电池供电的嵌入式系统更是如此，需要功耗只有 mW 级，甚至μW 级。

目前据不完全统计，全世界嵌入式处理器的类型已经超过数万种，流行体系结构有数十个系列，传统的 8 位 8051 体系的嵌入式处理器正在被以 ARM 为代表的 32 位 RISC 体系嵌入式处理器所替代，现在几乎每个半导体制造商都生产嵌入式处理器，越来越多的公司开始拥有自己的处理器设计部门。嵌入式处理器的寻址空间早已突破 64 KB～16 MB，甚至达到数 G 字节，处理速度达到数千 DMIPS。

嵌入式处理器一般可分为嵌入式微处理器、嵌入式微控制器、嵌入式 DSP 处理器、嵌入式片上系统 4 类。

（1）嵌入式微处理器

嵌入式微处理器（Embedded Micro processor Unit，EMPU）是从通用计算机的 CPU 演变过来的。其特征是具有 32 位以上的处理器，具有较高的性能，其价格也相应较高。与通用计算机的 CPU 不同的是，它在实际应用中只保留与嵌入式应用紧密相关的功能硬件，去除其他的冗余部分，以最低的功耗和资源实现应用系统的需要。与工业控制计算机相比，嵌入式微处理器具有体积小、重量轻、成本低等优点。但是在电路板上必须包括 ROM、RAM、总线接口、各种外设等器件，从而降低了系统的可靠性，技术保密性也较差。嵌入式微处理器及其存储器、总线、外设等安装在一块电路板上，称为单板计算机，如 STD-BUS、PC104 等。近年来，德国、日本的一些公司又开发出了类似于火柴盒的、名片大小的嵌入式计算机系列 OEM 产品。

目前主要的嵌入式微处理器有：ARM、PowerPC、MIPS、Atom 等系列。其中 ARM 是专门为各类嵌入式系统开发的嵌入式微处理器；PowerPC 是 20 世纪 90 年代初期由摩托罗拉与 IBM 合作共同开发的通用型嵌入式 CPU 的架构。设计上更强调低耗电、非桌面功能。目前，从世界上最高速的巨型机（HPC）、网络路由器、通信设备、火星探测器、机顶盒到游戏机都在使用着 PowerPC 架构的微处理机；MIPS 处理器是 20 多年前由斯坦福大学开发的 RISC 体系结构发展而来的，MIPS 科技公司以 IP（知识产权）授权方式向半导体厂家及嵌入式系统制造商提供 MIPS-Based 内核设计。我国“龙芯”系列采用的是 MIPS 体系结构；而 Atom（凌动）是 Intel 将 x86 体系结构用于嵌入式系统的嵌入式微处理器产品。

（2）嵌入式微控制器

嵌入式微控制器（EmbeddedMicro controller Unit，EMCU）的典型代表是单片机，将 CPU 和计算机的外围功能单元（如存储器、I/O 口、定时计数器、中断系统等）集成在一块芯片上。与嵌入式微处理器相比，单片机的最大特点是单片化，体积大大减小，功耗和成本更低。由于单片机的片内资源丰富，特别适用于控制场合，所以国外都称之为“微控制器”。

嵌入式微控制器的品种数量繁多，表 1-1 中列出了目前流行的嵌入式微控制器的代表产品。

表 1-1 目前流行的嵌入式微控制器

厂　商		内　核	代表产品
ATMEL	爱特梅尔	ARM7/9 AVR8/32	SAM7/SAM9 AVR8/AVR32
freescale	飞思卡尔	C08/S08	MC68H908
ST	意法半导体	ARM	STR720/740
Microchip	微芯	PICmicro MIPS	PIC12/PIC16/PIC18 PIC32
NXP	恩智浦	Cotex-M3	LPC1500
TI	德州仪器	C24x ARM	TMS320C2000 MSP430F/470F
Renesas	瑞萨	SH 2/4	H8/SuperH

（3）嵌入式处理器 DSP

DSP 是专门用于数字信号处理的处理器，在系统结构和指令算法方面进行了特殊的设计，具有很高的编译效率和指令执行速度。DSP 算法正在大规模地应用于嵌入式领域，DSP 应用正在逐步从通用单片机中以普通指令实现 DSP 功能过渡到采用嵌入式处理器 DSP（Embedded Digital Signal Processor，EDSP）。

推动嵌入式处理器 DSP 发展的主要因素是嵌入式系统的智能化，例如，各种带有智能逻辑的消费类产品、生物信息识别终端、带有加解密算法的键盘、ADSL 接入、实时语音压解系统、虚拟现实显示等。这类智能化算法一般都运算量较大，特别是向量运算、指针线性寻址等较多，而这些正是 DSP 处理器的优势所在。

嵌入式 DSP 处理器比较有代表性的产品是 Texas Instruments 的 TMS320 系列，包括用于控制的 C2000 系列、移动通信的 C5000 系列，以及性能更高的 C6000 系列。此外，CEVA 公司的 CEVA-X DSPs 和 CEVA-TeakLite DSPs 具有专用的视频指令和一个功能强大的三维 DMA，广泛用于便携式多媒体 SoC 的视频处理；ADI 公司的 ADSP-BF54x 系列 Blackfin 处理器，适合那些要求现场可升级、本地存储和显示能力至关重要的多种工业应用，包括工业自动化、无线基础设施、无线电信设备和交换机等应用。

（4）嵌入式片上系统

SoC（System on Chip，ESoC）设计技术始于 20 世纪 90 年代中期，它使用专用集成电路 ASIC 芯片设计。嵌入式片上系统从整个系统性能要求出发，把微处理器、芯片结构、外围器件各层次电路直至器件的设计紧密结合起来，并通过建立在全新理念上的系统软件和硬件的协同设计，在单个芯片上实现整个系统的功能。

SoC 是一种基于 IP（Intellectual Property）核嵌入式系统级芯片设计的技术，它将许多功能模块集成在一个芯片上。如 ARM RISC、MIPS RISC、DSP 或其他微处理器核心，加上通信的接口单元，例如通用串行端口（USB）、TCP/IP 通信单元、GPRS 通信接口、GSM 通信接口、IEEE1394、蓝牙模块接口等，这些单元以往都是依照其各自的功能做成一个个独立的处理芯片。

SoC 的最大特点是实现了软硬件的无缝结合，片内嵌入了操作系统的代码模块。SoC 具有极高的综合性，可以应用 VHDL 等硬件描述语言，实现一个复杂的系统。由于绝大部分系统构件都在片内，所以整个系统特别简洁，不仅减小了系统的体积和功耗，而且提高了系统的可靠性和设计生产效率。

SoC 可以分为通用和专用两类。现在几乎每个半导体制造商都在生产通用系列，如 TI 的达芬奇处理器系列及 OMAP 处理器系列；飞思卡尔的 i.MX 系列及 QorIQ 系列，NXP 的 NPX 系列，Intel 的 CE4000 系列等。而专用 SoC 一般专门用于某个或某类系统中，不为一般用户所知。

小知识

超高速集成电路硬件描述语言（VHDL）：

VHDL 是一种用于电路设计的高级语言，主要用于描述数字系统的结构、行为、功能和接口。除了含有许多具有硬件特征的语句外，VHDL 的语言形式、描述风格与句法十分类似于一般的计算机高级语言。VHDL 的程序结构特点是将一项工程设计，或称设计实体（可以是一个元件、一个电路模块或一个系统）分成外部（或称可视部分，及端口）和内部（或称不可视部分），即涉及实体的内部功能和算法完成部分。在对一个设计实体定义了外部界面后，一旦其内部开发完成，其他设计就可以直接调用这个实体。这种将设计实体分成内外部分的概念是 VHDL 系统设计的基本点。

2. 外围电路

外围电路包括嵌入式系统所需的基本存储管理、晶振、复位、电源等控制电路及接口，它们与嵌入式处理器一起构成一个完整的嵌入式控制器。对 32 位以上的嵌入式处理器，一般还带有专门的调试接口（JTAG 或 BDM）。另外，也可能直接提供网络、多媒体等处理功能。

3. 外设与扩展

该部分位于微控制器之外，是嵌入式系统与真实环境交互的接口，可以看成板上电路。它可以提供包括扩展存储器（如 Flash Card）、输入/输出接口（如鼠标、键盘、LCD）和打印等设备的控制电路，或直接使用相关的控制芯片。此外，根据实际应用系统的需要，还可以扩展一些专用芯片，如加密解密、现场总线（CAN、1553）、移动通信（如 CDMA、GSM）等专用芯片。

在实际应用中，嵌入式系统的硬件配置非常灵活，除了外设可以根据需要进行裁减外，嵌入式控制器内部的模块也能选择，也就是选择不同型号的微处理器。

1.2.2　嵌入式软件组成

嵌入式系统的软件结构可以分为 4 个层次：驱动层程序、嵌入式操作系统、应用编程接口（API）和嵌入式应用软件系统。

1. 驱动层程序

它是介于嵌入式硬件和上层软件之间的一个底层软件开发包，主要目的是屏蔽下层硬件。该层一般拥有两部分功能，一是系统引导，包括嵌入式处理器和基本芯片的初始化；二是提供设备的驱动接口，负责嵌入式系统与外设的信息交互。驱动层程序一般包括硬件抽象层、板级支持包和设备驱动程序。

（1）硬件抽象层

硬件抽象层（Hardware Abstraction Layer，HAL）是位于操作系统内核与硬件电路之间的接口层，其目的在于将硬件抽象化。也就是说，可通过程序来控制所有硬件电路，如CPU、I/O、Memory等的操作，这样就使得系统的设备驱动程序与硬件设备无关，从而大大提高了系统的可移植性。

（2）板级支持包

板级支持包（Board Support Package，BSP）是介于主板硬件和操作系统中驱动层程序之间的一层，一般认为它属于操作系统的一部分，主要是实现对操作系统的支持，为上层的驱动程序提供访问硬件设备寄存器的函数包，使之能够更好地运行于硬件主板。BSP是相对于操作系统而言的，不同的操作系统对应于不同定义形式的BSP。

（3）设备驱动程序

系统中安装设备后，只有在安装相应的设备驱动程序之后才能使用设备。驱动程序为上层软件提供了设备的操作接口，上层软件只需要调用驱动程序提供的接口，而不用理会设备内部操作。驱动程序的好坏直接影响着系统的性能。

2．嵌入式操作系统

嵌入式操作系统是嵌入式系统极为重要的组成部分，其通常包括与硬件相关的底层驱动软件、系统内核、设备驱动接口、通信协议、图形界面等。嵌入式操作系统可以分为实时操作系统（Real Time Operate System，RTOS）和分时操作系统。

分时操作系统对软件执行时间的要求并不严格，时间上的延误或时序上的错误一般不会造成灾难性的后果。

实时操作系统的首要任务是尽一切可能完成实时控制任务，其次再着眼于提高计算机系统的使用效率。实时性需要调度一切可利用的资源完成实时控制任务，着眼于提高计算机系统的使用效率，满足对时间的限制和要求。实时系统是面向具体应用，对外来事件在限定时间内能做出反应的系统。限定时间的范围很广，可以从微秒级（如信号处理）到分级（如联机查询系统）。

嵌入式操作系统按实时性分类如下：

- 具有强实时特点的嵌入式操作系统，其系统响应时间在毫秒或微秒级（数控机床）。
- 具有弱实时特点的嵌入式操作系统，其系统响应时间约为数十秒或更长（工程机械）。
- 没有实时特点的嵌入式操作系统，其系统响应时间在毫秒或秒的数量级上，其实时性的要求比强实时系统要差一些（电子菜谱的查询）。

目前嵌入式系统中常用的操作系统有：

（1）Windows CE

微软公司的Windows CE操作系统在1996年发布了第一个版本Windows CE 1.0，2005年发布了Windows CE .NET 5.0版本，2006年发布了Windows CE 6.0。2007年起，Windows CE更名为"Windows Embedded CE，提供了新版Windows Embedded CE 6.0 R2，2009年发布了Windows Embedded CE 7.0，目前Windows Embedded CE的主要应用领域为智能终端等消费电子类产品。此外，微软公司的Windows Embedded产品线还有多种，分别面向POS、通信、工业控制、医疗等不同的嵌入式应用领域。

嵌入式操作系统与其定制或配置工具紧密联系，构成了嵌入式操作系统的集成开发环境。就Windows CE来讲，用户无法买到Windows CE操作系统，但可以买到Platform Builder for CE .NET 4.2的集成环境（简称PB），利用它可以裁减和定制出一个满足自己需要的Windows

CE .NET 4.2 操作系统。因此，我们所说的嵌入式操作系统实际上完全是由用户自己定制出来的，为了在 Windows CE 上进行应用软件开发，微软公司提供了 Embedded Visual Basic(EVB)、Embedded Visual C++ (EVC)、Visual Studio .NET 等工具，它们是专门针对 Windows CE 操作系统的开发工具。把 Windows CE 操作系统中的软件开发包 SDK 导出后安装在 EVC 下，就可以变成专门针对这种设备或系统的开发工具了。Visual Studio .NET 中的 Visual Basic .NET 和 C#也提供了对以 Windows CE 为操作系统的智能设备开发的支持，但要求这些设备支持微软公司的.NET Compact Framework。

(2) 嵌入式 Linux

Linux 从 1991 年问世到现在，已经发展成为功能强大、设计完善的操作系统之一，不仅可以与各种传统的商业操作系统分庭抗争，而且在新兴的嵌入式操作系统领域也获得了飞速发展。嵌入式 Linux 是指对标准 Linux 进行小型化裁减处理后，能够固化在容量只有几千字节或者几兆字节的存储芯片或者单片机中，适用于特定嵌入式应用场合的专用 Linux 操作系统。

Linux 能够支持 x86、ARM、MIPS、Alpha、PowerPC 等多种处理器体系结构，目前已经成功移植到数十种硬件平台上，几乎能够运行在所有流行 CPU 上。Linux 有着异常丰富的驱动程序资源，支持各种主流硬件设备和最新硬件技术，甚至可以在没有存储管理单元（MMU）的处理器上运行。

Linux 内核的高效和稳定已经在各个领域得到了大量事实的验证，Linux 内核设计非常精巧，分成进程调度、内存管理、进程通信、虚拟文件系统和网络接口等五大部分，其独特的模块机制可以根据用户的需要，实时地将某些模块插入内核或从内核中移走。这些特性使得 Linux 系统内核可以裁减得非常小巧，很适合嵌入式系统的需要。

Linux 是开放源代码的自由操作系统，它为用户提供了最大限度的自由，其软件资源十分丰富，每一种通用程序几乎都可以在 Linux 上找到。

嵌入式 Linux 为开发者提供了一套完整的开发工具，它利用 GNU 的 gcc 做编译器，用 gdb、kgdb、xgdb 做调试工具，能够很方便地实现从操作系统内核到用户态应用软件各个级别的调试。

Linux 支持所有标准的 Internet 网络协议，并很容易移植到嵌入式系统中。此外，Linux 还支持 ext2、fat16、fat32、romfs 等文件系统。

由于上述这些优良特性，目前，嵌入式 Linux 占据了很大的市场份额。常用的嵌入式 Linux 操作系统有 uCLinux、RTLinux、ETLinux、Embedix、XLinux 等。

(3) 其他嵌入式操作系统

其他嵌入式操作系统还有 uC/OS、eCOS、FreeRTOS、VxWorks、pSOS、Palm OS、Symbain OS 等。

3. 应用编程接口

API（Application Programming Interface，应用程序接口）也可称为应用编程中间件，由为编制嵌入式应用程序提供的各种编程接口库（LIB）或组件组成，可以针对不同应用领域（如网络设备、PDA、机顶盒等）的不同要求分别构建，从而减轻应用开发者的负担。

嵌入式操作系统下的 API 和一般操作系统下的 API 在功能、含义及知识体系上完全一致。可以这样理解 API：在计算机系统中有很多可通过硬件或外部设备去执行的功能，这些功能可以通过计算机操作系统或硬件预留的标准指令调用，而软件人员在编制应用程序时，只需按系统或某些硬件事先提供的 API 调用即可完成功能的执行。因此，在操作系统中提供标准的 API 函数，可加快用户应用程序的开发，统一应用程序的开发标准，也为操作系统版本的升级带来了方便。

4. 嵌入式应用软件系统

嵌入式应用软件系统是最终运行在目标机上的应用软件，如嵌入式游戏、家电控制软件、多媒体播放软件等。实际的嵌入式系统应用软件建立在系统的主任务（main task）基础之上。用户应用程序主要通过调用系统的 API 函数对系统进行操作，完成用户应用功能开发。在用户应用程序中，也可创建用户自己的任务。任务之间的协调主要依赖于系统的消息队列。

实际构建嵌入式系统时，并不一定需要操作系统和应用编程接口，即使使用，也可以根据应用需求配置和剪裁。

5. 嵌入式软件的特点

通过对嵌入式软件技术的研究，可将嵌入式软件的基本特点归纳为：

(1) 实时性

嵌入式系统大都是实时系统，因此相应的软件系统必须具有实时性。

应用环境不同，对实时性的要求也不同，既可以是强实时的（如卫星定位系统、导弹制导系统），也可以是弱实时的（如 PDA 应用、打印机控制）；任务调度方式也多种多样，既可以是轮询调度，也可以是抢占式调度。

此外，许多嵌入式软件，尤其是军用系统，特别强调快速启动，随时就绪，要求系统开机就可投入正常使用，而且一旦使用就不再停机。这样，PC 上开机自检的复杂过程就无法满足这些嵌入式应用的要求。

小知识

PDA:

掌上电脑，又称为 PDA，就是计算机的外围助理，其功能丰富，应用简便，可以满足人们日常的大多数需求，比如看书、游戏、字典、学习、记事、看电影等。

(2) 异步事件的并发处理

现代的嵌入式系统基本上都是实时多任务系统。为了提供系统的实时性能，往往要求系统对各类外部事件能够进行异步处理。由于外部事件的随机性，在某个时刻常有多个任务等待处理。因此，任务的并发处理无法回避。

(3) 应用系统与操作系统一体化

由于大多数嵌入式系统资源有限，一般都根据应用目标制定操作系统和相关外设，将它们以动态链接库（lib）的形式与应用系统编译连接成一个单独的可执行程序，下载到目标系统中。当然，对于资源较为丰富的高端嵌入式应用，如 PDA、机顶盒等，可以采用嵌入式 Linux、Windows CE 操作系统，预装在设备上，在其上添加应用软件。在这种情况下，嵌入式软件的运行过程就类似于 PC 上的软件。

小知识

机顶盒:

一种依托电视终端提供综合信息业务的家电设备，使用户能在现有电视机上观看数字电视节目，并可通过网络进行交互式数字化娱乐、教育和商业化活动。

(4) 应用可固化

所有的嵌入式应用软件最终都是固化在目标系统中运行的，其固化的存储器可以是EEPROM、RAM 和 Flash，也可以是目前开始流行的电子盘（DOC、DOM），但一般不采用PC 上的软盘/硬盘。由于这些存储器容量有限，价格相对昂贵，因此要求嵌入式软件尽量精简。

(5) 实用性

嵌入式软件是为嵌入式系统服务的，必须与外部设备和硬件紧密联系。由于嵌入式系统以应用为中心，因而大多数嵌入式软件根据应用需求定向开发，面向产业、面向市场，每种嵌入式软件都有自己独特的应用环境和实用价值。

嵌入式软件通常可以认为是一种模块化软件，应该能比较方便灵活地运用到各种嵌入式系统中，而不破坏或更改原有的系统特性和功能。因此，嵌入式软件要小巧，不能占用大量资源。要尽量优化配置，升级更换方便。

(6) 够用即可

由于成本的限制，大多数嵌入式软件应遵循够用即可的原则，尽量精简代码，不预留不必要的接口或功能模块。可尽量少地考虑移植问题。

1.3 嵌入式系统的类型

根据不同的分类标准，嵌入式系统有不同的分类方法，这里根据嵌入式系统结构的复杂程度将其分为以下 3 类。

1.3.1 缩减 PC 系统

所谓缩减 PC 系统，是指利用 PC 体系结构设计的嵌入式系统，例如，利用 PC104 模块构成工业控制装置就是比较典型的设计。

这种设计是建立在技术上已非常成熟的 PC 体系结构之上的，它的硬件环境往往是一台单板化的 PC 系统，利用 DOS 或 Windows 操作系统为应用软件提供平台。这种设计可以利用 PC 作为开发工具，可以利用众多的 PC 环境软、硬件资源，在成熟的操作系统支持下，系统可以达到较高的可靠性和稳定性，这些显然是它的优点。但是这样的设计目前尚难以实现满足小体积、低功耗、低成本等嵌入式系统的常见技术要求。

1.3.2 高端嵌入式系统

所谓高端嵌入式系统，是指那些准备加载 Linux 操作系统或类 Linux 操作系统的嵌入式系统。其硬件构成的核心是一个集成了丰富功能的单一芯片，一般数据宽度是 32 位，它已经包含了几乎全部的系统硬件，使得只需再增加很少的几个器件，如存储器芯片，即可构成整个系统。

生产高端嵌入式系统的厂家及高端嵌入式芯片型号越来越多了，典型的是以 ARM 或 MIPS 内核为核心的单片机，这里已经完全没有 PC 体系结构的影子。芯片包容的功能极其丰富，除了大容量存储器以外，系统的硬件几乎都集成在一个单片上，它们的寻址空间大，数据总线宽，处理能力强，功耗低。这些芯片的设计目标非常明确，就是为了构成一个嵌入式系统。利用这样的芯片可以设计出非常紧凑的系统，ARM 内核单片在移动电话上的成功是一个有力的佐证。

采用高端嵌入式系统的设计，大都采用 Linux 或类 Linux 操作系统作为系统软件，向应用软件提供 C 语言级的开发平台。在 Linux 操作系统的支持下，系统的可靠性可以得到保证。操作系统的优点可以大大提高系统应用软件的开发效率。由于 Linux 的开放性，可以利用的资源也非常丰富。

1.3.3 单片机系统

所谓单片机，是指将 CPU、存储器、I/O 接口等集成在一块芯片上，因此也称为 Single-Chip Microcomputer。单片机主要是针对工业控制及与控制有关的数据处理而设计的。

随着单片机技术的不断发展，新型的单片机内部不断扩展了各种控制功能，例如：A/D 转换器、D/A 转换器、PWM 脉宽调制器、PCA 计数器捕获/比较逻辑、高速 I/O 口等。单片机已突破了微型计算机的传统内容，而朝着微控制器的内涵发展，因此国外已将单片机统一称为 Microcontroller（微控制器），在我国，仍称为单片机，但其实质应该是微控制器或单片微控制器。

1.4 嵌入式系统的应用领域与发展趋势

随着后 PC 时代的到来，以及普适技术与物联网络的广泛应用，嵌入式系统因体积小、可靠性高、功能强、灵活方便等优点，已深入到制造工业、过程控制、网络、通信、仪器、仪表、汽车、船舶、航空、航天、军事装备、消费类产品等应用领域，在各行各业的技术改造、产品更新换代、加速自动化进程、提高生产效率等方面起到了极其重要的推动作用。

小知识

普适技术：

普适技术就是普适计算技术。普适计算的特点是将集计算、通信、传感功能于一身的各种信息设备通过无线网络与互联网连接有效组织起来，并按照用户的个性需求进行定制，以嵌入式产品的方式呈现在人们的工作和生活中——或者手持，或者可穿戴，甚至是以与人们日常生活中所碰到的器具融合在一起的方式为人们提供一种随时、随地、随环境自适应的信息和娱乐等各种服务，最终目标是将由通信和计算机构成的信息空间与人们生活和工作的物理空间融为一体。

这种融合体现在两个方面。首先，物理空间中的物体将与信息空间中的对象互相关联；其次，人们在操作物理空间中物体的过程中，可以同时透明地改变相关联的信息空间中对象的状态，反之亦然。

物联网络：

物联网（The Internet of things）的定义是：通过射频识别（RFID）、红外感应器、全球定位系统、激光扫描器等信息传感设备，按约定的协议，把任何物品与互联网连接起来，进行信息交换和通信，以实现智能化识别、定位、跟踪、监控和管理的一种网络。

1.4.1 嵌入式系统的应用领域

嵌入式系统主要应用于以下领域：

1. 信息电器

信息电器是指所有能提供信息服务或通过网络系统交互信息的消费类电子产品，这些产品具有信息服务功能，如网络浏览、文字处理、个人事务处理等。产品具有简单易用，价格低廉，维护简便的特点。

在后 PC 时代，计算机将无处不在，家用电器将向数字化和网络化发展，电视机、冰箱、微波炉、电话等都将嵌入计算机，并通过家庭控制中心与 Internet 连接，转变为智能网络家电，还可实现远程医疗、远程教育等。目前，智能小区的发展为机顶盒打开了市场，机顶盒将成为网络终端，它不仅可以使模拟电视机接收数字电视节目，而且可以上网、炒股、点播电影，实现交互式电视，依靠网络提供各种服务。

2. 移动计算设备

移动计算设备包括手机、掌上电脑等，这些智能移动计算设备由于其强大的功能及易于携带的优点，得到了快速发展。新的手持设备将使无线互联访问成为更加普遍的现象。

3. 网络设备

网络设备包括路由器、交换机、Web 服务器、网络接入盒等。设计和制造嵌入式服务器、嵌入式网关和嵌入式 Internet 网络路由器已成为嵌入式 Internet 时代的关键和核心技术。

4. 智能控制与仪器

工业、医疗卫生、国防等各领域对智能控制的不断增长，对嵌入式系统的可靠性、功耗和集成度提出了更高的要求，以信息化改造传统工业方面的需要为嵌入式系统提供了很大的市场。

1.4.2 嵌入式系统的发展趋势

嵌入式系统应用的发展趋势可从军用与民用两个方面来看。就军用来说，20 世纪的前沿要属精确制导武器，21 世纪可能就是微型化武器，军用嵌入式系统将在实时性、小型化与规模方面发展到一个崭新的阶段。就民用来说，嵌入式系统的应用相当广泛，在现代生活中，几乎每一个方面都会涉及嵌入式系统。信息时代、数字时代使得嵌入式产品获得了巨大的发展契机，各种各样的开发工具、应用于嵌入式开发的仪器设备数不胜数，嵌入式市场展现了美好的前景，同时嵌入式生产厂商也面临着新的挑战。

嵌入式系统具有如下几大发展趋势。

1. 嵌入式应用软件的开发需要强大的开发工具和操作系统的支持

嵌入式系统的开发是一项系统工程，因此不仅要求供应商能够提供软硬件本身，还要能够提供强大的开发工具和软件包的支持。随着 Internet 技术的成熟及通信速度、带宽的提高，各种嵌入式系统电子设备的功能不再单一，电气结构也更为复杂。为了满足应用功能的升级，设计师们一方面采用更为强大的嵌入式处理器（如 32 位、64 位 RISC 芯片）或信号处理器来增强处理能力，另一方面采用实时多任务编程技术和交叉开发工具技术来控制功能复杂化，简化应用系统设计，保障软件质量，缩短开发周期。

2. 联网成为必然趋势

网络化、信息化的要求随着 Internet 技术的成熟及通信速度、带宽的提高，而日益提高，使得单一功能的设备功能不再单一，结构更加复杂，功能更强。为了适应嵌入式分布处理结构和应用上的需求，未来的嵌入式系统要求配备标准的一种或多种网络通信接口，需要 TCP/IP 协议簇软件的支持。

为了满足家用电器的相互关联（如防盗报警、灯光能源控制、影视设备和信息终端的信息交换）及实验现场仪器的协调工作等要求，新一代的嵌入式设备还需要具备 IEEE 1394、USB、

CAN、蓝牙或 IrDA 通信接口，同时也需要提供相应的通信组网协议软件和物理层驱动软件。

为了支持应用软件的特定编程模式，如 Web 或无线 Web 编程模式，还需要相应的浏览器（如 HTML、WML 等）。

3．精简系统内核、算法，设备实现小尺寸、低功耗和低成本

为了满足“精简系统内核、算法，设备实现小尺寸、低功耗和低成本”的要求，需要相应降低处理器的性能，限制内存的容量，这就相应地提高了对嵌入式软件的要求，如选用最佳的编程模式，不断改进算法，优化编译器性能等。

4．提供丰富多样的多媒体人机界面

嵌入式系统能够为亿万用户所接受，其重要原因之一是具有自然的人机界面，使应用系统的操作变得非常方便。目前一些先进的 PDA 在显示屏幕上已实现汉字写入、短消息语音发布等功能，但一般的嵌入式设备距离这个要求还很远。

应用嵌入式系统的目的就是要把一切变得更简单，更方便，更普遍，更适用。通用计算机的发展目标是功能计算机，普遍进入社会；嵌入式计算机发展的目标则是专用计算机，实现“普遍化计算”。可以说，嵌入式智能芯片是构成未来世界的“数字基因”。嵌入式系统就好像是一个黑洞，会把当今很多技术和成果吸引进来。

本章小结

本章系统地讲述了嵌入式系统的定义与发展过程，给出了嵌入式系统的基本特征，重点论述了嵌入式系统的软硬件基本构成体系与嵌入式系统的类型，介绍了嵌入式系统的应用领域及发展趋势。

通过本章的学习，读者应该了解嵌入式系统的基本概念，掌握嵌入式系统的组成与特点，为进一步学习奠定基础。

习题

1．什么是嵌入式系统？

2．嵌入式系统有什么特点？

3．目前常用的嵌入式处理器有哪几类？

4．嵌入式系统硬件由哪些部分组成？

5．嵌入式软件一般由哪几部分组成？每个部分的功能是什么？

6．列举 2～3 个嵌入式系统应用实例，分析它们的软硬件组成及特点。

第2章 嵌入式系统的开发模式与方法

本章导读

嵌入式系统的设计开发与一般计算机应用系统的开发有很大不同，它必须充分考虑嵌入式应用环境资源有限、实时、软硬件相互依赖所带来的问题。本章针对嵌入式系统开发的实际需求，在讲述嵌入式系统开发相关基本概念的基础上，系统介绍两种常用的嵌入式系统开发模式，重点描述嵌入式系统的设计步骤与方法。

本章内容要点

- 嵌入式系统的相关知识；
- 嵌入式系统的开发模式；
- 嵌入式系统的设计方法。

内容结构

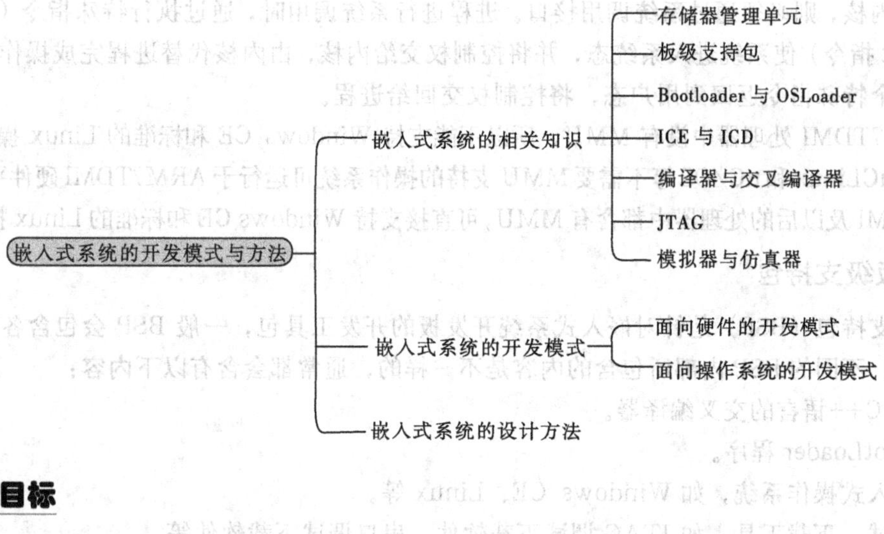

学习目标

通过对本章内容的学习，学生应该能够：

- 了解嵌入式系统的设计步骤与方法；
- 进一步理解嵌入式系统的开发过程与设计原则。

2.1 嵌入式系统的相关知识

在讲述嵌入式系统的开发模式与方法之前，需要先了解一些相关的基本概念。

2.1.1 存储器管理单元

在支持虚拟内存机制的计算机中，CPU 都是以虚拟地址的形式生成指令地址或者数据地址，而这个虚拟地址对于物理内存来说是不可见的，存储器管理单元（Memory Management Unit，MMU）就是实现物理地址和虚拟地址的转换，主要完成将虚拟地址转换成物理地址和对存储器访问权限进行控制的功能。

MMU 通常是 CPU 的一部分，需要操作系统的支持，操作系统在物理内存中为 MMU 维护着一张全局映射表来帮助其找到正确的物理内存地址。所有数据请求都送到 MMU，如果数据不在存储空间内，MMU 将产生错误中断。

在虚拟内存系统中，进程所使用的地址不直接对应物理内存单元。每个进程的地址空间通过地址转换机制映射到不同的物理存储页面上，这样就保证了进程只能访问自己的地址空间所对应的页面而不能访问或修改其他进程的地址空间对应的页面。

虚拟内存地址空间可分为用户空间和系统空间两个部分。在用户模式下，只能访问用户空间；而在系统模式下，可以访问系统空间和用户空间。系统空间在每个进程的虚拟地址空间中都是固定的，而且只有一个内核在运行，因此所有的进程都映射到单一内核地址空间。内核中维护着全局数据结构和每个进程的一些控制信息，使得内核可以访问任何进程的地址空间。通过地址转换机制，进程可以直接访问当前进程的地址空间，而通过一些特殊的方法也可以访问到其他进程的地址空间。

尽管所有进程都共享内核，但是系统空间是受保护的，进程在用户态无法访问。进程如果需要访问内核，则必须通过系统调用接口。进程进行系统调用时，通过执行特殊指令（如 Linux 中执行 int 指令）使系统进入系统态，并将控制权交给内核，由内核代替进程完成操作后，内核执行另一个特殊指令返回到用户态，将控制权交回给进程。

ARM7TDMI 处理器中没有 MMU，所以不能支持 Windows CE 和标准的 Linux 操作系统，但目前由 uCLinux 和 uC/OS 等不需要 MMU 支持的操作系统可运行于 ARM7TDMI 硬件平台之上。ARM9TAMI 及以后的处理器中都含有 MMU，可直接支持 Windows CE 和标准的 Linux 操作系统。

2.1.2 板级支持包

板级支持包（BSP）是针对嵌入式系统开发板的开发工具包，一般 BSP 会包含各种开发工具和文档。不同的 BSP 内部所包含的内容是不一样的，通常都会含有以下内容：

- C/C++语言的交叉编译器。
- BootLoader 程序。
- 嵌入式操作系统，如 Windows CE、Linux 等。
- 调试、下载工具，如 JTAG 调试下载软件、串口调试下载软件等。
- 开发板上设备的驱动程序。
- 开发板相关的技术文档。

这些内容一般都与开发板的硬件和功能相关，如果开发板不同，即使 CPU 处理器相同，开发包中的相关内容也不同。对于同一块开发板而言，针对不同的嵌入式操作系统，也会有不同的 BSP。因此，BSP 是和开发板紧密相关的，这正是其被称为板级开发包的原因。

BSP 提供的开发包为在开发板上快速开发应用系统提供了便利，一般情况下，用户在购买开发板时，厂商就会提供相应的 BSP。由于版权的问题，Linux 的 BSP 一般是免费的，而 Windows CE 的 BSP 则需要另外付费。

2.1.3　Bootloader 与 OSLoader

Bootloader（启动加载器）是用来完成系统启动和系统软件加载工作的一个专用程序。它是底层硬件和上层应用软件之间的一个中间件，其主要功能是：

- 完成处理器正常运行所需的初始化工作。
- 屏蔽底层硬件的差异，使上层应用软件的编写与移植更加方便。
- 不仅具有类似 PC 上 BIOS 的功能，而且还具有调试、下载、网络更新等功能。

Bootloader 程序与需要载入的操作系统、系统 CPU 类型与型号、系统内存的大小、具体芯片的型号、系统的硬件设计都有关系。每种不同的 CPU 体系结构都有不同的 Bootloader，而且嵌入式板级设备的配置不同，Bootloader 内容也不一样。也就是说，对于两块不同的嵌入式开发板，即使其 CPU 型号相同，其 Bootloader 也不能通用。因此，Bootloader 的开发或者移植是嵌入式系统开发中的一项重要内容，有关 Bootloader 的具体开发，详见后续章节的内容。

OSLoader 顾名思义就是操作系统载入器，它用来载入操作系统。OSLoader 通常用于多操作系统的载入管理，对于引导多操作系统十分有效。在嵌入式系统中，由于会很少装载多个操作系统，因此一般不会使用专门的 OSLoader，而将 OSLoader 作为 Bootloader 程序的一部分功能而在 Bootloader 中实现。一般来说，PC 上的 BIOS 程序加上 OSLoader 程序相当于嵌入式系统中的 Bootloader 程序。

2.1.4　ICE 与 ICD

ICE（In–Circuit Emulater，在线仿真器）是仿照目标机上的 CPU 而专门设计的硬件，可以完全仿真处理器芯片的行为，并且提供丰富的调试功能。ICE 在进行程序的调试过程中，可以使用多种方式控制程序的运行（如单步、断点等），为程序的调试带来很多的便利。此外，高级的 ICE 还具有完善的跟踪功能，可以将应用系统的实际状态变化、CPU 对状态变化的反应，以及应用系统处理数据连续记录下来，以供分析、排除硬件与软件故障，进一步优化系统设计。

ICE 一般包括软件和硬件两部分，软件部分通过控制硬件部分来产生相应的时序，以实现读/写 CPU 内部的状态、访问内存、设置断点等操作。ICE 在调试底层程序时十分有效，因此得到了广泛的应用。常用的 ICE 有单片机仿真器、ARM 的 JTAG 在线仿真器等。

ICD（In–Circuit Debugger，在线调试器）是 ICE 的简化调试工具。由于 ICE 的价格较高，并且每种 CPU 都需要一种与之对应的 ICE，使得开发成本非常高。一个比较好的解决方法是让 CPU 直接在其内部实现调试功能并通过在开发板上引出的调试端口，发送调试命令和接收调试信息，完成调试过程。目前，大多数低价 ARM 的 ICE 工具其实都是 ICD 工具。虽然 ICD 没有 ICE 强大，但是通过处理器内部的调试功能，使得 ICD 可以获得与 ICE 类似的调试效果。当然，使用 ICD 的一个前提条件就是，被调试的处理器内部必须具有调试功能和相应的调试端口。

2.1.5 编译器与交叉编译器

编译器（Compiler）是将一种语言翻译为另一种语言的软件工具，它将源程序作为输入，产生用目标语言（Target Language）表达的等价程序。源程序一般用高级语言编写，如 C、C++或者是汇编语言，而目标语言则是机器代码（Machine Code）。使用编译器可以使程序设计人员直接使用高级语言或者汇编语言编写在目标机器上运行的程序。

编译器所生成的目标代码通常是运行在和编译器运行环境相似的硬件平台上的。例如在 Linux 环境下用使用 GCC 开发的一个应用程序，这个应用程序只能运行在 Linux 环境下，而不能运行在 Windows 环境下，也不能运行在基于 ARM 处理器的 Linux 环境下。

在嵌入式系统开发中，开发模式通常是在开发主机（如 PC）中开发能够运行在目标系统（如 ARM 系统）中的程序，然后通过交叉编译器生成目标程序并下载到目标系统中运行。交叉编译器（Cross Compiler）的功能和编译器类似，也是将一种语言翻译为另一种语言的软件程序，不同之处是它生产的目标程序不是运行在本机（开发主机）中的，而是运行在目标系统中的。例如，在 PC 环境下，使用 GCC For ARM 的交叉编译器，就可以开发出能够在 ARM 系统中运行的程序

交叉编译的概念是在 Linux 系统中提出来的，Linux 下的交叉编译器基本上都是基于 GCC 编译器的。在 Windows 环境中，也有很多交叉编译器，例如 ADS（ARM Developer Suite）中也含有可以在 Windows 环境中开发运行在 ARM 处理器上的程序的工具。在 Windows 环境中一般不称为交叉编译器，而统称为开发工具。

2.1.6 JTAG

20 世纪 80 年代，联合测试行动组（Joint Test Action Group，JTAG）起草了边界扫描测试（Boundary Scan Testing，BST）规范，在 1990 年被指定为 IEEE 标准，即 IEEE 1149.1 规定，简称为 JTAG 标准。

在 JTAG 测试中，边界扫描是一个很重要的概念。其基本思想是在靠近芯片的输入/输出管脚上增加一个移位寄存器单元，因为这些移位寄存器单元都分布在芯片的边界上，所以被称为边界扫描寄存器（Boundary-Scan Register Cell）。当芯片处于调试状态的时候，这些边界扫描寄存器可以将芯片和外围的输入/输出隔离开来，通过这些边界扫描寄存器单元，可以实现对芯片输入/输出信号的观察与控制。

在边界扫描中还有一个重要的概念——TAP（Test Access Port），TAP 是一个通用的端口，通过 TAP 可以访问芯片提供的所有数据寄存器和命令寄存器。对整个 TAP 的控制是通过 TAP 控制器来完成的。TAP 总共包含 5 个信号接口：TCK、TMS、TDI、TDO 和 TRST。其中 TCK、TMS、TDI、TRST 是输入信号接口，TDO 是输出信号接口。常见的嵌入式系统开发板上都有一个 JTAG 接口，该接口的 5 个主要信号接口说明如下：

(1) TCK-Test Clock Input

TCK 为 TAP 的操作提供了一个独立的、基本的时钟信号。

(2) TMS-Test Mode Selection Input

TMS 信号用来控制 TAP 状态机的转换。通过 TMS 信号，可以控制 TAP 在不同状态间互相转换。

(3) TDI-Test Data Input

TDI 是数据串行输入的接口。由 TCK 驱动将输入数据输入到特定的寄存器中。

(4) TDO-Test Data Output

TDO 是串行数据的输出接口。

(5) TRST-Test Reset Input

TRST 可以用来对 TAP 控制器进行复位（初始化），这在 IEEE 1149.1 标准里是可选的，并不是强制要求的。

JTAG 最初主要是被设计用来实现测试的，后来人们开发出它的其他功能，如处理器的程序下载、调试、FPGA 和 CPLD 的配置及逻辑分析等。

通常，将具有 TAP 接口的调试器称为 JTAG 调试器，采用 JTAG 调试器通常可以完成程序的下载、运行和调试。目前市场上常见的 JTAG 接口有 14 脚和 20 脚两种结构。两类接口信号的电气特性都是一样的。其 20 脚接口的引脚说明如表 2-1 所示。

表 2-1　20 脚 JTAG 接口的引脚说明

引 脚 编 号	名　称	定 义 说 明
1	VTref	目标板参考电压，接电源
2	VCC	接电源
3	nTRST	测试系统复位信号
4、6、8、10、12、14、16、18、20	GND	接地
5	TDI	测试数据串行输入
7	TMS	测试模式选择
9	TCK	测试时钟
11	RTCK	测试时钟返回信号
13	TDO	测试数据串行输出
15	nRESET	目标系统复位信号
17、19	NC	未连接

2.1.7　模拟器与仿真器

模拟器（Simulator）和仿真器（Emulator）是有一定区别的，但对系统开发而言，两者的区别不大，没有必要关注两者的细微差别。

在嵌入式系统开发中仿真有两种情况，一种情况是当系统具有硬件仿真器（如 ICE、ICD 等）时，可以把程序通过硬件仿真器下载到目标系统或者在硬件仿真器中运行，进行硬件仿真调试，另一种情况是没有硬件仿真器，这时要运行开发的应用程序，就需要一个软件的模拟器来模仿具体的硬件环境。在 ARM 的开发中，常用的 ARM 集成开发工具中都包含有一个选项，可以选择模拟器，在没有任何 ARM 硬件的情况下，对 ARM 程序进行仿真调试。

除了上述的对硬件环境的模拟器外，还有对软件环境的模拟器。例如，在一台装有 Red Hat 9.0 Linux 的 PC 上开发了一个 uCLinux 上运行的程序，但是，现在还没有一个能够运行 uCLinux 操作系统的平台，那么就可以使用 uCLinux 模拟器，在装有 Red Hat 9.0 Linux 的 PC 上建立一个 uCLinux 的模拟环境，这样就可以在模拟环境中调试该程序了。

总之，模拟器是对一个实际系统的软件模拟，其目的就是在开发平台（如 PC）上建立一个目标平台（如单片机系统、ARM 系统）的软件模拟环境，从而可以在没有目标平台的情况下，完成最终运行在目标平台上的程序的调试、仿真工作。

2.2 嵌入式系统的开发模式

嵌入式系统的开发有两种主要模式，一种是面向硬件的开发模式，另一种是面向操作系统的开发模式。

2.2.1 面向硬件的开发模式

面向硬件的开发模式适合开发目标主机上没有安装操作系统的应用程序，在开发主机上完成程序的编写、编译之后，可以通过ICE工具直接将程序下载到目标系统上进行在线运行和调试。其开发形式如图2-1所示，需要硬件调试器、交叉编译器、模拟仿真器和开发主机等设备。

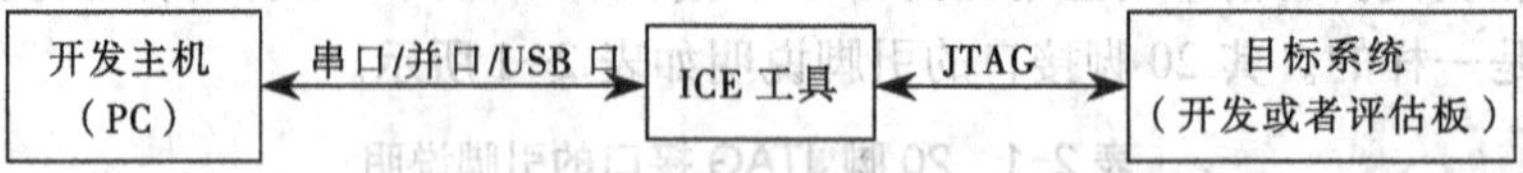

图2-1 面向硬件的开发形式

面向硬件的开发模式主要用于目标系统的硬件调试和Bootloader调试，当这些工作完成之后，就可以转入面向操作系统的开发模式。面向硬件的开发模式一般适合以下情况的系统开发：

- 开发没有操作系统的目标主机上的应用程序。
- 开发目标系统的硬件测试程序，验证目标系统的正确性。
- 开发Bootloader程序。

这种开发模式的优点是可以对程序进行实时仿真和测试，可以直接针对硬件进行调试；缺点是需要购买硬件调试工具（如ICE），调试时必须要有目标系统。

2.2.2 面向操作系统的开发模式

当需要对一个内部已经安装好了操作系统（或者具有程序下载功能）的目标系统进行开发时，就可以采用面向操作系统的开发模式。其开发形式如图2-2所示。

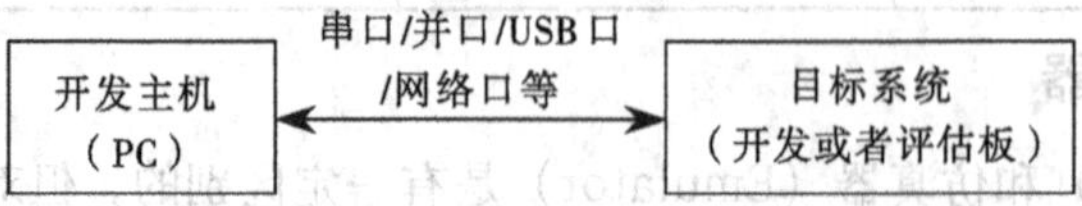

图2-2 面向操作系统的开发形式

面向操作系统的开发模式在开发主机上运行编译器、交叉编译器、模拟器等工具，开发者可以在开发主机上完成大部分的开发工作，如操作系统的定制、应用程序开发等。开发完成之后，可以通过下载工具（串口、网络）等把它们下载到目标板上进行运行、调试等。如果有问题，重新在开发主机上进行修改，然后重新下载调试。面向操作系统的开发模式一般适合以下情况的应用系统的开发：

- 目标系统已安装了操作系统。
- 目标系统安装好了可以下载操作系统的Bootloader。
- 目标系统安装好了可以下载其他程序的下载程序，利用这个程序可以完成Bootloader和操作系统的下载，从而可以在目标系统中构建一个操作系统环境。
- 开发基于操作系统的应用程序、驱动程序。

这种开发模式的优点是不需要购买硬件调试工具，节省开发成本。最为重要的是，通过使用模拟器和仿真器，可以在没有目标系统的情况下完成相应的开发工作，便于多人同时进行开发工作。一般而言，在目标系统的硬件调试和 Bootloader 调试完成之后，就开始采用这种开发模式。

由于上述两种开发模式区别较大，因此，在具体的开发过程中，应该合理安排任务，充分利用不同开发模式的优点。一般在开始没有任何硬件调试工具和目标系统的情况下，就可以进行应用系统设计。在目标板准备好之后，就可以进行系统调试。这样的开发方式可以节省大量的时间，有利于任务的顺利完成。

2.3　嵌入式系统的设计方法

嵌入式系统的设计变得越来越复杂。对大多数系统设计来说，能够在有效的时间内完成设计并尽可能地减少设计周期内的错误，成为一个越来越难以实现的目标。这种设计延误导致 11%的嵌入式系统设计不得不取消，这还不包括错失机会的情况。

嵌入式系统设计包括硬件设计和软件设计两个方面，还涉及两者的集成设计。嵌入式硬件设计可以采用 EDA（电子设计自动化）等技术完成，过程可以规范化，性能质量也有较高的保障。当然，由于嵌入式微处理器、专用芯片、外设的多样性，嵌入式系统的硬件设计也有必要分类进行，如基于 ARM 的设计、基于 MCU 的设计、基于 FPGA 的设计等。

到目前为止，嵌入式软件的设计还相当不规范，严重影响了嵌入式软件的质量及整个嵌入式系统的质量。虽然质量保证体系 ISO 9000 标准和 CMM（能力成熟度模型）标准也开始在嵌入式软件开发中应用，但距离取得实效还很远。

传统的结构化设计、面向对象设计虽然都可以在嵌入式系统软件设计中使用，但由于多任务和实时性的约束，这些方法都需要改进，即采用实时结构化、实时面向对象等专用于嵌入式实时应用的软件设计方法，以确保能够实现整个系统设计的期望目标。

小知识

EDA（电子设计自动化）：

EDA 技术就是以计算机为工具，设计者在 EDA 软件平台上，用硬件描述语言（HDL）完成设计文件，然后由计算机自动完成逻辑编译、化简、分割、综合、优化、布局、布线和仿真，以及对于特定目标芯片的适配编译、逻辑映射和编程下载等工作。EDA 技术的出现，极大地提高了电路设计的效率和可操作性，减轻了设计者的劳动强度。利用 EDA 工具，电子设计师可以从概念、算法、协议等开始设计电子系统，大量工作可以通过计算机完成，并可以将电子产品从电路设计、性能分析到设计出 IC 版图或 PCB 版图的整个过程在计算机上自动处理完成。

2.3.1　嵌入式系统设计方法

目前常用的嵌入式软件设计方法有：

1．硬软件协同设计

长期以来，如何实现软硬件并行设计一直是嵌入式系统设计关注的焦点之一。传统的嵌入式系统开发常用的方式是：在特定的硬件平台（如每个开发板）上进行软件开发，以实现其产品化硬件环境（目标机）。显然这种开发方法是串行的，难以解决软硬件并行设计的问题。使得产品上市周期长，不能自动进行不同的软硬件划分与评估，不容易发现软硬件边界的兼容性问题。

软硬件协同设计方法是解决上述问题的方法之一。该方法是在嵌入式系统设计过程中，根据系统规格要求和限制条件，对软硬件完成的功能进行全盘考虑并均衡，使得硬件和软件的开发在整个设计过程中紧密结合，从而确保应用系统整体性能的综合优化。

软硬件协同设计提高了设计抽象的层次，拓展了设计的覆盖范围。与此同时，还强调利用现有的资源，即重用构件和IP核，缩短系统的开发周期，降低系统成本，提高系统性能。

软硬件协同设计过程如图2–3所示。

其主要内容包括：

- 系统功能的描述。
- 系统资源使用的最优化评估。
- 软硬件功能的划分。
- 硬件和软件结构体系模型的建立。
- 体系结构模型的优化。
- 软硬件的实现。
- 软硬件协同仿真与验证。

目前，业界已开发出Polis、Cosyma及Chinook等多种方法与工具来支持集成式软硬件协同设计。

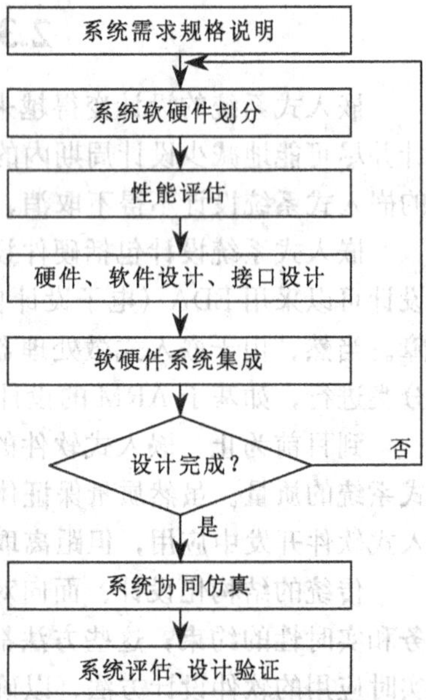

图2–3　软硬件协同设计过程

2．基于构件的设计方法

构件（Component）是按照一定规范编写的程序模块，一般具备以下特点：

- 构件是封装了数据和实现方法的软件模块，只有接口是可见的，只能通过接口与外部交互。
- 构件的可扩展性通过增加新的接口实现，但原有接口的定义不能改变。
- 构件是经过编译的二进制代码，其源代码对使用者是不可见的。
- 系统中的构件是可替换的，不需要重新编译。
- 构件具有语言无关性，即可用任何编程语言实现。
- 不同厂家开发的构件由于具有同样的规范，相互之间具有互操作性。

基于构件的设计（Component-Based Development，CBD）是面向对象软件设计的继承与发展，重点解决以下问题：当开发者构造一个大型软件时，如何利用已经过验证的，来源于不同厂家，使用不同语言、工具和计算平台得到的可靠嵌入式代码。

一个基于构件的应用软件由若干个可重用的构件组合而成，各个定制的构件可以在运行时与其他构件连接而构成某个应用软件。因此，基于构件的设计可以通过以下两个部分完成：

（1）构件设计

用于生成可重复用于不同嵌入式软件规范的程序模块。在设计过程中，主要解决以下几个问题：信息隐藏、动态连接、规范化。构件是应用软件构造、开发、装配、维护的基本单位，其来源广泛：可以是自主开发的软件，也可以是选购的产品。

（2）应用软件设计

利用已生成的嵌入式构件，按照所约定的基于构件的软件生成规范，采用构件组装技术设计所需要的嵌入式应用软件。若需要对设计进行修改，只需要将其中的某个构件用新版本替换即可。

基于构件的设计可被看做一个逐渐积累的过程：一个嵌入式软件由一些构件成功生成后，它本身又可以作为一个新的构件存放于构件库中，被其他嵌入式软件重复使用。

基于构件的设计最大限度地减少了一个嵌入式软件开发所必须要编写的新代码的数量。许多软件模块可以从已存在的应用中被重新使用。系统整合可以通过一个先进的可以支持动态重配置的嵌入式实时操作系统来自动实施，无须编写连接代码。对强调可重配置的嵌入式系统来说，基于构件的开发是一种十分有效的方法，其开发过程如图 2-4 所示。

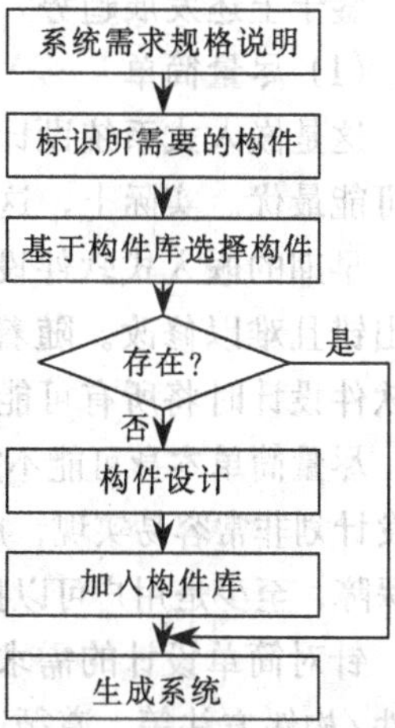

图 2-4 基于构件的设计过程

3. 基于中间件的设计方法

随着嵌入式系统的广泛应用，对嵌入式系统之间的协同工作、嵌入式系统与一般普通桌面系统之间的协同工作的需求日益增加。但由于嵌入式应用平台的多样性，以及系统的功能、性能、成本等各种因素的影响，造成应用系统之间甚至同一个系统内部都可能存在很大的异质性。若使用传统的低层次通信协议来实现协同工作，应用开发者不但要关注具体的应用问题，而且要花费大量的精力去了解下层平台的特性，解决所用平台之间的差异，难以实现高效的设计开发。

解决上述问题的一个基本思路就是采用中间件技术。通过中间件，嵌入式应用中的对象之间能方便地实现透明性的合作。嵌入式 CORBA 是其中的一个典型代表，它根据嵌入式系统的特征，去掉了通用模型中的动态调用界面(DII)和动态框架界面(DSI)，只保留界面库中的 RepsitoryId 和 TypeCode 两部分，同时对可移植对象适配器（POA）进行了裁减。

基于中间件的嵌入式软件开发，可以忽略下层平台之间的差异，也不考虑应用之间通信协议的实现问题，而是集中精力解决如何达到应用软件本身的性能指标的问题。因此，可以大大降低整个嵌入式软件开发的复杂程度，提高开发效率。

广义地讲，嵌入式中间件可理解为系统层次结构中的一个抽象层，它使得上层应用软件能在不需要知道下层模块的具体实现方式的情况下，获得下层模块提供的服务。基于 RTOS 的面向领域的应用编程接口及规范就是这类嵌入式中间件的一个案例。

基于中间件技术的嵌入式软件编程的系统结构如图 2-5 所示。嵌入式应用中间件，位于嵌入式操作系统与嵌入式应用软件之间，本身具有精确的规范接口，为应用软件的开发提供领域通用的服务支持。因此，基于中间件的开发可以充分复用领域知识和软件模块，降低系统的复杂度，有利于扩展和修改现有的构件库，降低系统升级或开发新系统的开销，加快开发进度。

随着嵌入式系统应用的日益广泛和相关技术的迅速发展，嵌入式软件系统的设计有如下的发展趋势。

(1) 复杂性增加

用户需求、设计规模不断增大，设计对象由单机走向网络分布式系统。

(2) 应用领域扩大

不同场合对系统设计的功能、功耗、实时性体积等需求各不相同，设计要求由单目标走向多目标。

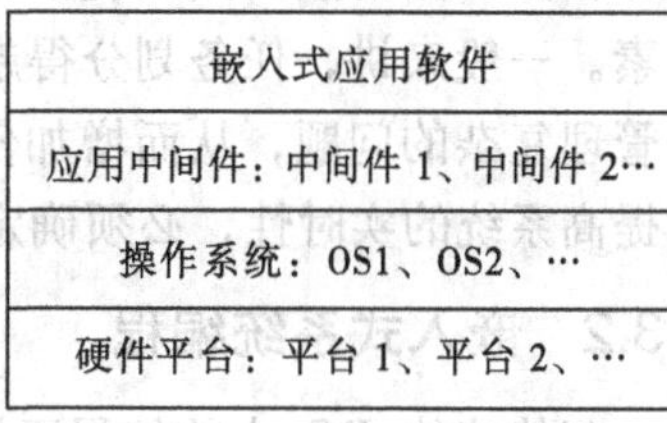

图 2-5 嵌入式中间件编程结构

(3) 集成度更高

嵌入式技术大量应用于手机等用电池供电的移动设备中，受功耗和体积的限制，加上硬件的集成度不断提高，导致嵌入式产品的集成度越来越高，软硬件协同设计逐步成为当今嵌入式软件系统设计的主流。

(4) 更新速度加快

系统设计周期不断缩短，系统设计更加强调设计重用，软件系统更多地采用构件重用。

鉴于上述发展趋势，在进行嵌入式软件设计时，一般应遵循下列原则：

(1) 尽量简单

这是嵌入式系统设计最基本的一项原则。在进行嵌入式软件设计时，任何设计只能尽量好，不可能最优。实际上，这种思想对所有的软件设计都有效。

早期的嵌入式软件设计过分强调代码精简，导致软件缺乏可读性，可移植性较差，而且容易出错且难以修改。随着实时软件工程的发展，很多设计者又走向另一个极端：总是希望在进行软件设计时将所有可能的问题都解决，导致开发计划很难按时完成，开发成本也大量增加。

尽量简单本身可能不完美，不能照顾到给定问题领域的方方面面。这种方法的最大优点在于：开发计划非常容易实现，成本费用可控制在允许的范围内，所开发出的嵌入式软件的质量也有一定的保障，至少是用户可以接受的。此外，由于设计简单，编码实现、维护和扩展也相对容易。

针对简单设计的需求，目前已产生了多种模型和方法，如广泛采用的原型模型、增量模型、组件/构件方法等。遵循这些方法，可以在软件质量和开发进度、成本之间做出合理的妥协，其基本开发方式有增加新功能和重新组合现有功能两种；增加新功能即在产品原有功能的基础上，增加一些新功能，如在普通电视上增加 USB 接口。重新组合现有功能，即从现有的多种功能中选择对某类用户特别有用的功能，删除不必要的，重新组合构成新产品。

无论哪种方案，都不考虑产品功能的齐备性；不是所有的新功能都要具有，而是充分考虑产品的成本和市场的主流需要，这种设计简单，可以快速完成，从而保证产品快速更新换代。

(2) 提高实时性

在当今的嵌入式软件设计中，一般都是通过任务调度来提高系统的实时性，对于如何提供高效、可靠的实时调度，已提出了很多调度算法，如优先级调度算法、EDF 算法等。但为了提高系统的实时性，在嵌入式系统设计中常采用一种静态调度表调度算法，其思想是：在系统运行前，根据任务的实时要求生成一张时间表，指明各任务的起始运行时间及运行长度，该表一旦确定，在系统运行中将不再变化，调度器根据表中规定的时刻执行相应的任务。

在嵌入式系统设计中，当需要对多个同类实体进行管理时，一般最简单的方法就是使用数组。在嵌入式系统中，由于系统时间资源非常宝贵，而系统对时间特性的要求较高，往往需要以空间换时间，达到增强实时性的目的。

在多任务的嵌入式系统中，任务的划分及任务数目的确定也是影响系统实时性的一个重要因素。一般来讲，任务划分得越细，越便于系统的编码实现，但同时也带来任务队列变长和任务管理复杂的问题，从而增加任务间通信的耗时和调度延迟，降低了整个系统的实时性能。为了提高系统的实时性，必须确定恰当的任务数目。

2.3.2 嵌入式系统编程

与传统的 PC 上的编程不同，嵌入式系统编程针对特定的硬件平台，要求程序设计语言具备较强的硬件直接操作能力。应用于嵌入式系统的处理器品种较多，汇编指令集多样，配套开发工具各不相同。因此嵌入式软件的编程必须针对实际的硬件平台和配套提供的编译工具。即使是同一种程序设计语言，如 C 语言，针对不同的目标环境也有不同的扩展，从而产生了各不相同的嵌入式版本。同时，由于嵌入式系统结构一般比较紧凑，程序运行空间对系统的实时性又要求较高，这对嵌入式系统的软件编程提出了更高的要求。

到目前为止，已有许多种不同的嵌入式程序设计语言，而且还在不断地产生新的程序设计语言。程序设计语言的作用就在于表达算法，一般而言，程序设计语言中应包含功能、目标、结构、表达能力等内容。

目前常用的嵌入式软件程序设计语言有：

1. 汇编语言

汇编语言是开发与硬件相关的软件的常用语言，在嵌入式系统中使用非常广泛。由于不同微处理器的汇编语言差别很大，开发难度较高，它不能被一般嵌入式软件开发者快速掌握，同时不利于大型软件的开发。因此，通常只有在开发一些必须与硬件紧密结合和实时性要求较高的嵌入式软件时才使用汇编语言，如嵌入式系统底层设备驱动程序、BSP 等。

2. C 语言

C 语言是一种通用的高级编程语言，特别适合结构化的编程，它简单易学，编程效率高，已在各个领域的软件编程中得到广泛应用。

绝大多数嵌入式微处理器都提供了 C 语言的编译器，与使用汇编语言编程相比，它容易学习与理解，可以极大地方便不同硬件平台间的软件移植。因此，C 语言已成为一种使用广泛的嵌入式软件开发编程语言，特别是一些大型软件系统，如文件系统、网络协议、嵌入式 GUI 等。

嵌入式 C 语言一般全部或部分支持 ANSI C 标准，并会根据不同硬件平台的特性进行相应的扩展，常用的有 gcc、Keil 等。

3. 嵌入式 Java

随着嵌入式应用的网络化发展，Java 语言由于几乎与硬件无关，因此特别适合开发需要跨平台使用的嵌入式软件，已成为嵌入式软件开发的一种主要语言。

与 C 语言相比，Java 语言中添加了一些已经在其他语言中得到验证的概念和技术，使程序更加严谨、可靠、易懂。它具有面向对象、简单、安全性高、动态性好、“一次编程，多次使用”的特点，所以更加适合网络应用软件的开发，如手机、PDA、嵌入式浏览器、嵌入式 Web 等。但对于需要管理中断来完成重要任务的应用系统，不宜采用 Java 进行开发。

现代的软件开发一般工作量都非常大，需要多个程序员密切配合才能完成。程序员之间往往需要彼此阅读对方的代码，因此代码的编写规则就显得十分重要。

编程规范一般应包括软件模块的划分、文件的组织、源文件、头文件、数据类型、变量的命名方法、内存的使用等内容。编写规范在原理上并不复杂，而且可以设置得很简单，但是要完全执行，则需要每一个开发人员都必须认真地遵守。因此能否严格遵守编码规则是一个嵌入式软件设计人员能力的具体体现。

2.3.3　嵌入式系统测试

在嵌入式系统的开发过程中，系统的测试是系统设计过程中一个十分重要的环节。它一般包括软件测试、硬件测试和综合测试内容。由于嵌入式系统硬软件界限模糊，使得嵌入式系统的测试比传统的 PC 应用系统测试要困难得多。随着微电子技术的快速发展，嵌入式硬件的可靠性测试已经比较完善。相比之下，软件系统的测试成为系统测试的一个瓶颈。与一般的应用软件相比，嵌入式软件测试有两个重要特征，一是嵌入式软件的测试必须在特定的硬件环境下才能进行，二是对于嵌入式实时系统而言，除对软件的功能进行测试外，还要考虑对时间约束范围内的输入、输出结果等性能进行测试。嵌入式软件测试的这些特性，决定了其必须在应用传统的软件测试方法的基础上，针对这些特性而采用一些改进的测试方法。

1．测试目的

目前，对嵌入式软件的测试一般包含下列不同阶段：

（1）源代码级测试

这种测试类似于传统的软件测试，从软件设计的静态分析到目标代码的运行测试均包含在内。其重点是对嵌入式软件系统进行性能测试，帮助实现系统的稳定与优化。

（2）终端产品测试

这种测试是在嵌入式产品设计开发完成后，为了在产品上市之前发现系统存在的功能缺陷和性能问题而采用的一种测试。

（3）应用模拟测试

由于嵌入式软件测试与应用环境有关，因此，如何测试产品在实际环境中的效果成为嵌入式软件测试中的一项重要内容。为此，应用模拟测试和仿真测试开始受到越来越多的关注。这种测试能够提供特定环境下的终端产品性能和兼容性测试，但是，由于应用环境模拟涉及较多的软硬件资源，目前在实现上有一定的困难，一般只在一些特定的情况下局部使用。

2．测试步骤

尽管不同的阶段其测试目的不同，但就测试过程而言，一般包含下列步骤：

（1）构造测试模型

嵌入式软件测试所用的模型是关于如何使用系统的一种定量描述，它根据用户实际使用软件的方式，模拟软件真实运行的环境。测试模型的构造取决于对软件系统的模式、功能、任务需求及相应输入的分析与了解，因此构造一个好的测试模型对测试和分析结果是否可信产生最直接的影响。

（2）产生测试用例，执行测试

根据测试模型产生测试用例，在真实环境或仿真测试环境中对软件进行测试。测试用例的构造一般应考虑输入变量取值范围与输入变量之间的约束关系。

（3）测试评价

根据测试中取得的失效数据，对测试结果进行分析，评价软件系统的可靠性与功能的完整性。

随着嵌入式系统的广泛应用，对其系统功能的复杂度与可靠性要求越来越高，传统的单纯手工测试已完全不能满足系统测试的需求，一般需要借助相应的测试工具来完成。

3．测试工具

目前，按嵌入式测试工具的构成，主要分为以下 3 种：

（1）纯软件测试工具

该类工具简单易行，是目前最常用的方法。一般采用交叉测试技术，首先通过插桩方法在被测软件中插入一些测试函数，通过这些函数来完成数据的生成，并传送到目标系统的共享内存中。然后在目标系统中执行一个预处理任务，完成对这些数据的处理，处理后得到的结果数据由目标机传输到宿主机的测试平台，使测试者得到软件当前的运行状态。

使用这种测试方法所得到的测试数据显然不够精确，难以对目标系统的运行时间进行准确的分析，无法观察到内存的动态分配情况。同时，对单元测试的覆盖范围有限。

(2) 纯硬件测试工具

如逻辑分析仪与仿真器，主要用于对系统硬件的设计与测试。这些工具不影响目标系统的运行，可以得到实时、真实的数据。由于硬件工具直接从系统总线上获得数据，因此，如果对软件进行测试，其效果一般不太理想。

(3) 硬件辅助软件的测试工具。

这类工具继承了纯软件和纯硬件工具的功能，既可以进行交叉测试，又可以由总线获得信号，并加以改善。将插桩函数变为插桩测试赋值语句，避免被高级任务中断；插桩语句的结果由读总线数据获取。这样减少了系统开销，在不影响目标系统运行的同时，增加了测试的覆盖范围，可以获得精度较高的测试数据。

2.3.4 嵌入式软件的复用

软件复用在软件设计中越来越受重视，随着 32 位嵌入式处理器成为主流，以及嵌入式操作系统的广泛使用，嵌入式软件的开发面临着以下问题：

① 在嵌入式产品设计中，软件的规模和复杂性迅速增大，几乎每 2～3 年增加一倍。

② 产品及其软件的多样性迅速增加。

③ 开发周期明显缩短，同时需要保证软件的质量。

面对这些新的变化，在采用新的嵌入式软件开发技术的同时，复用已有的技术和代码段来实现一个新的系统是解决上述问题的最有效方法之一。其中组件和构件技术是嵌入式软件复用的主流方向。

虽然嵌入式软件复用给软件设计带来许多优点，但在应用于一些复杂系统或者网络化系统时也会出现一些新问题，往往表现在已有技术和代码的本身及相应的非标准化集成的方法上。对这些问题的解决已成为嵌入式软件领域研究的热点之一。

2.3.5 嵌入式软件开发环境

嵌入式软件开发环境是为用户开发嵌入式应用系统提供的一种综合的支撑平台。它可以包括面向应用领域的应用程序基本框架、可重用的组件库、开发工具集及嵌入式操作系统等。其主要功能是将工具集合在一起来支持某种类型软件的开发。嵌入式软件开发环境是设计人员开发应用程序的重要手段，是实现系统开发经验的积累和软件复用的重要平台。

嵌入式系统以应用为中心，这些应用系统有其专用性，其软件的运行与硬件有着密切联系，它们一旦被安装到所要控制的系统中，其功能也就相应的确定了。这些系统千差万别，它只为嵌入式软件提供运行环境，而不提供其开发环境。另外，嵌入式系统一般都是实时系统，必须满足时间的约束。嵌入式软件的这些特性给其开发提出了新的挑战，也决定了嵌入式软件开发及其开发平台不同于 PC 上通用应用软件的开发。

嵌入式软件开发环境一般应具有以下特点：

- 需要协调管理相应的硬件资源。
- 软件具有可裁减性。

- 需要交叉编译、调试与测试环境。
- 需要软件固化工具。

目前，嵌入式系统可以运行的硬件平台十分广泛，如单片机、X86、MIPS、PowerPC、ARM等,但在嵌入式软件开发平台的使用上,常用的只有基于PC的Windows平台和Linux平台两种;它可支持嵌入式软件生命周期中的一个或者多个阶段，并可提供相应的开发环境与开发工具。

1. 交叉开发环境

嵌入式系统的硬件和软件资源是按照系统的实际需求配置的，一般没有用于系统开发调试的资源，不像开发 PC 通用软件那样，可以在软件运行的环境中进行软件的编译调试。嵌入式软件的编译调试需要在交叉开发模式的环境中来完成，在这种环境中，开发系统建立在软硬件资源比较丰富的PC（常称为宿主机）上，嵌入式软件的编辑、编译、链接等过程都在宿主机上完成，而软件的运行则在与宿主机有较大差别的嵌入式设备或开发板（也称为目标机）上。宿主机与目标机通过串口、并口、网络接口或者其他通信接口相连接，嵌入式软件的调试与测试由宿主机与目标机之间协作完成。

（1）交叉开发过程

在交叉开发环境中进行嵌入式软件开发，一般可分为应用软件生成、应用软件调试和应用软件固化运行 3 个阶段。

① 应用软件生成：该阶段主要根据软件的应用需求，选择适当的编程语言与开发平台完成软件的设计、编码，再通过交叉编译/链接工具生成可执行文件。

② 应用软件调试：该阶段将生成的可执行文件下载到目标机上运行，通过相应的程序下载/调试工具，检查软件是否有错及出错的位置，再进行修改调试，直至满足系统功能要求。

③ 应用软件固化：该阶段是将调试验证后的程序固化到目标机上，完成系统的启动运行。根据嵌入式系统硬件的配置情况，软件的固化方式各有不同，既可固化在 EPROM、Flash 存储器中，也可固化在 DOC、DOM 电子盘中。对于手机、PDA 等高端设备，不可能将所有的应用程序都固化在有限的存储空间中，则必须引入动态加载功能，通过通信接口进行功能扩展或系统升级。

（2）常用的交叉开发方法

随着嵌入式技术的不断发展，相应的交叉开发技术也得到了不断的发展，开发方法不断更新，开发工具的功能越来越强。但在实际的软件开发中，各种开发方式都有一定的使用范围。目前，在交叉开发环境中进行软件开发有如下一些常用的方法。

① Crash and Burn 方式。早期的嵌入式软件开发，大都使用该方法。其基本步骤为：

第一步，在宿主机上编写程序代码。

第二步，在宿主机上进行应用软件的编译，生成可执行文件。

第三步，将应用程序固化到目标机的非易失存储器中（如 ROM、EPROM、Flash）。

第四步，启动应用软件运行，若正常则固化完成；否则执行下一步。

第五步，根据目标机上所出现的信息，判断其错误类型及错误位置，再修改程序，重新编译，直到正确为止。

这种方式只需要处理器厂家提供的专用编译器或汇编及程序固化器等开发工具，不需要任何调试硬件的支持，但它所提供的功能有限，开发效率较低，目前，仅在较小规模的嵌入式系统开发时采用。

② ROM Monitor 方式。该方法是将一个系统监控程序（ROM Monitor）固化到目标机上，负责目标机上被调试程序的运行，与宿主机的调试程序一起完成对应用程序的调试。该方式是目前使用最广泛的开发调试方法之一，几乎所有的主流交叉开发环境都支持。

监控程序首先被固化到目标机的 ROM 空间，在目标机复位时开始执行，完成对目标机的初始化工作后，等待宿主机的命令。根据宿主机的命令，监控程序可以完成对目标机内存和寄存器的读写、设置断点及单步执行等调试功能。使用该方式进行嵌入式开发时，一般步骤为：

第一步，编写、编译应用程序代码。

第二步，启动目标机，完成宿主机的调试程序与目标机上监控程序的通信连接。

第三步，将可执行的目标代码下载到目标机上。

第四步，对应用程序进行跟踪调试。

第五步，如果应用程序运行正确，则将程序固化到目标机上，否则执行下一步。

第六步，如果发现错误，则通过调试器进行错误定位并修改错误，重新进行上述调试。

在这种方式中，用户可以通过监控程序实时控制目标机上的内存单元、寄存器内容，因此调试应用程序的效率明显提高，而且目标机与宿主机通信可以直接利用目标机本身的串口或者网络接口，不需要专门的调试硬件支持，从而缩短了软件的开发周期，降低了开发成本。

但该方式也存在以下一些不足之处：

- 监控程序驻留在目标机的内存中，要求目标机有足够的内存空间，使得目标机在调试与运行时内存使用不一致，导致一些内存使用方面的错误。
- 由于监控程序在目标机上运行，可能导致目标机 CPU 在运行与调试时的不一致，不适合调试有时间特性的软件。
- 由于由监控程序完成对系统的初始化工作，因此无法调试系动初始化过程。

③ ROM Emulator 方式。程序仿真器（ROM Emulator）可以被认为是一种被用于替代目标机上 ROM 芯片的设备，可以插接到目标机的 ROM 插座上，取代目标机上的 ROM 内存，这样用户可以将要调试的程序下载到程序仿真器中，等效于下载到目标机内存中，不但可以了解目标机运行时的内存变化，而且可以修改内存单元的值，从而可以定位软件的错误。

这种方式的最大优点是可以保证被调试软件的调试版本与最终发布版本一致，由于 ROM Emulator 功能相对单一，通常要与 ROM Monitor 配合使用，因此具有 ROM Monitor 的缺点。

④ ICE 方式。在线仿真（In Circuit Emulator，ICE）是目前嵌入式系统开发中使用最多、功能较强大的开发环境。它是一种用于替代目标机上 CPU 的设备，可以执行目标机上 CPU 的指令，能够将相应的控制信号输出到被调试的目标机上，ICE 的内存可以被映射到用户的程序空间。这样，即使没有目标机，也可进行代码的调试，而且其功能与被替代的目标机处理器完全一样，并允许用户查看处理器的数据或代码，控制 CPU 运行。

ICE 通常由仿真插头和仿真器主板组成。仿真插头通过一条电缆与仿真器主板相连，仿真器主板包含了与被替代的 CPU 完全相同的处理器，它通过串口、USB 口或者网络接口与宿主机相连，仿真插头可直接插接到目标机的 CPU 插座中，在物理上替代目标机的 CPU。采用 ICE 方式，可以完成以下一些特殊的调试功能：

- 可以同时支持硬件断点和软件断点的设置。
- 可以设置各种复杂的断点和触发器。
- 可以实时跟踪目标程序的运行。

• 能在不中断被调试程序运行的情况下查看内存和变量，获得程序的执行情况。

ICE 最显著的特点是能够检测目标机系统硬件的时间响应特性，特别适合调试实时性强的嵌入式软件和设备驱动程序，并进行一些实时性分析。

但是，一个 ICE 一般仅能仿真一个或者一系列的 CPU，通用性不高，随着 CPU 越来越复杂，对应的 ICE 技术难度也越来越高，成本也比较昂贵，一般在几千到几万美元。

⑤ OCD 方式。片上调试器（On Chip Debugging，OCD）是在 CPU 芯片内部嵌入一个调试模块，当满足一定的触发条件时 CPU 进入某一种特殊状态，在该状态下，被调试程序停止运行，宿主机上的调试器可以通过处理器外部特设的通信接口（如 JTAG）访问各种资源，并执行指令。宿主机与开发板之间一般通过一块简单的信号转换电路板连接。

OCD 实际上是将 ICE 提供的实时跟踪和运行控制分开，将运行控制放到目标机系统的 CPU 内核中，由一个专门的调试控制逻辑模块来实现，并用一个专用的串行信号接口开放给用户，使得 OCD 可以提供 ICE 80%以上的功能，成本还不到 ICE 的 20%。

目前，大量使用的 OCD 都采用正常运行和调试两级 CPU 模式。在正常模式下，目标板上的程序直接独立运行，不接受宿主机的任何调试信息。在调试模式下，目标板上的 CPU 从调试端口读取指令，通过调试端口控制 CPU 进入或退出调试模式，这时宿主机的调试器可以直接向目标机发送要执行的指令，读/写目标机中的内存和各种寄存器，控制目标程序的运行，完成各种调试功能。

OCD 主要特点有：

• 性价比高。
• 不占用目标机的硬件资源。
• 调试环境与程序最终运行环境基本一致，对被调试程序的性能影响小，从硬件上监控程序的运行状态，减少了软件监控的开销。
• 既能调试应用程序，又能调试底层系统软件。

但 OCD 调试的实时性不如 ICE 强，要求 CPU 必须具有 OCD 功能，而且标准不统一。

(3) 交叉开发环境的建立

常用交叉开发环境建立的方法基本类似，一般应包含下列步骤：

① 安装宿主机端的开发环境。
② 准备目标机及通信连接设备。
③ 制作 ROM Monitor 影像，并固化到目标机的 ROM 中。
④ 连接宿主机和目标机。
⑤ 启动宿主机与目标机，测试通信连接，若成功，则交叉开发环境建立完成。
⑥ 创建项目，设置配置参数，编写源代码。
⑦ 编译源代码，生成目标文件。
⑧ 下载目标文件到目标机中，进行软件调试。
⑨ 调试完成后，生成固化文件并固化到目标机的 ROM 中，至此，开发完成。

上述步骤可能出现反复，对不同的开发方法，可能也有所差异。

2. 仿真开发环境

交叉开发需要建立一个交叉编译环境，将应用软件下载到目标机中，然后启动运行或调试系统，这种方法存在的主要问题是其开发过程主要依赖于宿主机与目标机之间的协作。也就是说，只有在目标机硬件系统开发完成后，才能进行软件系统的调试与运行；同时，硬件引起的错误将影响软件的调试和测试，导致开发进度推迟，软件质量难以保证。

仿真开发就是解决上述问题的有效方法。它利用计算机仿真技术模拟嵌入式硬件系统的真实运行，使软件开发和调试在虚拟平台上进行，在嵌入式硬件系统未完成之前，就可以进行软件的开发与调试，提高开发效率，降低风险与开发成本。

仿真开发从原理上可看做一种特殊的交叉开发方式，即宿主机与目标机在同一个物理平台上，但其运行环境（包括硬件、操作系统和设备驱动等）各不相同，在两个环境之间交叉进行。

(1) 仿真开发的类型

按其所使用物理环境的差别，仿真开发可分为基于仿真硬件的开发和纯软件仿真开发两大类。基于仿真硬件的开发就是采用专门的仿真设备来替代与目标环境相关的硬件，如 ROM、CPU 等。不可避免地还是需要宿主设备与仿真设备构成的开发环境，嵌入式软件的开发必须在物理环境建立完成之后进行，无法做到真正的软硬件同时开发，如 ICE、OCD 等方法。通常可将其归属于交叉开发方式。

纯软件的仿真开发能真正做到嵌入式软硬件同时开发。它利用宿主机上的资源模拟目标机的实际硬件电路，构建应用软件运行所需的虚拟硬件环境，从而在宿主机上完成整个应用软件的仿真开发和执行。该方法为用户提供了一种高效、便捷、低成本的开发平台。

按照使用目的的不同，纯软件仿真开发又可分为以下两大类。

① 编程接口级仿真开发。

该方法也称为 API 级仿真开发，它是嵌入式软件仿真开发中最常用的技术。包括仿真 API 构造和仿真软件开发两部分。仿真 API 构造是利用宿主机资源从功能上模拟嵌入式应用软件开发所需的编程接口函数，如用 PC 上 VC 的 I/O 函数模拟 VxWorks 提供的 I/O 函数，并保证接口与实际函数一致。而仿真软件开发就是利用这些接口一致的仿真函数编写并运行需要的嵌入式软件。

这种方法由于在宿主机的操作系统上运行宿主机的代码，其运行逻辑、实时性等得不到保证。

② 硬件级仿真开发。

该方法着眼于对物理硬件的功能和内部运行过程进行仿真，对象是硬件指令级操作过程，各操作之间主要考虑数据传输、时序配合、操作流程和状态转移。因此，该方式也称为指令级仿真开发。

该方式首先使用宿主机上的一般软件编程语言，如 C、C++、汇编语言等，对目标机硬件指令进行描述，使得仿真环境中的硬件指令执行可用宿主机资源完成，并保证时序和逻辑的一致性。其次使用所仿真的硬件指令来模拟目标机的物理硬件环境，如配置仿真的 CPU、IC 芯片等。最后用目标系统的程序设计语言编程并编译链接生成可执行的程序，将其下载到仿真环境中，利用所定义的指令来解释执行、调试相关嵌入式应用软件的功能和性能。

(2) 仿真开发环境的特点

仿真开发一般具有如下一些优点：

- 不需要提供实际的目标硬件环境，成本低。
- 编译调试都在宿主机上进行，方便实用。
- 可以最大限度地保证软硬件同时开发，缩短开发周期。

但是，仿真开发也存在一些明显的不足：

- 工作量较大，一个机构难以单独完成。
- 实时性难以达到目标机的实际要求。

3. 基于 Linux 的嵌入式开发环境——GNU

GNU 开发环境是 Linux 配套的一种性能优良、使用灵活的开发工具，它包含 C 编译器 gcc、make 工具 GNUmake、开发调试工具 gdb 等。GNU 不仅功能齐全，而且不需要任何使用费用。随着 Linux 在嵌入式系统应用领域的使用不断广泛，GNU 已成为嵌入式系统开发的主流开发环境，在嵌入式系统的设计中得到了广泛的使用，而且功能不断得到完善。其具体功能与应用详见第 7 章中的相关内容。

4. 基于 ARM 的集成开发环境——RealView MDK

RealView MDK 是 ARM 公司最先推出的基于微控制器的专业嵌入式开发工具。它采用了 ARM 的最新编译工具 RVCT（RealView Compilation Tools），集成了 Keil μVision 集成开发环境（IDE），因此特别易于使用，同时具备非常高的性能。与 ARM 之前的工具包 ADS 等相比，RealView 编译器的最新版本可将性能改善超过 20%。其具体功能与应用详见第 5 章中的相关内容。

本章小结

本章针对嵌入式系统开发的特点，在介绍嵌入式系统开发过程中常用的基本术语的基础上，重点叙述了面向硬件和面向操作系统的开发模式，详细讨论了嵌入式系统的设计方法，概述了嵌入式系统的设计过程，讲述了开发过程所涉及的各方面知识，分析了嵌入式系统开发环境的构成，为读者提供了一些嵌入式系统设计、编程、测试、软件复用、调试的基本方法与基本思想。

通过本章的学习，读者可以较全面地掌握嵌入式系统的设计理念与设计过程，熟悉常用的方法和技术，为设计一个完整的嵌入式系统建立整体概念，也为学习后续章节的内容做好准备。

习题

1. 什么是 BSP？BSP 与 BIOS 有什么异同？
2. 简述 BootLoader 与 OSLoader 的作用与功能。
3. 简述交叉编译器和模拟器的功能。
4. 简述面向硬件开发模式与面向操作系统开发模式的特点。
5. 简述嵌入式系统的开发过程及各过程的功能。
6. 嵌入式系统软件设计有哪些常用的方法？
7. 嵌入式软件具有哪些特点？
8. 嵌入式软件设计应该遵循哪些基本原则？
9. 常用的嵌入式应用程序设计语言有哪几种？各自适合哪些场合的编程？
10. 嵌入式软件需要哪些常规的测试？
11. 按嵌入式软件测试工具的构成，其测试工具分为哪几类？分别有什么优缺点？
12. 嵌入式软件开发环境应由哪些部分组成？各部分具有什么功能？
13. 比较交叉开发和仿真开发的不同点。
14. 列举两种以上的常用嵌入式开发环境，说明它们的组成结构及特点。
15. 开发环境一般提供哪些开发工具？各开发工具的主要功能是什么？

第3章 ARM微处理器体系结构

本章导读

本章介绍 ARM 处理器的一些基本知识，包括 ARM 的版本、ARM 微处理器系列和 ARM 微处理器的体系结构。

本章内容要点

- ARM 概述；
- ARM 的版本；
- ARM 微处理器系列；
- ARM 微处理器结构；
- 基于 ARM9 的 S3C2410AX 微处理器。

内容结构

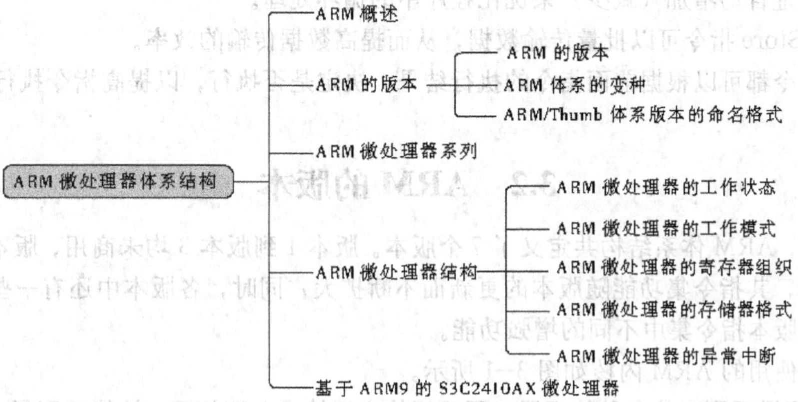

学习目标

本章内容一般只要求作认识性了解，通过学习，学生应该能够：

- 了解 ARM 处理器的结构和分类；
- 理解 ARM 处理器体系结构的特点；
- 初步认识 S3C2410AX 微处理器。

3.1 ARM 概述

ARM 公司既不生产芯片也不销售芯片，它只出售芯片技术授权。采用 ARM 技术 IP 核的微处理器遍及汽车、消费电子、成像、工业控制、海量存储、网络、安保和无线等各类产品市场。目前，基于 ARM 技术的处理器已经占据了 32 位 RI SC 芯片 75%的市场份额。可以说，ARM 技术几乎无处不在。

ARM 公司成立于 1990 年，总部在英国剑桥，经过 20 年的发展，目前拥有员工 1700 多名，分布在全球的 32 个分支机构。同时，全球有 700 多家 ARM Connected Community 成员企业一起支持 ARM 技术。ARM 公司于 2001 年在中国设立 ARM 中国，目前，ARM 中国在上海、北京及深圳共有员工 30 多名，和国内 70 多家 ARM Connected Community 成员企业，参与了从“中国制造”上升到“中国创造”的历程，打造了一个基于 ARM 的创新生态环境。

ARM 拥有广泛的全球技术合作伙伴，这其中包括领先的半导体系统厂商、实时操作系统（RTOS）开发商、电子设计自动化和工具供应商、应用软件公司、芯片制造商和设计中心。

ARM 芯片具有 RISC 体系的一般特点，如：

- 具有大量的寄存器。
- 绝大多数操作都在寄存器中进行，通过 Load/Store 体系结构在内存和寄存器之间传递数据。
- 寻址方式简单。
- 采用固定长度的指令格式。
- 除此之外，ARM 体系还采用了一些特别的技术，在保证高性能的同时尽量减小芯片体积，减小芯片的功耗。这些技术包括：
- 在同一条数据处理指令中包含算术逻辑处理单元处理和移位处理。
- 使用地址自动增加（减少）来优化程序中的循环处理。
- Load/Store 指令可以批量传输数据，从而提高数据传输的效率。
- 所有指令都可以根据前面指令的执行结果，决定是否执行，以提高指令执行的效率。

3.2 ARM 的版本

迄今为止，ARM 体系结构共定义了 7 个版本。版本 1 到版本 3 均未商用，版本 4 到版本 7 正在广泛应用，其指令集功能随版本的更新而不断扩大；同时，各版本中还有一些变种，这些变种定义了该版本指令集中不同的增强功能。

当前正在使用的 ARM 内核如图 3-1 所示。

ARM 处理器系列中的各种处理器，所采用的实现技术各不相同，性能差别很大，应用场合也有所不同，但是只要它们支持相同的 ARM 体系结构版本，基于它们的应用软件将是兼容的。

本节介绍 ARM 体系结构不同版本指令集的特点，以及各版本包含的一些变种的特点。

1. ARM 的版本

ARM 体系结构 7 个版本的特点如图 3-2 所示，简单说明如下：

(1) 版本 1

本版本在 ARM 1 中实现，但没有在商业产品中使用。它包括下列指令：

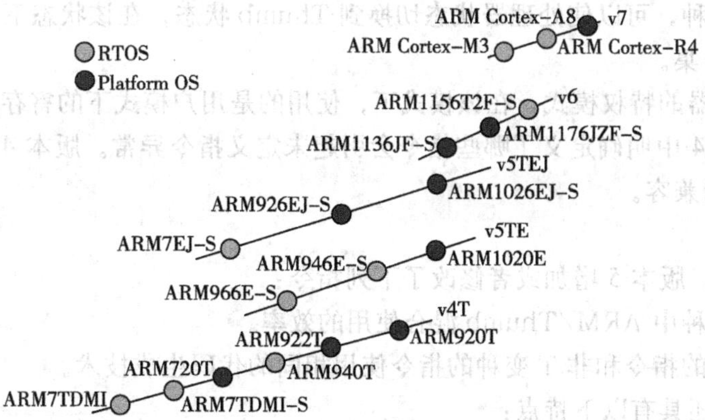

图 3-1　当前正在使用的 ARM 内核

- 处理乘法指令之外的基本数据处理指令。
- 基于字节、字和多字的读取和写入指令（Load/Store）。
- 包括子程序调用指令 BL 在内的跳转指令。
- 供操作系统使用的软件中断指令 SWI。

本版本中处理器的地址空间是 26 位，目前已经不再使用。

（2）版本 2

与版本 1 相比，版本 2 主要改进部分如下：

- 增加了乘法指令和乘加法指令。
- 增加了支持协处理器的指令。
- 对于 FIQ 模式，提供了额外的两个备份寄存器。
- 增加了 SWP 指令及 SWPB 指令。

本版本中处理器的地址空间是 26 位，目前已经不再使用。

（3）版本 3

版本 3 较以前的版本发生了比较大的变化。主要改进部分如下：

- 处理器的地址空间扩展到了 32 位。但除了版本 3G（版本 3 的一个变种）外的其他版本是向前兼容的，支持 26 位的地址空间。
- 当前程序状态信息从原来的 R15 寄存器移到一个新的寄存器中，新寄存器名为 CPSR（Current Program Status Register，当前程序状态寄存器）。
- 增加了 SPSR（Saved Program Status Register，备份的程序状态寄存器），用于在程序异常中断程序时，保存被中断程序的程序状态。
- 增加了两种处理器模式，使操作系统代码可以方便地使用数据访问中止异常、指令预取中止异常和未定义指令异常。
- 增加了指令 MRS 和指令 MSR，用于访问 CPSR 寄存器和 SPSR 寄存器。
- 修改了原来的从异常中返回的指令。

（4）版本 4

与版本 3 相比，版本 4 主要改进部分如下：

- 增加了半字的读取和写入指令。
- 增加了读取（Load）带符号的字节和半字数据的指令。

- 增加了 T 变种，可以使处理器状态切换到 Thumb 状态，在该状态下指令集是 16 位的 Thumb 指令集。
- 增加了处理器的特权模式，在该模式下，使用的是用户模式下的寄存器。

另外，在版本 4 中明确定义了哪些指令会引起未定义指令异常。版本 4 不再强制要求与以前的 26 位地址空间兼容。

(5) 版本 5

与版本 4 相比，版本 5 增加或者修改了下列指令：

- 提高了 T 变种中 ARM/Thumb 混合使用的效率。
- 对于 T 变种的指令和非 T 变种的指令使用相同的代码生成技术。

同时，版本 5 还具有以下特点：

- 增加了前导零计数（Coupe Leading Zeros，CLZ）指令，该指令可以使整数除法和中断优先级排队操作更为有效。
- 增加了软件断点指令。
- 为支持协处理器设计提供了更多的可选择指令。
- 更加严格地定义了乘法指令对条件标志位的影响。

(6) 版本 6

ARM 体系版本 6 是在 2001 年发布的，其主要特点是增加了 SIMD 功能扩展。它适用于使用电池供电的高性能的便携式设备。这些设备一方面需要处理器提供高性能，另一方面又需要功耗很低。SIMD 功能扩展为包括音频/视频处理在内的应用系统提供了优化功能，它可以使音频/视频处理性能提高 4 倍。

ARM 体系版本 6 首先在 2002 年春季发布的 ARM 11 处理器中使用。

(7) 版本 7

ARM 体系版本 7 是在 2004 年发布的。ARMv7 Cortex 体系结构主要特点是：带有 Cortex 处理机内核，支持新的 Jazelle-RCT 技术，强化的多媒体 NEON 技术及提高代码效率的 Thumb-2 技术。

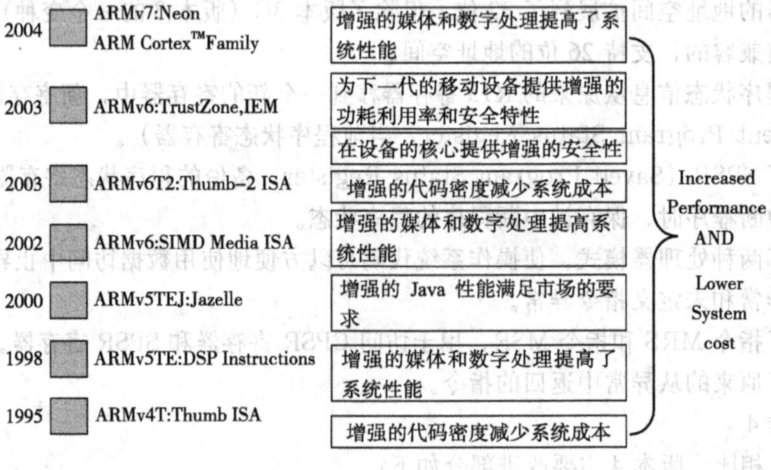

图 3-2　ARM 体系结构的版本特点

2. ARM 体系的变种

这里将某些特定功能称为 ARM 体系的某种变种（variant），例如支持 Thumb 指令集，称为 T 变种。目前 ARM 定义了以下一些变种：

(1) Thumb 指令集（T 变种）

Thumb 指令集是将 ARM 指令集的一个子集重新编码而形成的一个指令集。ARM 指令长度为 32 位，Thumb 指令长度位为 16 位。这样，使用 Thumb 指令集可以得到密度更高的代码，这对于需要严格控制产品成本的设计是非常有意义的。

与 ARM 指令集相比，Thumb 指令集具有以下局限：

- 完成相同的操作，Thumb 指令集通常需要更多的指令。因此，在对系统运行时间要求苛刻的应用场合，ARM 指令集更为适合。
- Thumb 指令集没有包含进行异常处理时需要的一些指令，因此在进行异常中断的低级处理时，还是需要使用 ARM 指令。这种限制决定了 Thumb 指令需要和 ARM 指令配合使用，对于支持 Thumb 指令的 ARM 体系版本，使用字符 T 来表示。
- 目前 Thumb 指令集具有以下两个版本：
- Thumb 指令集版本 1——本版本用于 ARM 体系版本 4 的 T 变种。
- Thumb 指令集版本 2——本版本用于 ARM 体系版本 5 的 T 变种。
- 与版本 1 相比，Thumb 指令集的版本 2 具有以下特点：
- 通过增加指令和对已有指令的修改，提高了 ARM 指令和 Thumb 指令混合使用时的效率。
- 增加了软件断点指令。
- 更加严格地定义了 Thumb 乘法指令对条件标志位的影响。

这些特点和 ARM 体系版本 4 到版本 5 进行的扩展密切相关。实际上，通常并不使用 Thumb 版本号，而是使用相应的 ARM 版本号。

(2) 长乘法指令（M 变种）

M 变种增加了两条用于进行长乘法操作的 ARM 指令。其中一条指令用于实现 32 位整数乘以 32 位整数，生成 64 位整数的长乘法操作；另一条指令用于实现 32 位整数乘以 32 位整数，然后再加上 32 位整数，生成 64 位整数的长乘加法操作。在需要这种长乘法的应用场合，M 变种很适合。

然而，在有些应用场合中，乘法操作的性能并不重要，但对于尺寸要求很苛刻的场合，在系统实现时就不适合增加 M 变种的功能。

M 变种首先在 ARM 体系版本 3 中引入。如果没有上述的设计方向的限制，在 ARM 体系版本 4 及其以后的版本中，M 变种是系统中的标准部分。对于支持长乘法 ARM 指令的 ARM 体系版本，使用字符 M 来表示。

(3) 增强型 DSP 指令（E 变种）

E 变种包含了一些附加的指令，这些指令用于提高处理器对一些典型的 DSP 算法的处理性能。主要包括：

- 几条新的实现 16 位数据乘法和乘加操作的指令。
- 实现饱和的带符号数的加减法操作的指令。所谓饱和的带符号数的加减法操作是指在加减法操作溢出时，结果并不卷绕（wrapping around），而是使用最大的整数或最小的负数来表示。

- 进行双字数据操作的指令，包括双字读取指令 LDRD、双字写入指令 STRD 和协处理器的寄存器传输指令 MCRR/MRRC。
- Cache 预取指令 PLD。

E 变种首先在 ARM 体系版本 5T 中使用，用字符 E 表示。在 ARM 体系版本 5 以前的版本中，以及在非 M 变种和非 T 变种的版本中，E 变种是无效的。

在早期的一些 E 变种中，未包含双字读取指令 LDRD、双字写入指令 STRD、协处理器的寄存器传输指令 MCRR/MRRC 及 Cache 预取指令 PLD。这种 E 变种记做 ExP，其中 x 表示缺少，P 代表上述的几种指令。

（4）Java 加速器 Jazelle（J 变种）

ARM 的 Jazelle 技术将 Java 的优势和先进的 32 位 RISC 芯片完美地结合在一起。Jazelle 技术提供了 Java 加速功能，可以得到比普通 Java 虚拟机高得多的性能。与普通的 Java 虚拟机相比，Jazelle 技术使 Java 代码运行速度提高了 8 倍，而功耗降低了 80%。

Jazelle 技术使得程序员可以在一个单独的处理器上同时运行 Java 应用程序、已经建立好的操作系统、中间件及其他应用程序。与使用协处理器和双处理器相比，使用单独的处理器可以在提供高性能的同时，保证低功耗和低成本。

J 变种首先在 ARM 体系版本 4 TEJ 中使用，用字符 J 表示 J 变种。

（5）ARM 媒体功能扩展（SIMD 变种）

ARM 媒体功能扩展为嵌入式应用系统提供了高性能的音频/视频处理技术。

新一代的 Internet 应用系统、移动电话和 PDA 等设备需要提供高性能的流式媒体，包括音频和视频等；而且这些设备需要提供更加人性化的界面，包括语音识别和手写输入识别等。这样，就要求处理器能够提供很强的数字信号处理能力，同时还必须保持低功耗，以延长电池的使用时间。ARM 的 SIMD 媒体功能扩展为这些应用系统提供了解决方案，它为包括音频/视频处理在内的应用系统提供了优化功能，可以使音频/视频处理性能提高 4 倍。其主要特点如下：

- 将音频/视频处理性能提高了 2～4 倍。
- 可以同时进行两个 16 位操作数或者 4 个 8 位操作数的运算。
- 提供了小数算术运算。
- 用户可以定义饱和运算的模式。
- 两套 16 位操作数的乘加/乘减运算。
- 32 位乘以 32 位的小数 MAC。
- 同时进行 8 位/16 位操作数的选择操作。
- 它的主要应用领域包括：
- Internet 应用系统。
- 流式媒体应用系统。
- MPEG4 编码/解码系统。
- 语音和手写输入识别。
- FFT 处理。
- 复杂的算术运算。

- Viterbi 处理。

3. ARM/Thumb 体系版本的命名格式

(1) ARM/Thumb 体系版本的命名格式

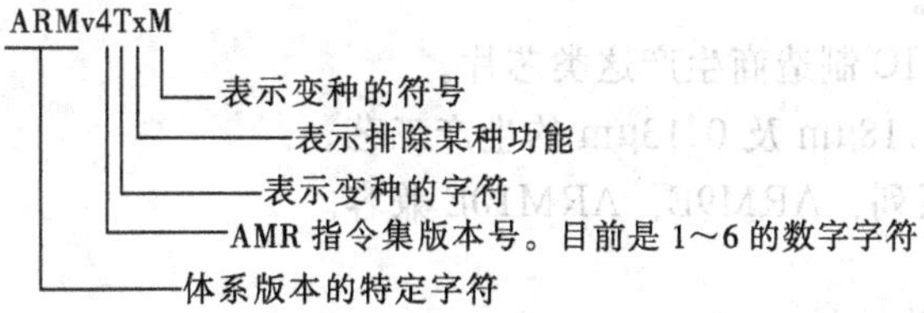

(2) 目前有效的 ARM/Thumb 体系版本名称及其含义

在 ARM 7 TDMI 时期，其变种后缀为：

T：支持 16 位压缩指令集 Thumb。

M：内嵌硬件乘法器（32 位×32 位→64 位或者 32 位×32 位再加 64 位→64 位）。

D：对调试的支持（Debug）。

I：嵌入的 ICE 仿真器，支持片上断点和调试点。

ARM 926 EJ-S 之后，上述变种后缀作为默认后缀，不再列出，新的变种后缀及其含义为：

E：DSP 指令支持。

J：Java 指令支持。

S：可逻辑综合软内核。

F：带向量浮点协运算器。

Z：内置 TrustZone 安保功能。

T2：内置 Thumb-2 功能。

3.3 ARM 微处理器系列

目前，ARM 微处理器系列主要包括：ARM7、ARM9、ARM9E、ARM10E、SecurCore、Cortex-M/R/A 系列及原 Intel 的 Xscale 和 StrongARM 系列。

1. ARM7 系列

ARM7 系列处理器是低功耗的 32 位 RISC 处理器。它主要用于对功耗和成本要求比较苛刻的消费类产品。其最高主频可以达到 130 MIPS。ARM7 系列处理器支持 16 位的 Thumb 指令集，使用 Thumb 指令集可以以 16 位的系统开销得到 32 位的系统性能。

ARM7 系列包括 ARM7TDMI、ARM7TDMI-S、ARM7EJ-S 和 ARM720T 4 种类型，主要用于适应不同的市场需求。

ARM7 系列处理器具有以下主要特点：

- 成熟的大批量的 32 位 R1CS 芯片。
- 最高主频达到 130MIPS。
- 功耗很低。
- 代码密度很高，兼容 16 位的微处理器。
- 得到广泛的操作系统和实时操作系统支持，包括 Windows CE、Palm OS、Symbian OS、

Linux 及业界领先的实时操作系统。

- 众多的开发工具。
- EDA 仿真模型。
- 优秀的调试机制。
- 业界众多领先的 IC 制造商生产这类芯片。
- 提供 0.25μm、0.18μm 及 0.13μm 的生产工艺。
- 代码与 ARM9 系列、ARM9E、ARM10E 兼容。

2. ARM9 系列

ARM9 系列处理器使用 ARM9TDMI 处理器核，其中包含了 16 位的 Thumb 指令集。使用 Thump 指令集可以以 16 位的系统开销得到 32 位的系统性能。

ARM9 系列包括 ARM920T、ARM922T 和 ARM940T 3 种类型，主要用于适应不同的市场需求。

ARM9 系列处理器具有以下主要特点：

- 支持 32 位 ARM 指令集和 16 位 Thumb 指令集的 32 位 RISC 处理器。
- 5 级整数流水线。
- 单一的 32 位 AMBA 总线接口。
- MMU 支持 Windows CE、Palm OS、Symbian OS、Linux 等。
- MPU 支持实时操作系统，包括 VxWorks。
- 统一的数据 cache 和指令 cache。
- 提供 0.18μm、0.15μm 及 0.13μm 的生产工艺。

3. ARM9E 系列

ARM9E 系列处理器使用单一处理器的内核，提供了微控制器、DSP、Java 应用系统的解决方案，从而极大地减小了芯片的大小及复杂程度，降低了功耗，缩短了产品面世时间。ARM9E 系列处理器提供了增强的 DSP 处理能力，非常适合那些需要同时使用 DSP 和微控制器的应用场合。其中 ARM926FJ-S 包含了 Jazzele 技术，可以通过硬件直接运行 Java 代码，提高系统运行 Java 代码的性能。

ARM9E 系列包括 ARM926EJ-S、ARM946E-S 和 ARM966E-S 3 种类型，用于适应不同的市场需求。

ARM9E 系列处理器具有以下主要特点：

- 支持 32 位 ARM 指令集和 16 位 Thumb 指令集的 32 位 RISC 处理器。
- 包括 DSP 指令集。
- 5 级整数流水线。
- 在典型的 0.13μm 工艺下，主频可以达到 300 MIPS 的性能。
- 集成的实时跟踪和调试功能。
- 单一的 32 位 AMBA 总线接口。
- 可选的 VFP9 浮点处理协处理器。
- 在实时控制和三维图像处理时，主频可达到 215 MFLOPS。
- 高性能的 AHB 系统。
- MMU 支持 Windows CE、Palm OS、Symbian OS、Linux 等。

- MPU 支持实时操作系统，包括 VxWorks。
- 统一的数据 cache 和指令 cache。
- 提供 0.18μm、0 15μm 及 0.13 μm 的生产工艺。

4. ARM10E 系列

ARM10E 系列处理器有高性能和低功耗的特点，它所采用的新的体系使其在所有 ARM 产品中具有最高的 MIPS/MHz。ARM10E 系列处理器采用了新的节能模式，提供了 64 位的读取/写入（Load/Store）体系，支持包括向量操作的满足 IEEE 754 的浮点运算协处理器，系统集成更加方便，拥有完整的硬件和软件可开发工具。

ARM10E 系列包括 ARM1020E、ARM1022E 和 ARM1026EJ-S 3 种类型，主要用于适应不同的市场需求。

ARM 10E 系列处理器具有以下主要特点：

- 支持 32 位 ARM 指令集和 16 位 Thumb 指令集的 32 位 RISC 处理器。
- 包括了 DSP 指令集。
- 6 级整数流水线。
- 在典型的 0.13μm 工艺下，主频可以达到 400 MIPS 的性能。
- 单一的 32 位 AMBA 总线接口。
- 可选的 VFP 10 浮点处理协处理器。
- 在实时控制和三维图像处理时，主频可达到 650 MFLOPS。
- 高性能的 AHB 系统。
- MMU 支持 Windows CE、Palm OS、Symbian OS、Linux 等。
- 统一的数据 cache 和指令 cache。
- 提供 0.18 μm、0.15μm 及 0.13μm 的生产工艺。
- 并行读取/写入（Load/Store）部件。

5. SecurCore 系列

SecurCore 系列处理器提供了基于高性能的 32 位 RISC 技术的安全解决方案。

SecurCore 系列处理器除了具有体积小、功耗低、代码密度大和性能高等特点外，还具有它自己的特别优势，即提供了安全解决方案的支持。

SecurCore 系列包括 SecurCore SC100、SecurCore SC200、SecurCore SC300 及最新的 SecurCore SC000 4 个系列，主要用于各类智能卡市场。

SecurCore 系列处理器具有以下特点：

- 支持 ARM 指令集和 Thumb 指令集，以提高代码密度和系统性能。
- 采用软内核技术，以提供最大限度的灵活性，以及防止外部对其进行扫描探测。
- 提供安全特性，抵制攻击。
- 提供面向智能卡的和低成本的存储保护单元（MPU）。
- 可以集成用户自己的安全特性和其他协处理器。

6. ARM Cortex 系列

ARM Cortex 系列提供了新一代 ARM 体系结构以满足各种应用的不同性能要求，其包含基于 ARMv7 架构的 3 个分工明确的处理器系列。A 系列为应用处理器，面向复杂的尖端应用程序，用于运行复杂的操作系统；R 系列为深度嵌入式处理器，针对实时系统；M 系列为 MCU 微控制器，为成本控制和微控制器应用提供优化。

基于 ARMv7 架构的 Cortex-M3 处理器带有一个分级结构，它集成了名为 CM3Core 的中心处理器内核和先进的系统外设，实现了内置的中断控制、存储器保护及系统的调试和跟踪功能。这些外设可进行高度配置，允许 Cortex-M3 处理器处理大范围的应用并更贴近系统的需求。目前，已对 Cortex-M3 内核和集成部件进行了专门的设计，用于实现最小存储容量，减少管脚数目和降低功耗。

7. Intel 的 Xscale 系列

Xscale 系列处理器基于 ARMv5TE 体系结构的解决方案，是一款全性能、高性价比、低功耗的处理器。它支持 16 位的 Thumb 指令集和 DSP 指令集。

Xscale 系列处理器是 Intel 基于 ARM 体系结构的微处理机，融合了 Intel 的设计技术，在此基础上，Intel 发展了功能完善的 XScale 微架构芯片，形成了在多媒体终端、I/O 应用、网络、数据通信领域应用的多系列嵌入式处理机芯片。Intel 在 2006 年中将基于 Xscale 的通信处理器和应用处理器卖给 Marvell 公司，不再生产 Xscale 系列处理器。

3.4 ARM 微处理器结构

下面从 ARM 微处理器的工作状态、工作模式、寄存器组织、存储器格式及异常中断等方面了解 ARM 微处理器的结构。

3.4.1 ARM 微处理器的工作状态

从编程的角度看，ARM 微处理器的工作状态一般有两种：

- 第一种为 ARM 状态，此时处理器执行 32 位的字对齐的 ARM 指令。
- 第二种为 Thumb 状态，此时处理器执行 16 位的半字对齐的 Thumb 指令。

当 ARM 微处理器执行 32 位的 ARM 指令时，工作在 ARM 状态下；当 ARM 微处理器执行 16 位的 Thumb 指令时，工作在 Thumb 状态下。在程序的执行过程中，处理器可以随时在两种工作状态之间切换，并且处理器工作状态的转变并不影响处理器的工作模式和相应寄存器中的内容。

ARM 指令集和 Thumb 指令集均有切换处理器状态的指令，可在两种工作状态之间切换，但 ARM 微处理器在开始执行代码时，应该处于 ARM 状态。

- 进入 Thumb 状态：当操作数寄存器的状态位（位 0）为 1 时，可以通过执行 BX 指令，使微处理器从 ARM 状态切换到 Thumb 状态。此外，如果处理器处于 Thumb 状态时发生异常（如 IRQ、FIQ、Undef、Abort、SWI 等），则异常处理返回时，自动切换到 Thumb 状态。
- 进入 ARM 状态：当操作数寄存器的状态位为 0 时，执行 BX 指令，可以使微处理器从 Thumb 状态切换到 ARM 状态。此外，在处理器进行异常处理时，把 PC 指针放入异常模式链接寄存器中，并从异常向量地址开始执行程序，也可以使处理器切换到 ARM 状态。

3.4.2 ARM 微处理器的工作模式

ARM 微处理器支持 7 种运行模式，分别为

- 用户模式（usr）：ARM 微处理器正常的程序执行状态。
- 快速中断模式（fiq）：用于高速数据传输或通道处理。
- 外部中断模式（irq）：用于通用的中断处理。
- 管理模式（svc）：操作系统使用的保护模式。
- 数据访问终止模式（abt）：当数据或指令预取终止时进入该模式，可用于虚拟存储及存储保护。
- 系统模式（sys）：运行具有特权的操作系统任务。
- 未定义指令中止模式（und）：当未定义的指令执行时进入该模式，可用于支持硬件协处理器的软件仿真。

ARM 微处理器的运行模式可以通过软件改变，也可以通过外部中断或异常处理改变。

除了用户模式之外的其他 6 种处理器模式称为特权模式（Privileged Mode）。在这些模式下，程序可以访问所有的系统资源，也可以任意地进行处理器模式的切换，其中，除系统模式外，其他 5 种特权模式又称为异常模式。

大多数的用户程序运行在用户模式下，这时，应用程序不能访问一些受操作系统保护的系统资源，也不能直接进行处理器模式的切换，当需要进行处理器模式切换时，应用程序可以产生异常处理，并在异常处理过程中进行处理器模式的切换。这种体系结构可以使操作系统控制整个系统的资源。

当应用程序发生异常中断时，处理器进入相应的异常模式。在每一种异常模式中都有一组寄存器，供相应的异常处理程序使用，这样就可以保证在进入异常模式时，用户模式下的寄存器（保存了程序运行状态）不被破坏。

系统模式并不是通过异常过程进入的，它和用户模式具有完全一样的寄存器。但是系统模式属于特权模式，可以访问所用的系统资源，也可以直接进行处理器模式切换，它主要供操作系统任务使用。通常操作系统任务需要访问所有的系统资源，同时该任务仍然使用用户模式的寄存器组，而不是使用异常模式下相应的寄存器组，这样可以保证当异常中断发生时任务状态不被破坏。

3.4.3 ARM 微处理器的寄存器组织

ARM 微处理器共有 37 个寄存器。其中包括：

- 31 个通用寄存器，包括程序计数器（PC）在内。这些寄存器都是 32 位寄存器。
- 6 个状态寄存器。这些寄存器都是 32 位寄存器，但目前只使用了其中的 12 位。

ARM 微处理器共有 7 种不同的处理器模式，在每一种处理器模式中都有一组相应的寄存器组。在任意时刻（也就是任意的处理器模式下），可见的寄存器包括 15 个通用寄存器（R0~R14）、一个或两个状态寄存器及程序计数器（PC）。在所有的寄存器中，有些是各种模式共用的同一个物理寄存器；有些是各种模式自己拥有的独立的物理寄存器。图 3-3 所示为 ARM 状态下的寄存器组织。

1. 通用寄存器

通用寄存器可以分为以下 3 类：

- 未备份寄存器（the unbanked register），包括 R0~R7。
- 备份寄存器（the banked register），包括 R8~R14。
- 程序计数器 PC，即 R15。

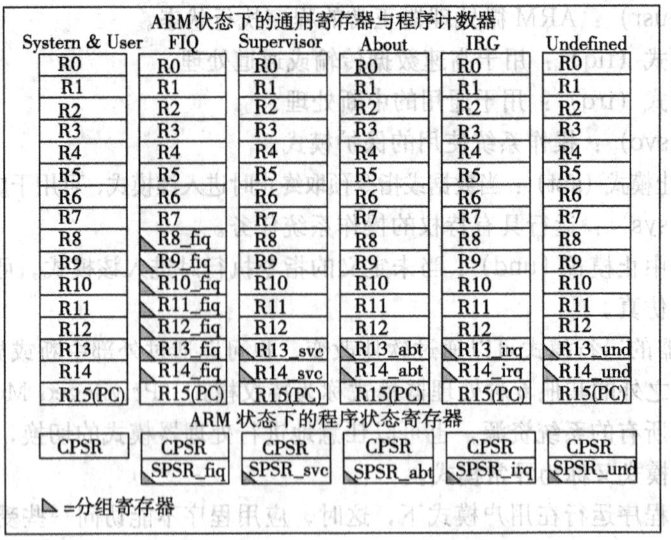

图 3-3 ARM 状态下的寄存器组织

（1）未备份寄存器

未备份寄存器包括 R0～R7。对于每个未备份寄存器来说，在所有的处理器模式下指的都是同一个物理寄存器。在异常中断造成处理器模式切换时，由于不同的处理器模式使用相同的物理寄存器，可能造成寄存器中的数据被破坏。未备份寄存器没有被系统用于特别的用途，任何可采用通用寄存器的应用场合都可以使用未备份寄存器。

（2）备份寄存器

备份寄存器包括 R8～R14。对于备份寄存器 R8～R12 来说，每个寄存器对应两个不同的物理寄存器。当使用快速中断模式（FIQ）下的寄存器时，寄存器 R8 和寄存器 R9 分别记做 R8_fiq、R9_fiq；当使用用户模式（除 FIQ 模式以外的其他模式）下的寄存器时，寄存器 R8 和寄存器 R9 分别记做 R8_usr、R9_usr。

在这两种情况下，使用的是不同的物理寄存器：系统没有将这几个寄存器用于任何的特殊用途，但是当中断处理非常简单，仅仅使用 R8～R12 寄存器时，FIQ 处理程序可以不必执行保存和恢复中断现场的指令，从而可以使中断处理过程非常迅速。

对于备份寄存器 R13 和 R14 来说，每个寄存器对应 6 个不同的物理寄存器，其中的 1 个是用户模式和系统模式共用的；另外的 5 个对应于其他 5 种处理器模式。

采用下面的记号来区分各个物理寄存器：

```
R13_<mode>
R14_<mode>
```

其中，<mode>可以是下列几种模式之一：usr、svc、abt、und、irq 及 fiq。

寄存器 R13 在 ARM 中常用做栈指针。在 ARM 指令集中，这只是一种习惯的用法。并没有任何指令强制性地使用 R13 作为栈指针，用户也可以使用其他的寄存器作为栈指针；而在 Thumb 指令集中，有一些指令强制性地使用 R13 作为栈指针。

每一种异常模式都拥有自己的物理的 R13，应用程序初始化该 R13，使其指向该异常模式专用的栈地址。当进入异常模式时，可以将需要使用的寄存器保存在 R13 所指的栈中；当退出异常处理程序时，将保存在 R13 所指的栈中的寄存器值弹出，这样就使异常处理程序不会破坏被其中断程序的运行现场。

寄存器 R14 又被称为连接寄存器（Link Register，LR），在 ARM 体系中具有下面两种特殊的作用：

每一种处理器模式都将自己的物理 R14 中存放在当前子程序的返回地址中。当通过 BL 或 BLS 指令调用子程序时，R14 被设置成该子程序的返回地址。在子程序中，当把 R14 的数值复制到程序计数器 PC 中时，子程序即返回。可以通过下面两种方式实现这种子程序的返回操作。

执行下面任意一条指令：

```
MOV  PC,LR
BX  LR
```

在子程序入口使用下面的指令将 PC 保存到栈中：

```
STMFD  SP! , (<registers>,IR)
```

相应的，下面的指令可以实现子程序返回：

```
LOMFD  SP!, (<registers>,IR)
```

当异常中断发生时，该异常模式的特定的物理 R14 被设置成该异常模式将要返回的地址，对于有些异常模式，R14 的值可能与将返回的地址有一个常数偏移量。具体的返回方式与上面的子程序返回方式基本相同。

R14 寄存器也可以作为通用寄存器使用。

(3) 程序计数器 R15

程序计数器 R15 又被记做 PC，它虽然可以作为一般的通用寄存器使用，但是有些指令在使用 R15 时有一些特殊限制。当违反这些限制时，该指令执行的结果将是不可预知的。

2. 程序状态寄存器

CPSR（当前程序状态寄存器）可以在任何处理器模式下被访问。它包含了条件标志位、中断禁止位、当前处理器模式标志及其他一些控制和状态位。每一种处理器模式下，都有一个专用的物理状态寄存器，称为 SPSR（备份程序状态寄存器），当特定的异常中断发生时，这个寄存器用于存放当前程序状态寄存器的内容。在异常中断程序退出时，可以用 SPSR 中保存的值来恢复 CPSR。

由于用户模式和系统模式不是异常中断模式，所以它们没有 SPSR，当在用户模式或系统模式中访问 SPSR 时，将会产生不可预知的结果。

CPSR 的格式如图 3-4 所示，SPSR 格式与 CPSR 格式相同。

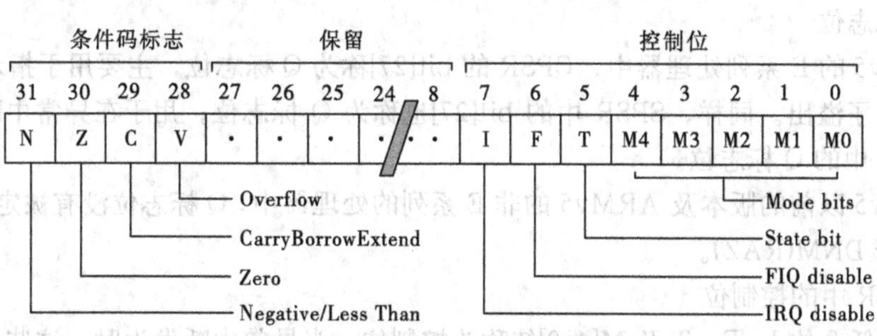

图 3-4　程序状态寄存器格式

(1) 条件码标志位

N、Z、C、V 均为条件码标志位。它们的内容可被算术或逻辑运算的结果改变，并且可以决定某条指令是否被执行。

在 ARM 状态下，绝大多数的指令都是有条件执行的。

在 Thumb 状态下，仅有分支指令是有条件执行的。

各个条件码标志位的具体含义如表 3-1 所示。

表 3-1 条件码标志的具体含义

标志位	含义
N	当用两个补码表示的带符号数进行运算时，N=1 表示运算的结果为负数；N=0 表示运算的结果为正数或零
Z	Z=1 表示运算的结果为零；Z=0 表示运算的结果为非零
C	可以有 4 种方法设置 C 的值： • 加法运算（包括比较指令 CMN）：当运算结果产生了进位时（无符号数溢出），C=1，否则 C=0。 • 减法运算（包括比较指令 CMP）：当运算产生了借位（无符号数溢出）时，C=0，否则 C=1。 • 对于包含移位操作的非加/减运算指令，C 为移出值的最后一位。 • 对于其他的非加/减运算指令，C 的值通常不改变
V	可以有两种方法设置 V 的值： • 对于加/减法运算指令，当操作数和运算结果为二进制的补码表示的带符号数时，V=1 表示符号位溢出。 • 对于其他的非加/减运算指令，C 的值通常不改变

以下指令会影响 CPSR 中的条件标志位：

- 比较指令，如 CMP、CMN、TEQ 及 TST 等。
- 当一些算术运算指令和逻辑运算指令的目标寄存器不是 R15 时，这些指令会影响 CPSR 中的条件标志位。
- MSR 指令，可以向 CPSR/SPSR 中写入新值。
- MRC 指令，将 R15 作为目标寄存器时，可以把协处理器产生的条件标志位的值传送到 ARM 处理器。
- 一些 LDM 指令的变种指令，可以将 SPSR 的值复制到 CPSR 中，这种操作主要用于从异常中断程序中返回。
- 一些带“位设置”的算术和逻辑指令的变种指令，也可以将 SPSR 的值复制到 CPSR 中，这种操作主要用于从异常中断程序中返回。

（2）Q 标志位

在 ARMv5 的 E 系列处理器中，CPSR 的 bit[27]称为 Q 标志位，主要用于指示增强的 DSP 指令是否发生了溢出。同样，SPSR 中的 bit[27]也称为 Q 标志位，用于在异常中断发生时保存和恢复 CPSR 中的 Q 标志位。

在 ARMv5 以前的版本及 ARMv5 的非 E 系列的处理器中，Q 标志位没有被定义，CPSR 中的 bit[27]属于 DNM(RAZ)。

（3）CPSR 中的控制位

CPSR 的低 8 位 I、F、T 及 M[4:0]统称为控制位。当异常中断发生时，这些位发生变化。在特权级的处理器模式下，软件可以修改这些控制位。

- 中断禁止位。

当 I=1 时，禁止 IRQ 中断。

当 F=1 时，禁止 FIQ 中断。

- T 控制位。

T 控制位，用于控制指令执行的状态，即说明本指令是 ARM 指令，还是 Thumb 指令。对应不同版本的 ARM 处理器，T 控制位的含义不同。

对于 ARMv3 及更低版本和 ARMv4 的非 T 系列版本的处理器，没有 ARM 状态和 Thumb 状态切换，T 控制位应为 0。

对于 ARMv4 及更高版本的 T 系列的 ARM 处理器，T 控制位含义如下：

T=0 表示执行 ARM 指令。

T=1 表示执行 Thumb 指令。

对于 ARMv5 及更高版本的非 T 系列的 ARM 处理器，T 控制位含义如下：

T=0 表示执行 ARM 指令。

T=1 表示强制下一条执行的指令产生未定义指令中断。

- M 控制位。

控制位 M[4:0]控制处理器模式，具体含义如表 3-2 所示。

表 3-2　运行模式位 M[4:0]的具体含义

M[4:0]	处理器模式	可访问的寄存器
0b10000	用户模式	PC，CPSR，R0～R14
0b10001	FIQ 模式	PC，CPSR，SPSR_fiq，R14_fiq-R8_fiq，R7～R0
0b10010	IRQ 模式	PC，CPSR，SPSR_irq，R14_irq，R13_irq，R12～R0
0b10011	管理模式	PC，CPSR，SPSR_svc，R14_svc，R13_svc，R12～R0
0b10111	中止模式	PC，CPSR，SPSR_abt，R14_abt，R13_abt，R12～R0
0b11011	未定义模式	PC，CPSR，SPSR_und，R14_und，R13_und，R12～R0
0b11111	系统模式	PC，CPSR（ARMv4 及以上版本），R14～R0

由表 3-2 可知，并不是所有运行模式位的组合都是有效的，无效的组合结果会导致处理器进入一个不可恢复的状态。

(4) CPSR 中的其他位

CPSR 中的其他位用于将来 ARM 版本的扩展。应用软件不要操作这些位，以免与 ARM 将来版本的扩展冲突。

3. Thumb 状态下的寄存器组织

Thumb 状态下的寄存器集是 ARM 状态下寄存器集的一个子集，程序可以直接访问 8 个通用寄存器（R0～R7）、程序计数器（PC）、堆栈指针（SP）、连接寄存器（LR）和 CPSR。同时，在每一种特权模式下都有一组 SP、LR 和 SPSR。图 3-5 所示为 Thumb 状态下的寄存器组织。

Thumb 状态下的寄存器组织与 ARM 状态下的寄存器组织的关系如下：

- Thumb 状态下和 ARM 状态下的 R0～R7 是相同的。
- Thumb 状态下和 ARM 状态下的 CPSR 和所有 SPSR 是相同的。
- Thumb 状态下的 SP 对应于 ARM 状态下的 R13。
- Thumb 状态下的 LR 对应于 ARM 状态下的 R14。

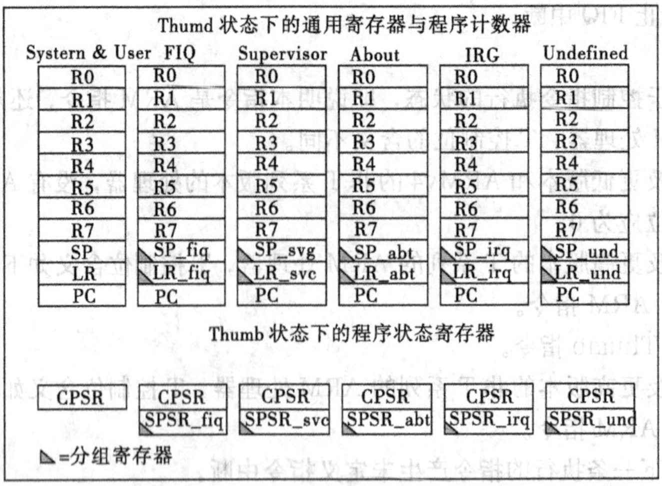

图 3-5　THUMB 状态下的寄存器组织

- Thumb 状态下的程序计数器对应于 ARM 状态下的 R15。

以上的对应关系如图 3-6 所示。

访问 Thumb 状态下的高位寄存器（Hi−registers）：在 Thumb 状态下，高位寄存器 R8～R15 并不是标准寄存器集的一部分，但可使用汇编语言程序受限制地访问这些寄存器，将其用做快速暂存器。使用带特殊变量的 MOV 指令，数据可以在低位寄存器和高位寄存器之间进行传送；高位寄存器的值可以使用 CMP 和 ADD 指令进行比较或加上低位寄存器中的值。

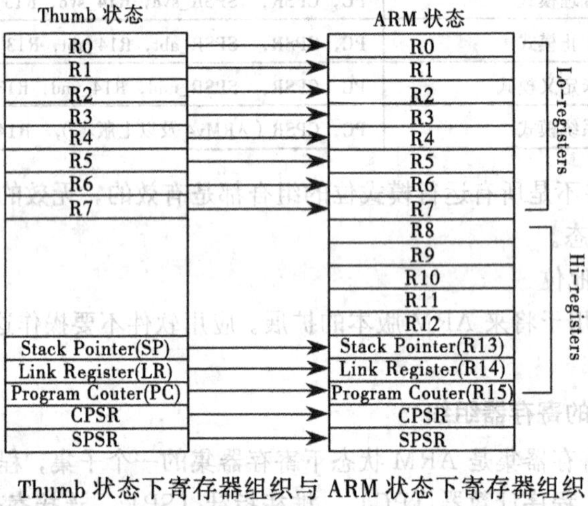

图 3-6　Thumb 状态下寄存器组织与 ARM 状态下寄存器组织的关系

3.4.4　ARM 微处理器的存储器格式

ARM 微处理器的最大寻址空间是 4 GB，其字节地址为 $0 \sim 2^{32}-1$。按字访问时，其字地址是字对齐的，可以被 4 整除；按半字访问时，其半字地址是半字对齐的，可以被 2 整除。

ARM 微处理器在存储字数据时，有两种存储格式：大端格式和小端格式。

1．大端格式

大端格式中，字数据的高字节存储在低地址中，而字数据的低字节存储在高地址中。

2. 小端格式

小端格式中，字数据的低字节存储在低地址中，而字数据的高字节存储在高地址中。

3.4.5　ARM 微处理器的异常中断

在 ARM 体系中，通常有以下 3 种控制程序执行流程的方式：

在正常程序执行过程中，每执行一条 ARM 指令，程序计数器（PC）寄存器的值加 4 个字节；每执行一条 Thumb 指令，程序计数器（PC）寄存器的值加 2 个字节。整个过程按顺序执行。

通过跳转指令，程序可以跳转到特定的地址标号处执行，或者跳转到特定的子程序处执行。其中，B 指令执行跳转操作；BL 指令在执行跳转操作的同时，保存子程序的返回地址；BX 指令在执行跳转操作的同时，根据目标地址的最低位可以将程序状态切换到 Thumb 状态；BLS 指令执行 3 个操作，即跳转到目标地址处执行，保存子程序的返回地址，以及根据目标地址的最低位将程序状态切换到 Thumb 状态。

当异常中断发生时，系统执行完当前指令后，将跳转到相应的异常中断处理程序处执行。当异常中断处理程序执行完成后，程序返回到发生中断的指令的下一条指令处执行。在进入异常中断处理程序时，要保存被中断程序的执行现场，在从异常中断处理程序退出时，要恢复被中断程序的执行现场。本节讨论 ARM 体系中的异常中断机制。

1. ARM 体系中异常中断种类

ARM 体系中的异常中断如表 3-3 所示，各种异常中断都具有各自的备份的寄存器组，当多个异常中断同时发生时，可以根据各异常中断的优先级选择响应优先级最高的异常中断。

表 3-3　异 常 中 断

异常中断名称	含　义
复位（Reset）	当处理器的复位引脚有效时，系统产生复位异常中断，程序跳转到复位异常中断处理程序处执行。复位异常中断通常用于下面几种情况： • 系统加电时； • 系统复位时； • 跳转到复位中断向量处执行，称为软复位
未定义的指令（Undefined Instruction）	当 ARM 处理器或者是系统中的协处理器认为当前指令未定义时，产生未定义的指令异常中断。可以通过该异常中断机制仿真浮点向量运算
软件中断（Software Interrupt，SWI）	这是一个由用户定义的中断指令。可用于用户模式下的程序调用特权操作，在实时操作系统（RTOS）中可以通过该机制实现系统功能调用
指令预取中止（Prefech Abort）	如果处理器预取指令的地址不存在，或者该地址不允许当前指令访问，当该被预取的指令执行时，处理器产生指令预取中止异常中断
数据访问中止（Data Abort）	如果数据访问指令的目标地址不存在，或者该地址不允许当前指令访问，处理器产生数据访问中止异常中断
外部中断请求（IRS）	当处理器的外部中断请求引脚有效，而且 CPSR 寄存器的 I 控制位被清除时，处理器产生外部中断请求（IRQ）异常中断。系统中各外设通常通过该异常中断请求处理器服务
快速中断请求（FIQ）	当处理器的外部快速中断请求引脚有效，而且 CPSR 寄存器的 F 控制位被清除时，处理器产生外部中断请求（FIB）异常中断

2. ARM 微处理器对异常中断的响应过程

ARM 微处理器对异常中断的响应过程如下：

① 保存处理器当前状态、中断屏蔽位及各条件标志位。这可以通过将当前程序状态寄存器CPSR的内容保存到将要执行的异常中断对应的SPSR寄存器中实现。

② 各异常中断有自己的物理SPSR寄存器。

③ 设置当前程序状态寄存器CPSR中相应的位，包括：设置CPSR中的位，使处理器进入相应的执行模式；设置CPSR中的位，禁止IRQ中断，当进入FIQ模式时，禁止FIQ中断。

④ 将寄存器LR_mode设置成返回地址。

⑤ 将程序计数器（PC）值设置成该异常中断的中断向量地址，从而跳转到相应的异常中断处理程序处执行。

ARM微处理器对异常的响应过程用伪码可以描述为：

```
R14_<Exception_Mode>=Return Link
SPSR_<Exception_Mode>=CPSR
CPSR[4:0]=Exception Mode Number
CPSR[5]=0                         ;当运行于ARM工作状态时
If <Exception_Mode>==Reset or FIQ then
                                  ;当响应FIQ异常时，禁止新的FIQ异常
CPSR[6]=1
CPSR[7]=1
PC=Exception Vector Address
```

3. 从异常中断处理程序中返回

异常处理完毕之后，ARM微处理器会执行以下几步操作从异常中断处理程序中返回：

① 将连接寄存器LR的值减去相应的偏移量后送到PC中。

② 将SPSR复制回CPSR中。

③ 若在进入异常处理时设置了中断禁止位，要在此清除。

可以认为应用程序总是从复位异常处理程序处开始执行的，因此复位异常处理程序不需要返回。

实际上，当异常中断发生时，程序计数器PC所指的位置对于各种不同的异常中断是不同的。同样，返回地址对于各种不同的异常中断也是不同的。

4. 各类异常的具体描述

(1) FIQ（Fast Interrupt Request）

FIQ异常是为了支持数据传输或者通道处理而设计的。在ARM状态下，系统有足够的私有寄存器，从而可以避免对寄存器保存的需求，并减小了系统上下文切换的开销。

若将CPSR的F位置为1，则会禁止FIQ中断；若将CPSR的F位清零，处理器会在指令执行时检查FIQ的输入。注意：只有在特权模式下才能改变F位的状态。

可由外部通过对处理器的nFIQ引脚输入低电平产生FIQ。不管是在ARM状态还是在Thumb状态下进入FIQ模式，FIQ处理程序均会执行以下指令从FIQ模式返回：

```
SUBS   PC,R14_fiq,#4
```

该指令将寄存器R14_fiq的值减去4后，复制到程序计数器PC中，从而实现从异常处理程序中的返回，同时将SPSR_mode寄存器的内容复制到当前程序状态寄存器CPSR中。

(2) IRQ（Interrupt Request）

IRQ异常属于正常的中断请求，可通过对处理器的nIRQ引脚输入低电平产生，IRQ的优先级低于FIQ，当程序执行进入FIQ异常时，IRQ异常可能被屏蔽。

若将 CPSR 的 I 位置为 1，则会禁止 IRQ 中断；若将 CPSR 的 I 位清零，处理器会在指令执行完之前检查 IRQ 的输入。注意：只有在特权模式下才能改变 I 位的状态。

不管是在 ARM 状态还是在 Thumb 状态下进入 IRQ 模式，IRQ 处理程序均会执行以下指令从 IRQ 模式返回：

```
SUBS  PC , R14_irq,#4
```

该指令将寄存器 R14_irq 的值减去 4 后，复制到程序计数器 PC 中，从而实现从异常处理程序中的返回，同时将 SPSR_mode 寄存器的内容复制到当前程序状态寄存器 CPSR 中。

(3) Abort（中止）

产生中止异常意味着对存储器的访问失败。ARM 微处理器在存储器访问周期内检查是否发生中止异常。

中止异常包括两种类型：

- 指令预取中止——发生在指令预取时。
- 数据中止——发生在数据访问时。

当指令预取访问存储器失败时，存储器系统向 ARM 微处理器发出存储器中止（Abort）信号，预取的指令被记为无效，但只有当处理器试图执行无效指令时，指令预取中止异常才会发生，如果指令未被执行，例如在指令流水线中发生了跳转，则预取指令中止不会发生。

若数据中止发生，系统的响应与指令的类型有关。

当确定了中止的原因后，无论是处于 ARM 状态还是处于 Thumb 状态，Abort 处理程序均会执行以下指令从中止模式返回：

```
SUBS PC, R14_abt, #4          ;指令预取中止
SUBS PC, R14_abt, #8          ;数据中止
```

以上指令可以恢复 PC（从 R14_abt）和 CPSR（从 SPSR_abt）的值，并重新执行中止的指令。

(4) Software Interrupt（软件中断）

软件中断指令（SWI）用于进入管理模式，常用于请求执行特定的管理功能。无论是处于 ARM 状态还是处于 Thumb 状态，软件中断处理程序均执行以下指令从 SWI 模式返回：

```
MOV  PC , R14_svc
```

以上指令恢复 PC（从 R14_svc）和 CPSR（从 SPSR_svc）的值，并返回到 SWI 的下一条指令。

(5) Undefined Instruction（未定义指令）

当 ARM 微处理器遇到不能处理的指令时，会产生未定义指令异常。采用这种机制，可以通过软件仿真扩展 ARM 或 Thumb 指令集。

在仿真未定义指令后，无论是在 ARM 状态还是 Thumb 状态下，处理器均执行以下程序返回：

```
MOVS PC, R14_und
```

以上指令恢复 PC（从 R14_und）和 CPSR（从 SPSR_und）的值，并返回到未定义指令后的下一条指令。

5. 异常进入/退出小结

表 3-4 总结了进入异常处理时保存在相应 R14 中的 PC 值，以及在退出异常处理时推荐使用的指令。

表 3-4 异常进入/退出

值	返回指令	以前的状态		注意
		ARM R14_x	Thumb R14_x	
BL	MOV PC,R14	PC+4	PC+2	1
SWI	MOVS PC,R14_svc	PC+4	PC+2	1
UDEF	MOVS PC,R14_und	PC+4	PC+2	1
FIQ	SUBS PC,R14_fiq,#4	PC+4	PC+4	2
IRQ	SUBS PC,R14_irq,#4	PC+4	PC+4	2
PABT	SUBS PC,R14_abt,#4	PC+4	PC+4	1
DABT	SUBS PC,R14_abt,#8	PC+8	PC+8	3
RESET	NA	—	—	4

注意：

① 在表 3-4 中，PC 应是具有预取中止的 BL/SWI/未定义指令所取的地址。

② 在表 3-4 中，PC 是从 FIQ 或 IRQ 取得不能执行的指令的地址。

③ 在表 3-4 中，PC 是产生数据中止的加载或存储指令的地址。

④ 系统复位时，保存在 R14_svc 中的值是不可预知的。

6. 异常向量（Exception Vectors）

表 3-5 列出了异常向量地址。

表 3-5 异常向量表

地址	异常	进入模式
0x0000，0000	复位	管理模式
0x0000，0004	未定义指令	未定义模式
0x0000，0008	软件中断	管理模式
0x0000，000C	中止（预取指令）	中止模式
0x0000，0010	中止（数据）	中止模式
0x0000，0014	保留	保留
0x0000，0018	IRQ	IRQ
0x0000，001C	FIQ	FIQ

7. 异常优先级（Exception Priority）

当多个异常同时发生时，系统根据固定的优先级决定异常的处理次序。异常优先级由高到低的排列次序如表 3-6 所示。

表 3-6 异常优先级

优先级	异常	优先级	异常
1（最高）	复位	4	IRQ
2	数据中止	5	预取指令中止
3	FIQ	6（最低）	未定义指令、SWI

8. 应用程序中的异常处理

当系统运行时，异常随时可能会发生，为了保证在 ARM 微处理器发生异常时不至于处于未知状态，在应用程序的设计中，首先要进行异常处理，采用的方式是在异常向量表中的特定位置放置一条跳转指令，跳转到异常处理程序，当 ARM 微处理器发生异常时，程序计数器 PC 会被强制设置为对应的异常向量，从而跳转到异常处理程序，当异常处理完成以后，返回到主程序继续执行。

3.5 基于 ARM9 的 S3C2410AX 微处理器

Samsung 公司推出的 16/32 位 RISC 处理器 S3C2410A，为手持设备和一般类型应用提供了低价格、低功耗、高性能小型微控制器的解决方案。为了降低整个系统的成本，S3C2410A 提供了以下丰富的内部设备：独立的 16 KB 指令 cache 和 16 KB 数据 cache，MMU 虚拟存储器管理，LCD 控制器（支持 STN 和 TFT），支持 Nand Flash 的系统引导，系统管理器（片选逻辑和 SDRAM 控制器），3 通道 UART，4 通道 DMA，4 通道 PWM 定时器，I/O 端口，RTC，8 通道 10 位 ADC 和触摸屏接口，IIC-BUS 接口，IIS-BUS 接口，USB 主机，USB 设备，SD 主卡和 MMC 卡接口，2 通道的 SPI 及内部 PLL 时钟倍频器。

S3C2410A 采用了 ARM920T 内核，0.18μm 工艺的 CMOS 标准宏单元和存储器单元。它的低功耗、精简和出色的全静态设计特别适用于对成本和功耗敏感的应用。同样它还采用了一种叫做 AMBA（Advanced Microcontroller Bus Architecture）的新型总线结构。

S3C2410A 的显著特性是其 CPU 核心，是一个由 Advanced RISC Machines（ARM）有限公司设计的 16/32 位 ARM920T RISC 处理器。ARM920T 实现了 MMU，AMBA BUS 和 Harvard 高速缓冲体系结构。这一结构具有独立的 16 KB 指令 cache 和 16 KB 数据 cache，每个都是由 8 字长的行（line）构成的。

通过提供一系列完整的系统外围设备，S3C2410A 大大降低了整个系统的成本，消除了为系统配置额外器件的需要。S3C2410A 中集成的片上功能有：

- 1.8V/2.0V 内核供电，3.3V 存储器供电，3.3V 外部 I/O 供电。
- 具备 16 KB 的 I-Cache 和 16 KB 的 D-Cache/MMU。
- 外部存储控制器（SDRAM 控制和片选逻辑）。
- LCD 控制器（最大支持 4K 色 STN 和 256K 色 TFT）提供 1 通道 LCD 专用 DMA。
- 4 通道 DMA 并有外部请求引脚。
- 3 通道 UART(IrDA1.0，16BTx FIFO，和 16BRx FIFO)/2 通道 SPI。
- 1 通道多主 IIC-BUS/1 通道 IIS-BUS 控制器。
- 兼容 SD 主接口协议 1.0 版和 MMC 卡协议 2.11 版。
- 2 端口 USB 主机/1 端口 USB 设备（1.1 版）。
- 4 通道 PWM 定时器和 1 通道内部定时器。
- 看门狗定时器。
- 117 个通用 I/O 口和 24 通道外部中断源。
- 功耗控制模式：具有普通、慢速、空闲和掉电模式。
- 8 通道 10 位 ADC 和触摸屏接口。

- 具有日历功能的 RTC。
- 具有 PLL 片上时钟倍频器。

1．体系结构

- 为手持设备和通用嵌入式应用提供片上集成系统解决方案。
- 16/32 位 RISC 体系结构和 ARM920T 内核强大的指令集。
- 加强的 ARM 体系结构 MMU 用于支持 Windows CE、EPOC 32 和 Linux。
- 指令高速存储缓冲器（I-Cache）、数据高速存储缓冲器（D-Cache）、写缓冲器和物理地址 TAG RAM 减少主存带宽和响应性带来的影响。
- 采用 ARM920T CPU 内核支持 ARM 调试体系结构。
- 内部高级微控制总线（AMBA）体系结构（AMBA2.0，AHB/APB）。

2．系统管理器

- 支持大/小端方式。
- 寻址空间：每 bank 128MB（总共 1GB）。
- 支持可编程的每 bank 8/16/32 位数据总线带宽。
- 从 bank 0 到 bank 6 都采用固定的 bank 起始寻址。
- bank7 具有可编程的 bank 的起始地址和大小。
- 8 个存储器 bank：其中 6 个适用于 ROM、SRAM 和其他；另外 2 个适用于 ROM/SRAM 和同步 DRAM。
- 所有的存储器 bank 都具有可编程的操作周期。
- 支持外部等待信号延长总线周期。
- 支持掉电时的 SDRAM 自刷新模式。
- 支持各种型号的 ROM 引导（Nor/Nand Flash、EEPROM 或其他）。

3．Nand Flash 启动引导

- 支持从 Nand Flash 存储器的启动。
- 采用 4 KB 内部缓冲器进行启动引导。
- 支持启动之后 Nand 存储器仍然作为外部存储器使用。

4．Cache 存储器

- 64 项全相连模式，采用 I-Cache(16 KB)和 D-Cache(16 KB)
- 每行 8 字长度，其中每行带有一个有效位和两个页面重写标志位。
- 伪随机数或轮转循环替换算法。
- 采用写穿式（write-through）或写回式（write-back）cache 操作来更新主存储器。
- 写缓冲器可以保存 16 个字的数据和 4 个地址。

5．时钟和电源管理

- 片上 MPLL 和 UPLL：采用 UPLL 产生操作 USB 主机/设备的时钟；MPLL 产生最大 266 MHz（在 2.0 V 内核电压下）操作 MCU 所需要的时钟。
- 通过软件可以有选择性地为每个功能模块提供时钟：

电源模式：正常、慢速、空闲和掉电模式；

正常模式：正常运行模式；

慢速模式：不加 PLL 的低时钟频率模式；

空闲模式：只停止 CPU 时钟；

掉电模式：所有外设和内核的电源都切断了。

- 可以通过 EINT[15:0]或 RTC 报警中断从掉电模式中唤醒处理器。

6. 中断控制器

- 55 个中断源（1 个看门狗定时器、5 个定时器、9 个 UARTs、24 个外部中断、4 个 DMA、2 个 RTC、2 个 ADC、1 个 IIC、2 个 SPI、1 个 SDI、2 个 USB、1 个 LCD 和 1 个电池故障）。
- 电平/边沿触发模式的外部中断源。
- 可编程的边沿/电平触发极性。
- 支持为紧急中断请求提供快速中断服务。

7. 具有脉冲带宽调制功能的定时器

- 4 通道 16 位具有 PWM 功能的定时器，1 通道 16 位内部定时器，可基于 DMA 或中断工作。
- 可编程的占空比周期、频率和极性。
- 能产生死区。
- 支持外部时钟源。

8. RTC（实时时钟）

- 全面的时钟特性：秒，分，时，日期，星期，月和年。
- 32.768 kHz 工作。
- 具有报警中断功能。
- 具有节拍中断功能。

9. 通用 I/O 端口

- 24 个外部中断端口。
- 多功能输入/输出端口。

10. UART 接口

- 3 通道 UART，可以基于 DMA 模式或中断模式工作。
- 支持 5 位、6 位、7 位或者 8 位串行数据发送/接收。
- 支持外部时钟作为 UART 的运行时钟（UEXTCLK）。
- 可编程的波特率。
- 支持 IrDA 1.0。
- 具有测试用的环回模式。
- 每个通道都具有内部 16 B 的发送 FIFO 和 16 B 的接收 FIFO。

11. DMA 控制器

- 4 通道的 DMA 控制器。
- 支持存储器到存储器、I/O 到存储器、存储器到 I/O 和 I/O 到 I/O 的传输。
- 采用猝发传输模式加快传输速率。

12. A/D 转换和触摸屏接口

- 8 通道多路复用 ADC。

- 最大 500KSPS/10 位精度。

13. LCD 控制器 STN LCD 显示特性

- 支持 3 种类型的 STN LCD 显示屏：4 位双扫描，4 位单扫描，8 位单扫描显示类型。
- 支持单色模式，4 级、16 级灰度 STN LCD，256 色和 4096 色 STN LCD。
- 支持多种不同尺寸的液晶屏。
- LCD 实际尺寸的典型值是：640 像素 × 480 像素、320 像素 × 240 像素、160 像素 × 160 像素及其他。
- 最大虚拟屏幕大小是 4MB。
- 256 色模式下支持的最大虚拟屏是：4096 像素 × 1024 像素，2048 像素 × 2048 像素，1024 像素 × 4096 像素等。

14. TFT 彩色显示屏

- 支持彩色 TFT 的 1、2、4 或 8 bbp（像素每位）调色显示。
- 支持 16bbp 无调色真彩显示。
- 在 24bbp 模式下支持最大 16M 色 TFT。
- 支持多种不同尺寸的液晶屏。
- 典型实屏尺寸：640 像素 × 480 像素、320 像素 × 240 像素、160 像素 × 160 像素及其他。
- 最大虚拟屏大小 4MB。
- 64K 色彩模式下，最大的虚拟屏尺寸为 2048 像素 × 1024 像素及其他。

15. 看门狗定时器

- 16 位看门狗定时器。
- 在定时器溢出时发生中断请求或系统复位。

16. IIC 总线接口

- 1 通道多主 IIC 总线。
- 可进行串行、8 位、双向数据传输。在标准模式下，数据传输速度可达 100 Kbit/s；在快速模式下，可达到 400 Kbit/s。

17. IIS 总线接口

- 1 通道音频 IIS 总线接口，可基于 DMA 方式工作。
- 串行，每通道 8/16 位数据传输。
- 发送和接收具备 128B（64B 加 64B）FIFO。
- 支持 IIS 格式和 MSB-justified 数据格式。

18. USB 设备

- 2 个 USB 主设备接口。
- 遵从 OHCI Rev.1.0 标准。
- 兼容 USB ver1.1 标准。
- 1 个 USB 从设备接口。
- 具备 5 个端点。
- 兼容 USB ver1.1 标准。

19. SD 主机接口

- 兼容 SD 存储卡协议 1.0 版。
- 兼容 SD I/O 卡协议 1.0 版。
- 发送和接收具有 FIFO。
- 基于 DMA 或中断模式工作。
- 兼容 MMC 卡协议 2.11 版。

20. SPI 接口

- 兼容 2 通道 SPI 协议 2.11 版。
- 发送和接收具有 2×8 位的移位寄存器。
- 可以基于 DMA 或中断模式工作。

21. 工作电压

- 内核：1.8 V 最高 200 MHz (S3C2410A-20)。
- 2.0 V 最高 266 MHz (S3C2410A-26)。
- 存储器和 I/O 口：3.3 V。

22. 操作频率

操作频率最高达到 266 MHz。

23. 封装

封装是 272-FBGA。

本章小结

本章主要介绍了 ARM 微处理器的一些基本知识，包括 ARM 的版本、ARM 微处理器系列和 ARM 微处理器的体系结构；并且对基于 ARM9 的 S3C2410AX 微处理器进行了简单的介绍。

习题

1. 迄今为止，ARM 体系结构共定义了多少个版本？
2. ARM 微处理器的工作状态有哪两种？它们是怎样进行切换的？
3. ARM 微处理器的运行模式有哪几种？如何改变？
4. ARM 微处理器复位时，处于何种运行模式，何种工作状态？
5. ARM 微处理器共有多少个寄存器？其中通用寄存器有多少个？状态寄存器有多少个？
6. ARM 微处理器的存储器格式有哪两种？
7. ARM 微处理器的异常中断有哪几种？
8. S3C2410AX 微处理器采用的是哪一种 ARM 的内核？

第4章 ARM指令系统

本章导读

ARM微处理器支持32位的ARM指令集和16位的Thumb指令集（体系结构命名中有T的支持Thumb指令集，如ARM7TDMI），Thumb指令集可看做ARM指令集压缩形式的子集，是针对代码密度问题而提出的，其具有16位的代码密度。Thumb不是一个完整的体系结构，处理器不可能只执行Thumb指令集而不支持ARM指令集。

本章内容要点

- ARM指令概述；
- ARM微处理器的寻址方式；
- ARM指令集；
- Thumb指令集。

如果课时较少，应用软件的开发以C语言为主，教学过程中可以忽略汇编语言，本章只简单介绍ARM指令系统与Thumb指令系统的不同，不详细介绍Thumb指令系统。

内容结构

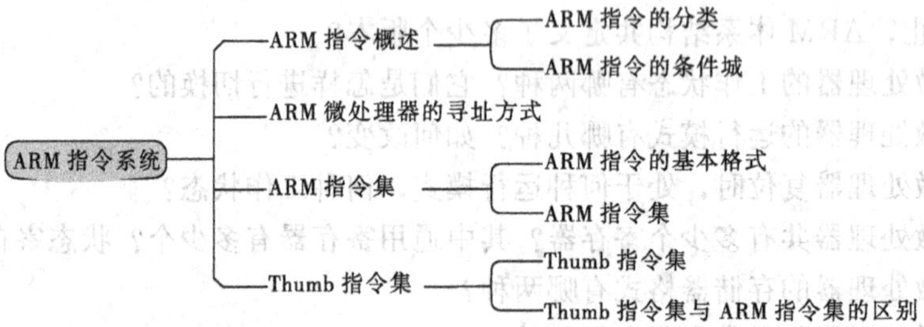

学习目标

通过对本章内容的学习，学生应该能够：

- 掌握ARM指令系统的功能；
- 理解ARM指令在嵌入式中的地位和作用；
- 应用ARM指令进行简单编程。

4.1　ARM 指令概述

ARM 指令属于 RISC 指令系统。标准的 ARM 指令每条都是 32 位长，指令少，且等长，便于充分利用流水线技术。有些 ARM 核还可以执行 Thumb 指令集，该指令集是 ARM 指令集的子集，每条指令只有 16 位。ARM 指令以字为边界，Thumb 指令以 2 个字节为边界。程序的启动都是从 ARM 指令集开始的，包括所有异常中断都是自动转为 ARM 状态。ARM 指令集是 Load/Store 型的，只能通过 Load/Store 指令实现对系统存储器的访问，处理结果都要放回寄存器中，而其他指令都是基于处理器内部的寄存器操作完成的，这与 Intel 汇编是不同的。

ARM 指令的一个重要特点是它所有的指令都带有条件。ARM 指令另一个重要特点是具有灵活的第二操作数，第二操作数既可以是立即数，也可以是逻辑运算数，这使得 ARM 指令可以在读取数值的同时进行算术和移位操作。由于指令统一为 32 位，无法在一条指令中存放 32 位立即数，第二操作数中的立即数为 5～12 位，若要处理任意 32 位立即数，则需要伪指令来实现。

4.1.1　ARM 指令的分类

ARM 微处理器的指令可以分为数据处理指令、程序状态寄存器（PSR）处理指令、加载/存储指令、跳转指令、协处理器指令和异常产生指令 6 大类。下面分类给出的这些具体指令为基本 ARM 指令，不包括派生的 ARM 指令。

1．数据处理指令

数据处理指令可分为数据传送指令、算术运算指令、逻辑运算指令和比较指令等。

（1）数据传送指令

MOV　　数据传送指令

MVN　　数据取反传送指令

SWP　　数据交换指令

SWPB　　字节交换指令

（2）算术运算指令

ADC　　带进位加法指令

ADD　　加法指令

SBC　　带借位减法指令

SUB　　减法指令

MUL　　32 位乘法指令

MLA　　32 位乘加指令

（3）逻辑运算指令

AND　　逻辑与指令

ORR　　逻辑或指令

EOR　　异或指令

BIC　　位清零指令

（4）比较指令

CMN　　比较反值指令

CMP　　比较指令
TEQ　　相等测试指令
TST　　位测试指令

2. 程序状态寄存器（PSR）处理指令

MRS　　传送 CPSR 或 SPSR 的内容到通用寄存器的指令
MSR　　传送通用寄存器的内容到 CPSR 或 SPSR 的指令

3. 加载/存储指令

LDM　　加载多个寄存器指令
LDR　　存储器到寄存器的数据传输指令
STM　　批量内存字写入指令
STR　　寄存器到存储器的数据传输指令

4. 跳转指令

B　　跳转指令
BL　　带返回的跳转指令
BLX　　带返回和状态切换的跳转指令
BX　　带状态切换的跳转指令

5. 协处理器指令

CDP　　协处理器数据操作指令
LDC　　存储器到协处理器的数据传输指令
STC　　协处理器寄存器写入存储器的指令
MCR　　从 ARM 寄存器到协处理器寄存器的数据传输指令
MRC　　从协处理器寄存器到 ARM 寄存器的数据传输指令

6. 异常产生指令

SWI　　软件中断指令

4.1.2 ARM 指令的条件域

当处理器工作在 ARM 状态时，几乎所有的指令均根据 CPSR 中条件码的状态和指令的条件域有条件地执行。当满足指令的执行条件时，指令被执行，否则指令被忽略。

每一条 ARM 指令都包含 4 位条件码，位于机器指令的最高 4 位[31:28]。条件码共有 16 种，每种条件码可用两个字符表示，这两个字符可以添加在指令助记符的后面和指令同时使用。例如，跳转指令 B 可以加上后缀 EQ 变为 BEQ，表示“相等则跳转”，即当 CPSR 中的 Z 标志置位时发生跳转。

在 16 种条件标志码中，只有 15 种可以使用，如表 4-1 所示，第 16 种（1111）为系统保留，暂时不能使用。

表 4-1　ARM 指令的条件标志码

条件标志码	助记符后缀	标　　志	含　　义
0000	EQ	Z 置位	相等
0001	NE	Z 清零	不相等

续表

条件标志码	助记符后缀	标　　志	含　义
0010	CS	C 置位	无符号数大于或等于
0011	CC	C 清零	无符号数小于
0100	MI	N 置位	负数
0101	PL	N 清零	正数或零
0110	VS	V 置位	溢出
0111	VC	V 清零	未溢出
1000	HI	C 置位，Z 清零	无符号数大于
1001	LS	C 清零，Z 置位	无符号数小于或等于
1010	GE	N 等于 V	带符号数大于或等于
1011	LT	N 不等于 V	带符号数小于
1100	GT	Z 清零且 N 等于 V	带符号数大于
1101	LE	Z 置位或 N 不等于 V	带符号数小于或等于
1110	AL	忽略	无条件执行

4.2　ARM 微处理器的寻址方式

寻址方式是根据指令中给出的地址码字段来实现寻找真实操作数地址的方式。ARM 微处理器指令有 9 种基本寻址方式，即寄存器寻址、立即数寻址、寄存器移位寻址、寄存器间接寻址、寄存器基址寻址、多寄存器寻址、堆栈寻址、块拷贝寻址、相对寻址。

4.2.1　立即数寻址

立即数寻址指令中的操作码字段后面的地址码部分即是操作数本身，也就是说，数据就包含在指令中，取出指令也就取出了可以立即使用的操作数（这样的数称为立即数）。立即数寻址指令举例如下：

```
SUBS     R0,R1,#1      ;R1 减 1，结果放入 R0，并且影响标志位
MOV      R0,#0x3300   ;将立即数 0x3300 装入 R0 寄存器
```

立即数寻址指令 MOV　R0,#0x3300 执行前后，寄存器 R0 存储内容变化情况如图 4-1 所示。

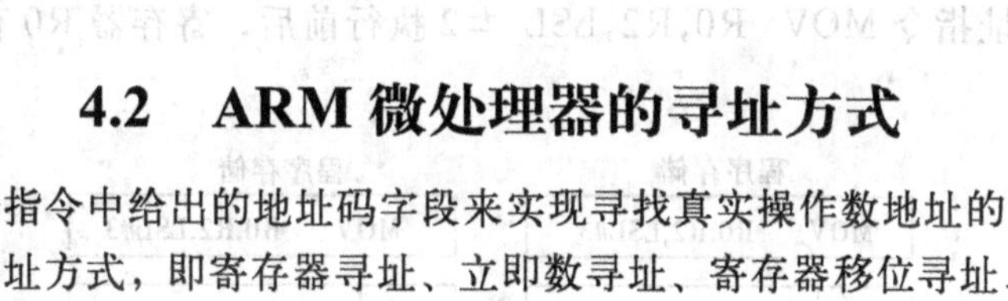

图 4-1　立即数寻址方式示意图

4.2.2　寄存器寻址

操作数的值在寄存器中，指令中的地址码字段指出的是寄存器编号，指令执行时直接取出寄存器值来操作。寄存器寻址指令举例如下：

```
MOV      R1,R2                    ;将R2的值存入R1
SUB      R0,R1,R2                 ;将R1的值减去R2的值，结果保存到R0
```

寄存器寻址指令 MOV R1,R2 执行前后，寄存器 R1 存储内容变化情况如图 4-2 所示。

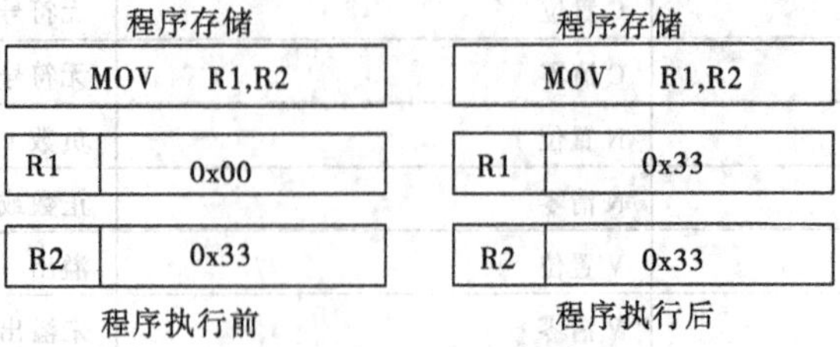

图 4-2　寄存器寻址方式示意图

4.2.3　寄存器移位寻址

寄存器移位寻址是 ARM 指令集特有的寻址方式。当第二个操作数是寄存器移位方式时，第二个寄存器操作数在与第一个操作数结合之前，选择进行移位操作。

寄存器移位寻址指令举例如下：

```
MOV      R0,R2,LSL #2             ;R2的值左移3位，结果放入R0，即R0=R2×4
ANDS     R1,R1,R2,LSL R3          ;R2的值左移R3位，然后和R1进行“与”操作，结果存入R1
```

寄存器偏移寻址指令 MOV R0,R2,LSL #2 执行前后，寄存器 R0 存储内容变化情况如图 4-3 所示。

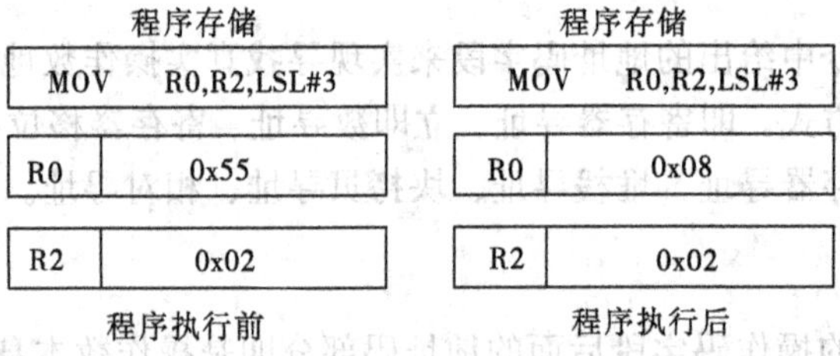

图 4-3　寄存器移位寻址方式示意图

4.2.4　寄存器间接寻址

寄存器间接寻址指令中的地址码给出的是一个通用寄存器的编号，所需的操作数保存在寄存器指定地址的存储单元中，即寄存器为操作数的地址指针。寄存器间接寻址指令举例如下：

```
LDR      R1,[R2]                  ;将R2指向的存储单元的数据读出并保存在R1中
SWP      R1,R1,[R2]               ;将寄存器R1的值和R2指定的存储单元的内容交换
```

寄存器间接寻址指令 LDR R1,[R2]执行前后,寄存器 R1 存储内容变化情况如图 4-4 所示。

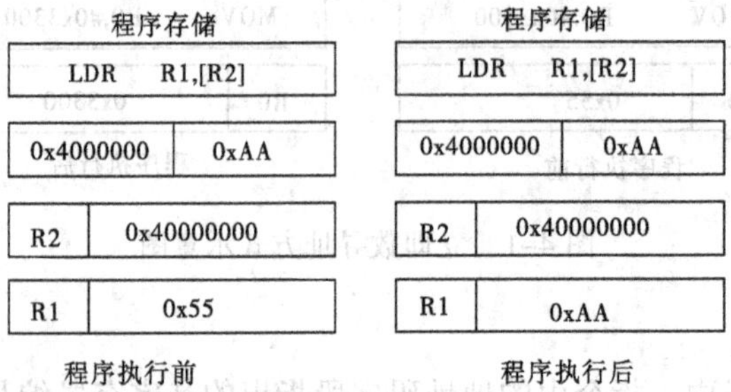

图 4-4　寄存器间接寻址方式示意图

4.2.5 寄存器基址寻址

寄存器基址寻址就是将基址寄存器的内容与指令中给出的偏移量相加，形成操作数的有效地址。寄存器基址寻址用于访问基址附近的存储单元，常用于查表、数组操作、功能部件寄存器访问等。寄存器基址寻址指令举例如下：

```
LDR     R2,[R3,#0x0C]     ;读取 R3+0x0C 地址上的存储单元的内容，放入 R2
STR     R1,[R0,#-4]!      ;先计算 R0=R0-4，然后把 R1 的值保存到 R0 指定的存储单元
```

寄存器基址寻址指令 LDR R2,[R3,#0x0C]执行前后，寄存器 R2 存储内容变化情况如图 4-5 所示。

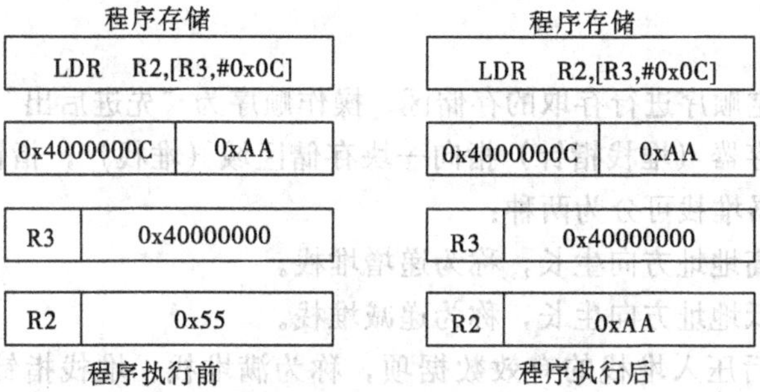

图 4-5 寄存器基址寻址方式示意图

4.2.6 多寄存器寻址

多寄存器寻址一次可传送几个寄存器值，允许一条指令传送 16 个寄存器的任何子集或所有寄存器。多寄存器寻址指令举例如下：

```
LDMIA    R1! {R2-R7, R12}
                    ;将 R1 指向的单元中的数据读出到 R2～R7、R12 中(R1 自动加 1)
STMIA    R0!, {R2-R7,R12}
                    ;将寄存器 R2～R7、R12 的值保存到 R0 指向的存储单元中(R0 自动加 1)
```

多寄存器寻址指令 LDMIA R1!,{R2–R4,R7}执行前后，寄存器 R2～R6 存储内容变化情况如图 4-6 所示。

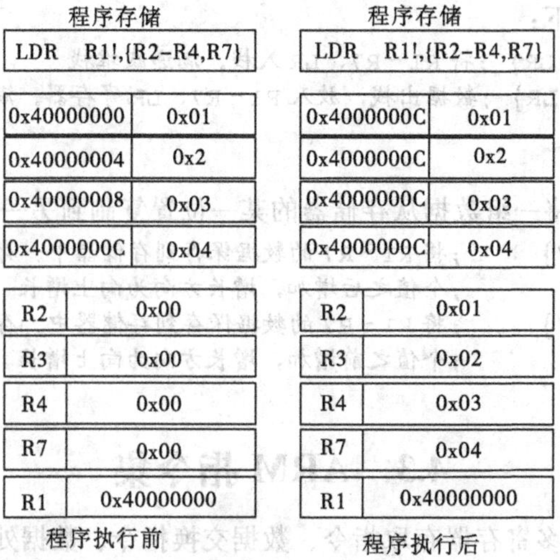

图 4-6 多寄存器寻址方式示意图

4.2.7 相对寻址

相对寻址是基址寻址的一种变通。由程序计数器 PC 提供基准地址，指令中的地址码字段作为偏移量，两者相加后得到的地址即为操作数的有效地址。相对寻址指令举例如下：

```
BL      SUBR1          ;调用到 SUBR1 子程序
BEQ     LOOP           ;条件跳转到 LOOP 标号处
...
LOOP    MOV      R6, #1
...
SUBR1   ...
```

4.2.8 堆栈寻址

堆栈是一个按特定顺序进行存取的存储区，操作顺序为“先进后出”。堆栈寻址是隐含的，它使用一个专门的寄存器（堆栈指针）指向一块存储区域（堆栈），指针所指向的存储单元即是堆栈的栈顶。存储器堆栈可分为两种：

- 向上生长：向高地址方向生长，称为递增堆栈。
- 向下生长：向低地址方向生长，称为递减堆栈。

堆栈指针指向最后压入堆栈的有效数据项，称为满堆栈；堆栈指针指向下一个待压入数据的空位置，称为空堆栈。这样就有 4 种类型的堆栈表示递增和递减及满和空堆栈的各种组合。

① 满递增：堆栈通过增大存储器的地址向上增长，堆栈指针指向内含有效数据项的最高地址。指令如 LDMFA、STMFA 等。

② 空递增：堆栈通过增大存储器的地址向上增长，堆栈指针指向堆栈上的第一个空位置。指令如 LDMEA、STMEA 等。

③ 满递减：堆栈通过减小存储器的地址向下增长，堆栈指针指向内含有效数据项的最低地址。指令如 LDMFD、STMFD 等。

④ 空递减：堆栈通过减小存储器的地址向下增长，堆栈指针指向堆栈下的第一个空位置。指令如 LDMED、STMED 等。

堆栈寻址指令举例如下：

```
STMFD  SP!,{R1-R7,LR} ;将 R1~R7、LR 入栈。满递减堆栈
LDMF   SP!,{R1-R7,LR} ;数据出栈，放入 R1~R7、LR 寄存器。满递减堆栈
```

4.2.9 块拷贝寻址

块拷贝寻址指令用于将一组数据从存储器的某一位置复制到另一位置。如：

```
STMIA  R0!, {R1-R7}       ;将 R1~R7 的数据保存到存储器中。存储指针在保存第一
                          ;个值之后增加，增长方向为向上增长
STMIB  R0!, {R1-R7}       ;将 R1~R7 的数据保存到存储器中。存储指针在保存第一
                          ;个值之前增加，增长方向为向上增长
```

4.3 ARM 指令集

ARM 指令集包括单/多寄存器存取指令、数据交换指令、数据处理指令、乘法运算指令、分支指令、软中断指令和状态寄存器访问指令等。

4.3.1 ARM 指令的基本格式

ARM 指令的基本格式如下：

```
<opcode> {<cond>} {S} <Rd> ,<Rn>{,<operand2>}
```

其中<>号内的项是必需项，{}号内的项是可选项。各项说明如下：

opcode：指令助记符。

cond：执行条件。

S：是否影响 CPSR 寄存器的值。

Rd：目标寄存器。

Rn：第一个操作数的寄存器。

operand2：第二个操作数。

灵活地使用第二个操作数“operand2”能够提高代码效率。它有如下形式：

(1) #immed_8r——常数表达式

该常数必须对应 8 位位图，即一个 8 位的常数通过循环右移偶数位得到。例如：

```
MOV  R0,#1
AND  R1,R2,#0x0F
```

(2) Rm——寄存器方式

在寄存器方式下，操作数即为寄存器的数值。例如：

```
ADD   R1,R1,R2
MOV   R1,R2
```

(3) Rm,shift——寄存器移位方式

ARM 微处理器内嵌的桶形移位器，支持数据的各种移位操作，移位操作在 ARM 指令集中不作为单独的指令使用，它只能作为指令格式中的一个字段，在汇编语言中，表示为指令中的选项。数据处理指令的第二个操作数为寄存器时，就可以加入移位操作选项对它进行各种移位操作。例如：

```
ADD      R1,R1,R1,LSL #3           ;R1=R1+R1*8=9R1
SUB      R1,R1,R2,LSR R3           ;R1=R1-(R2/2R3)
```

移位操作包括以下 6 种类型，ASL 和 LSL 是等价的，可以自由互换。

① 逻辑左移 LSL（或算术左移 ASL）操作。

LSL（或 ASL）操作的格式为：

通用寄存器,LSL（或 ASL）操作数

LSL（或 ASL）可完成对通用寄存器中的内容进行逻辑（或算术）左移的操作，按操作数所指定的数量向左移位，低位用零来填充。其中，操作数可以是通用寄存器，也可以是立即数（0~31）。例如：

```
MOV    R0,R1,LSL#2              ;将 R1 中的内容左移两位后传送到 R0 中
```

② 逻辑右移 LSR 操作。

LSR 操作的格式为

通用寄存器,LSR 操作数

LSR 可完成对通用寄存器中的内容进行逻辑右移的操作，按操作数所指定的数量向右移位，左端用零来填充。其中，操作数可以是通用寄存器，也可以是立即数（0~31）。例如：

```
MOV   R0,R1,LSR#2               ;将 R1 中的内容右移两位后传送到 R0 中，左端用零来填充
```

③ 算术右移 ASR 操作。

ASR 操作的格式为

```
通用寄存器,ASR 操作数
```

ASR 可完成对通用寄存器中的内容进行算术右移的操作，按操作数所指定的数量向右移位，左端用第 31 位的值来填充。其中，操作数可以是通用寄存器，也可以是立即数（0～31）。例如：

```
MOV    R0, R1, ASR#2      ;将 R1 中的内容右移两位后传送到 R0 中，左端用第 31 位的值来填充
```

④ 循环右移 ROR 操作。

ROR 操作的格式为

```
通用寄存器,ROR 操作数
```

ROR 可完成对通用寄存器中的内容进行循环右移的操作，按操作数所指定的数量向右循环移位，左端用右端移出的位来填充。其中，操作数可以是通用寄存器，也可以是立即数（0～31）。显然，当进行 32 位的循环右移操作时，通用寄存器中的值不改变。例如：

```
MOV    R0,R1,ROR#2        ;将 R1 中的内容循环右移两位后传送到 R0 中
```

⑤ 带扩展的循环右移 RRX 操作。

RRX 操作的格式为

```
通用寄存器,RRX 操作数
```

RRX 可完成对通用寄存器中的内容进行带扩展的循环右移操作，按操作数所指定的数量向右循环移位，左端用进位标志位 C 来填充。其中，操作数可以是通用寄存器，也可以是立即数（0～31）。例如：

```
MOV  R0,R1,RRX#2          ;将 R1 中的内容进行带扩展的循环右移两位后传送到 R0 中
```

4.3.2 ARM 指令集的内容

ARM 微处理器的指令集可以分为 6 大类：

- 数据处理指令。
- 程序状态寄存器（PSR）处理指令。
- 加载/存储指令。
- 跳转指令。
- 协处理器指令。
- 异常产生指令。

1. 数据处理指令

数据处理指令可分为数据传送指令、算术逻辑运算指令和比较指令等。数据处理指令只能对寄存器的内容进行操作，而不能对存储器中的数据进行操作。所有 ARM 数据处理指令均可选择使用 S 后缀，并影响状态标志。其中，S 选项决定指令的操作是否影响 CPSR 中条件标志位的值，当没有 S 时，指令不更新 CPSR 中条件标志位的值。

（1）数据传送指令

数据传送指令用于在寄存器和存储器之间进行数据的双向传输。

① MOV 数据传送指令。

MOV 指令的格式为

```
MOV{cond}{S}    Rd,operand2
```

MOV 指令将 8 位图立即数或寄存器传送到目标寄存器（Rd），可用于移位运算等操作。例如：

```
MOV   R1,R0                  ;将寄存器 R0 的值传送到寄存器 R1
MOV   PC,R14                 ;将寄存器 R14 的值传送到 PC，常用于子程序返回
MOV   R1,R0,LSL＃3           ;将寄存器 R0 的值左移 3 位后传送到 R1
```

② MVN 数据取反传送指令。

MVN 指令的格式为

```
MVN{cond}{S}    Rd,operand2
```

MVN 指令可完成从另一个寄存器、被移位的寄存器或将一个立即数加载到目的寄存器。与 MOV 指令的不同之处是，在传送之前数按位被取反了，即把一个被取反的值传送到目的寄存器中。例如：

```
MVN R0,＃0                   ;将立即数 0 取反传送到寄存器 R0 中，完成后 R0=-1
```

③ 数据交换指令。

ARM 微处理器所支持的数据交换指令能在存储器和寄存器之间交换数据。数据交换指令有如下两条：

SWP　　　字数据交换指令

SWPB　　 字节数据交换指令

SWP/ SWPB 指令的格式为

```
SWP{cond}{B}    Rd,Rm,[Rn]
```

其中，B 为可选后缀，若有 B，则交换字节，否则交换 32 位字；Rd 用于保存从存储器中读入的数据；Rm 的数据用于存储到存储器中，若 Rm 与 Rn 相同，则为寄存器与存储器内容进行交换；Rn 为要进行数据交换的存储器地址，Rn 不能与 Rd 和 Rm 相同。例如：

```
SWP    R0,R1,[R2]           ;将 R2 所指向的存储器中的字数据传送到 R0，同时
                            ;将 R1 中的字数据传送到 R2 所指向的存储单元
SWP    R0,R0,[R1]           ;该指令完成将 R1 所指向的存储器中的字数据与
                            ;R0 中的字数据交换
SWPB   R0,R1,[R2]           ;将 R2 所指向的存储器中的字节数据传送到 R0，
                            ;R0 的高 24 位清零，同时将 R1 中的低 8 位数据
                            ;传送到 R2 所指向的存储单元
SWPB   R0,R0,[R1]           ;该指令完成将 R1 所指向的存储器中的字节数据
                            ;与 R0 中的低 8 位数据交换
```

(2) 算术逻辑运算指令

算术逻辑运算指令完成常用的算术与逻辑运算，该类指令不但将运算结果保存在目的寄存器中，同时还更新 CPSR 中的相应条件标志位。

① 加法指令 ADD。

ADD 指令的格式为

```
ADD{cond}{S}    Rd,Rn,operand2
```

ADD 指令用于把两个操作数相加，并将结果存放到目的寄存器中。例如：

```
ADD      R0,R1,R2             ;R0=R1+R2
ADD      R0,R1,#256           ;R0=R1+256
ADD      R0,R2,R3，LSL#1      ;R0=R2+(R3<<1)
```

② 带进位加法指令 ADC。

ADC 指令的格式为

```
ADC{cond}{S}    Rd,Rn,operand2
```

ADC 将 operand2 的值与 Rn 的值相加，再加上 CPSR 中的 C 条件标志位，结果保存到 Rd

寄存器。

以下指令序列完成两个 128 位数的加法，第一个数由高到低存放在寄存器 R7～R4 中，第二个数由高到低存放在寄存器 R11～R8 中，运算结果由高到低存放在寄存器 R3～R0 中：

```
ADDS    R0,R4,R8             ;加低端的字
ADCS    R1,R5,R9             ;加第二个字，带进位
ADCS    R2,R6,R10            ;加第三个字，带进位
ADC     R3,R7,R11            ;加第四个字，带进位
```

③ 减法指令 SUB。

SUB 指令的格式为

```
SUB {cond} {S}    Rd, Rn, operand2
```

SUB 指令用寄存器 Rn 减去 operand2，结果保存到 Rd 中。例如：

```
SUB      R0,R1,R2         ;R0=R1-R2
SUB      R0,R1,#256       ;R0=R1-256
SUB      R0,R2,R3,LSL#1   ;R0=R2-(R3<<1)
```

④ 带借位减法指令 SBC。

SBC 指令的格式为

```
SBC {cond} {S}    Rd, Rn, operand2
```

SBC 用寄存器 Rn 减去 operand2，再减去 CPSR 中的 C 条件标志位的非（即若 C 标志清零，则结果减去 1），结果保存到 Rd 中。

该指令可用于有符号数或无符号数的减法运算。例如：

```
SUBS  R0,R1,R2        ;R0=R1-R2-!C,并根据结果设置 CPSR 的进位标志位
```

⑤ 逆向减法指令 RSB。

RSB 指令的格式为

```
RSB{cond}{S}    Rd,Rn,operand2
```

RSB 指令称为逆向减法指令，RSB 指令将 operand2 的值减去 Rn，结果保存到 Rd 中。例如：

```
RSB      R0,R1,R2         ;R0=R2-R1
RSB      R0,R1,#256       ;R0=256-R1
RSB      R0,R2,R3,LSL#1   ;R0=(R3<<1)-R2
```

⑥ 带借位的逆向减法指令 RSC。

RSC 指令的格式为

```
RSC{cond}{S}    Rd,Rn,operand2
```

RSC 指令用寄存器 operand2 减去 Rn，再减去 CPSR 中的 C 条件标志位，结果保存到 Rd 中。

该指令可用于有符号数或无符号数的减法运算。例如：

```
RSC      R0,R1,R2         ;R0=R2-R1-!C
```

⑦ 逻辑与指令 AND。

AND 指令的格式为

```
AND{cond}{S}    Rd,Rn,operand2
```

AND 指令用于在两个操作数上进行逻辑与运算，并把结果放置到目的寄存器中。例如：

```
AND      R0,R0,#3         ;该指令保持 R0 的 0、1 位，其余位清零
```

⑧ 逻辑或指令 ORR。

ORR 指令的格式为

```
ORR{cond}{S}    Rd,Rn,operand2
```

ORR 指令用于在两个操作数上进行逻辑或运算，并把结果放置到目的寄存器中。例如：

```
ORR     R0,R0,#3          ;该指令设置 R0 的 0、1 位，其余位保持不变
```

⑨ 逻辑异或指令 EOR。

EOR 指令的格式为

```
EOR{cond}{S}    Rd,Rn, operand2
```

EOR 指令用于在两个操作数上进行逻辑异或运算，并把结果放置到目的寄存器中。例如：

```
EOR     R0,R0,#3          ;该指令反转 R0 的 0、1 位，其余位保持不变
```

⑩ 位清除指令 BIC。

BIC 指令的格式为

```
BIC{cond}{S}    Rd, Rn, operand2
```

BIC 指令用于清除操作数 1 的某些位，并把结果放置到目的寄存器中。operand2 为 32 位的掩码，如果在掩码中设置了某一位，则清除这一位。未设置的掩码位保持不变。例如：

```
BIC  R0,R0,#%1011         ;该指令清除 R0 中的位 0、1 和 3，其余位保持不变
```

(3) 乘法指令与乘加指令

ARM 微处理器支持的乘法指令与乘加指令共有 6 条，可分为运算结果为 32 位和运算结果为 64 位两类，与前面的数据处理指令不同，指令中的所有操作数、目的寄存器必须为通用寄存器，不能对操作数使用立即数或被移位的寄存器，同时，目的寄存器和操作数 1 必须是不同的寄存器。ARM 具有 3 种乘法指令，分别为

- 32 位×32 位乘法指令。
- 32 位× 32 位乘加指令。
- 32 位× 32 位，结果为 64 位的乘法/乘加指令。

乘法指令与乘加指令共有以下 6 条：

① 32 位乘法指令 MUL。

MUL 指令的格式为：

```
MUL{cond}{S}    Rd, Rm, Rs
```

MUL 指令将 Rm 和 Rs 中的值相乘，结果的低 32 位保存到 Rd 中。例如：

```
MUL     R0,R1,R2          ;R0=R1×R2
MULS    R0,R1,R2          ;R0=R1×R2，同时设置 CPSR 中的相关条件标志位
```

② 32 位乘加指令 MLA。

MLA 指令的格式为

```
MLA{cond}{S}    Rd, Rm, Rs, Rn
```

MLA 指令将 Rm 和 Rs 中的值相乘，再将乘积加上第三个操作数，结果的低 32 位保存到 Rd 中。例如：

```
MLA     R0,R1,R2,R3       ;R0=R1×R2+R3
MLAS    R0,R1,R2,R3       ;R0=R1×R2+R3，同时设置 CPSR 中的相关条件标志位
```

③ 64 位有符号数乘法指令 SMULL。

SMULL 指令的格式为

```
SMULL{cond}{S}    RdLo, RdHi, Rm, Rs
```

SMULL 指令将 Rm 和 Rs 中的值作有符号数相乘，结果的低 32 位保存到 RdLo 中，而高 32 位保存到 RdHi 中。例如：

```
SMULL   R0,R1,R2,R3       ;R0=（R2×R3）的低 32 位
                          ;R1=（R2×R3）的高 32 位
```

④ 64 位有符号数乘加指令 SMLAL。

SMLAL 指令的格式为

```
SMLAL{cond}{S}    RdLo, RdHi, Rm, Rs
```

SMLAL 指令将 Rm 和 Rs 中的值作有符号数相乘，64 位乘积与 RdHi、RdLo 相加，结果的低 32 位保存到 RdLo 中，而高 32 位保存到 RdHi 中。

对于目的寄存器 Low，在指令执行前存放 64 位加数的低 32 位，指令执行后存放结果的低 32 位。

对于目的寄存器 High，在指令执行前存放 64 位加数的高 32 位，指令执行后存放结果的高 32 位。

例如：

```
SMLAL   R0,R1,R2,R3         ;R0=（R2×R3）的低 32 位 + R0
                            ;R1=（R2×R3）的高 32 位 + R1
```

⑤ 64 位无符号数乘法指令 UMULL。

UMULL 指令的格式为

```
UMULL{cond}{S}    RdLo, RdHi, Rm, Rs
```

UMULL 指令将 Rm 和 Rs 中的值作无符号数相乘，结果的低 32 位保存到 RdLo 中，而高 32 位保存到 RdHi 中。例如：

```
UMULL   R0,R1,R2,R3         ;R0=（R2×R3）的低 32 位
                            ;R1=（R2×R3）的高 32 位
```

⑥ 64 位无符号数乘加指令 UMLAL。

UMLAL 指令的格式为

```
UMLAL{cond}{S}    RdLo, RdHi, Rm, Rs
```

UMLAL 指令将 Rm 和 Rs 中的值作无符号数相乘，64 位乘积与 RdHi、RdLo 相加，结果的低 32 位保存到 RdLo 中，而高 32 位保存到 RdHi 中。

对于目的寄存器 Low，在指令执行前存放 64 位加数的低 32 位，指令执行后存放结果的低 32 位。

对于目的寄存器 High，在指令执行前存放 64 位加数的高 32 位，指令执行后存放结果的高 32 位。

例如：

```
UMLAL   R0,R1,R2,R3         ;R0=（R2×R3）的低 32 位 + R0
                            ;R1=（R2×R3）的高 32 位 + R1
```

（4）比较指令

比较指令不保存运算结果，只更新 CPSR 中相应的条件标志位。

① 比较指令 CMP。

CMP 指令的格式为

```
CMP{cond}    Rn,operand2
```

CMP 指令用于把一个寄存器的内容和另一个寄存器的内容或立即数进行比较，同时更新 CPSR 中条件标志位的值。该指令进行一次减法运算，但不存储结果，只更改条件标志位。例如：

```
CMP  R1,R0          ;将寄存器 R1 的值与寄存器 R0 的值相减，并根据结果设置 CPSR 的标志位
CMP  R1,#100        ;将寄存器 R1 的值与立即数 100 相减，并根据结果设置 CPSR 的标志位
```

② 反值比较指令 CMN。

CMN 指令的格式为

```
CMN{cond}    Rn,operand2
```

CMN 指令使用寄存器 Rn 的值加上 operand2 的值，根据操作的结果更新 CPSR 中相应的条件标志位，以便后面的指令根据相应的条件标志来判断是否执行。例如：

```
CMN  R1,R0        ;将寄存器 R1 的值与寄存器 R0 的值相加，并根据结果设置 CPSR 的标志位
CMN  R1,#100      ;将寄存器 R1 的值与立即数 100 相加，并根据结果设置 CPSR 的标志位
```

③ 位测试指令 TST。

TST 指令的格式为

```
TST{cond}    Rn,operand2
```

TST 指令用于把一个寄存器的内容和另一个寄存器的内容或立即数进行按位与运算，并根据运算结果更新 CPSR 中条件标志位的值。Rn 是要测试的数据，而 operand2 是一个位掩码，该指令一般用来检测是否设置了特定的位。例如：

```
TST  R1,#%1       ;用于测试在寄存器 R1 中是否设置了最低位（%表示二进制数）
TST  R1,#0xffe    ;将寄存器 R1 的值与立即数 0xffe 进行按位与运算，并根据结果设置 CPSR 的标志位
```

④ 相等测试指令 TEQ。

TEQ 指令的格式为

```
TEQ{cond}    Rn,operand2
```

TEQ 指令用于把一个寄存器的内容和另一个寄存器的内容或立即数进行按位异或运算，并根据运算结果更新 CPSR 中条件标志位的值。该指令通常用于比较 Rn 和 operand2 是否相等。例如：

```
TEQ  R1,R2   ;将寄存器 R1 的值与寄存器 R2 的值按位异或，并根据结果设置 CPSR 的标志位
```

2．程序状态寄存器处理指令

ARM 微处理器支持程序状态寄存器处理指令，用于在程序状态寄存器和通用寄存器之间传送数据，程序状态寄存器处理指令包括以下两条：

(1) 程序状态寄存器到通用寄存器的数据传送指令 MRS

MRS 指令的格式为

```
MRS{条件}    通用寄存器,程序状态寄存器       ;程序状态寄存器为 CPSR 或 SPSR
MRS {cond}    Rd,psr
```

MRS 指令用于将程序状态寄存器的内容传送到通用寄存器中。该指令一般用于以下几种情况：

- 当需要改变程序状态寄存器的内容时，可用 MRS 将程序状态寄存器的内容读入通用寄存器，修改后再写回程序状态寄存器。
- 当在异常处理或进程切换时，需要保存程序状态寄存器的值，可先用该指令读出程序状态寄存器的值，然后保存。

例如：

```
MRS R0,CPSR             ;传送 CPSR 的内容到 R0
MRS R0,SPSR             ;传送 SPSR 的内容到 R0
```

(2) 通用寄存器到程序状态寄存器的数据传送指令 MSR

MSR 指令格式 1：

```
MSR {cond}    psr_fields,#immed_8r
```

MSR 指令格式 2：

```
MSR {cond}    psr_fields,Rm
MSR{条件}     程序状态寄存器_<域>，操作数
```

MSR 指令用于将操作数的内容传送到程序状态寄存器的特定域中。其中，操作数可以为通用寄存器或立即数，<域>用于设置程序状态寄存器中需要操作的位。32 位的程序状态寄存器可分为 4 个域：

- 位[31:24]为条件标志位域，用 f 表示。
- 位[23:16]为状态位域，用 s 表示。
- 位[15:8]为扩展位域，用 x 表示。
- 位[7:0]为控制位域，用 c 表示。

该指令通常用于恢复或改变程序状态寄存器的内容，在使用时，一般要在 MSR 指令中指明将要操作的域。例如：

```
MSR      CPSR,R0                ;传送 R0 的内容到 CPSR
MSR      SPSR,R0                ;传送 R0 的内容到 SPSR
MSR      CPSR_c,R0              ;传送 R0 的内容到 CPSR，但仅仅修改 CPSR 中的控制位域
```

3. 加载/存储指令

(1) 单寄存器存取指令

ARM 微处理器支持加载/存储指令，用于在寄存器和存储器之间传送数据。加载指令用于将存储器中的数据传送到寄存器，存储指令则完成相反的操作。

常用的加载存储指令如下：

① 字数据加载指令 LDR。

LDR 指令的格式为：

```
LDR{条件} 目的寄存器,<存储器地址>
LDR{cond}{T}     Rd,<地址>          ;将指定地址上的字数据读入 Rd
STR{cond}{T}     Rd,<地址>          ;将 Rd 中的字数据存入指定地址
LDR{cond}B{T}    Rd,<地址>          ;将指定地址上的字节数据读入 Rd
STR{cond}B{T}    Rd,<地址>          ;将 Rd 中的字节数据存入指定地址
```

其中，T 为可选后缀。若指令中有 T，那么即使处理器是在特权模式下，存储系统也将访问看成是在用户模式下进行的。T 在用户模式下无效，不能与前索引偏移一起使用 T。

LDR 指令用于从存储器中将一个 32 位的字数据传送到目的寄存器中。该指令通常用于从存储器中读取 32 位的字数据到通用寄存器，然后对数据进行处理。例如：

```
LDR      R0,[R1]                ;将存储器地址为 R1 的字数据读入寄存器 R0
LDR      R0,[R1,R2]             ;将存储器地址为 R1+R2 的字数据读入寄存器 R0
LDR      R0,[R1,#8]             ;将存储器地址为 R1+8 的字数据读入寄存器 R0
LDR      R0,[R1,R2] !           ;将存储器地址为 R1+R2 的字数据读入寄存器 R0，
                                ;并将新地址 R1 + R2 写入 R1
LDR      R0,[R1,R2,LSL#2]       ;将存储器地址为 R1 + R2×4 的字数据读入寄存
                                ;器 R0，并将新地址 R1 + R2×4 写入 R1
```

② 字节数据加载指令 LDRB。

LDRB 指令的格式为

```
LDR{条件}B 目的寄存器,<存储器地址>
LDR{cond}B{T}   Rd,<地址>     ;将指定地址上的字节数据读入 Rd
```

LDRB 指令用于从存储器中将一个 8 位的字节数据传送到目的寄存器中，同时将寄存器的高 24 位清零。该指令通常用于从存储器中读取 8 位的字节数据到通用寄存器，然后对数据进行

处理。例如：

```
LDRB   R0,[R1]              ;将存储器地址为R1的字节数据读入寄存器R0,
                            ;并将R0的高24位清零
LDRB   R0,[R1,#8]           ;将存储器地址为R1+8的字节数据读入寄存器R0,
                            ;并将R0的高24位清零
```

③ 半字数据加载指令LDRH。

LDRH指令的格式为：

```
LDR{条件}H 目的寄存器,<存储器地址>
LDR{cond}H   Rd,<地址>       ;将指定地址上的半字数据读入Rd
```

LDRH指令用于从存储器中将一个16位的半字数据传送到目的寄存器中，同时将寄存器的高16位清零。该指令通常用于从存储器中读取16位的半字数据到通用寄存器，然后对数据进行处理。例如：

```
LDRH   R0,[R1]        ;将存储器地址为R1的半字数据读入寄存器R0，并将R0的高16位清零
LDRH   R0,[R1,#8]     ;将存储器地址为R1+8的半字数据读入寄存器R0，并将R0的高16位清零
LDRH   R0,[R1,R2]     ;将存储器地址为R1+R2的半字数据读入寄存器R0，并将R0的高16位清零
```

④ 字数据存储指令STR。

STR指令的格式为：

```
STR{条件}           源寄存器,<存储器地址>
STR{cond}{T}        Rd,<地址>            ;将Rd中的字数据存入指定地址
```

STR指令用于从源寄存器中将一个32位的字数据传送到存储器中。该指令在程序设计中比较常用，且寻址方式灵活多样，使用方式可参考指令LDR。例如：

```
STR  R0,[R1],#8      ;将R0中的字数据写入以R1为地址的存储器中，并将新地址R1+8写入R1
STR  R0,[R1,#8]      ;将R0中的字数据写入以R1+8为地址的存储器中
```

⑤ 字节数据存储指令STRB。

STRB指令的格式为：

```
STR{条件}B          源寄存器,<存储器地址>
STR{cond}B{T}      Rd,<地址>     ;将Rd中的字节数据存入指定地址
```

STRB指令用于从源寄存器中将一个8位的字节数据传送到存储器中。该字节数据为源寄存器中的低8位。例如：

```
STRB  R0,[R1]                 ;将寄存器R0中的字节写入以R1为地址的存储器中
STRB  R0,[R1,#8]              ;将寄存器R0中的字节写入以R1+8为地址的存储器中
```

⑥ 半字数据存储指令STRH。

STRH指令的格式为

```
STR{条件}H       源寄存器,<存储器地址>
STR{cond}H       Rd,<地址>      ;将Rd中的半字数据存入指定地址
```

STRH指令用于从源寄存器中将一个16位的半字数据传送到存储器中。该半字数据为源寄存器中的低16位。例如：

```
STRH  R0,[R1]                 ;将寄存器R0中的半字写入以R1为地址的存储器中
STRH  R0,[R1,#8]              ;将寄存器R0中的半字写入以R1+8为地址的存储器中
```

(2) 多寄存器存取指令

ARM微处理器支持多寄存器存取指令，可以一次在一片连续的存储器单元和多个寄存器之间传送数据，多寄存器存指令用于将一片连续的存储器中的数据传送到多个寄存器，多寄存器取指令则完成相反的操作。

常用多寄存器存取指令如下：

LDM　　多寄存器加载指令

STM多寄存器存储指令

LDM和STM指令的格式为：

```
LDM{cond}<模式>  Rn{!},reglist{^}
STM{cond}<模式>  Rn{!},reglist{^}
```

其中：

cond：指令执行的条件。

<模式>：控制地址的增长方式，共有8种模式。

- IA：每次传送后地址加1。
- IB：每次传送前地址加1。
- DA：每次传送后地址减1。
- DB：每次传送前地址减1。
- FD：满递减堆栈。
- ED：空递减堆栈。
- FA：满递增堆栈。
- EA：空递增堆栈。

!：为可选后缀，若选用该后缀，则当数据传送完毕之后，将最后的地址写入基址寄存器，否则基址寄存器的内容不改变。基址寄存器不允许为R15，寄存器列表可以为R0~R15的任意组合。

reglist：表示寄存器列表，可以包含多个寄存器，它们使用“,”隔开，如{R1,R2,R6-R9}，寄存器由小到大排列。

^：加入该后缀后，进行数据传送且寄存器列表不包含PC时，加载/存储的寄存器是用户模式下的，而不是当前模式的寄存器。若在LDM指令且寄存器列表中包含有PC时使用，那么除了正常的多寄存器传送外，将SPSR也复制到CPSR中，这可用于异常处理返回。注意：该后缀不允许在用户模式或系统模式下使用。例如：

```
STMFD  R13!,{R0,R4-R9,LR}    ;将寄存器列表中的寄存器（R0，R4～R9，LR）存入堆栈
LDMFD  R13!,{R0,R6-R9,PC}    ;将堆栈内容恢复到寄存器（R0，R6～R9，LR）
```

4. 跳转指令

跳转指令用于实现程序流程的跳转，在ARM程序中有两种方法可以实现程序流程的跳转：

- 使用专门的跳转指令。
- 直接向程序计数器PC写入跳转地址值。

通过向程序计数器PC写入跳转地址值，可以实现在4 GB地址空间中的任意跳转，在跳转之前结合使用“MOV LR,PC”等类似的指令，可以保存将来的返回地址值，从而实现在4 GB连续线性地址空间的子程序调用。

ARM指令集中的跳转指令可以完成从当前指令向前或向后的32 MB地址空间的跳转，包括以下3条指令：

(1) 跳转指令 B

B指令的格式为

```
B {cond}    Label
```

B指令是最简单的跳转指令。一旦遇到一个B指令，ARM微处理器将立即跳转到给定的目

标地址，从那里继续执行。注意：存储在跳转指令中的实际值是相对当前 PC 值的一个偏移量，而不是一个绝对地址，它的值由汇编器来计算（参考寻址方式中的相对寻址）。它是 24 位有符号数，左移两位后有符号扩展为 32 位，表示的有效偏移为 26 位（前后 32 MB 地址空间）。

（2）带返回的跳转指令 BL

BL 指令的格式为

```
BL {cond}    Label
```

BL 是另一个跳转指令，但跳转之前，会在寄存器 R14 中保存 PC 的当前内容。因此，可以通过将 R14 的内容重新加载到 PC 中，来返回到跳转指令之后的那个指令处执行。该指令是实现子程序调用的一个基本但常用的手段。

（3）带状态切换和返回的跳转指令 BLX

BLX 指令的格式为

```
BLX {cond}    Label
```

BLX 指令从 ARM 指令集跳转到指令中所指定的目标地址，并且将处理器的工作状态由 ARM 状态切换到 Thumb 状态，同时会在寄存器 R14 中保存 PC 的当前内容。因此，在子程序使用 Thumb 指令集，而调用程序使用 ARM 指令集时，使用 BLX 指令可以同时实现子程序的调用和状态切换。子程序的返回可以通过将 R14 的内容重新加载到 PC 中来完成。

（4）带状态切换的跳转指令 BX

BX 指令的格式为

```
BX {cond}    Rm
```

BX 指令跳转到指令中所指定的目标地址，目标地址处的指令既可以是 ARM 指令，也可以是 Thumb 指令。

5. 协处理器指令

ARM 微处理器可以支持多达 16 个协处理器，用于各种协处理操作。ARM 的协处理器指令主要用于初始化协处理器的数据处理操作，在 ARM 与协处理器之间传输数据。

（1）协处理器数据操作指令 CDP

CDP 指令的格式为

```
CDP{cond} 协处理器编码,协处理器操作码1,目的寄存器,源寄存器1,源寄存器2,协处理器操作码2
```

CDP 指令用于通知协处理器执行特定的操作，若协处理器不能完成特定的操作，则产生未定义指令异常。

其中：协处理器操作码 1、2 为协处理器应执行的操作；目的寄存器，源寄存器 1、2 均为协处理器的寄存器。

（2）存储器到协处理器的数据传输指令 LDC

LDC 指令的格式为

```
LDC {cond}{L}    协处理器编码,目的寄存器,[源寄存器]
```

LDC 指令用于将源寄存器指向的存储器中的字数据传送到目的寄存器中，若协处理器不能完成该操作，则产生未定义指令异常。其中，L 表示指令为长读取操作，例如用于双精度数据传输。

（3）协处理器寄存器写入存储器指令 STC

STC 指令的格式为

```
STC {cond}{L}  协处理器编码,源寄存器,[目的寄存器]
```

STC 指令用于将源寄存器中的字数据传送到目的寄存器指向的存储器中，若协处理器不能完成该操作，则产生未定义指令异常。其中，L 表示指令为长读取操作，例如用于双精度数据传输。

(4) 从 ARM 寄存器到协处理器寄存器的数据传输指令 MCR

MCR 指令的格式为

```
MCR {cond}  协处理器编码，协处理器操作码 1，源寄存器，目的寄存器 1，目的寄存器 2，协处
            理器操作码 2
```

MCR 指令用于将 ARM 处理器寄存器中的数据传送到协处理器寄存器中，若协处理器不能完成该操作，则产生未定义指令异常。

其中：协处理器操作码 1、2 为协处理器应执行的操作；目的寄存器 1、2 均为协处理器的寄存器；源寄存器为 ARM 寄存器。

(5) 从协处理器寄存器到 ARM 寄存器的数据传输指令 MRC

MRC 指令的格式为

```
MRC {cond}  协处理器编码,协处理器操作码 1,目的寄存器,源寄存器 1,源寄存器 2,协处理器操
            作码 2
```

MRC 指令用于将协处理器寄存器中的数据传送到 ARM 处理器寄存器中，若协处理器不能完成该操作，则产生未定义指令异常。

其中：协处理器操作码 1、2 为协处理器应执行的操作；源寄存器 1、2 均为协处理器的寄存器；目的寄存器为 ARM 寄存器。

6. 异常产生指令

ARM 微处理器的软件中断指令为 SWI。

SWI 指令的格式为

```
SWI {cond} immed_24
```

SWI 指令用于产生软件中断，以便用户程序能调用操作系统的系统例程。操作系统在 SWI 的异常处理程序中提供相应的系统服务，指令中 24 位的立即数指定用户程序调用系统例程的类型，相关参数通过通用寄存器传递，当指令中 24 位的立即数被忽略时，用户程序调用系统例程的类型由通用寄存器 R0 中的内容决定，同时，参数通过其他通用寄存器传递。例如：

```
SWI     0x02     ;该指令调用操作系统编号为 02 的系统例程
```

7. ARM 伪指令

ARM 伪指令不属于 ARM 指令集中的指令，是为了编程方便而定义的。伪指令可以像其他 ARM 指令一样使用，但在编译时这些指令将被等效的 ARM 指令代替。ARM 伪指令有 4 条，分别为 ADR 伪指令、ADRL 伪指令、LDR 伪指令、NOP 伪指令。下面介绍常用的 LDR 伪指令和 NOP 伪指令。

(1) ARM 伪指令——大范围的地址读取指令 LDR

LDR 伪指令格式：

```
LDR{cond}    register, =expr
```

其中{}内的项是可选的。各项说明如下：

cond：指令执行的条件码。

register：加载的目标寄存器。

=expr：基于 PC 的地址表达式或外部表达式。

LDR 伪指令用于加载 32 位的立即数或一个地址值到指定寄存器。在汇编编译源程序时，LDR 伪指令被编译器替换成一条合适的指令。若加载的常数未超出 MOV 或 MVN 的范围，则使用 MOV 或 MVN 指令代替该 LDR 伪指令，否则汇编器将常量放入文字池，并使用一条程序相对偏移的 LDR 指令从文字池读出常量。例如：

```
LDR     R1,=InitStack
        ...
InitStack
MOV     R0, LR
```

使用伪指令将程序标号 InitStack 的地址存入 R1。

编译后的反汇编代码为

```
地址    程序代码
...
0x60    LDR     R1,0xb4
...
0x64    MOV     R0, LR
...
0xb4    DCD     0x64
```

LDR 伪指令被汇编成一条 LDR 指令，并在文字池中定义了一个常量，该常量为 InitStack 标号的地址。

注意：从指令位置到文字池的偏移量必须小于 4 KB；与 ARM 指令的 LDR 相比，伪指令 LDR 的参数有“=”号。

(2) ARM 伪指令——空操作伪指令 NOP

NOP 伪指令在汇编时将会被代替成 ARM 中的空操作，比如可能是“MOV R0,R0”指令等。NOP 可用于延时操作。

NOP 伪指令格式：

```
NOP
```

例如（延时子程序）：

```
Delay
    NOP                         ;空操作
    NOP
    NOP
    SUBS    R1,R1,#1            ;循环次数减 1
    BNE     Delay               ;如果循环没有结束，跳转 Delay 继续
    MOV     PC,LR               ;子程序返回
```

4.4 Thumb 指令集

为了兼容数据总线宽度为 16 位的应用系统，ARM 体系结构除了支持执行效率很高的 32 位 ARM 指令集以外，同时支持 16 位的 Thumb 指令集。Thumb 指令集是 ARM 指令集的一个子集，允许指令编码为 16 位的长度。与等价的 32 位代码相比较，Thumb 指令集在保留 32 位代码优势的同时，大大地节省了系统的存储空间。如果不追求执行效率或节省存储空间，仅掌握 ARM 指令即可，但只掌握 Thumb 指令则不行。

4.4.1 Thumb 指令集的内容

1. 存储器访问指令

(1) 单寄存器加载/存储指令 LDR 和 STR

根据指令的寻址方式不同，可以分为以下 3 类：立即数偏移寻址、寄存器偏移寻址、PC 或 SP 相对偏移寻址。

① 单寄存器访问指令——立即数偏移寻址。

以这种寻址方式对存储器进行访问时，存储器的地址以一个寄存器的内容为基址，在偏移一个立即数后指明。指令格式如下：

```
LDR     Rd,[Rn,#immed_5×4]   ;加载内存中的字数据到寄存器 Rd 中
STR     Rd,[Rn,#immed_5×4]   ;将 Rd 中的字数据存储到指定地址的内存中
LDRH    Rd,[Rn,#immed_5×2]   ;加载内存中的半字数据到寄存器 Rd 的低 16 位中
STRH    Rd,[Rn,#immed_5×2]   ;存储 Rd 中的低 16 位半字数据到指定的内存单元
LDRB    Rd,[Rn,#immed_5×1]   ;加载内存中的字节数据到寄存器 Rd 中
STRB    Rd,[Rn,#immed_5×1]   ;存储 Rd 中的低 8 位字节数据到指定的内存单元
```

其中：Rd 表示加载或存储的寄存器，必须为 R0～R7；Rn 表示基址寄存器，必须为 R0～R7；immed_5×N 表示立即数偏移量，其取值范围为(0～31)×N。

例如：

```
LDR        R0,  [R1,#0x4]
STR        R3,  [R4]
LDRH       R5,  [R0,#0x02]
STRH       R1,  [R0,#0x08]
LDRB       R3,  [R6,#20]
STRB       R1,  [R0,#31]
```

注意：进行字数据访问时，必须保证传送地址为 32 位对齐；进行半字数据访问时，必须保证传送地址为 16 位对齐。

② 单寄存器访问指令——寄存器偏移寻址。

这种寻址方式是以一个寄存器的内容为基址，以另一个寄存器的内容为偏移量，两者相加作为存储器的地址。指令格式如下：

```
LDR     Rd,[Rn,Rm]          ;加载一个字数据
STR     Rd,[Rn,Rm]          ;存储一个字数据
LDRH    Rd,[Rn,Rm]          ;加载一个无符号半字数据
STRH    Rd,[Rn,Rm]          ;存储一个无符号半字数据
LDRB    Rd,[Rn,Rm]          ;加载一个无符号字节数据
STRB    Rd,[Rn,Rm]          ;存储一个无符号字节数据
LDRSH   Rd,[Rn,Rm]          ;加载一个有符号半字数据
LDRSB   Rd,[Rn,Rm]          ;存储一个有符号半字数据
```

其中：Rd 表示加载或存储的寄存器，必须为 R0～R7；Rn 表示基址寄存器，必须为 R0～R7；Rm 表示内含数据偏移量的寄存器，必须为 R0～R7。

例如：

```
LDR     R3,  [R1,R0]
STR     R1,  [R0,R2]
LDRH    R6,  [R0,R1]
STRH    R0,  [R4,R5]
```

```
LDRB    R2, [R5,R1]
STRB    R1, [R3,R2]
LDRSH   R7, [R6,R3]
LDRSB   R5, [R7,R2]
```

注意：进行字数据访问时，必须保证传送地址为 32 位对齐；进行半字数据访问时，必须保证传送地址为 16 位对齐。

③ 单寄存器访问指令——相对偏移寻址。

这种寻址方式是以 PC 或 SP 寄存器的内容为基址，以一个立即数为偏移量，两者相加作为存储器的地址。指令格式如下：

```
LDR     Rd,[PC,#immed_8×4]
LDR     Rd,label
LDR     Rd,[SP,#immed_8×4]
STR     Rd,[SP,#immed_8×4]
```

其中：Rd 表示加载或存储的寄存器，必须为 R0～R7；immed_8×4 表示偏移量，取值范围是(0～255)×4；label 表示程序相对偏移表达式，label 必须在当前指令之后的 1KB 范围内。

例如:

```
LDR    R0, [PC,#0x08]     ;读取 PC+0x08 地址上的字数据，保存到 R0 中
LDR    R7, LOCALDAT       ;读取 LOCALDAT 地址上的字数据，保存到 R7 中
LDR    R3, [SP,#1020]     ;读取 SP+1020 地址上的字数据，保存到 R3 中
STR    R2, [SP]           ;存储 R2 寄存器的数据到 SP 指向的存储单元(偏移量为 0)
```

注意：以 PC 作为基地址的相对偏移寻址指令只有 LDR 指令，而没有 STR 指令。

(2) 寄存器入栈及出栈指令 PUSH 和 POP

这两个指令实现低寄存器和可选的 LR 寄存器入栈，以及低寄存器和可选的 PC 寄存器出栈的操作。堆栈地址由 SP 寄存器设置，堆栈是满递减堆栈。

指令格式：

```
PUSH    {reglist[,LR]}
POP     {reglist[,PC]}
```

其中：reglist 为入栈/出栈低寄存器列表，即 R0～R7；LR 为入栈时的可选寄存器；PC 为出栈时的可选寄存器。

例如：

```
PUSH    {R0-R7,LR}        ;将低寄存器 R0～R7 全部入栈，LR 也入栈
POP {R0-R7,PC}            ;将堆栈中的数据弹出到低寄存器 R0～R7 及 PC 中
```

(3) 多寄存器加载/存储指令 LDMIA 和 STMIA

这两个指令可以实现在一组寄存器和一块连续的内存单元之间传输数据。LDMIA 为加载多个寄存器，STMIA 为存储多个寄存器，使用它们允许一条指令传送 8 个低寄存器 R0～R7 的任何子集。

指令格式：

```
LDMIA   Rn!,reglist
STMIA   Rn!,reglist
```

其中：Rn 表示加载/存储的起始地址寄存器，Rn 必须为 R0～R7；reglist 为加载/存储的寄存器列表，寄存器必须为 R0～R7。

LDMIA/STMIA 主要用于数据复制、参数传送等。进行数据传送时，每次传送后地址加 4。

若 Rn 在寄存器列表中，对于 LDMIA 指令，Rn 的最终值是加载的值，而不是增加后的地址；对于 STMIA 指令，若 Rn 是寄存器列表中最低数字的寄存器，则 Rn 存储的值为 Rn 的初值，其他情况不可预知。例如：

```
LDMIA    R0!,{R2-R7}      ;加载 R0 指向的地址上的多字数据，保存到 R2～R7 中，R0 的值更新
STMIA    R1!,{R2-R7}      ;将 R2～R7 的数据存储到 R1 指向的地址上，R1 值更新
```

2. 数据处理指令

Thumb 数据处理指令涵盖了编译器需要的大多数操作。大部分的 Thumb 数据处理指令采用 2 地址格式，不能在单指令中同时完成一个操作数的移位及一个 ALU 操作。所以数据处理操作比 ARM 状态的更少，并且访问寄存器 R8～R15 受到限制。数据处理指令分为两类：数据传送指令和算术逻辑运算指令。

(1) 数据传送指令

① 数据传送指令 MOV。MOV 指令将 8 位立即数或寄存器传送到目标寄存器中。

其指令格式如下：

```
MOV Rd,#expr
MOV Rd,Rm
```

其中：Rd 为目标寄存器，执行 MOV　Rd,#expr 时，Rd 必须在 R0～R7 之间；expr 为 8 位立即数，即 0～255；Rm 为源寄存器，为 R0～R15。

“MOV　Rd,#expr”指令会更新 N 和 Z 标志，对标志 C 和 V 无影响。“MOV　Rd,Rm”指令，若 Rd 或 Rm 是高寄存器（R8～R15），则标志不受影响，若 Rd 或 Rm 都是低寄存器（R0～R7），则更新标志 N 和 Z，且清除标志 C 和 V。例如：

```
MOV    R1, #0x10        ;R1=0x10
MOV    R0, R8           ;R0=R8
MOV    PC, LR           ;PC=LR，子程序返回
```

② 数据传送指令 MVN。MVN 指令将寄存器 Rm 按位取反后传送到目标寄存器 Rd 中。执行指令后，会更新 N 和 Z 标志，对标志 C 和 V 无影响。

其指令格式如下：

```
MVN Rd,Rm
```

其中：Rd 为目标寄存器，必须在 R0～R7 之间；Rm 为源寄存器，为 R0～R15。

```
例如：MVN    R1,R2          ;将 R2 取反，结果存于 R1
```

③ 数据传送指令 NEG。NEG 指令将寄存器 Rm 乘以−1 后传送到目标寄存器 Rd 中。指令会更新 N、Z、C 和 V 标志。

其指令格式如下：

```
NEG Rd,Rm
```

其中：Rd 为目标寄存器，必须在 R0～R7 之间；Rm 为源寄存器，为 R0～R15。

例如：

```
NEG    R1,R0     ;R1=-R0
```

(2) 算术逻辑运算指令

算术逻辑指令包括以下几类：算术运算指令、逻辑运算指令、移位指令、比较指令。

① 加法指令 ADD。ADD 指令将两个数据相加，结果保存到 Rd 寄存器中。

- 低寄存器的 ADD 指令。

指令格式：

```
ADD    Rd,Rn,Rm
```

```
ADD    Rd,Rn,#expr3
ADD    Rd,#expr8
```

其中：Rd 为目标寄存器，必须在 R0～R7 之间；Rn 为第一个操作数寄存器，必须在 R0～R7 之间；Rm 为第二个操作数寄存器，必须在 R0～R7 之间；expr3 为 3 位立即数，即 0～7；expr8 为 8 位立即数，即 0～255。

例如：

```
ADD     R1,R1,R0            ;R1=R0+R1
ADD     R1,R1,#7            ;R1=R1+7
ADD     R1,#200             ;R1=R1+200
```

• 高或低寄存器的 ADD 指令。

指令格式：

```
ADD    Rd,Rm
```

其中：Rd 是目标寄存器，也是第一个操作数寄存器；Rm 是第二个操作数寄存器。

例如：

```
ADD     R1,R10        ;R1=R1+R10
```

• SP 操作的 ADD 指令。

指令格式：

```
ADD    SP,#expr
```

其中：SP 是目标寄存器，也是第一个操作数寄存器；expr 是立即数，为在−508～+508 之间的 4 的整数倍的数。

例如：

```
ADD     SP,#-500      ;SP=SP-500
```

② 减法指令 SUB。SUB 指令将两个数据相减，结果保存到 Rd 寄存器中。

• 低寄存器的 SUB 指令。

指令格式：

```
SUB    Rd,Rn,Rm
SUB    Rd,Rn,#expr3
SUB    Rd,#expr8
```

其中：Rd 为目标寄存器，必须在 R0～R7 之间；Rn 为第一个操作数寄存器，必须在 R0～R7 之间；Rm 为第二个操作数寄存器，必须在 R0～R7 之间；expr3 为 3 位立即数，即 0～7；expr8 为 8 位立即数，即 0～255。

例如：

```
SUB     R1,R1,R0      ;R1=R1-R0
SUB     R1,R1,#7      ;R1=R1-7
SUB     R1, #200      ;R1=R1-200
```

• SP 操作的 SUB 指令。

指令格式：

```
SUB    SP, #expr
```

其中：SP 为目标寄存器，也是第一个操作数寄存器；expr 为立即数，为在−508～+508 之间的 4 的整数倍的数。

例如：

```
SUB     SP,#-380 ;SP=SP-380
```

③ 带进位的加法指令 ADC。ADC 指令将 Rd 和 Rm 相加，再加上 CPSR 中的 C 条件标志

位，结果保存到 Rd 寄存器。

ADC 指令格式：

```
ADC   Rd,Rm
```

其中：Rd 为目标寄存器，也是第一个操作数寄存器，必须在 R0~R7 之间；Rm 为第二个操作数寄存器，必须在 R0~R7 之间。

例如（64 位加法）：

```
ADD     R0,R2
ADC     R1,R3       ;(R1、R2)=(R1、R0)+(R3、R2)
```

④ 带借位的减法指令 SBC。SBC 指令用寄存器 Rd 的值减去 Rm 的值，再减去 CPSR 中的 C 条件标志位的非，结果保存到 Rd 寄存器。

SBC 指令格式：

```
SBC   Rd, Rm
```

其中：Rd 为目标寄存器，也是第一个操作数寄存器，必须在 R0~R7 之间；Rm 为第二个操作数寄存器，必须在 R0~R7 之间。

例如（64 位减法）：

```
SUB     R0,R2
SBC     R1,R3       ;(R1、R2)=(R1、R0)-(R3、R2)
```

⑤ 乘法指令 MUL。MUL 乘法指令用寄存器 Rd 乘以 Rm，结果保存到 Rd 寄存器。

MUL 指令格式：

```
MUL   Rd, Rm
```

其中：Rd 为目标寄存器，也是第一个操作数寄存器，必须在 R0~R7 之间；Rm 为第二个操作数寄存器，必须在 R0~R7 之间。

例如：

```
MUL     R0,R1       ;R0=R0×R1
```

⑥ 逻辑与指令 AND。AND 指令将寄存器 Rd 的值与寄存器 Rm 的值按位作逻辑“与”运算，结果保存到 Rd 寄存器中。

AND 指令格式：

```
ADD   Rd, Rm
```

其中：Rd 为目标寄存器，也是第一个操作数寄存器，必须在 R0~R7 之间；Rm 为第二个操作数寄存器，必须在 R0~R7 之间。

例如：

```
MOV     R1,#0x0F
AND     R0,R1             ;R0=R0 & R1，清零 R0 高 24 位
```

⑦ 逻辑或指令 ORR。ORR 指令将寄存器 Rd 的值与寄存器 Rn 的值按位作逻辑“或”运算，结果保存到 Rd 寄存器中。

ORR 指令格式：

```
ORR   Rd, Rm
```

其中：Rd 为目标寄存器，也是第一个操作数寄存器，必须在 R0~R7 之间；Rm 为第二个操作数寄存器，必须在 R0~R7 之间。

例如：

```
MOV     R1,#0x0F
ORR     R0,R1             ;R0=R0|R1，置位 R0 低 4 位
```

⑧ 逻辑异或指令 EOR。EOR 指令将寄存器 Rd 的值与寄存器 Rn 的值按位作逻辑“异或”运算，结果保存到 Rd 寄存器中。

EOR 指令格式：

```
EOR    Rd, Rm
```

其中：Rd 为目标寄存器，也是第一个操作数寄存器，必须在 R0～R7 之间。Rm 为第二个操作数寄存器，必须在 R0～R7 之间。

例如：

```
MOV    R1,#0x0F
EOR     R0,R1              ;R0=R0^R1，取反 R0 低 4 位
```

⑨ 逻辑运算指令 BIC。BIC 指令将寄存器 Rd 的值与寄存器 Rm 的值的反码作逻辑“与”运算，结果保存到 Rd 寄存器中。

BIC 指令格式：

```
BIC    Rd, Rm
```

其中：Rd 为目标寄存器，也是第一个操作数寄存器，必须在 R0～R7 之间；Rm 为第二个操作数寄存器，必须在 R0～R7 之间。

例如：

```
MOV    R1,#0x02
BIC    R0,R1               ;清零 R0 的第 2 位，其他位不变
```

⑩ 算术右移指令 ASR。ASR 指令将数据算术右移，将符号位复制到左侧空出的位，移位结果保存到 Rd 寄存器中。

ASR 指令格式：

```
ASR    Rd,Rs
ASR    Rd,Rm,#expr
```

其中：Rd 为目标寄存器，也是第一个操作数寄存器，必须在 R0～R7 之间；Rs 为寄存器控制移位中包含移位位数的寄存器，必须在 R0～R7 之间；Rm 为立即数移位的源寄存器，必须在 R0～R7 之间；expr 为立即数移位位数，值为 1～32。

若移位位数为 32，则 Rd 清零，最后移出的位保留在标志 C 中；若移位位数大于 32，则 Rd 和标志 C 均被清零；若移位位数为 0，则不影响 C 标志。

例如：

```
ASR     R1,R2
ASR     R3,R1,#2
```

⑪ 移位指令 LSL。LSL 指令将数据逻辑左移，空位清零，移位结果保存到 Rd 寄存器中。

LSL 指令格式：

```
LSL    Rd, Rs
LSL    Rd,Rm,#expr
```

其中：Rd 为目标寄存器，也是第一个操作数寄存器，必须在 R0～R7 之间；Rs 为寄存器控制移位中包含移位位数的寄存器，必须在 R0～R7 之间；Rm 为立即数移位的源寄存器，必须在 R0～R7 之间；Expr 为立即数移位位数，值为 1～31。

若移位位数为 32，则 Rd 清零，最后移出的位保留在标志 C 中；若移位位数大于 32，则 Rd 和标志 C 均被清零；若移位位数为 0，则不影响 C 标志。

例如：

```
LSL     R6,R7
```

```
LSL    R1,R6,#2
```

⑫ 逻辑右移指令 LSR。LSR 指令将数据逻辑右移，空位清零，移位结果保存到 Rd 寄存器中。

LSR 指令格式：

```
LSR   Rd, Rs
LSR   Rd,Rm,#expr
```

其中：Rd 为目标寄存器，也是第一个操作数寄存器，必须在 R0～R7 之间；Rs 为寄存器控制移位中包含移位位数的寄存器，必须在 R0～R7 之间；Rm 为立即数移位的源寄存器，必须在 R0～R7 之间；Expr 为立即数移位位数，值为 1～32。

若移位位数为 32，则 Rd 清零，最后移出的位保留在标志 C 中；若移位位数大于 32，则 Rd 和标志 C 均被清零；若移位位数为 0，则不影响 C 标志。

例如：

```
LSR    R3,R0
LSR    R5,R2,#2
```

⑬ 循环右移指令 ROR。ROR 指令将数据循环右移，寄存器右侧移出的位放入左侧空出的位上，移位结果保存到 Rd 寄存器中。

ROR 指令格式：

```
ROR   Rd, Rs
```

其中：Rd 为目标寄存器，也是第一个操作数寄存器，必须在 R0～R7 之间；Rs 为寄存器控制移位中包含移位位数的寄存器，必须在 R0～R7 之间。

例如：

```
ROR    R3,R0
```

⑭ 比较指令 CMP。CMP 指令使用寄存器 Rn 的值减去第二个操作数的值，根据操作的结果更新 CPSR 中的 N、Z、C 和 V 标志位。

CMP 指令格式：

```
CMP   Rn,Rm
CMP   Rn,#expr
```

其中：Rn 为第一个操作数寄存器，必须在 R0～R7 之间；Rm 为第二个操作数寄存器，必须在 R0～R7 之间；Expr 为立即数，值为 0～255

例如：

```
CMP      R1,#10        ;R1与10比较，设置相关标志位
CMP      R1,R2         ;R1与R2比较，设置相关标志位
```

⑮ 比较指令 CMN。CMN 指令使用寄存器 Rn 的值加上寄存器 Rm 的值，根据操作的结果更新 CPSR 中的 N、Z、C 和 V 标志位。

CMN 指令格式：

```
CMN   Rn,Rm
```

其中：Rn 为第一个操作数寄存器，必须在 R0～R7 之间；Rm 为第二个操作数寄存器，必须在 R0～R7 之间。

例如：

```
CMN    R0,R2           ;R0与R2比较，设置相关标志位
```

⑯ 比较指令 TST。TST 指令将寄存器 Rn 的值与寄存器 Rm 的值按位作逻辑“与”操作，根据操作的结果更新 CPSR 中的 N、Z、C 和 V 标志位。

TST 指令格式：

```
TST   Rn,Rm
```

其中：Rn 为第一个操作数寄存器，必须在 R0～R7 之间；Rm 为第二个操作数寄存器，必须在 R0～R7 之间。

例如：

```
MOV     R0,#0x01
TST     R1,R0           ;判断 R1 的最低位是否为 0
```

3. 跳转指令

(1) 分支指令 B

B 指令跳转到指定的地址执行程序，它是 Thumb 指令集中唯一的有条件执行指令。如果使用了条件执行，那么跳转范围在−252～+256 B 内。如果没有使用条件执行，那么跳转范围在−2～2 KB 内。

B 指令格式：

```
B{cond}   label
```

其中：label 表示程序标号。

例如：

```
B       WAITB      ;WAITB 标号在当前指令的-2～ 2 KB 范围内
BEQ     LOOP1      ;LOOP1 标号在当前指令的-252～+256B 范围内
```

(2) 带链接的分支指令 BL

BL 指令在跳转到指定地址执行程序前，将下一条指令的地址复制到 R14 链接寄存器中。

BL 指令格式：

```
BL  label
```

其中：label 表示程序标号。

注意：由于 BL 指令通常需要大的地址范围，很难用 16 位指令格式实现，因此，Thumb 采用两条这样的指令组合成 22 位半字偏移（符号扩展为 32 位），使指令转移范围为−4～4MB。

例如：

```
ADD     R0,R1
BL      RstInit
```

反汇编代码：

```
指令机器码          汇编指令
[0x1809]            add  r1,r1,r0
[0xf9dcf000]        bl   RstInit
```

(3) 带状态切换的分支指令 BX

BX 指令是带状态切换的分支指令，跳转地址由 Rm 指定，同时根据 Rm 最低位的值切换处理器状态，当最低两位均为 0 时，切换到 ARM 状态。

BX 指令格式：

```
BX   Rm
```

其中：Rm 为保存有目标地址的寄存器。

例如：

```
ADR       R0,ArmFun          ;将 ARM 程序段地址存入 R0
BX        R0                 ;跳至 R0 指定的地址，并切换到 ARM 状态
```

4．软件中断指令

SWI 指令用于产生软中断，从而实现从用户模式转到管理模式，CPSR 保存到管理模式的 SPSR 中，同时程序跳转到 SWI 向量。在系统模式下，也可以使用 SWI 指令，处理器同样能切换到管理模式。（参数传递的方法参看 ARM 指令 SWI 的使用）

SWI 指令格式：

```
SWI   immed_8
```

其中：immed_8 为 8 位立即数，值为 0～255 之间的整数。

例如：

```
SWI    1              ;软中断，中断立即数为 1
SWI    0x55           ;软中断，中断立即数为 0x55
```

4.4.2 Thumb 指令集与 ARM 指令集的区别

所有的 Thumb 指令都有对应的 ARM 指令，而且 Thumb 的编程模型也对应于 ARM 的编程模型。在应用程序的编写过程中，只要遵循一定的调用规则，Thumb 子程序和 ARM 子程序就可以互相调用。当处理器在执行 ARM 程序段时，称 ARM 微处理器处于 ARM 工作状态；当处理器在执行 Thumb 程序段时，称 ARM 微处理器处于 Thumb 工作状态。

与 ARM 指令集相比较，Thumb 指令集的数据处理指令的操作数仍然是 32 位，指令地址也为 32 位，但 Thumb 指令集为 16 位的指令长度，舍弃了 ARM 指令集的一些特性，如大多数的 Thumb 指令是无条件执行的，而几乎所有的 ARM 指令都是有条件执行的；大多数的 Thumb 数据处理指令的目的寄存器与其中一个源寄存器相同。

由于 Thumb 指令的长度为 16 位，即只用 ARM 指令一半的位数就可以实现同样的功能，所以要实现特定的程序功能，所需的 Thumb 指令的条数较 ARM 指令多。在一般情况下，Thumb 指令与 ARM 指令的时间效率和空间效率关系为：

- Thumb 代码所需的存储空间约为 ARM 代码的 60%～70%。
- Thumb 代码使用的指令数比 ARM 代码多约 30%～40%。
- 若使用 32 位的存储器，ARM 代码比 Thumb 代码快约 40%。
- 若使用 16 位的存储器，Thumb 代码比 ARM 代码快约 40%～50%。
- Thumb 代码比 ARM 代码存储器的功耗低约 30%。

显然，ARM 指令集和 Thumb 指令集各有其优点，若对系统的性能有较高要求，应使用 32 位的存储系统和 ARM 指令集，若对系统的成本及功耗有较高要求，则应使用 16 位的存储系统和 Thumb 指令集。当然，若两者结合使用，充分发挥其各自的优点，会取得更好的效果。

另外，Thumb 指令集较 ARM 指令集有如下限制：

- 只有 B 指令可以条件执行，其他指令都不能条件执行。
- 分支指令的跳转范围有更多限制。
- 数据处理指令的操作结果必须放入其中一个寄存器中。
- 单寄存器访问指令，只能操作 R0～R7。
- LDM 和 STM 指令可以对 R0～R7 的任何子集进行操作。

本章小结

本章系统地介绍了 ARM 指令集中的基本指令，以及各指令的应用场合及方法，由基本指令派生出了一些新的指令，其使用方法与基本指令类似。与常见的如 x86 体系结构的汇编指令相比较，ARM 指令系统无论是从指令集本身，还是从寻址方式上，都相对复杂一些，在学习中应注意它们的差别。同时本章对 ARM 指令集中的 Thumb 指令进行了介绍，Thumb 指令集作为 ARM 指令集的一个子集，其使用方法与 ARM 指令集类似，但这并不意味着 Thumb 指令集不如 ARM 指令集重要，事实上，它们各自有其应用场合。

习题

1．比较 ARM 指令系统与 8086/8088 指令系统的不同，总结 ARM 指令系统的特点。

2．若寄存器 R0 的内容为 0x8000，寄存器 R1、R2 内容分别为 0x01、0x10，存储器内容为空。执行下述指令后，说明程序计数器 PC 及寄存器 R0、R1、R2 和存储器变化情况。

```
STMIB   R0! ,{R1,R2}
LDMIA   R0! ,{R1,R2}
```

3．用 ARM 跳转指令实现两段程序间的来回切换。

4．用 ARM 汇编语言编写 1+2+3+…+100 的程序。

5．简述 Thumb 指令系统的特点。

6．如何用指令实现 ARM 微处理器 Thumb 状态的进入和退出？

7．比较 ARM 指令系统与 Thumb 指令系统的异同。

8．分别说明 ARM 指令系统和 Thumb 指令系统是如何实现移位操作的。

第5章 ARM应用软件开发环境

本章导读

嵌入式应用系统中必须放入调试好的应用程序，系统才能运行。嵌入式应用程序的开发，大量使用汇编语言和 C/C++语言。嵌入式软件的开发工具可以分为两大类：一类是功能单一的开发工具（如源程序编辑器、汇编器、编译器、反汇编工具、反编译工具、软件仿真器、硬件仿真器等）；另一类是将多种功能集成在一起的集成开发环境。RealView MDK 是 ARM 公司最先推出的基于微控制器的专业嵌入式开发工具，它采用了 ARM 的最新编译工具 RVCT（RealView Compilation Tools），集成了 Keil μVision 集成开发环境（IDE），因此特别易于使用，同时具备非常高的性能。与 ARM 之前的工具包 ADS 等相比，RealView 编译器的最新版本可将性能改善超过 20%。因此，RealView MDK 是 ARM 软件开发的首选工具。

本章内容要点

- ARM 开发平台 RealView MDK 的使用；
- 程序设计的一些基本概念；
- C/C++和汇编语言的混合编程。

关于汇编语言和 C/C++语言的程序设计方法，读者可以自己复习。

内容结构

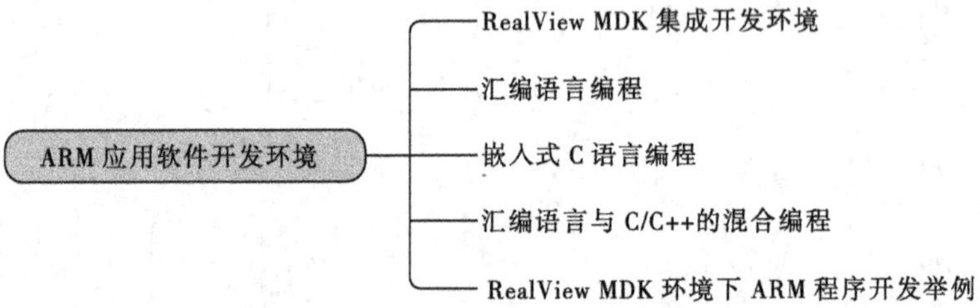

学习目标

通过对本章内容的学习，学生应该能够：

- 了解程序设计的一些基本概念；
- 掌握 ARM 开发平台 RealView MDK 的使用方法；
- 能够在 RealView MDK 环境下进行应用程序的开发。

5.1　RealView MDK 集成开发环境

本节对 RealView MDK 集成开发环境的安装与使用方法进行简单介绍。

5.1.1　安装与启动

从网上下载一个 RealView MDK 压缩文件，解压后，双击 mdk401prc.exe 文件，一直按【Enter】键，即可顺利安装软件。安装过程中，可修改安装路径。

安装完成后，选择“开始”→“程序”→“Keil μVision4”命令启动软件，启动后的界面如图 5-1 所示。

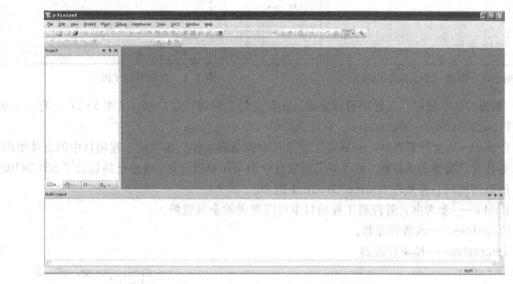

图 5-1　RealView MDK 启动后的界面

5.1.2　工程项目的管理

在 RealView MDK 中，设置了一个项目管理器，可以在项目管理下，开发应用程序。创建一个应用，一般需要下列几个步骤：

① 新建一个项目。

② 在项目中，创建、编辑源程序文件。

③ 为此项目指定编译和调试环境。

④ 编译项目。

⑤ 调试。

1. 创建一个工程项目

① 选择“Project”→“New μVision Project”命令，进入“Create New Project”对话框（见图 5-2），输入工程名称，然后单击“保存”按钮，即可创建一个新的项目。

② 选择 CPU。新的工程项目创建以后，首先需要选择目标 CPU，μVision IDE 支持很多种不同公司的 CPU，这里可以选择 Samsung 公司的 S3C2410A，如图 5-3 所示。

③ 单击“OK”按钮后，会弹出一个消息对话框，如图 5-4 所示，询问是否复制 S3C2410A 的启动代码，并加入到工程中。

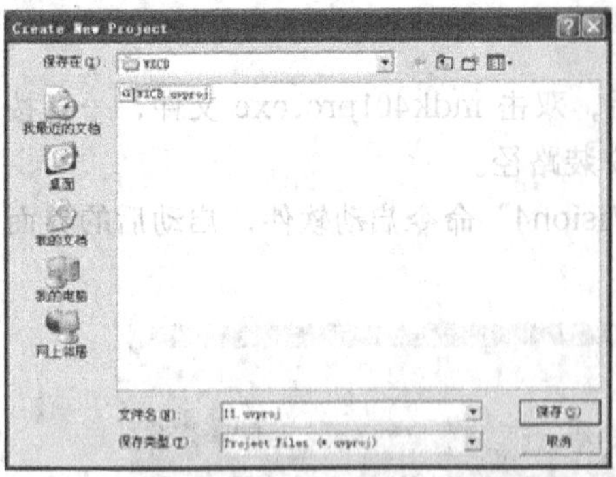

图 5-2　创建一个新的工程项目

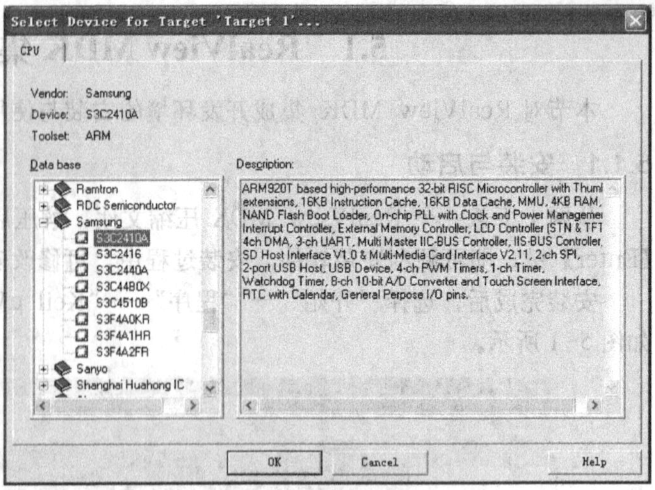

图 5-3　选择目标 CPU

④ 单击“是”按钮，工程项目被建立。在打开的工程项目窗口中（见图 5-5），有 4 个选项卡（Project、Books、Functions、Templates）。

- Project——文件管理器，管理着工程项目中的全部文件。为了使工程项目中的文件组织更具有层次性和条理性，可以将工程项目中的文件分组管理。这里已经包含了 S3C2410A 的启动代码，并放在 Source Group 1 组中。
- Books——参考书，管理着工程项目中可以参考的全部资料。
- Functions——函数管理器。
- Templates——模块管理器。

图 5-4　消息对话框

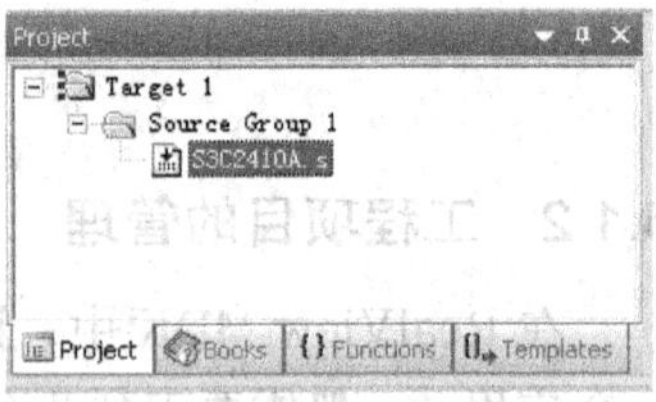

图 5-5　新建的工程项目

2. 新建一个源程序

选择“File”→“New”命令或单击按钮，可打开一个空的编辑窗口用来编辑源程序，如图 5-6 所示。

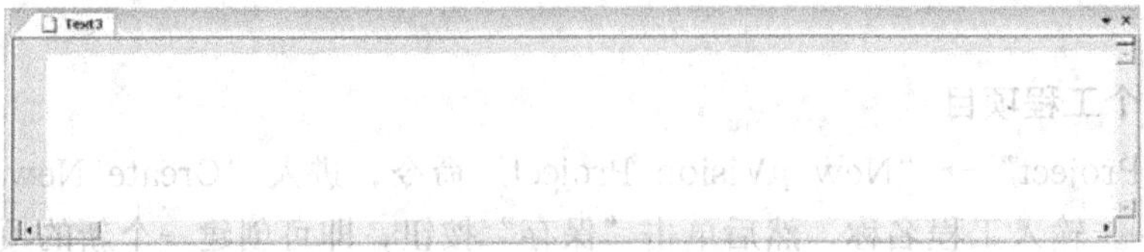

图 5-6　源程序编辑窗口

进入源程序编辑窗口后，可以在该窗口中按照编程语言的语法要求编辑源程序。µVision IDE 的编辑器就是一个文本编辑器，可以用它来编写各种程序，只是要注意所采用的编程语言应符合文件的扩展名和文件格式。

打开源程序编辑窗口后，“Edit”菜单有效。此时，可以使用“Edit”菜单中的命令（Undo、Redo、Cut、Copy、Paste、find、Replace 等）来辅助源程序编辑。

源程序编辑完后，可单击按钮或选择“File”→“Save”命令，保存正在编辑的源程序文件。也可选择“File”→“Save As”命令，将当前正在编辑的源程序文件重命名保存。

保存新编辑的源程序或将当前正在编辑的源程序文件重命名保存时，将弹出“Save As”对话框（见图 5-7），这里可选择保存的路径和保存的文件名。

注意：要根据源程序所采用的编程语言来选择文件的扩展名。

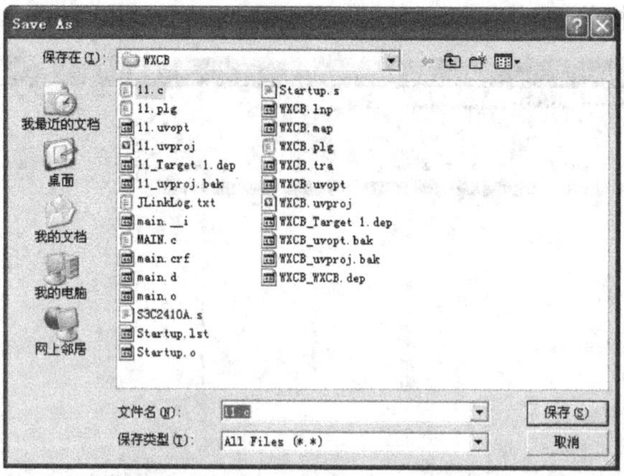

图 5-7 “Save As”对话框

3. 将一个源程序加入到工程中

在μVision IDE 中，新建的源程序并没有包含在工程中，必须通过下面的操作，将一个已有的源程序文件加入到工程项目中。被加入到工程项目中的源程序文件必须满足以下两个条件：

- 该文件的扩展名，必须是文件映射表中所定义的。
- 对于可生成目标文件的源程序（如 C 语言程序、汇编语言程序），在同一个工程项目中不能同名。

将一个已有的源程序文件加入到工程项目中的方法如下：

在工程项目窗口中的相应位置右击，在弹出的快捷菜单中选择“Add Files”命令，进入选择文件对话框，如图 5-8 所示，可选择一个已有的源程序文件，并将其加入到工程项目中。

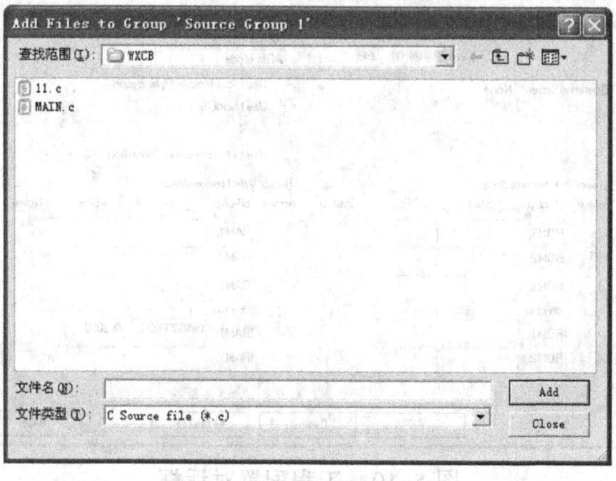

图 5-8 选择文件对话框

4. 打开一个工程项目或打开一个源程序文件

选择“Project”→“Open Project”命令，可打开一个已有的工程项目；选择“File”→“Open”命令，或单击按钮，可打开一个已有的源程序文件，进行编辑。

打开一个已有的工程项目，即已打开该工程项目中的所有文件。

5. 工程管理

单击按钮，可打开工程管理对话框，如图 5-9 所示，在该对话框中，可以分别对工程目标（Project Targets）、文件组（Groups）和文件（Files）进行增加（创建）、减少（删除）、变更顺序及变更名称等操作。

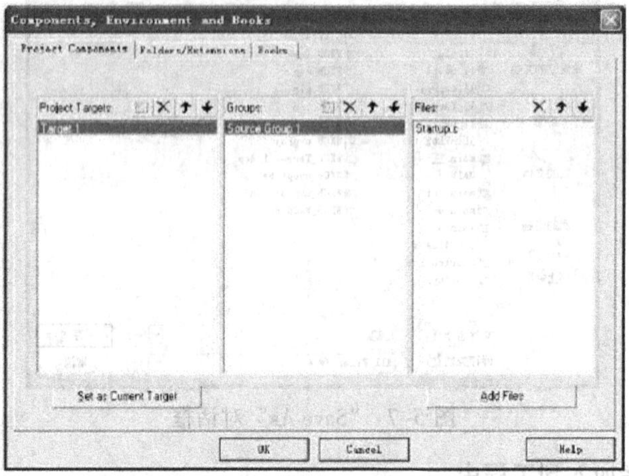

图 5-9　工程管理对话框

6. 编辑源程序

在工程项目窗口中，双击文件名，即可打开源程序编辑窗口，进行编辑。

5.1.3　工程项目的配置

要使前面创建的工程项目能够正确地被编译，还需要对工程的编译选项进行适当的配置。在μVision IDE 中，单击按钮，可打开工程配置对话框，如图 5-10 所示。

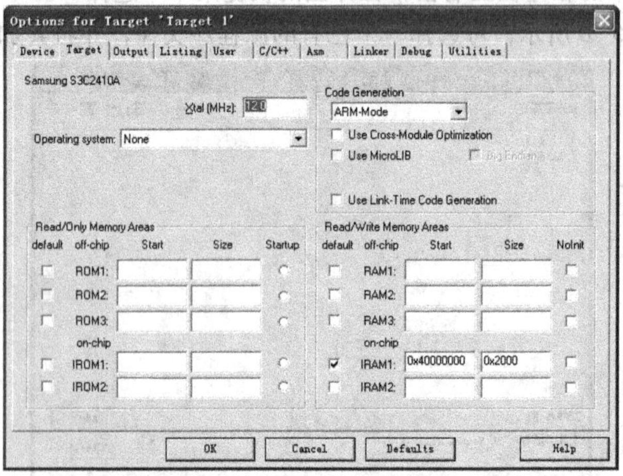

图 5-10　工程配置对话框

在μVision IDE 中，工程项目配置的选项有：目标 CPU 的选择设置（Device）、生成目标的基本选项设置（Target）、编译输出文件的选项设置（Output）、编译输出列表文件的选项设置（Listing）、用户程序的选项设置（User）、C 语言编译器的选项设置（C/C++）、汇编语言编译器的选项设置（Asm）、连接器的选项设置（Linker）、调试器的选项设置（Debug）和一些公共选项设置（Utilities）。

这里主要需要设置的是以下一些项目：

- 在目标 CPU 的选择设置（Device）中，必须选择 CPU 的型号，这个操作在新建工程时已经完成了，这里还可以进行修改。
- 在生成目标的基本选项设置（Target）中，主要设置系统时钟的频率，选择是否使用嵌入式操作系统，选择使用 ARM 或 Thumb 指令。
- 在编译输出文件的选项设置（Output）中，需要选择编译生成可执行文件还是库文件，若选择编译生成可执行文件，还要设置输出文件名。
- 在 C 语言编译器的选项设置（C/C++）和汇编语言编译器的选项设置（Asm）中，需要选择 ARM 指令和 Thumb 指令是否混用。
- 在连接器的选项设置（Linker）中，一般选择 Usb Memory layout from Target Dialog，若使用分散加载文件，需要在此处指定路径。
- 在调试器的选项设置（Debug）中，主要设置采用软件仿真（Simulator）还是硬件仿真。若采用硬件仿真，就需要选择相应的仿真器。

5.1.4　编译

选择“Project”→“Build Target”命令，或单击按钮可对选中的工程目标进行编译；选择“Project”→“Rebuild all Target files”命令或单击按钮可对所有的工程目标进行编译。

编译完成后，在 Build Output 窗口中报告出错和警告情况，当显示“0 Error，0 Warning”时，表明没有错误。

5.1.5　仿真调试

μVision IDE 支持两种仿真调试方式：软件仿真和硬件仿真。需要在调试器的选项设置（Debug）中，设置采用的仿真调试方式。若采用硬件仿真，需要有相应的硬件支持，在调试器的选项设置中，需要选择相应的硬件仿真器。

本节主要介绍采用软件仿真（Simulator）进行代码调试的方法和过程。

1. 启动仿真界面

在μVision IDE 中，选择“Debug”→“Star/Stop Debug Session”命令，或单击按钮，或直接按【Ctrl+F5】组合键，可以启动仿真界面，调试器会载入应用程序并执行启动代码，如图 5-11 所示。

2. 在仿真界面中进行调试操作

进入仿真界面后，可以进行单步运行、全速运行、设置断点运行等操作，可以查看存储器、寄存器及变量的数值。

(1) 单步运行进入一个函数

选择“Debug”→“Step”命令，或单击按钮，或直接用快捷键【F11】，即可单步执行一条汇编语句，窗口中黄色箭头会发生相应的移动。

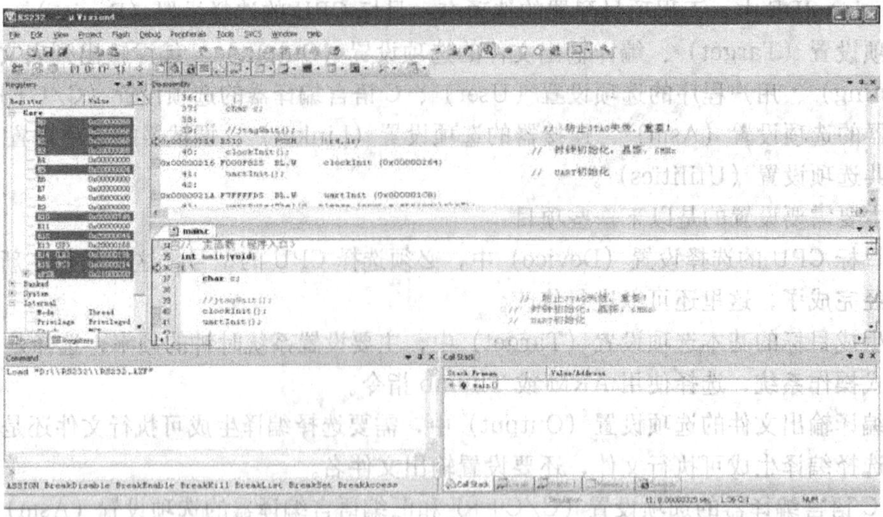

图 5-11　仿真界面

（2）单步运行跳过一个函数

选择“Debug”→“Step Over”命令，或单击按钮，或直接用快捷键【F10】，即可单步执行跳出当前函数调用，若无函数被调用，则μVision3 会给出一个错误提示。

（3）单步运行从当前函数跳出

选择“Debug”→“Step Out”命令，或单击按钮，或直接用快捷键【Ctrl+ F11】，即可单步执行从当前函数跳出。

（4）全速运行到下一个活动断点

选择“Debug”→“Run”命令，或单击按钮，或直接用快捷键【F5】，即可全速运行代码到下一个活动断点。

（5）设置断点运行

有时，用户可能希望程序在执行到某处时，查看一些所关心的变量值，此时可以进行断点设置。将光标移动到要进行断点设置的代码处，选择“Debug”→“Insert/Remove Breakpoint”命令，就会在光标所在位置显示一个实心圆点，表明该处为断点。

（6）查看寄存器值

选择“View”→“Register Window”命令，可以打开寄存器查看窗口，如图 5-12 所示。在寄存器查看窗口中，列出了 CPU 的寄存器，选中指定寄存器并单击，或按【F2】键便可以出现一个编辑框，从而可以改变此寄存器的值。

（7）查看存储器内容

选择“View”→“Memory Window”命令，可以打开存储器查看窗口，如图 5-13 所示。存储器窗口中可以显示不同的存储域内容，最多可将 4 个不同的存储域显示在不同的页中，通过窗口中的右键菜单可以选择输出格式。

在“Address”文本框中，可以输入一个表达式，此表达式的值为所显示内容的地址。在某个单元的值上双击可打开一个编辑框，输入一个新的存储值，即可改变存储内容。选择“View”→“Periodic Window Update”命令，可以在运行目标程序时更新此窗口中的值。

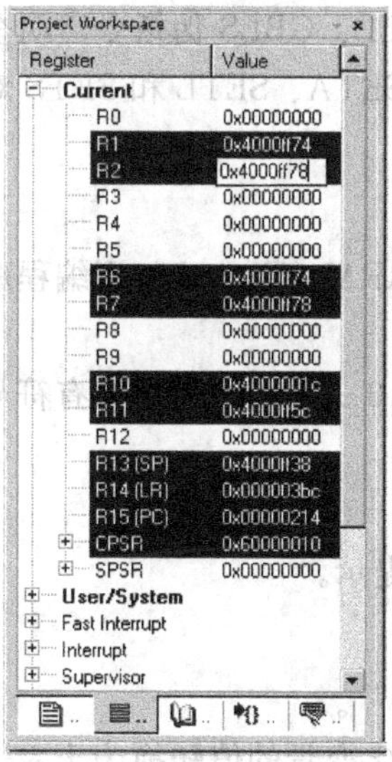

图 5-12　查看寄存器内容

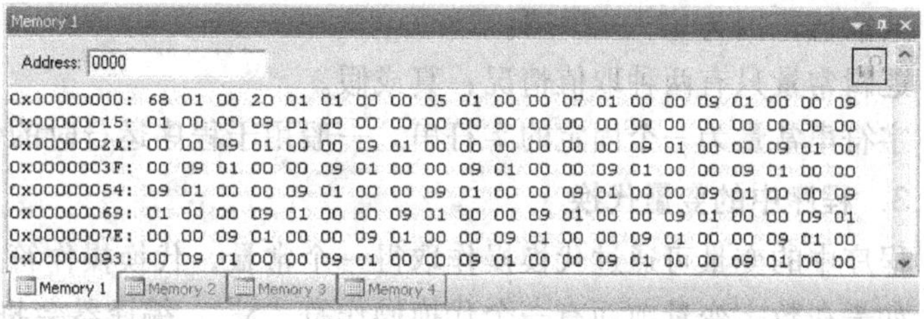

图 5-13　查看存储器内容

5.2　汇编语言编程

ARM（Thumb）汇编语言的语句格式为：

{标号}　{指令或伪指令}　{;注释}

在汇编语言程序设计中，每一条指令的助记符可以全部用大写或全部用小写，但不允许在一条指令中大小写混用。

如果一条语句太长，可将该长语句分为若干行来书写，在行的末尾用“\”表示下一行与本行为同一条语句。

5.2.1　汇编语言程序中常用的符号

在汇编语言程序设计中，经常使用各种符号代替地址、变量和常量等，以增加程序的可读性。尽管符号的命名由编程者决定，但并不是任意的，必须遵循以下约定：

- 符号区分大小写，同名的大、小写符号会被编译器认为是两个不同的符号。
- 符号在其作用范围内必须唯一。
- 自定义的符号名不能与系统的保留字相同。
- 符号名不应与指令或伪指令同名。

1. 程序中的变量

程序中的变量是指其值在程序的运行过程中可以改变的量。ARM（Thumb）汇编程序所支持的变量有数字变量、逻辑变量和字符串变量。

数字变量用于在程序的运行中保存数字值，数字值的大小不应超出数字变量所能表示的范围。

逻辑变量用于在程序的运行中保存逻辑值，逻辑值只有两种取值情况：真或假。

字符串变量用于在程序的运行中保存一个字符串，字符串的长度不应超出字符串变量所能表示的范围。

在 ARM（Thumb）汇编语言程序设计中，可使用 GBLA、GBLL、GBLS 伪指令声明全局变量，使用 LCLA、LCLL、LCLS 伪指令声明局部变量，并可使用 SETA、SETL 和 SETS 对变量进行初始化。

2．程序中的常量

程序中的常量是指其值在程序的运行过程中不能被改变的量。ARM（Thumb）汇编程序所支持的常量有数字常量、逻辑常量和字符串常量。

数字常量一般为 32 位整数，当作为无符号数时，其取值范围为 $0 \sim 2^{32}-1$，当作为有符号数时，其取值范围为 $-2^{31} \sim 2^{31}-1$。

逻辑常量只有两种取值情况：真或假。

字符串常量为一个固定的字符串，一般用于程序运行时的信息提示。

3．程序中的变量代换

程序中的变量可通过代换操作取得一个常量，代换操作符为“$”。

如果在数字变量前面有一个代换操作符“$”，编译器会将该数字变量的值转换为十六进制的字符串，并用该十六进制的字符串代换“$”后的数字变量。

如果在逻辑变量前面有一个代换操作符“$”，编译器会将该逻辑变量代换为它的取值（真或假）。

如果在字符串变量前面有一个代换操作符“$”，编译器会用该字符串变量的值代换“$”后的字符串变量。

使用示例：

```
LCLS    S1                              ;定义局部字符串变量 S1 和 S2
LCLS    S2
S1      SETS    "Test!"
S2      SETS    "This is a $S1"         ;字符串变量 S2 的值为“This is a Test!”
```

5.2.2 汇编语言程序中的表达式和运算符

在汇编语言程序设计中，也经常使用各种表达式，表达式一般由变量、常量、运算符和括号构成。常用的表达式有数字表达式、逻辑表达式和字符串表达式，其运算次序遵循以下优先级：

- 优先级相同的双目运算符的运算顺序为从左到右。
- 相邻的单目运算符的运算顺序为从右到左，且单目运算符的优先级高于其他运算符。
- 括号运算符的优先级最高。

1．数字表达式及运算符

数字表达式一般由数字常量、数字变量、数字运算符和括号构成。与数字表达式相关的运算符如下：

(1) +、−、×、/ 及 MOD 算术运算符

以上算术运算符分别表示加、减、乘、除和取余数运算。例如，以 X 和 Y 表示两个数字表达式，则：

X+Y 表示 X 与 Y 的和。

X−Y 表示 X 与 Y 的差。

X×Y 表示 X 与 Y 的乘积。

X/Y 表示 X 除以 Y 的商。

X:MOD:Y 表示 X 除以 Y 的余数。

(2) ROL、ROR、SHL 及 SHR 移位运算符

以 X 和 Y 表示两个数字表达式，以上移位运算符表示的运算如下：

X:ROL:Y 表示将 X 循环左移 Y 位。

X:ROR:Y 表示将 X 循环右移 Y 位。

X:SHL:Y 表示将 X 左移 Y 位。

X:SHR:Y 表示将 X 右移 Y 位。

(3) AND、OR、NOT 及 EOR 按位逻辑运算符

以 X 和 Y 表示两个数字表达式，以上按位逻辑运算符表示的运算如下：

X:AND:Y 表示将 X 和 Y 按位执行逻辑与的操作。

X:OR:Y 表示将 X 和 Y 按位执行逻辑或的操作。

NOT:Y 表示将 Y 按位执行逻辑非的操作。

X:EOR:Y 表示将 X 和 Y 按位执行逻辑异或的操作。

2. 逻辑表达式及运算符

逻辑表达式一般由逻辑量、逻辑运算符和括号构成，其表达式的运算结果为真或假。与逻辑表达式相关的运算符如下：

(1) =、>、<、>=、<=、/=、<>运算符

以 X 和 Y 表示两个逻辑表达式，以上运算符表示的运算如下：

X = Y 表示 X 等于 Y。

X > Y 表示 X 大于 Y。

X < Y 表示 X 小于 Y。

X >= Y 表示 X 大于等于 Y。

X <= Y 表示 X 小于等于 Y。

X /= Y 表示 X 不等于 Y。

X <> Y 表示 X 不等于 Y。

(2) LAND、LOR、LNOT 及 LEOR 运算符

以 X 和 Y 表示两个逻辑表达式，以上运算符表示的运算如下：

X:LAND:Y 表示将 X 和 Y 执行逻辑与的操作。

X:LOR:Y 表示将 X 和 Y 执行逻辑或的操作。

LNOT:Y 表示将 Y 执行逻辑非的操作。

X:LEOR:Y 表示将 X 和 Y 执行逻辑异或的操作。

3. 字符串表达式及运算符

字符串表达式一般由字符串常量、字符串变量、运算符和括号构成。编译器所支持的字符串最大长度为 512B。常用的与字符串表达式相关的运算符如下：

(1) LEN 运算符

LEN 运算符返回字符串的长度（字符数），以 X 表示字符串表达式，其语法格式如下：

```
: LEN: X
```

(2) CHR 运算符

CHR 运算符将 0～255 之间的整数转换为一个字符，以 M 表示某一个整数，其语法格式如下：

```
: CHR: M
```

(3) STR 运算符

STR 运算符将一个数字表达式或逻辑表达式转换为一个字符串。对于数字表达式，STR 运算符将其转换为一个十六进制的字符串；对于逻辑表达式，STR 运算符将其转换为字符串 T 或 F，其语法格式如下：

```
: STR: X
```

其中，X 为一个数字表达式或逻辑表达式。

(4) LEFT 运算符

LEFT 运算符返回某个字符串左端的一个子串，其语法格式如下：

```
X: LEFT: Y
```

其中，X 为源字符串；Y 为一个整数，表示要返回的字符个数。

(5) RIGHT 运算符

与 LEFT 运算符相对应，RIGHT 运算符返回某个字符串右端的一个子串，其语法格式如下：

```
X: RIGHT: Y
```

其中，X 为源字符串；Y 为一个整数，表示要返回的字符个数。

(6) CC 运算符

CC 运算符用于将两个字符串连接成一个字符串，其语法格式如下：

```
X: CC: Y
```

其中，X 为源字符串 1；Y 为源字符串 2；CC 运算符将 Y 连接到 X 的后面。

4. 与寄存器和程序计数器（PC）相关的表达式及运算符

常用的与寄存器和程序计数器（PC）相关的表达式及运算符如下：

(1) BASE 运算符

BASE 运算符返回基于寄存器的表达式中寄存器的编号，其语法格式如下：

```
: BASE: X
```

其中，X 为与寄存器相关的表达式。

(2) INDEX 运算符

INDEX 运算符返回基于寄存器的表达式中相对于其基址寄存器的偏移量，其语法格式如下：

```
: INDEX: X
```

其中，X 为与寄存器相关的表达式。

5. 其他常用运算符

(1) ? 运算符

? 运算符返回某代码行所生成的可执行代码的长度，例如：

```
?X
```

返回定义符号 X 的代码行所生成的可执行代码的字节数。

(2) DEF 运算符

DEF 运算符判断是否已经定义某个符号，例如：

```
: DEF: X
```

如果符号 X 已经定义，则结果为真，否则为假。

5.2.3 ARM 汇编器所支持的伪指令

在 ARM 汇编语言程序中，有一些特殊指令助记符，这些助记符与指令系统的助记符不同，没有相对应的操作码，通常称这些特殊指令助记符为伪指令，它们所完成的操作称为伪操作。伪指令在源程序中是为完成汇编程序做各种准备工作的，这些伪指令仅在汇编过程中起作用，一旦汇编结束，伪指令的使命就完成。

在 ARM 汇编语言程序中，有如下几种伪指令：符号定义伪指令、数据定义伪指令、汇编控制伪指令、宏指令及其他伪指令。

1. 符号定义（Symbol Definition）伪指令

符号定义伪指令用于定义 ARM 汇编程序中的变量，对变量赋值及定义寄存器的别名等操作。常见的符号定义伪指令有如下几种：

- 用于定义全局变量的 GBLA、GBLL 和 GBLS。
- 用于定义局部变量的 LCLA、LCLL 和 LCLS。
- 用于对变量赋值的 SETA、SETL、SETS。
- 为通用寄存器列表定义名称的 RLIST。

(1) GBLA、GBLL 和 GBLS

语法格式：

```
GBLA(GBLL 或 GBLS)    全局变量名
```

GBLA、GBLL 和 GBLS 伪指令用于定义一个 ARM 程序中的全局变量，并将其初始化。其中：GBLA 伪指令用于定义一个全局的数字变量，并初始化为 0；GBLL 伪指令用于定义一个全局的逻辑变量，并初始化为 F（假）；GBLS 伪指令用于定义一个全局的字符串变量，并初始化为空。

由于以上 3 条伪指令用于定义全局变量，因此在整个程序范围内变量名必须唯一。

使用示例：

```
GBLA     Test1                        ;定义一个全局的数字变量，变量名为 Test1
Test1    SETA     0xaa                ;将该变量赋值为 0xaa
GBLL     Test2                        ;定义一个全局的逻辑变量，变量名为 Test2
Test2    SETL     {TRUE}              ;将该变量赋值为真
GBLS     Test3                        ;定义一个全局的字符串变量，变量名为 Test3
Test3    SETS     "Testing"           ;将该变量赋值为 Testing
```

(2) LCLA、LCLL 和 LCLS

语法格式：

```
LCLA（LCLL 或 LCLS）  局部变量名
```

LCLA、LCLL 和 LCLS 伪指令用于定义一个 ARM 程序中的局部变量，并将其初始化。其中：LCLA 伪指令用于定义一个局部的数字变量，并初始化为 0；LCLL 伪指令用于定义一个局部的逻辑变量，并初始化为 F（假）；LCLS 伪指令用于定义一个局部的字符串变量，并初始化为空。

以上 3 条伪指令用于声明局部变量，在其作用范围内变量名必须唯一。

使用示例：

```
LCLA     Test4                        ;声明一个局部的数字变量，变量名为 Test4
Test3    SETA     0xaa                ;将该变量赋值为 0xaa
LCLL     Test5                        ;声明一个局部的逻辑变量，变量名为 Test5
Test4    SETL     {TRUE}              ;将该变量赋值为真
LCLS     Test6                        ;定义一个局部的字符串变量，变量名为 Test6
Test6    SETS     "Testing"           ;将该变量赋值为 Testing
```

(3) SETA、SETL 和 SETS

语法格式：

```
变量名    SETA（SETL 或 SETS）  表达式
```

伪指令 SETA、SETL、SETS 用于给一个已经定义的全局变量或局部变量赋值。其中：SETA 伪指令用于给一个数学变量赋值；SETL 伪指令用于给一个逻辑变量赋值；SETS 伪指令用于给一个字符串变量赋值。

变量名为已经定义过的全局变量或局部变量，表达式为将要赋给变量的值。

使用示例：

```
LCLA    Test3                     ;声明一个局部的数字变量，变量名为 Test3
Test3   SETA     0xaa             ;将该变量赋值为 0xaa
LCLL    Test4                     ;声明一个局部的逻辑变量，变量名为 Test4
Test4   SETL     {TRUE}           ;将该变量赋值为真
```

(4) RLIST

语法格式：

```
名称 RLIST   {寄存器列表}
```

RLIST 伪指令可用于为一个通用寄存器列表定义名称，使用该伪指令定义的名称可在 ARM 指令 LDM/STM 中使用。在 LDM/STM 指令中，列表中寄存器的访问次序为根据寄存器的编号由低到高排列，而与列表中寄存器的排列次序无关。

使用示例：

```
RegList RLIST   {R0-R5, R8, R10}      ;将寄存器列表名称定义为 RegList，可在 ARM 指令
                                      ;LDM/STM 中通过该名称访问寄存器列表
```

2. 数据定义（Data Definition）伪指令

数据定义伪指令一般用于为特定的数据分配存储单元，同时可完成已分配存储单元的初始化。常见的数据定义伪指令有如下几种：

- DCB 用于分配一片连续的字节存储单元，并用指定的数据初始化。
- DCW（DCWU）用于分配一片连续的半字存储单元，并用指定的数据初始化。
- DCD（DCDU）用于分配一片连续的字存储单元，并用指定的数据初始化。
- DCFD（DCFDU）用于为双精度的浮点数分配一片连续的字存储单元，并用指定的数据初始化。
- DCFS（DCFSU）用于为单精度的浮点数分配一片连续的字存储单元，并用指定的数据初始化。
- DCQ（DCQU）用于分配一片以 8 字节为单位的连续的存储单元，并用指定的数据初始化。
- SPACE 用于分配一片连续的存储单元。
- MAP 用于定义一个结构化的内存表首地址。
- FIELD 用于定义一个结构化的内存表的数据域。

(1) DCB

语法格式：

```
标号 DCB 表达式
```

DCB 伪指令用于分配一片连续的字节存储单元，并用伪指令中指定的表达式初始化。其中，表达式可以为 0~255 的数字或字符串，DCB 也可用“=”代替。

使用示例：

```
Str DCB "This is a test!"  ;分配一片连续的字节存储单元并初始化
```

(2) DCW（或 DCWU）

语法格式：

```
标号 DCW（或 DCWU）    表达式
```

DCW（或 DCWU）伪指令用于分配一片连续的半字存储单元，并用伪指令中指定的表达式初始化。其中，表达式可以为程序标号或数字表达式。

用 DCW 分配的字存储单元是半字对齐的，而用 DCWU 分配的字存储单元并不严格半字对齐。

使用示例：

```
DataTest    DCW     1,2,3   ;分配一片连续的半字存储单元并初始化
```

(3) DCD（或 DCDU）

语法格式：

```
标号 DCD（或 DCDU）    表达式
```

DCD（或 DCDU）伪指令用于分配一片连续的字存储单元，并用伪指令中指定的表达式初始化。其中，表达式可以为程序标号或数字表达式，DCD 也可用“&”代替。

用 DCD 分配的字存储单元是字对齐的，而用 DCDU 分配的字存储单元并不严格字对齐。

使用示例：

```
DataTest    DCD     4,5,6   ;分配一片连续的字存储单元并初始化
```

(4) DCFD（或 DCFDU）

语法格式：

```
标号 DCFD（或 DCFDU） 表达式
```

DCFD（或 DCFDU）伪指令用于为双精度浮点数分配一片连续的字存储单元，并用伪指令中指定的表达式初始化。每个双精度浮点数占据两个字单元。

用 DCFD 分配的字存储单元是字对齐的，而用 DCFDU 分配的字存储单元并不严格字对齐。

使用示例：

```
FDataTest   DCFD    2E115,-5E7  ;分配一片连续的字存储单元并初始化为指定的双精度数
```

(5) DCFS（或 DCFSU）

语法格式：

```
标号 DCFS（或 DCFSU） 表达式
```

DCFS（或 DCFSU）伪指令用于为单精度浮点数分配一片连续的字存储单元，并用伪指令中指定的表达式初始化。每个单精度浮点数占据一个字单元。

用 DCFS 分配的字存储单元是字对齐的，而用 DCFSU 分配的字存储单元并不严格字对齐。

使用示例：

```
FDataTest   DCFS    2E5,-5E-7   ;分配一片连续的字存储单元，并初始化为指定的单精度数
```

(6) DCQ（或 DCQU）

语法格式：

```
标号 DCQ（或 DCQU）    表达式
```

DCQ（或 DCQU）伪指令用于分配一片以 8B 为单位的连续存储区域，并用伪指令中指定的表达式初始化。

用 DCQ 分配的存储单元是字对齐的，而用 DCQU 分配的存储单元并不严格字对齐。

使用示例：

```
DataTest    DCQ    100 ;分配一片连续的存储单元并初始化为指定的值
```

(7) SPACE

语法格式：

```
标号 SPACE   表达式
```

SPACE 伪指令用于分配一片连续的存储区域并初始化为 0。其中，表达式为要分配的字节数，SPACE 也可用“%”代替。

使用示例：

```
DataSpace   SPACE   100 ;分配连续 100B 的存储单元并初始化为 0
```

(8) MAP

语法格式：

```
MAP      表达式{,基址寄存器}
```

MAP 伪指令用于定义一个结构化内存表的首地址。其中，MAP 也可用“^”代替。

表达式可以为程序中的标号或数学表达式，基址寄存器为可选项，当基址寄存器选项不存在时，表达式的值即为内存表的首地址，当该选项存在时，内存表的首地址为表达式的值与基址寄存器的和。

MAP 伪指令通常与 FIELD 伪指令配合使用来定义结构化的内存表。

使用示例：

```
MAP      0x100,R0              ;定义结构化内存表首地址的值为 0x100+R0
```

(9) FILED

语法格式：

```
标号 FIELD   表达式
```

FIELD 伪指令用于定义一个结构化内存表中的数据域。其中，FILED 也可用“#”代替。

表达式的值为当前数据域在内存表中所占的字节数。

FIELD 伪指令常与 MAP 伪指令配合使用来定义结构化的内存表。MAP 伪指令定义内存表的首地址，FIELD 伪指令定义内存表中的各个数据域，并可以为每个数据域指定一个标号供其他指令引用。

注意：MAP 和 FIELD 伪指令仅用于定义数据结构，并不实际分配存储单元。

使用示例：

```
MAP      0x100                 ;定义结构化内存表首地址的值为 0x100
A        FIELD   16            ;定义 A 的长度为 16B，位置为 0x100
B        FIELD   32            ;定义 B 的长度为 32B，位置为 0x110
S        FIELD   256           ;定义 S 的长度为 256B，位置为 0x130
```

3. 汇编控制（Assembly Control）伪指令

汇编控制伪指令用于控制汇编程序的执行流程，常用的汇编控制伪指令包括以下几条：

- IF…ELSE…ENDIF。
- WHILE…WEND。
- MACRO…MEND。
- MEXIT。

(1) IF…ELSE…ENDIF

语法格式：

```
IF  逻辑表达式
    指令序列 1
ELSE
    指令序列 2
ENDIF
```

IF…ELSE…ENDIF 伪指令能根据条件的成立与否决定是否执行某个指令序列。如果 IF 后面的逻辑表达式为真，则执行指令序列 1，否则执行指令序列 2。其中，ELSE 及指令序列 2 可以没有，此时，如果 IF 后面的逻辑表达式为真，则执行指令序列 1，否则继续执行后面的指令。

IF…ELSE…ENDIF 伪指令可以嵌套使用。

使用示例：

```
GBLL    Test                ;声明一个全局的逻辑变量，变量名为 Test
…
IF  Test=TRUE
     指令序列 1
ELSE
     指令序列 2
ENDIF
```

(2) WHILE…WEND

语法格式：

```
WHILE   逻辑表达式
     指令序列
WEND
```

WHILE…WEND 伪指令能根据条件的成立与否决定是否循环执行某个指令序列。如果 WHILE 后面的逻辑表达式为真，则执行指令序列，该指令序列执行完毕后，再判断逻辑表达式的值，若为真则继续执行，直到逻辑表达式的值为假为止。

WHILE…WEND 伪指令可以嵌套使用。

使用示例：

```
GBLA    Counter             ;声明一个全局的数字变量，变量名为 Counter
Counter SETA    3           ;由变量 Counter 控制循环次数
…
WHILE   Counter<10
    指令序列
WEND
```

(3) MACRO…MEND

语法格式：

```
$标号    宏名 $参数 1,$参数 2,…
   指令序列
MEND
```

MACRO…MEND 伪指令可以将一段代码定义为一个整体（称为宏指令），然后就可以在程序中通过宏指令多次调用该段代码。其中，“$”标号在宏指令被展开时，会被替换为用户定义的符号。

宏指令可以使用一个或多个参数，当宏指令被展开时，这些参数被相应的值替换。

宏指令的使用方式和功能与子程序有些相似，子程序可以提供模块化的程序设计，节省存储空间并提高运行速度。但在使用子程序结构时需要保护现场，从而增加了系统的开销，因此在代码较短且需要传递的参数较多时，可以使用宏指令代替子程序。

包含在 MACRO 和 MEND 之间的指令序列称为宏定义体，在宏定义体的第一行应声明宏的原型（包含宏名、所需的参数），然后就可以在汇编程序中通过宏名来调用该指令序列。在源程序被编译时，汇编器将宏调用展开，用宏定义中的指令序列代替程序中的宏调用，并将实际参数的值传递给宏定义中的形式参数。

MACRO...MEND 伪指令可以嵌套使用。

(4) MEXIT

语法格式：

```
MEXIT
```

MEXIT 用于从宏定义中跳转出去。

4．其他常用的伪指令

还有一些其他的伪指令在汇编程序中经常会被使用，包括：

- AREA。
- ALIGN。
- CODE16、CODE32。
- ENTRY。
- END。
- EQU。
- EXPORT（或 GLOBAL）。
- IMPORT。
- EXTERN。
- GET（或 INCLUDE）。
- INCBIN。
- RN。
- ROUT。

(1) AREA

语法格式：

```
AREA      段名 属性 1,属性 2,…
```

AREA 伪指令用于定义一个代码段或数据段。其中，段名若以数字开头，则该段名需用"||"括起来，如|1_test|。

属性字段表示该代码段（或数据段）的相关属性，多个属性用逗号分隔。常用的属性如下：

- CODE 属性——用于定义代码段，默认为 READONLY。
- DATA 属性——用于定义数据段，默认为 READWRITE。
- READONLY 属性——指定本段为只读，代码段的默认属性为 READONLY。
- READWRITE 属性——指定本段为可读可写，数据段的默认属性为 READWRITE。
- ALIGN 属性——使用方式为 ALIGN 表达式。在默认时，ELF（可执行连接文件）的代码段和数据段是按字对齐的，表达式的取值范围为 0～31，相应的对齐方式为 2 的表达式次方对齐。
- COMMON 属性——定义一个通用段，不包含任何的用户代码和数据。各源文件中同名的 COMMON 段共享同一段存储单元。

一个汇编语言程序至少要包含一个段，当程序太长时，也可以将程序分为多个代码段和数据段。

使用示例：

```
AREA      Init,CODE,READONLY
    指令序列
;该伪指令定义了一个代码段，段名为 Init，属性为只读
```

(2) ALIGN

语法格式：

```
ALIGN    {表达式{,偏移量}}
```

ALIGN 伪指令可通过添加填充字节的方式，使当前位置满足一定的对齐方式。其中，表达式的值用于指定对齐方式，可能的取值为 2 的表达式次幂，如 1、2、4、8、16 等。若未指定表达式，则将当前位置对齐到下一个字的位置。偏移量也为一个数字表达式，若使用该字段，则当前位置的对齐方式为 2 的表达式次幂再加偏移量。

使用示例：

```
AREA      Init,CODE,READONLY,ALIGN=3   ;指定后面的指令为 8 字节对齐
   指令序列
END
```

(3) CODE16、CODE32

语法格式：

```
CODE16 (或 CODE32)
```

CODE16 伪指令通知编译器，其后的指令序列为 16 位的 Thumb 指令。

CODE32 伪指令通知编译器，其后的指令序列为 32 位的 ARM 指令。

若在汇编源程序中同时包含 ARM 指令和 Thumb 指令，可用 CODE16 伪指令通知编译器其后的指令序列为 16 位的 Thumb 指令，用 CODE32 伪指令通知编译器其后的指令序列为 32 位的 ARM 指令。因此，在使用 ARM 指令和 Thumb 指令混合编程的代码中，可用这两条伪指令进行切换，但要注意的是，它们只通知编译器其后指令的类型，并不能对处理器进行状态切换。

使用示例：

```
AREA      Init,CODE,READONLY
…
CODE32                      ;通知编译器其后的指令为 32 位的 ARM 指令
LDR R0,=NEXT+1              ;将跳转地址放入寄存器 R0
BX  R0                      ;程序跳转到新的位置执行，并将处理器切换到 Thumb 工作状态
…
CODE16                      ;通知编译器其后的指令为 16 位的 Thumb 指令
NEXT      LDR R3,=0x3FF
…
END                         ;程序结束
```

(4) ENTRY

语法格式：

```
ENTRY
```

ENTRY 伪指令用于指定汇编程序的入口点。在一个完整的汇编程序中，至少要有一个 ENTRY（也可以有多个，当有多个 ENTRY 时，程序的真正入口点由链接器指定），但在一个源文件中最多只能有一个 ENTRY（可以没有）。

使用示例：

```
AREA     Init,CODE,READONLY
ENTRY                              ;指定应用程序的入口点
…
```

(5) END

语法格式：

```
END
```

END 伪指令用于通知编译器已经到了源程序的结尾处。

使用示例：

```
AREA     Init,CODE,READONLY
…
END                                ;指定应用程序的结尾
```

(6) EQU

语法格式：

```
名称     EQU 表达式{,类型}
```

EQU 伪指令用于为程序中的常量、标号等定义一个等效的字符名称，类似于 C 语言中的# define。其中，EQU 可用“*”代替；名称为 EQU 伪指令定义的字符名称，当表达式为 32 位的常量时，可以指定表达式的数据类型，有以下 3 种类型：CODE16、CODE32 和 DATA。

使用示例：

```
Test     EQU 50                    ;定义标号 Test 的值为 50
Addr     EQU 0x55, CODE32          ;定义 Addr 的值为 0x55，且该处为 32 位的 ARM 指令
```

(7) EXPORT（或 GLOBAL）

语法格式：

```
EXPORT        标号{[WEAK]}
```

EXPORT 伪指令用于在程序中声明一个全局的标号，该标号可在其他文件中引用。EXPORT 可用 GLOBAL 代替。标号在程序中区分大小写，[WEAK]选项声明其他的同名标号优先于该标号被引用。

使用示例：

```
AREA     Init,CODE,READONLY
EXPORT        Stest                ;声明一个可全局引用的标号 Stest
…
END
```

(8) IMPORT

语法格式：

```
IMPORT        标号{[WEAK]}
```

IMPORT 伪指令用于通知编译器要使用的标号在其他源文件中定义，但要在当前源文件中引用，而且无论当前源文件是否引用该标号，该标号均会被加入到当前源文件的符号表中。

标号在程序中区分大小写，[WEAK]选项表示当所有的源文件都没有定义这样一个标号时，编译器也不给出错误信息。在多数情况下，将该标号置为 0，若该标号被 B 或 BL 指令引用，则将 B 或 BL 指令置为 NOP 操作。

使用示例：

```
AREA     Init,CODE,READONLY
IMPORT   Main          ;通知编译器当前文件要引用标号 Main，但 Main 在其他源文件中定义
```

```
…
END
```

(9) EXTERN

语法格式：

```
EXTERN        标号{[WEAK]}
```

EXTERN 伪指令用于通知编译器要使用的标号在其他源文件中定义，但要在当前源文件中引用，如果当前源文件实际并未引用该标号，该标号就不会被加入到当前源文件的符号表中。

标号在程序中区分大小写，[WEAK]选项表示当所有的源文件都没有定义这样一个标号时，编译器也不给出错误信息。在多数情况下，将该标号置为 0，若该标号被 B 或 BL 指令引用，则将 B 或 BL 指令置为 NOP 操作。

使用示例：

```
AREA     Init,CODE,READONLY
EXTERN   Main            ;通知编译器当前文件要引用标号 Main，但 Main 在其他源文件中定义
…
END
```

(10) GET（或 INCLUDE）

语法格式：

```
GET      文件名
```

GET 伪指令用于将一个源文件包含到当前的源文件中，并对被包含的源文件在当前位置进行汇编处理。可以使用 INCLUDE 代替 GET。

汇编程序中常用的方法是在某源文件中定义一些宏指令，用 EQU 定义常量的符号名称，用 MAP 和 FIELD 定义结构化的数据类型，然后用 GET 伪指令将这个源文件包含到其他的源文件中。使用方法与 C 语言中的 include 相似。

GET 伪指令只能用于包含源文件，包含目标文件需要使用 INCBIN 伪指令。

使用示例：

```
AREA     Init,CODE,READONLY
GET a1.s                 ;通知编译器当前源文件包含源文件 a1.s
GE  T    C:\a2.s         ;通知编译器当前源文件包含源文件 C:\a2.s
…
END
```

(11) INCBIN

语法格式：

```
INCBIN        文件名
```

INCBIN 伪指令用于将一个目标文件或数据文件包含到当前源文件中，被包含的文件不作任何变动地存放在当前源文件中，编译器从其后开始继续处理。

使用示例：

```
AREA     Init,CODE,READONLY
INCBIN        a1.dat     ;通知编译器当前源文件包含文件 a1.dat
INCBIN   C:\a2.txt       ;通知编译器当前源文件包含文件 C:\a2.txt
…
END
```

(12) RN

语法格式：

```
名称      RN       表达式
```

RN伪指令用于给一个寄存器定义一个别名。采用这种方式，可以方便程序员记忆该寄存器的功能。其中，名称为给寄存器定义的别名；表达式为寄存器的编码。

使用示例：

```
Temp     RN   R0                          ;为 R0 定义一个别名 Temp
```

(13) ROUT

语法格式：

```
{名称}   ROUT
```

ROUT 伪指令用于给一个局部变量定义作用范围。在程序中未使用该伪指令时，局部变量的作用范围为所在的 AREA，而使用 ROUT 伪指令后，局部变量的作为范围为当前 ROUT 和下一个 ROUT 之间。

5.2.4 汇编语言的程序结构

1. 汇编语言的程序结构

在 ARM（Thumb）汇编语言程序中，以程序段为单位组织代码。段是相对独立的指令或数据序列，具有特定的名称。段可以分为代码段和数据段，代码段的内容为执行代码，数据段存放代码运行时需要用到的数据。一个汇编程序至少应该有一个代码段，当程序较长时，可以分割为多个代码段和数据段，多个段在程序编译链接时最终形成一个可执行的映像文件。

可执行映像文件通常由以下几部分构成：

- 一个或多个代码段，代码段的属性为只读。
- 0 个或多个包含初始化数据的数据段，数据段的属性为可读/写。
- 0 个或多个不包含初始化数据的数据段，数据段的属性为可读/写。

链接器根据系统默认或用户设定的规则，将各个段安排在存储器中的相应位置。因此，源程序中段之间的相对位置与可执行映像文件中段的相对位置一般不会相同。

以下是一个汇编语言源程序的基本结构：

```
AREA        Init,CODE,READONLY
ENTRY
Start
    LDR       R0,=0x3FF5000
    LDR       R1,0xFF
    STR       R1,[R0]
    LDR       R0,=0x3FF5008
    LDR       R1,0x01
    STR       R1,[R0]
    …
END
```

在汇编语言程序中，用 AREA 伪指令定义一个段，并说明所定义段的相关属性，本例定义一个名为 Init 的代码段，属性为只读。ENTRY 伪指令标识程序的入口点，接下来为指令序列，程序的末尾为 END 伪指令，该伪指令告诉编译器源文件到此结束，每一个汇编程序段都必须有一条 END 伪指令，指示代码段的结束。

2. 汇编语言的子程序调用

在 ARM 汇编语言程序中，子程序的调用一般是通过 BL 指令来实现的。在程序中使用指令：

```
BL   子程序名
```

即可完成子程序的调用。

该指令在执行时完成如下操作：将子程序的返回地址存放在连接寄存器 LR 中，同时将程序计数器 PC 指向子程序的入口点，当子程序执行完毕需要返回调用处时，只需要将存放在 LR 中的返回地址重新复制给程序计数器 PC 即可。在调用子程序的同时，也可以完成参数的传递和从子程序返回运算结果，通常可以使用寄存器 R0～R3 完成。

以下是使用 BL 指令调用子程序的汇编语言源程序的基本结构：

```
    AREA     Init,CODE,READONLY
    ENTRY
Start
    LDR     R0,=0x3FF5000
    LDR     R1,0xFF
    STR     R1,[R0]
    LDR     R0,=0x3FF5008
    LDR     R1,0x01
    STR     R1,[R0]
    BL      PRINT_TEXT
    …
PRINT_TEXT
    …
    MOV     PC,BL
    …
END
```

3. 汇编语言程序示例

以下是一个基于 S3C2410A 的串行通信程序，在此给读者提供一个完整汇编语言程序的基本结构：

```
;*************************************************************************
**
; Institute of Automation,Chinese Academy of Sciences
;Description:   This example shows the UART communication!
;Author:        JuGuang,Lee
;Date:
;*************************************************************************
**
UARTLCON0   EQU     0x3FFD000
UARTCONT0   EQU     0x3FFD004
UARTSTAT0   EQU     0x3FFD008
UTXBUF0     EQU     0x3FFD00C
UARTBRD0    EQU     0x3FFD014
AREA Init,CODE,READONLY
ENTRY
;**************************************************
;LED Display
;**************************************************
LDR R1,=0x3FF5000
LDR R0,=&ff
STR R0,[R1]
LDR R1,=0x3FF5008
```

```
LDR R0,=&ff
STR R0,[R1]
;************************************************
;UART0 line control register
;************************************************
LDR R1,=UARTLCON0
LDR R0,=0x03
STR R0,[R1]
;************************************************
;UART0 control regiser
;************************************************
LDR R1,=UARTCONT0
LDR R0,=0x9
STR R0,[R1]
;************************************************
;UART0 baud rate divisor regiser
;Baudrate=19200，对应于 50MHz 的系统工作频率
;************************************************
LDR R1,=UARTBRD0
LDR R0,=0x500
STR R0,[R1]
;************************************************
;Print the messages!
;************************************************
LOOP
LDR R0,=Line1
BL  PrintLine
LDR R0,=Line2
BL  PrintLine
LDR R0,=Line3
BL  PrintLine
LDR R0,=Line4
BL  PrintLine
LDR R1,=0x7FFFFF
LOOP1
SUBS    R1,R1,#1
BNE LOOP1
B   LOOP
;************************************************
;Print line
;************************************************
PrintLine
MOV R4,LR
MOV R5,R0
Line
LDRB    R1,[R5],#1
AND     R0,R1,#&FF
TST     R0,#&FF
MOVEQ   PC,R4
```

```
BL  PutByte
B   Line
PutByte
LDR R3,=UARTSTAT0
LDR R2,[R3]
TST R2,#&40
BEQ PutByte
LDR R3,=UTXBUF0
STR R0,[R3]
MOV PC,LR
Line1  DCB
    &A,&D,"**********************************************************",0
Line2  DCB &A,&D,"Chinese Academy of Sciences,Institute of Automation,
Complex System Lab.",0
Line3  DCB &A,&D,"      ARM Development Board Based on Samsung ARM
S3C4510B.",0
Line4  DCB
    &A,&D,&A,&D,&A,&D,&A,&D,&A,&D,&A,&D,&A,&D,&A,&D,&A,&D,&A,&D,&A,&D,&A,
&D,&A,&D,&A,&D,&A,&D,0
END
```

5.3　嵌入式 C 语言编程

在应用系统的程序设计中，若所有的编程任务均由汇编语言来完成，其工作量巨大，并且不易移植。

C 语言是一种结构化的程序设计语言，其基本特点是：运行速度快，编译效率高，移植性好，可读性强。C 语言具有简单的语法结构和强大的处理能力，能够方便地实现对系统硬件的直接操作。C 语言支持模块化程序设计结构，支持自顶而下的结构化程序设计方法。因此，用 C 语言编写应用软件，可大大提高软件的可读性，缩短开发周期，便于系统的改进和扩充。

嵌入式 C 语言符合 C 语言的基本语法，是面向嵌入式软件开发实际应用的程序设计语言。C 语言程序设计使用的是标准的 C 语言，ARM 的开发环境实际上就是嵌入了一个 C 语言的集成开发环境，只不过这个开发环境和 ARM 的硬件紧密相关。

5.4　汇编语言与 C/C++的混合编程

在应用系统的程序设计中，若所有的编程任务均用汇编语言来完成，其工作量是可想而知的，而且不利于系统升级或应用软件移植。事实上，ARM 体系结构支持 C/C++及与汇编语言的混合编程，在一个完整的程序设计中，除了初始化部分用汇编语言完成以外，其主要的编程任务一般都用 C/C++语言完成。

汇编语言与 C/C++语言的混合编程通常有以下几种方式：

- 在 C/C++代码中嵌入汇编指令。
- 在汇编程序和 C/C++程序之间进行变量的互访。
- 汇编程序和 C/C++程序间的相互调用。

5.4.1 在 C/C++代码中嵌入汇编指令

1. 内嵌汇编器的使用

在 C/C++代码中嵌入汇编指令是通过内嵌汇编器实现的。内嵌汇编器指的是包含在 C/C++编译器中的汇编器。使用内嵌汇编器后，可以在 C/C++源程序中直接使用大部分的 ARM 指令和 Thumb 指令。使用内嵌汇编器，可以在 C/C++程序中实现 C/C++语言不能够完成的一些操作，程序的代码效率也比较高。

内嵌的汇编指令包括大部分的 ARM 指令和 Thumb 指令，但由于它嵌入在 C/C++程序中使用，在用法上有一些特点。

(1) 操作数

在内嵌的汇编指令中，作为操作数的寄存器和常量可以是 C/C++表达式。这些表达式可以是 char、short 或者 int 类型，而且这些表达式都是作为无符号数进行操作。如果需要带符号数，用户需要自己处理与符号有关的操作。编译器将会计算这些表达式的值，并为其分配寄存器。

当汇编指令中同时用到了物理寄存器和 C/C++表达式时，使用的表达式不要过于复杂。当表达式过于复杂时，将会需要较多的物理寄存器，这些寄存器可能与指令中物理寄存器的使用发生冲突。当编译器发现了寄存器的分配冲突时，会产生相应的错误信息，报告寄存器分配冲突。

(2) 物理寄存器

在内嵌的汇编指令中，使用物理寄存器有以下限制：

- 不能直接向 PC 寄存器赋值，程序的跳转只能通过 B 指令和 SWI 指令实现。
- 在使用物理寄存器的内嵌汇编指令中，不要使用过于复杂的 C/C++表达式，因为当表达式过于复杂时，将会需要较多的物理寄存器，这些寄存器可能与指令中物理寄存器的使用发生冲突。
- 编译器可能会使用 R12 寄存器或者 R13 寄存器存放编译的中间结果，在计算表达式值时可能会将寄存器 R0～R3、R12 及 R14 用于子程序调用。因此，在内嵌的汇编指令中，不要将这些寄存器同时指定为指令中的物理寄存器。
- 在内嵌汇编指令中使用物理寄存器时，如果有 C/C++变量使用了该物理寄存器，编译器将在合适的时候保存并恢复该变量的值。需要注意的是，当寄存器 SP、SL、FP 及 SB 用做特定的用途时，编译器不能恢复这些寄存器的值。
- 通常推荐在内嵌汇编指令中不要指定物理寄存器，因为这可能会影响编译器分配寄存器，进而可能影响代码的效率。

(3) 常量

在内嵌汇编指令中，常量前的符号#可以省略。如果在一个表达式前使用符号#，该表达式必须是一个常量。

(4) 指令展开

内嵌汇编指令中如果包含常量操作数，该指令可能会被编译器展开成几条指令。例如，指令：

```
ADD  R0,R0;#1023
```

可能会被展开成下面的指令序列：

```
ADD R0,R0,#1024
SUB R0,R0,#01
```

乘法指令 MUL 可能会被展开成一系列的加法操作和移位操作。

事实上，除了与协处理器相关的指令外，如果包含常量操作数，大部分 ARM 指令和 Thumb 指令都可能被展开成多条指令。

各条展开的指令对于 CPSR 寄存器中各条件标志位的影响如下：

- 算术指令可以正确地设置 CPSR 寄存器中的 N、C、V 条件标志位。
- 逻辑指令可以正确地设置 CPSR 寄存器中的 N 条件标志位；不映像 V 条件标志位，破坏 C 条件标志位。

(5) 标号

C/C++程序中的标号可以被内嵌汇编指令使用。但是只有指令 B 可以使用 C/C++程序中的标号，指令 BL 不能使用 C/C++程序中的标号。指令 B 使用 C/C++程序中的标号时，语法格式如下：

```
B(cond) label
```

(6) 内存单元的分配

内存单元的分配都是通过 C/C++程序完成的，分配的内存单元通过变量供内嵌汇编器使用。内嵌汇编器不支持汇编语言中用于内存分配的伪操作。

(7) SWI 和 BL 指令的使用

在内嵌的 SWI 和 BL 指令中，除了正常的操作数域外，还必须增加下面 3 个可选的寄存器列表。

第一个寄存器列表中的寄存器用于存放输入的参数。

第二个寄存器列表中的寄存器用于存放返回的结果。

第三个寄存器列表中的寄存器的内容可能被调用的子程序破坏，即这些寄存器供被调用的子程序作为工作寄存器。

2. 内嵌的汇编器和 ARM 汇编器（ARMASM）的区别

与 ARMASM 相比，内嵌的汇编器在功能和使用方法上主要有以下特点：

- 使用内嵌的汇编器，不能通过 PC 寄存器返回当前指令的地址。
- 内嵌的汇编器不支持伪指令“LDR Rn,=expression”，这条伪指令可以用指令“MOV Rn,expression”来代替。
- 不支持标号表达式。
- 不支持 ADR 和 ADRL 伪指令。
- 十六进制数前要使用前缀 0x，不能使用&。
- 编译器可能使用寄存器 R0～R3、IP 及 LR 存放中间结果，因此在使用这些寄存器时要非常小心。
- CPSR 寄存器中的 N、Z、C、V 条件标志位可能会被编译器破坏，因此在指令中使用这些标志位时要非常小心。
- 指令中使用的 C 变量不要与任何物理寄存器同名，否则会造成混乱。
- LDM 与 STM 指令的寄存器列表中只能使用物理寄存器，不能使用 C 表达式。
- 指令不能写寄存器 PC。
- 不支持指令 BX 及 BLX。
- 用户不要维护数据栈。通常，编译器根据需要自动保存和恢复工作寄存器的值，用户不需要去保护和恢复这些工作寄存器的值。

- 用户可以改变处理器模式，但是编译器并不了解处理器模式的改变。这样，如果用户改变了处理器模式，将不能使用原来的 C/C++表达式，重新恢复到原来的处理器模式后，才能再使用这些 C/C++表达式。

3. 在 C/C++程序中使用内嵌汇编指令

(1) 在 C/C++程序中使用内嵌的汇编指令的语法格式

在 ARM C 语言程序中使用关键词_asm 来标识一段汇编指令程序，其格式如下：

```
_asm
{
   instruction [;instruction]
   …
   [instruction]
}
```

其中：如果有多个汇编指令，指令之间使用分号（;）隔开；如果一条指令占多行，要使用续行符号（\）；在汇编指令段中可以使用 C 语言的注释语句。

ARM C++程序中除了可以使用关键词_asm 来标识一段汇编指令程序外，还可以使用关键词 asm 来标识一段汇编指令程序，其格式如下：

```
asm("instruction[; instruction]");
```

其中：asm 后面的括号中必须是一个单独的字符串；该字符串中不能包含注释语句。

(2) 在 C/C++程序中使用内嵌汇编指令的注意事项

在 C/C++程序中使用内嵌汇编指令应注意以下事项：

在汇编指令中，逗号(,)用做分隔符，因此如果指令中的 C/C++表达式中包含有逗号(,)，则该表达式应该被包含在括号中。例如：

```
_asm[ADD  x,  y,(f(),z)]   ;其中，(f  (),z)为 C/C++表达式
```

如果在指令中使用物理寄存器，应该保证该寄存器不会在编译器计算表达式值时被破坏。例如在下面的代码段中，编译器通过程序调用来计算表达式 x/y 的值，在这个过程中编译器破坏了寄存器 R2、R3、IP、LR 的值：更新了 CPSR 寄存器的 N、Z、C、V 条件标志位；并在寄存器 R0 中返回表达式的商，在寄存器 R1 中返回表达式的余数。这时程序中寄存器 R0 的数据就丢掉了。

```
_asrm
{
    MOV R0,x
    ADD y,R0,x/y
}
```

这种情况下可以用 C 变量来代替第一条指令中的物理寄存器 R0，如下所示：

```
_asrm
{
    MOV cvar,x
    ADD y,  R0, x/y
}
```

这时编译器将会为变量 cvar 分配合适的寄存器，从而避免冲突的发生。如果编译器不能分配合适的寄存器，它将会报告错误。例如，在下面的代码段中，由于编译器将会展开 ADD 指令，在展开时会用到 IP 寄存器，从而破坏了第一条指令为 IP 寄存器赋的值，这时编译器将报告错误。

```
_asm
{
    MOV IP,#3
    ADDS x, x,#0x12345678
    ORR x,  x,IP
}
```

不要使用物理寄存器去引用一个 C 变量。例如，在下面的例子中用户可能认为进入子程序 example1 中后，参数 x 的值保存在寄存器 R0 中，因而在内嵌汇编指令中直接使用寄存器 R0，最后返回结果。实际上，编译器认为子程序中没有执行任何有意义的操作，于是将该段汇编代码优化掉了，因而返回的结果与输入的参数值相同，并没有执行加 1 操作。

```
int  example1(int x)
{
    _asm
    {
        ADD   R0,R0,#1    //用户可能错误地认为 R0 寄存器中存放的是变量 x
    }
    return  x;
}
```

这段代码正确的写法如下：

```
int example1(int x)
{
    _asm
    {
        ADD x,   x,#1
    }
    return x;
}
```

对于内嵌汇编器可能会用到的寄存器，编译器自己会保存和恢复这些寄存器，用户无须保存和恢复这些寄存器。除常量寄存器 CPSR 和寄存器 SPSR 外，其他寄存器必须先赋值然后再读取，否则编译器将会报错。例如，下面的例子中，第一条指令在没有给寄存器 R0 赋值前读取其值，这是错误的；而最后一条指令执行恢复寄存器 R0 值的操作，也是没有必要的。

```
int f(int x)
{
    _asm
    {
        STMFD SP!,(R0)        //没有给寄存器 R0 赋值前读取其值
        ADD :0,x,  1
        EOR x,R0,x
        LDMFD SP!,(R0)        //没有必要恢复寄存器 R0 的值
    }
    return x;
}
```

5.4.2　在汇编程序和 C/C++程序之间进行变量的互访

在 C 程序中声明的全局变量可以被汇编程序通过地址间接访问。具体访问方法如下：

① 使用 IMPORT 伪指令声明该全局变量。

② 使用 LDR 指令读取该全局变量的内存地址，通常该全局变量的内存地址值存放在程序的数据缓冲池（Literal Pool）中。

③ 根据该数据的类型，使用相应的 LDR 指令读取该全局变量的值；使用相应的 STR 指令修改该全局变量的值。

各数据类型及其对应的 LDR/STR 指令如下：

- 对于无符号的 char 类型的变量，通过指令 LDRB/STRB 来读/写。
- 对于无符号的 short 类型的变量，通过指令 LDRH/STRH 来读/写。
- 对于 int 类型的变量，通过指令 LDR/STR 来读/写。
- 对于有符号的 char 类型的变量，通过指令 LDRSB 来读取。
- 对于有符号的 char 类型的变量，通过指令 STRB 来写入。
- 对于有符号的 short 类型的变量，通过指令 LDRSH 来读取。
- 对于有符号的 short 类型的变量，通过指令 STRH 来写入。
- 对于小于 8 个字的结构型变量，可以通过一条 LDM/STM 指令来读/写整个变量。
- 对于结构型变量的数据成员，可以使用相应的 LDR/STR 指令来访问，这时必须知道该数据成员相对于结构型变量开始地址的偏移量。

5.4.3 汇编程序、C/C++程序间的相互调用

汇编程序、C 程序及 C++程序在相互调用时，应特别注意要遵守相应的 ATPCS。下面举一些例子具体说明在这些混合调用中应注意遵守的 ATPCS 规则。

1. ATPCS 简介

ATPCS（ARM−Thumb Produce Call Standard）是 ARM 程序与 Thumb 程序中子程序调用的基本规则，它为汇编语言程序与 C 语言程序之间的相互调用提供了调用规则。这些规则包括子程序调用过程中寄存器的使用规则、数据栈的使用规则和参数的传递规则。

（1）寄存器的使用规则

- 寄存器 R0～R3 可记为 A1～A4，作为参数寄存器使用。在调用函数时，用来存放前 4 个函数参数和返回值。在函数内，不可以使用这些寄存器，否则会破坏数据。
- 通用变量寄存器 R4～R8 可记为 V1～V5，用来保存局部变量。调用函数必须保存被调用函数存放在这些寄存器中的变量值。
- 在与读/写位置无关的编译情况下，通用变量寄存器 R9 保存静态基本地址（读/写数据的地址）；否则必须保存该寄存器中被调用函数的变量值。
- 在使用堆栈边界检查的编译情况下，通用变量寄存器 R10 保存堆栈边界的地址；否则必须保存该寄存器中被调用函数的变量值。
- 除了在使用结构指针的编译情况下，通用变量寄存器 R11 必须保存该寄存器中调用函数的变量值。
- 临时过渡寄存器 R12，可记为 IP。用于保存 SP，在函数返回时使用该寄存器出栈。
- 堆栈指针寄存器 R13，可记为 SP。其进入子程序时的值与退出子程序时的值必须相等。
- 链接寄存器 R14，记为 LR。用来保存子程序的返回地址，如果在子程序中保存了返回地址，则 R14 可作其他用途。
- 寄存器 R15，记为 PC，是程序计数器。

（2）数据栈的使用规则

ATPCS 规定数据栈为 FD（满递减）类型，数据栈指针指向栈顶，向内存减少方向增长。

对数据栈的操作是 8 个字节对齐的。

(3) 参数的传递规则

① 参数个数固定的子程序参数传递规则。如果系统包含浮点运算的硬件，浮点参数将按下面的规则传递：

- 每个浮点参数按顺序处理。
- 为每个浮点参数分配 FP 寄存器。
- 分配的方法是满足该浮点参数需要且编号最小的一组连续的 FP 寄存器。
- 第一个整数参数，通过 R0～R3 来传递，其他参数通过数据栈传递。

② 参数个数可变的子程序参数传递规则。

- 参数不大于 4 个时，采用 R0～R3 传递。
- 参数大于 4 个时，通过数据栈传递。

③ 子程序结果返回规则。

- 结果为 1 个 32 位整数时，通过 R0 返回。
- 结果为 1 个 64 位整数时，通过 R0 和 R1 返回。
- 结果为 1 个浮点数时，可通过浮点运算部件的寄存器 F0、D0 和 S0 返回。
- 结果为复合型浮点数时，可通过寄存器 F0～F*n* 或 D0～D*n* 返回。
- 对于位数更多的结果，需要通过内存来返回。

2. C 程序调用汇编程序

汇编程序的设计要遵守 ATPCS 规则，保证程序调用时参数的正确传递。在汇编程序中使用 EXPORT 伪指令声明本程序，使得本程序可以被别的程序调用。在 C 语言程序中使用 extern 关键词声明该汇编程序。下面是一个 C 程序调用汇编程序的例子。其中汇编程序 strcopy 实现字符串复制功能，C 程序调用 strcopy 完成字符串复制的操作。本例程序代码如下：

```
//C 程序
#include <stdio.h>
extern void strcopy(char *d,  const char *s);  //使用关键词 extern 声明
strcopy
int main()
{
    const char *srcstr="First string-source";
    char dststr[]="Second  strng-destination";
    printf("Refore copying:\n");
    printf("&s\n &s\n", srcstr,dststr);
    strcopy(dststr,srcstr);   //将源串和目标串地址传递给 strcopy 函数
    printf("After copying:\n");
    printf("&s\n &s\n", srcstr,dststr);
    return (0);
}
;汇编程序
AREA Scopy,CODE,READONLY
EXPORT strcopy         //使用 EXP ORT 伪指令声明本汇编程序
strcopy
LDRB  R2,[R1],#1      //寄存器 R0 中存放第 1 个参数，即 dststr
STRB  R2,[R0],#1      //寄存器 R1 中存放第 2 个参数，即 srcstr
CMP R2,#0
```

```
BNE strcopy
MOV PC,LR
END
```

3. 汇编程序调用 C 程序

汇编程序的设计要遵守 ATPCS 规则，保证程序调用时参数的正确传递。在汇编程序中使用 IMPORT 伪指令声明将要调用 C 程序。下面是一个汇编程序调用 C 程序的例子。其中，在汇编程序中设置好各参数的值，本例中有 5 个参数，分别使用寄存器 R0 存放第一个参数，R1 存放第二个参数，R2 存放第三个参数，R3 存放第四个参数，第五个参数利用数据栈传送。由于利用数据栈传递参数，在程序调用结束后要调整数据栈指针。

本例程序代码如下：

```
//C程序 g() 返回 5 个整数的和
int g(int  a,int b,int  c,int d, int e)
{
   return a+b+c+d+e;
}
;汇编程序调用 C 程序 g() 计算 5 个整数 i, 2*i, 3*i, 4*i, 5*i 的和
EXPORT f
AREA f, CODE,READONLY
IMPORT g                          ;使用伪指令 IMPORT 声明 C 程序 g()
STR lR,[SP,#-4]                   ;保存返回地址
ADD R1,R0,r0                      ;假设进入程序 f 时，R0 中值为 i, R1 值设为 2*i
ADD R2,R1,r0                      ;R2 值设为 3*i
ADD R3,R1,r2                      ;R3 值设为 5*i
STR R3,[sp,#-4]                   ;第五个参数 5*i 通过数据栈传递
ADD R3,R1,R1                      ;R3 值设为 4*i
BL g                              ;调用 C 程序 g()
ADD SP, SP,#4                     ;调整数据栈指针，准备返回
LDR PC,[SP],#4                    ;返回
END
```

4. C++程序调用 C 程序

C++程序调用 C 程序时，在 C++程序中使用关键词 extern "C"声明被调用的 C 程序。

对于 C++中的类（Class）或者结构（Struct），如果它没有基类和虚函数，则相应对象的存储结构和 ARM C 相同。下面的例子说明了这一点。

本例程序代码如下：

```
//c++程序
Struct S {                                //本结构没有基类和虚函数
   S(int s): i(s)
   int i;
};
extern "C" void cfunc(s+);                //使用关键词 extern 声明被调用的 C程序
int f(){
   S s(2);                                //初始化该结构对象
   cfunc(&s);                             //调用 C 程序
   return s.i*3;
}
//被 c++程序调用的 C 程序
struct S{
```

```
    int i;
};
void cfunc(struct S *p)
{
    p->i+=5;
}
```

5. 汇编程序调用 C++程序

汇编程序调用 C++程序时，在 C++程序中使用关键词 extern "C"声明被调用的 C++程序。对于 C++中的类或者结构，如果它没有基类和虚函数，则相应对象的存储结构和 ARM C 相同。在汇编程序中使用伪指令 IMPORT 声明被调用的 C++程序。在汇编程序中将参数存放在数据栈中，而存放参数的数据栈的单元地址放在 R0 寄存器中，这样被调用的 C++程序就能访问相应的参数。下面的例子说明了这一点。

本例程序代码如下：

```
//被汇编程序调用的 C++程序
struct  S{                                        //本结构没有基类和虚函数
    S(int s); i(s) {}
    int i;
};
extern "C" void cppfunc(S*p) {                    //被调用的 c++程序使用关键词 extern "C"声明
    P->i+=5;                                      //c++程序修改结构对象的数据成员值
}
;调用 C++程序的汇编程序
AREA Asm,CODE
IMPORT cppfunc                  ;用伪指令 IMPORT 声明被调用的 C++程序
EXPORT  f
f
STMFD SP!;{lR}                  ;保存返回地址
MOV  R0,#2
STR R0,[SP, #-4]!               ;将实际参数存放在数据栈中
MOV R0,SP                       ;将实际参数在数据栈中的地址放到 R0 寄存器
BL cppfunc                      ;调用 C++程序
LDR  R0, [SP],#4                ;从数据栈中将结构读取到 R0 寄存器
ADD R0,R0,R0,LSL #1             ;R0=R0*3
LDMFD SP!,{PC}                  ;返回
END
```

在以上几种混合编程技术中，必须遵守一定的调用规则，如物理寄存器的使用、参数的传递等，这对于初学者来说，无疑显得过于烦琐。在实际的编程应用中，使用较多的方式是：程序的初始化部分用汇编语言完成，然后用 C/C++完成主要的编程任务。程序在执行时首先完成初始化过程，然后跳转到 C/C++程序代码中，汇编程序和 C/C++程序之间一般没有参数的传递，也没有频繁地相互调用，因此，整个程序的结构显得相对简单，容易理解。

5.5 RealView MDK 环境下 ARM 程序开发举例

下面通过一个实例，说明在 RealView MDK 环境下如何进行 ARM 程序的开发。

1．创建一个工程项目

选择“Project”→“New μVision Project”命令，进入新建对话框（参考图 5-2），输入工程名称，然后单击“保存”按钮，即可创建一个新的项目。

一个新的工程项目创建完成以后，首先需要选择目标 CPU，这里可以选择 Samsung 公司的 S3C2410A（参考图 5-3）。

单击“OK”按钮后，会弹出一个消息对话框（参考图 5-4），询问是否复制 S3C2410A 的启动代码，并加入到工程中。单击“是”按钮，工程项目被建立。这里已经包含了 S3C2410A 的启动代码，放在“Source Group 1”组中。

2．新建一个源程序

选择“File”→“New”命令或单击按钮，可打开一个空的编辑窗口，用来编辑源程序（参考图 5-6）。

3．编辑源程序

在源程序编辑窗口中可以按照编程语言的语法要求编辑源程序，这里输入以下汇编语言程序，其功能是实现一个数据块的传输。

```
AREA Word, CODE, READONLY          ;声明一个代码段，名为 Word
num       EQU     20               ;设置一个常量 num = 20
          ENTRY                    ;指定汇编程序的入口点
start
          LDR     R0, =src         ;设置 R0 指向数据源地址
          LDR     R1, =dst         ;设置 R1 指向数据目标地址
          MOV     R2, #num         ;设置 R2 为数据长度计数器
wordcopy
          LDR     R3, [R0], #4     ;取出一个字的源数据
          STR     R3, [R1], #4     ;存入目标地址中
          SUBS    R2, R2, #1       ;计数器减 1
          BNE     wordcopy         ;不为 0，转移（控制循环）
stop
          MOV     R0, #0x18        ;angel_SWIreason_ReportException
          LDR     R1, =0x20026     ;ADP_Stopped_ApplicationExit
          SWI     0x123456         ;ARM semihosting SWI

AREA BlockData, DATA, READWRITE ;声明一个数据段，名为 BlockData
src       DCD     1,2,3,4,5,6,7,8,1,2,3,4,5,6,7,8,1,2,3,4
dst       DCD     0,0,0,0,0,0,0,0,0,0,0,0,0,0,0,0,0,0,0,0
          END
```

源程序编辑完后，可单击按钮或选择“File”→“save”命令保存正在编辑的源程序文件。

4．工程配置

要使前面创建的工程项目能够正确地被编译，还需要对工程的编译选项进行适当配置。这里主要需要进行生成目标的基本选项设置、编程语言的选项设置和调试器的选项设置。

5．编译

在正确设置该工程的工程配置选项后，就可以进行编译了。选择“Project”→“Rebuild all Target files”命令或单击按钮可对所有的工程目标进行编译。

编译完成后，在 Build Output 窗口中报告出错和警告情况。当显示“0 Error，0 Warning”时，表明没有错误，编译成功。

6．仿真调试

这里可以采用软件仿真（Simulator）进行代码调试。

在μVision IDE 中，通过选择“Debug”→“Star/Stop Debug Session”命令，或单击按钮，或直接按【Ctrl+F5】组合键可以启动仿真界面，调试器会载入应用程序并执行启动代码。

进入仿真界面后，可以进行单步运行、全速运行、设置断点运行等操作，可以查看存储器、寄存器及变量的数值。

本章小结

本章介绍了 RealView MDK 集成开发环境的使用，基于汇编语言和 C 语言进行程序设计的一些基本概念，以及汇编语言和 C 语言的混合编程问题。

习题

1．在 RealView MDK 环境下开发一个应用项目，需要哪几个过程？

2．在 RealView MDK 环境下创建一个工程项目，然后编写一个源程序并进行编译，使用 Simulator 进行调试，写出详细操作步骤。

3．汇编语言与 C/C++语言的混合编程通常有哪几种方式？

4．与 ARMASM 相比，内嵌汇编器在功能和使用方法上主要有哪些特点？

5．为什么要尽可能遵循 ATPCS 标准？有什么优点？在 ATPCS 中，函数调用与返回遵循哪些规则？

第6章 应用接口设计

本章导读

单一的嵌入式处理器是无法正常工作的，必须为其设计相应的电源电路、时钟信号电路、复位信号电路和存储系统电路，嵌入式处理器才能正常工作。这些为嵌入式处理器正常运行所设计的电路与嵌入式处理器一起构成了嵌入式处理器的最小系统，最小系统的设计是嵌入式硬件系统的关键部分。

在实际应用中，还需要在最小系统的基础上通过扩展一些必要的硬件接口来满足不同的应用需求。针对不同的嵌入式产品，由于设计方案和需求不同，所使用的芯片可能不同，电路设计方法就存在一定的差异，但从设计过程和方法上看仍然有许多共性。

本章内容要点

- 最小系统的设计过程；
- 典型外围接口电路的扩展方法。

如果课时较少，教学过程中可以有选择性地忽略部分内容。

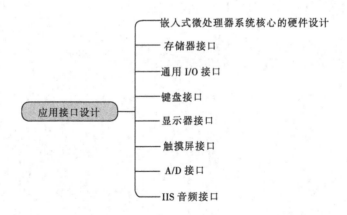

内容结构

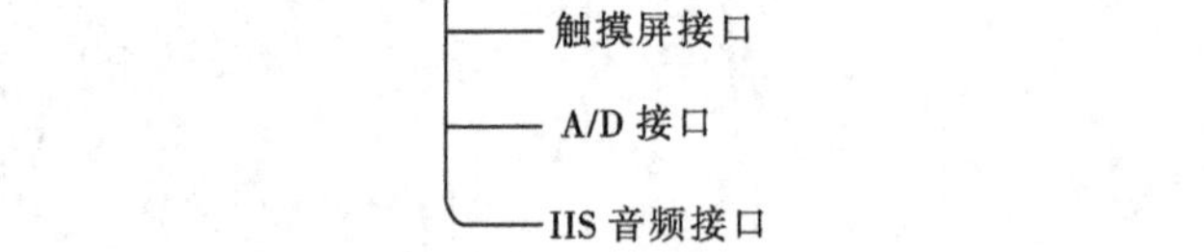

学习目标

通过对本章内容的学习，学生应该能够：

- 了解最小系统的设计过程；
- 掌握典型外围接口电路的扩展方法；
- 掌握接口应用程序的设计。

6.1 嵌入式微处理器系统核心的硬件设计

嵌入式微处理器系统核心的硬件设计主要考虑：芯片的选择、时钟与电源的管理及中断系统的应用。

6.1.1 芯片选择

在进行嵌入式产品的硬件系统设计时，嵌入式处理器及外围接口芯片的选型是一项非常重要的工作。所选芯片是否符合产品应用领域，芯片的性能参数是否满足产品的应用环境（如温度范围等），芯片的内部配置是否满足产品需求，都是必须要考虑的问题。嵌入式系统设计的差异性极大，因此对于嵌入式处理器的选择也是多样化的，但无论是设计哪一类嵌入式产品，处理器的选型都必须遵循一个主要原则：所选芯片的性能及参数必须符合产品的应用领域。因此，在选用处理器的时候，应该从所设计产品的应用角度，综合考虑性能、成本、技术支持等因素，选取满足系统要求的 ARM 芯片。通常，从以下几个方面的指标来选择嵌入式处理器。

1. ARM 芯核

在进行嵌入式产品设计时，如果希望使用 Windows CE 或 Linux 等操作系统以满足系统更高的性能需求及缩短软件开发时间，则需要选择 ARM720T 以上带有 MMU（Memory Management Unit）功能的 ARM 芯片，如 ARM720T、ARM920T、ARM922T、ARM946T 以上系列的 ARM 芯片都带有 MMU 功能。而 ARM7TDMI 没有 MMU，不支持 Windows CE 和大部分的 Linux。

2. 系统时钟控制器

系统时钟决定了 ARM 芯片的处理速度。ARM7 的处理速度为 0.9 MIPS，系统主时钟为 20～133MHz，ARM9 的处理速度为 1.1 MIPS，系统主时钟为 100～233MHz，ARM11 的处理速度达 750 DMIPS，其主时钟为 200～750MHz，Cortex A9 的处理速度已达 8000 DMIPS，其主时钟也已高达 2GHz。不同芯片对时钟的处理不同，有的芯片只有一个主时钟频率，这样的芯片可能不能同时顾及 UART 和音频时钟的准确性，有的芯片内部时钟控制器可以分别为 CPU 核和 USB、UART、DSP、音频等功能部件提供不同频率的时钟，因此必须根据产品的应用需求来选择合适的芯片。

3. 中断控制器

ARM 内核只提供快速中断（FIQ）和标准中断（IRQ）两个中断向量。但各个半导体厂家在设计芯片时加入了自己不同的中断控制器，以便支持诸如串行口、外部中断、时钟中断等硬件中断。外部中断控制是选择芯片必须考虑的重要因素，合理的外部中断设计可以在很大程度上减少任务调度的工作量。例如，PHILIPS 公司的 SAA7750，所有 GPIO 都可以设置成 FIQ 或 IRQ，并且可以选择上升沿、下降沿、高电平、低电平 4 种中断方式，这使得红外线遥控接收、键盘等任务都可以作为后台程序运行。而 Cirrus Logic 公司的 EP7312 芯片，只有 4 个外部中断源，并且每个中断源都只能是低电平或者高电平中断，这样在用于接收红外线信号的场合，就必须用查询方式，会浪费大量的 CPU 时间。

4. RTC（Real Time Clock）时钟

很多 ARM 芯片都提供实时时钟功能，但方式不同。如 Cirrus Logic 公司的 EP7312 的 RTC 只是一个 32 位计数器，需要通过软件计算出年月日时分秒，而 SAA7750 和 S3C2410A 等芯片的 RTC 直接提供年月日时分秒格式。

5. 外围应用接口

在进行嵌入式产品设计时，往往需要根据需求外扩许多应用接口，如 USB、IIC、SPI、GPIO、IIS、UART 等，这就需要处理器能提供方便的应用接口扩展支持。许多 ARM 芯片内置有 USB 控制器，有些芯片甚至同时有 USB Host 和 USB Slave 控制器。在某些芯片供应商提供的说明书中，往往声明的是最大可能的 GPIO 数量，但是有许多引脚是和地址线、数据线、串口线等引脚复用的，因此在系统设计时需要计算实际可以使用的 GPIO 数量。在某些需求要设计音频应用的产品中，处理器提供 IIS 总线接口是必需的。有些 ARM 芯片内置 LCD 控制器，有的甚至内置 64K 彩色 TFT LCD 控制器。在设计 PDA 和手持式显示记录设备时，选用内置 LCD 控制器的 ARM 芯片，如 S3C2410 较为适宜。有些 ARM 芯片内部集成有 DMA（Direct Memory Access）控制器，可以和硬盘等外部设备高速交换数据，同时减少数据交换时对 CPU 资源的占用。有些 ARM 芯片内置 2～8 通道 8～12 位通用 ADC，可以用于电池检测、触摸屏和温度监测等。有些 ARM 芯片有 2～8 路 PWM 输出，可以用于电机控制或语音输出等场合。

6. 扩展总线

大部分 ARM 芯片具有外部 SDRAM 和 SRAM 扩展接口，不同的 ARM 芯片可以扩展的芯片数量，即片选线数量不同，外部数据总线有 8 位、16 位或 32 位。某些用做特殊用途的 ARM 芯片，如德国 Micronas 的 PUC3030A 没有外部扩展功能。

7. 电源管理

许多嵌入式产品需要使用电池供电，同时需要在无人值守的环境下进行长时间工作，因此处理器的功耗是处理器选择的一个重要性能指标。ARM 芯片的耗电量与工作频率成正比，系统的功耗可以通过电源模式的变化来获得最好的控制，因此嵌入式处理器能提供多种电源管理模式是非常重要的。例如 S3C2410A，可提供正常、低速、空闲及掉电 4 种电源管理模式，可以通过这 4 种模式的转换使电源功耗达到最优。

8. 芯片的封装方式

ARM 芯片现在主要的封装有 QFP、TQFP、PQFP、LQFP、BGA、LBGA 等形式，BGA 封装具有芯片面积小的特点，可以减小 PCB 的面积，但是需要专用的焊接设备，无法手工焊接。另外，一般 BGA 封装的 ARM 芯片无法用双面板完成 PCB 布线，需要多层 PCB 布线。

9. 内部存储器容量

有些 ARM 芯片有内置存储器，大小不等，在不需要大容量存储器时，可以考虑选用带有内置存储器的芯片。

除了上述技术指标外，选择嵌入式处理器时，还需要了解该芯片在市场上供货是否正常，能否方便地购买到该芯片的开发工具（如评估板、IDE 等），相关的开发资料是否容易获得，能否得到芯片供应商或者工具提供商的技术支持及成本等因素。

6.1.2 时钟与电源管理

时钟与电源是整个嵌入式产品硬件系统工作的基础。计算机电路均为时序电路，都必须有一个时钟信号才能正常工作；电源系统为整个产品提供能量，如果电源系统处理得好，整个系统的故障会减少很多。

1. 电源模块设计

为嵌入式产品设计电源系统是一个权衡的过程，必须考虑输出电压、电流、功率，输入电压、电流；安全因素，输出波纹，电磁兼容和电磁干扰，功耗及成本等多种因素。

S3C2410A 有 4 种电源模式：

（1）正常模式

正常模式下，所有的外围设备和基本的功能模块，包括电源管理模块、CPU 核、总线控制器、存储控制器、中断控制器、DMA 及外部控制器都可以完整地操作。但是除了基本的模块之外，其他模块都可以通过关闭其时钟的方法来降低功耗。正常模式的电源功耗最大，在这种模式下，用户可以通过软件控制外设，例如，一个定时器如果暂时不需要，可以使软件编程断开提供给这个定时器的时钟输入，以降低功耗。

（2）空闲模式

空闲模式下，除了总线控制器、存储控制器、中断控制器、电源管理模块以外的 CPU 时钟都被关闭。EINT[23:0]、RTC 中断或者其他中断请求可以将 CPU 唤醒，而从空闲模式退出。

（3）低速模式

ARM 芯片的功耗和工作频率成正比，低速模式通过使用外部输入时钟（XTIpll 和 EXTCLK）的 n 分频作为内部时钟且关闭 PLL 模块来减少电源消耗。分频比率可以通过软件编程控制，由 CLKSLOW 控制寄存器的位 SLOW_VAL 和 CLKDIVN 控制寄存器决定。寄存器的定义请参考数据手册。

注意：在低速模式下，PLL 是关闭的。当用户需要从低速模式切换到正常模式时，PLL 需要一个时钟稳定时间（PLL 锁定时间）。PLL 稳定时间是由内部逻辑自动插入的，大概需要 150 μs，在这段时间内，FCLK 还是使用低速模式下的时钟。

（4）掉电模式

在掉电模式下，电源管理模块断开内部电源，因此 CPU 和除唤醒逻辑单元以外的外设都不会产生功耗。要激活掉电模式，需要有两个独立的电源：一个用于唤醒逻辑单元供电；另一个用于为包括 CPU 在内的其他模块供电（此电源在掉电模式下将被关闭），并且可以用电源开关控制。掉电模式可以由外部中断 EINT[15:0]或 RTC 的告警中断启动唤醒。

三星公司的 S3C2410A ARM 处理器有 4 组电源输入：数字 3.3V、数字 1.8V、模拟 3.3V 和模拟 1.8V。因此，在理想的情况下，电源系统需要提供 4 组独立的电源，两组 3.3V 和两组 1.8V，如果在嵌入式产品中还有其他部分的电源需求，则还要设计更多的末级电源与之相适应。如果在嵌入式产品中不使用 A/D，或对 A/D 的要求不高，模拟电源和数字电源可以不分开供电。本节只给出 S3C2410A ARM 处理器的末级电源设计方案，同时不考虑其他设备对电源系统的需求，并假设前级提供经过稳压的 5V 直流电源为末级电源提供输入。

根据三星公司的 S3C2410A 芯片手册可知，该处理器 1.8V 电源的电流极限值是 70 mA，其他部分不需要 1.8V 电压，为了保证产品的可靠性，同时为系统升级留有余量，1.8V 电源能够提供的电流应不小于 300 mA。处理器在 3.3V 上的电源值与外部条件有很大关系，电源 3.3V 能够提供的电流应不小于 600 mA。S3C2410A 处理器对 1.8V 和 3.3V 这两组电压要求比较高，而且功耗不是很大，因此不适合设计开关电源，应当使用低压差模电源 LDO。LM1117 就是满足技术参数的一款 LDO 芯片，它的性价比高，且有一些产品可以与它直接替换，降低了采购风险。LM1117是一个低功耗正向电压调节器，可以用于一些高效率、小封装的低功耗设计，同时这款芯片非常适合使用电池供电的嵌入式产品。LM1117有很低的静态电流，在满负载时，其低压差仅为1.1V。其主要特点有：

- 0.8 A稳定输出电流，1A稳定峰值电流。
- 3端固定或可调节电压输出（可选电压有1.5V、1.8V、2.5V、3.0V、3.3V、5V）。
- 低静态电流，0.8A时低压差仅为1.1V。
- 多封装，SOT－223、SOT-252、SOT-220及SOT-223。

使用LM1117芯片设计的1.8V和3.3V电源电路，如图6-1和图6-2所示。

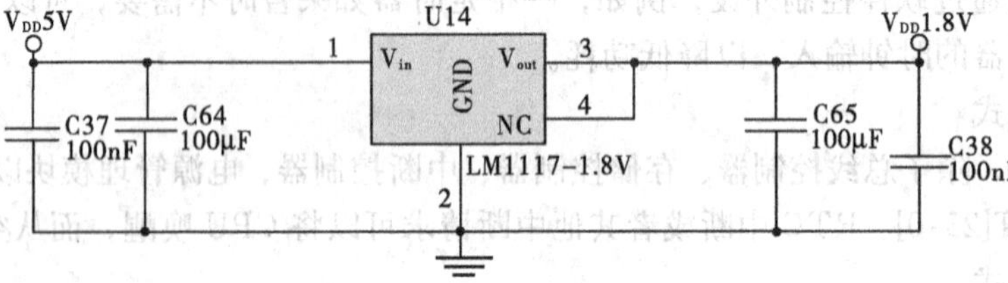

图6-1 1.8V电源电路

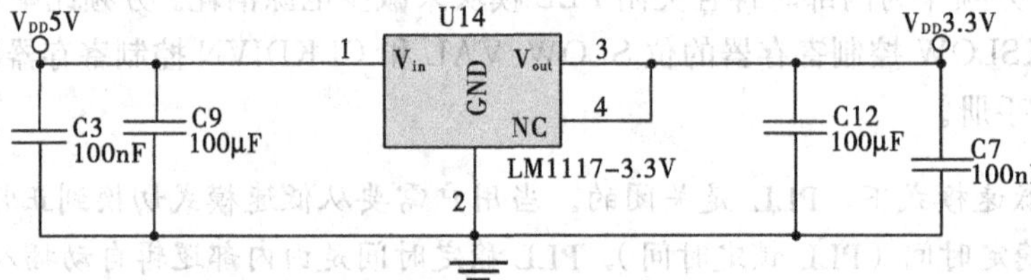

图6-2 3.3V电源电路

在设计系统的前级电源时，需要综合考虑多种因素，尽管LM1117芯片的输入电压最高可为20V，但过高的电压会使芯片发热量增大，同时波动的电压对输出电压的波动也有一定的影响，太高的电压差也失去了选择低压差模电源的意义。因此，本节采用经过稳压的5V直流电源作为前级电源，这样做可以满足LM1117的要求，而且很多外围接口芯片都是用5V电源的。

另外，低功耗计算对于嵌入式系统有着非常重要的意义，在电源模块的设计中，应该考虑到低功耗设计。降低功耗有多种途径，一个好的低功耗系统通常综合运用多种方法，比如可以用软件的方法降低功耗，也可以从硬件电路上降低整个系统的功耗。

2. 时钟模块设计

使用S3C2410A处理器设计嵌入式产品时，一般设计两路时钟输入，一路是为CPU工作提供时钟信号输入的系统主时钟，另一路是提供给RTC实时时钟的输入。

（1）系统主时钟

S3C2410A处理器的时钟控制逻辑能产生所需的时钟信号，包括CPU的FCLK时钟、AHB总线外围接口器件的HCLK时钟及APB总线外围器件的PCLK时钟。S3C2410A处理器有两个锁相环PLL（Phase Locked Loops），一个是用于为FCLK、HCLK、PCLK产生时钟信号的MPLL，一个是用于为USB模块提供48MHz时钟输入的UPLL。

FCLK主要用于ARM920T内核；HCLK用于AHB总线，AHB总线用于ARM920T内核、存储控制器、中断控制器、LCD控制器、DMA和USB Host模块；PCLK主要用于APB总线，

APB 总线用于外围器件，如 IIS、IIC、PWM 定时器、MMC 接口、ADC、UART、GPIO、SPI。S3C2410A 处理器的时钟分频模块图如图 6-3 所示。

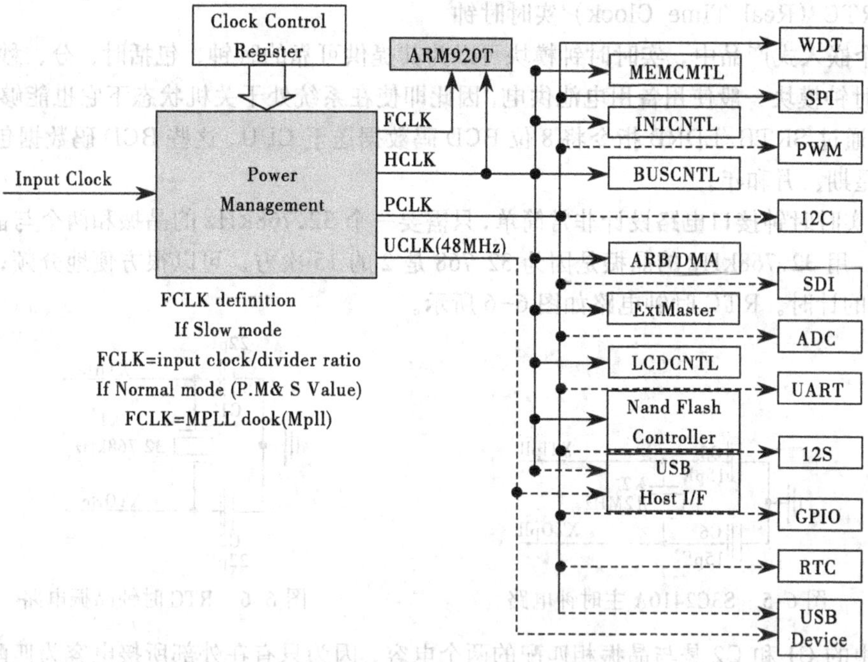

图 6-3　S3C2410A 处理器的时钟分频模块图

对系统主时钟源的选择，可以是来自外部的晶体（XTlpll），也可以是来自外部的时钟（EXTCLK），如图 6-4 所示。具体的时钟源可以通过设置 S3C2410A 的 OM2 和 OM3 引脚的状态来设定。OM[3:2]的状态是通过 nRESET 的上升沿由内部将 OM2 和 OM3 引脚的状态锁定，从而通过锁定的 OM[3:2]的状态决定主时钟源和 USB 时钟源的选择。具体时钟源的选择及 OM[3:2]的状态如表 6-1 所示。

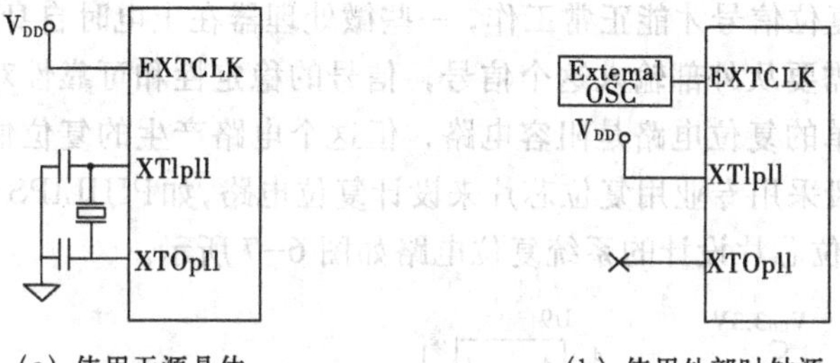

（a）使用无源晶体　（b）使用外部时钟源

图 6-4　S3C2410A 主时钟振荡器电路示意图

表 6-1　系统时钟源选择

模式 OM[3:2]	MPLL 状态	UPLL 状态	主时钟源	USB 时钟源
00	开	开	Crystal	Crystal
01	开	开	Crystal	EXTCLK
10	开	开	EXTCLK	Crystal
11	开	开	EXTCLK	EXTCLK

设计系统主时钟电路最简单的方法就是利用 S3C2410A 内部的晶体振荡器，图 6-5 所示为 S3C2410A 处理器设计的晶体振荡电路。

(2) RTC（Real Time Clock）实时时钟

在一个嵌入式产品中，实时时钟模块可以为其提供可靠的时钟，包括时、分、秒、年、月、日，RTC 时钟模块一般使用备用电池供电，因此即使在系统处于关机状态下它也能够正常工作。RTC 可以通过 SRTB/LDRB 指令将 8 位 BCD 码数据送至 CPU，这些 BCD 码数据包括秒、分、时、日、星期、月和年。

RTC 实时时钟接口电路设计非常简单，只需要一个 32.768kHz 的晶振和两个与晶振匹配的电容即可。用 32.768kHz 的晶振是因为 32 768 是 2 的 15 次方，可以很方便地分频，能很精确地得到 1s 的计时。RTC 时钟电路如图 6-6 所示。

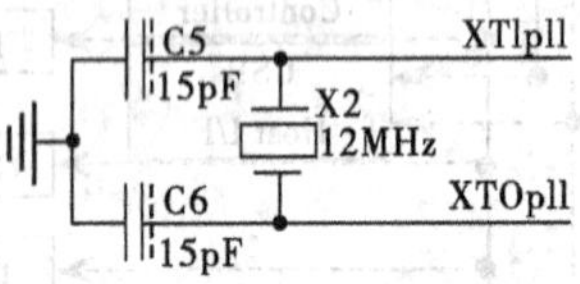

图 6-5　S3C2410A 主时钟电路

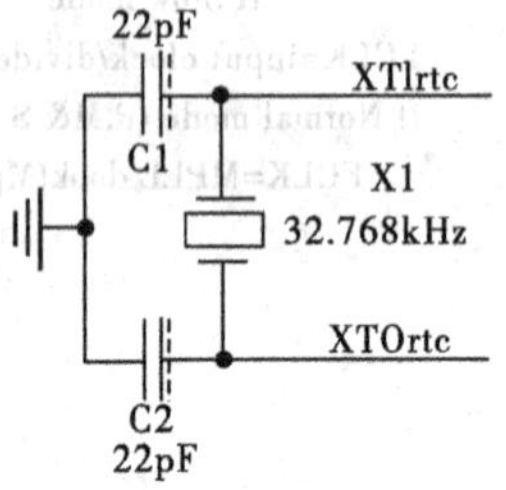

图 6-6　RTC 时钟晶振电路

电路中的 C1 和 C2 是与晶振相匹配的两个电容，因为只有在外部所接电容为匹配电容的情况下，晶体振荡频率才能保证在标定频率的误差范围内。在实际应用中，时钟和日期信息会在系统掉电时丢失，为保持在系统断电情况下时钟振荡器的持续运转，可采用后备电池为时钟电路供电，有兴趣的同学可以自己设计这部分电路，这些不再赘述。

3. 复位电路设计

嵌入式微处理器加电时状态的不确定性将造成微处理器不能正常工作，为了解决这个问题，几乎所有的微处理器都有一个复位逻辑，它负责将微处理器初始化为某个确定状态。微处理器的复位逻辑需要一个复位信号才能正常工作，一些微处理器在上电时自身会产生一个复位信号，但大部分的微处理器需要从外部输入这个信号，信号的稳定性和可靠性对于微处理器的正常工作有很大影响。最简单的复位电路是阻容电路，但这个电路产生的复位信号稳定性差，因此在设计嵌入式产品时一般采用专业用复位芯片来设计复位电路，如 PHILIPS MAX708 或 IMP811S。使用 MAX811 专用复位芯片设计的系统复位电路如图 6-7 所示。

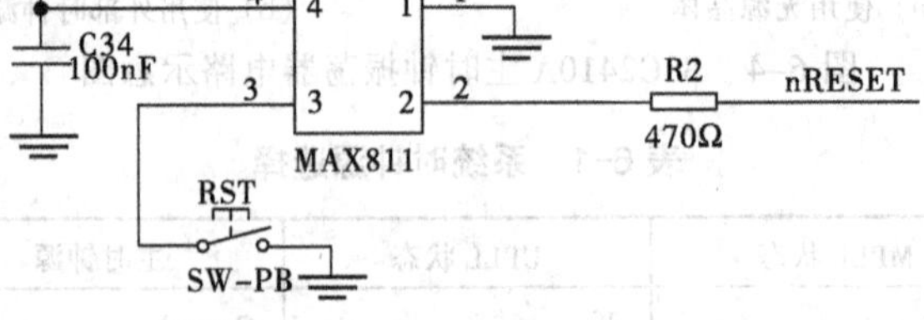

图 6-7　复位电路设计

4. 时钟与电源管理相关寄存器

S3C2410A 处理器的时钟与电源管理相关寄存器有 3 个：

(1) PLL 锁存时间计数寄存器（LOCKTIME）

用于配置 UPLL 和 MPLL 的锁存时间计数寄存器：

寄存器地址　0x4C000000　复位值　0x00FFFFFF

该寄存器长度为 32 位，低 24 位有效，每一位的功能如表 6-2 所示。

表 6-2　PLL 锁存时间计数寄存器（LOCKTIME）功能描述

位	引脚标志	功　能　描　述
[23:12]	U_LTIME	UPLL 锁存时间计数值
[11:0]	M_LTIME	MPLL 锁存时间计数值

(2) MPLL 配置寄存器（MPLLCON）

该寄存器用于配置 MPLL 的分频系数。

MPLLCON 寄存器地址　0x4C000004　复位值　0x0005C080

这个寄存器的长度为 32 位，低 20 位有效，每一位的功能如表 6-3 所示。

表 6-3　MPLL 配置寄存器（MPLLCON）功能描述

位	引脚标志	功　能　描　述
[19:12]	MDIV	主分频器控制
[9:4]	PDIV	预分频器控制
[1:0]	SDIV	加速分频器控制

CPU 时钟为

$$Fcpu=((MDIV+8)\times Fin)/((PDIV+2)\times 2^{SDIV})$$

(3) UPLL 配置寄存器（UPLLCON）

该寄存器用于配置 UPLL 的分频系数。

UPLLCON 寄存器地址　0x4C000008　复位值　0x00028080

这个寄存器的长度为 32 位，低 20 位有效，每一位的功能如表 6-4 所示。

表 6-4　UPLL 配置寄存器（UPLLCON）功能描述

位	引脚标志	功　能　描　述
[19:12]	MDIV	主分频器控制
[9:4]	PDIV	预分频器控制
[1:0]	SDIV	加速分频器控制

USB 时钟为

$$Fcpu=((MDIV+8)\times Fin)/((PDIV+2)\times 2^{SDIV})$$

5. 在 S3C2410A 启动代码中配置系统时钟

在程序中必须执行初始化 CPU 的操作以匹配目标硬件。各个系列设备的 Startup.S 文件会有所不同，Startup.S 文件中含有 ARM 目标程序的启动代码。同样，对于不同的工具链，Startup.S 源文件也会有所不同。这些文件分别存放在文件夹\ARM\Startup 中。S3C2410A 的启动代码文件为 S3C2410A.s。

在 μVision 中可以通过配置向导（Configuration Wizard）来配置启动代码，这是一种菜单驱动方式的配置方式。

在打开的工程文件中，双击 S3C2410A.s 文件名，打开 S3C2410A.s 文件的编辑窗口，然后，单击窗口下的“Configuration Wizard”标签，即可打开配置向导（Configuration Wizard），如图 6-8 所示。

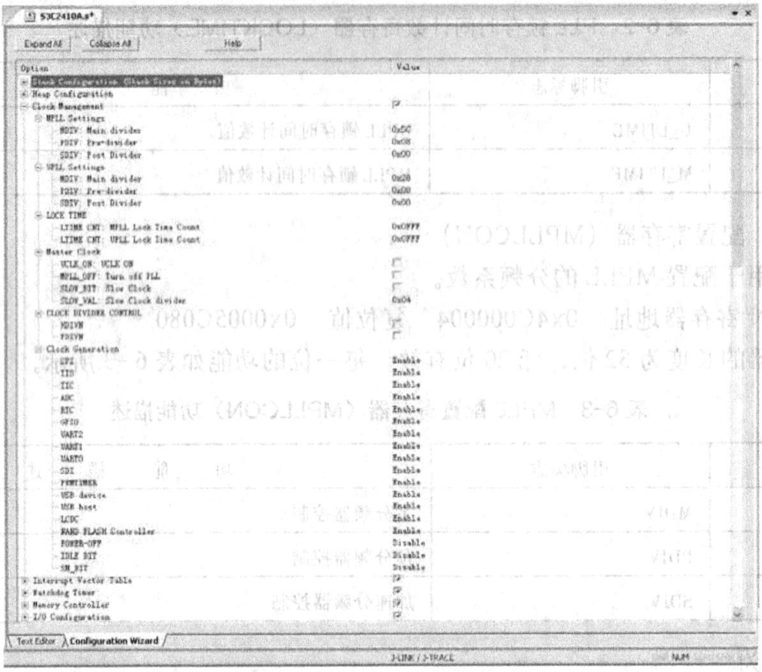

图 6-8　时钟使能与禁止

在配置向导中，单击“Clock Management”选项，即可进行时钟管理，时钟管理包括 6 大任务：

（1）CPU 时钟设置（MPLL Settings）

这里可以通过修改 PMS 值来设置 CPU 时钟。

$Fcpu=((MDIV+8)\times Fin)/((PDIV+2)\times 2^{SDIV})$

（2）USB 时钟设置（UPLL Settings）

USB Host 和 USB Device 需要 48MHz 的时钟，这里可以通过修改 PMS 值来设置 USB 时钟。

（3）锁存时间（LOCK TIME）

这里可以分别设置 MPLL 和 UPLL 的锁存时间计数值。

（4）主时钟控制（Master Clock）

这里可以开启 UCLK 时钟，关闭 PLL，启用低速时钟，以及设置低速时钟分频率。

（5）时钟分频器控制（CLOCK DIVIDER CONTROL）

这里可以通过设置 HDIVN 和 PDIVN 来选择 FCLK、HCLK 和 PCLK 之间的比率，如表 6-5 所示。

FCLK　用于 ARM 内核

HCLK　用于 AHB 总线　HDIVN = 0 HCLK = FCLK

HDIVN = 1 HCLK = FCLK / 2

PCLK　用于 APB 总线　PDIVN = 0　PCLK = HCLK

PDIVN = 1　PCLK = HCLK / 2

表 6-5　选择 FCLK、HCLK 和 PCLK 之间的比率

HDIVN	PDIVN	FCLK	HCLK	PCLK	比　率
0	0	FCLK	FCLK	FCLK	1:1:1
0	1	FCLK	FCLK	FCLK/2	1:1:2
1	0	FCLK	FCLK/2	FCLK/2	1:2:2
1	1	FCLK	FCLK/2	FCLK/4	1:2:4

（6）时钟使能与禁止（Clock Generation）

这里可以使能或禁止片内每一个功能模块的时钟。如果使用片内的某一个功能模块，就要将相应的模块时钟设置为 Enable；如果不使用片内的某一个功能模块，就要将相应的模块时钟设置为 Disable。

6.1.3　中断系统

1. S3C2410A 的中断控制器

S3C2410A 共有 56 个中断源，这些中断源可以是来自片内外设的中断，比如 DMA、UART、IIC 等，也可以是处理器的外部中断输入引脚。

在 56 个中断源中，有 30 个中断源提供给中断控制器，对应中断控制器的位[31]～[0]。在 ARM 中，有两类中断，一类是 IRQ（普通中断）；一类是 FIQ（快速中断），在进行大批量的复制、数据转移等工作时，常使用此类中断。FIQ 的优先级高于 IRQ。

S3C2410A 共有 26 个中断控制器。外部中断 EXTIN8～23 共用一个中断控制器，外部中断 EXTIN4～7 共用一个中断控制器，ADC 和触摸屏共用一个中断控制器。

中断控制器（Interrupt Controller Logic）的任务是在片内外围和外部中断源组成的多重中断发生时，选择其中一个中断，并通过 FIQ 或 IRQ 向 CPU 内核发出中断请求，如图 6-9 所示。

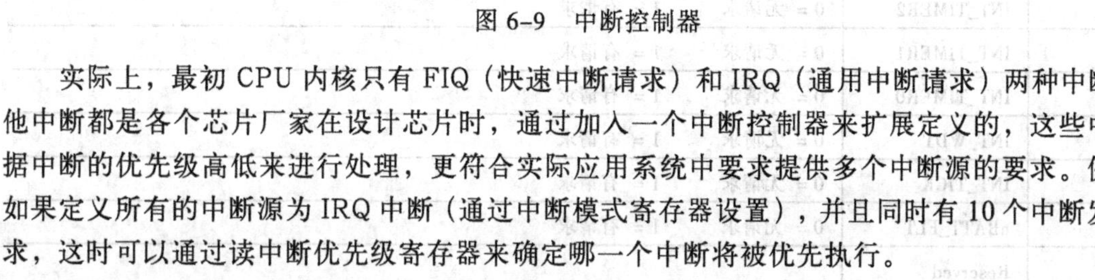

图 6-9　中断控制器

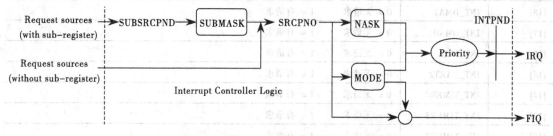

实际上，最初 CPU 内核只有 FIQ（快速中断请求）和 IRQ（通用中断请求）两种中断，其他中断都是各个芯片厂家在设计芯片时，通过加入一个中断控制器来扩展定义的，这些中断根据中断的优先级高低来进行处理，更符合实际应用系统中要求提供多个中断源的要求。例如，如果定义所有的中断源为 IRQ 中断（通过中断模式寄存器设置），并且同时有 10 个中断发出请求，这时可以通过读中断优先级寄存器来确定哪一个中断将被优先执行。

当多个中断源请求中断时，硬件优先级逻辑会判断哪一个中断将被执行，同时，硬件逻辑将会执行位于 0x18（或 0x1C）地址处的指令，再由软件编程识别各个中断源，然后再根据中

断源跳转到相应的中断处理程序。

2. 中断控制寄存器

S3C2410A 有 8 个中断控制寄存器，要正确使用中断控制器，必须先设置这些寄存器。

(1) 中断源挂起寄存器 (SRCPND)

用来提供哪个中断有请求，中断源发出的中断请求首先被寄存器放在中断源挂起寄存器(SRCPND) 中。每一位对应着一个中断源，当中断源发出中断请求的时候，就会置位中断源挂起寄存器的相应位。反之，中断源挂起寄存器的值为 0。

寄存器地址　0x4A000000　复位值　0x00000000

该寄存器长度为 32 位，每一位的功能如表 6-6 所示。

表 6-6　中断源挂起寄存器（SRCPND）功能描述

位	引脚标志	功　能　描　述
[31]	INT_ADC	0 = 无请求　1 = 有请求
[30]	INT_RTC	0 = 无请求　1 = 有请求
[29]	INT_SPI1	0 = 无请求　1 = 有请求
[28]	INT_UART0	0 = 无请求　1 = 有请求
[27]	INT_IIC	0 = 无请求　1 = 有请求
[26]	INT_USBH	0 = 无请求　1 = 有请求
[25]	INT_USBD	0 = 无请求　1 = 有请求
[24]	Reserved	
[23]	INT_UART1	0 = 无请求　1 = 有请求
[22]	INT_SPI0	0 = 无请求　1 = 有请求
[21]	INT_SDI	0 = 无请求　1 = 有请求
[20]	INT_DMA3	0 = 无请求　1 = 有请求
[19]	INT_DMA2	0 = 无请求　1 = 有请求
[18]	INT_DMA1	0 = 无请求　1 = 有请求
[17]	INT_DMA0	0 = 无请求　1 = 有请求
[16]	INT_LCD	0 = 无请求　1 = 有请求
[15]	INT_UART2	0 = 无请求　1 = 有请求
[14]	INT_TIMER4	0 = 无请求　1 = 有请求
[13]	INT_TIMER3	0 = 无请求　1 = 有请求
[12]	INT_TIMER2	0 = 无请求　1 = 有请求
[11]	INT_TIMER1	0 = 无请求　1 = 有请求
[10]	INT_TIMER0	0 = 无请求　1 = 有请求
[9]	INT_WDT	0 = 无请求　1 = 有请求
[8]	INT_TICK	0 = 无请求　1 = 有请求
[7]	nBATT_FLT	0 = 无请求　1 = 有请求
[6]	Reserved	
[5]	EINT8_23	0 = 无请求　1 = 有请求

续表

位	引脚标志	功 能 描 述
[4]	EINT4_7	0 = 无请求 1 = 有请求
[3]	EINT3	0 = 无请求 1 = 有请求
[2]	EINT2	0 = 无请求 1 = 有请求
[1]	EINT1	0 = 无请求 1 = 有请求
[0]	EINT0	0 = 无请求 1 = 有请求

（2）中断模式寄存器（INTMOD）

用来配置该中断是 IRQ 中断，还是 FIQ 中断。当中断源的模式位设置为 1 时，对应的中断会以 FIQ 模式来处理；当模式位设置为 0 时，中断会以 IRQ 模式来处理。

寄存器地址 0x4C000004 复位值 0x00000000

该寄存器长度为 32 位，每一位的功能如表 6-7 所示。

表 6-7 中断模式寄存器（INTMOD）功能描述

位	引脚标志	功 能 描 述
[31]	INT_ADC	0 = IRQ 1 = FIQ
[30]	INT_RTC	0 = IRQ 1 = FIQ
[29]	INT_SPI1	0 = IRQ 1 = FIQ
[28]	INT_UART0	0 = IRQ 1 = FIQ
[27]	INT_IIC	0 = IRQ 1 = FIQ
[26]	INT_USBH	0 = IRQ 1 = FIQ
[25]	INT_USBD	0 = IRQ 1 = FIQ
[24]	Reserved	
[23]	INT_UART1	0 = IRQ 1 = FIQ
[22]	INT_SPI0	0 = IRQ 1 = FIQ
[21]	INT_SDI	0 = IRQ 1 = FIQ
[20]	INT_DMA3	0 = IRQ 1 = FIQ
[19]	INT_DMA2	0 = IRQ 1 = FIQ
[18]	INT_DMA1	0 = IRQ 1 = FIQ
[17]	INT_DMA0	0 = IRQ 1 = FIQ
[16]	INT_LCD	0 = IRQ 1 = FIQ
[15]	INT_UART2	0 = IRQ 1 = FIQ
[14]	INT_TIMER4	0 = IRQ 1 = FIQ
[13]	INT_TIMER3	0 = IRQ 1 = FIQ
[12]	INT_TIMER2	0 = IRQ 1 = FIQ
[11]	INT_TIMER1	0 = IRQ 1 = FIQ
[10]	INT_TIMER0	0 = IRQ 1 = FIQ
[9]	INT_WDT	0 = IRQ 1 = FIQ
[8]	INT_TICK	0 = IRQ 1 = FIQ

续表

位	引脚标志	功　能　描　述
[7]	nBATT_FLT	0 = IRQ　　1 = FIQ
[6]	Reserved	
[5]	EINT8_23	0 = IRQ　　1 = FIQ
[4]	EINT4_7	0 = IRQ　　1 = FIQ
[3]	EINT3	0 = IRQ　　1 = FIQ
[2]	EINT2	0 = IRQ　　1 = FIQ
[1]	EINT1	0 = IRQ　　1 = FIQ
[0]	EINT0	0 = IRQ　　1 = FIQ

（3）中断屏蔽寄存器（INTMSK）

用来屏蔽相应中断的请求。若中断屏蔽寄存器相应位置 1，则中断控制器屏蔽该中断请求，此时即使中断挂起寄存器的相应位已经置 1，也无法让 CPU 响应该中断。反之，中断屏蔽寄存器相应位 0 时，CPU 能响应该中断源的中断请求。

寄存器地址　0x4C000008　复位值　0xFFFFFFFF

该寄存器长度为 32 位，每一位的功能如表 6-8 所示。

表 6-8　中断屏蔽寄存器（INTMSK）功能描述

位	引脚标志	功　能　描　述
[31]	INT_ADC	0 = 允许中断服务　　1 = 屏蔽中断服务
[30]	INT_RTC	0 = 允许中断服务　　1 = 屏蔽中断服务
[29]	INT_SPI1	0 = 允许中断服务　　1 = 屏蔽中断服务
[28]	INT_UART0	0 = 允许中断服务　　1 = 屏蔽中断服务
[27]	INT_IIC	0 = 允许中断服务　　1 = 屏蔽中断服务
[26]	INT_USBH	0 = 允许中断服务　　1 = 屏蔽中断服务
[25]	INT_USBD	0 = 允许中断服务　　1 = 屏蔽中断服务
[24]	Reserved	
[23]	INT_UART1	0 = 允许中断服务　　1 = 屏蔽中断服务
[22]	INT_SPI0	0 = 允许中断服务　　1 = 屏蔽中断服务
[21]	INT_SDI	0 = 允许中断服务　　1 = 屏蔽中断服务
[20]	INT_DMA3	0 = 允许中断服务　　1 = 屏蔽中断服务
[19]	INT_DMA2	0 = 允许中断服务　　1 = 屏蔽中断服务
[18]	INT_DMA1	0 = 允许中断服务　　1 = 屏蔽中断服务
[17]	INT_DMA0	0 = 允许中断服务　　1 = 屏蔽中断服务
[16]	INT_LCD	0 = 允许中断服务　　1 = 屏蔽中断服务
[15]	INT_UART2	0 = 允许中断服务　　1 = 屏蔽中断服务
[14]	INT_TIMER4	0 = 允许中断服务　　1 = 屏蔽中断服务
[13]	INT_TIMER3	0 = 允许中断服务　　1 = 屏蔽中断服务
[12]	INT_TIMER2	0 = 允许中断服务　　1 = 屏蔽中断服务

续表

位	引脚标志	功能描述
[11]	INT_TIMER1	0 = 允许中断服务　1 = 屏蔽中断服务
[10]	INT_TIMER0	0 = 允许中断服务　1 = 屏蔽中断服务
[9]	INT_WDT	0 = 允许中断服务　1 = 屏蔽中断服务
[8]	INT_TICK	0 = 允许中断服务　1 = 屏蔽中断服务
[7]	nBATT_FLT	0 = 允许中断服务　1 = 屏蔽中断服务
[6]	Reserved	
[5]	EINT8_23	0 = 允许中断服务　1 = 屏蔽中断服务
[4]	EINT4_7	0 = 允许中断服务　1 = 屏蔽中断服务
[3]	EINT3	0 = 允许中断服务　1 = 屏蔽中断服务
[2]	EINT2	0 = 允许中断服务　1 = 屏蔽中断服务
[1]	EINT1	0 = 允许中断服务　1 = 屏蔽中断服务
[0]	EINT0	0 = 允许中断服务　1 = 屏蔽中断服务

(4) 中断优先级控制寄存器（PRIORITY）

S3C2410A 中的优先级产生模块包含 7 个单元：1 个主单元和 6 个从单元。2 个从优先级产生单元管理 4 个中断源，4 个从优先级产生单元管理 6 个中断源。主优先级产生单元管理 6 个从单元。每一个从单元有 4 个可编程优先级中断源和 2 个固定优先级中断源，4 个可编程优先级中断源的优先级是由 ARB_SEL 和 ARM_MODE 决定的，另外 2 个固定优先级中断源在 6 个中断源中的优先级最低。

寄存器地址　0x4C00000C　复位值　0x7F

该寄存器长度为 32 位，低 21 位有效，每一位的功能如表 6-9 所示。

表 6-9　PLL 锁存时间计数寄存器（LOCKTIME）功能描述

位	引脚标志	功能描述
[20:19]	ARB_SEL6	第 6 组 优先级 00=REQ 0-1-2-3-4-5　01=REQ 0-2-3-4-1-5 10=REQ 0-3-4-1-2-5　11=REQ 0-4-1-2-3-5
[18:17]	ARB_SEL5	第 5 组 优先级 00=REQ 1-2-3-4　01=REQ 2-3-4-1 10=REQ 3-4-1-2　11=REQ 4-1-2-3
[16:15]	ARB_SEL4	第 4 组 优先级 00=REQ 0-1-2-3-4-5　01=REQ 0-2-3-4-1-5 10=REQ 0-3-4-1-2-5　11=REQ 0-4-1-2-3-5
[14:13]	ARB_SEL3	第 3 组 优先级 00=REQ 0-1-2-3-4-5　01=REQ 0-2-3-4-1-5 10=REQ 0-3-4-1-2-5　11=REQ 0-4-1-2-3-5
[12:11]	ARB_SEL2	第 2 组 优先级 00=REQ 0-1-2-3-4-5　01=REQ 0-2-3-4-1-5 10=REQ 0-3-4-1-2-5　11=REQ 0-4-1-2-3-5

续表

位	引脚标志	功　能　描　述
[10:9]	ARB_SEL1	第 1 组 优先级 00=REQ 0-1-2-3-4-5　01=REQ 0-2-3-4-1-5 10=REQ 0-3-4-1-2-5　11=REQ 0-4-1-2-3-5
[8:7]	ARB_SEL0	第 0 组 优先级 00=REQ 1-2-3-4　01=REQ 2-3-4-1 10=REQ 3-4-1-2　11=REQ 4-1-2-3
[6]	ARB_MODE6	第 6 组循环优先级使能　0 = 禁止，1 = 允许
[5]	ARB_MODE5	第 5 组循环优先级使能　0 = 禁止，1 = 允许
[4]	ARB_MODE4	第 4 组循环优先级使能　0 = 禁止，1 = 允许
[3]	ARB_MODE3	第 3 组循环优先级使能　0 = 禁止，1 = 允许
[2]	ARB_MODE2	第 2 组循环优先级使能　0 = 禁止，1 = 允许
[1]	ARB_MODE1	第 1 组循环优先级使能　0 = 禁止，1 = 允许
[0]	ARB_MODE0	第 0 组循环优先级使能　0 = 禁止，1 = 允许

（5）中断挂起寄存器（INTPND）

为向量 IRQ 中断服务挂起状态寄存器，当向量 IRQ 中断发生时，该寄存器内只有一位被设置，即只有当前要服务的中断标志位被置位。通过读它的值，就能判断出哪个中断发生了。在 INTPND 中相应位写入数据，就能清除掉中断挂起寄存器中的中断请求标志位，使 CPU 不再响应中断。事实上，CPU 响应中断是看中断挂起寄存器中的请求标志位有没有置位，若置位，屏蔽位打开，ARM920T 的 PSR 的 F 或 I 位也打开，那么，CPU 就响应中断，只要有一个条件不成立，CPU 就无法响应中断。

寄存器地址　0x4A000010　复位值　0x00000000

该寄存器长度为 32 位，每一位的功能如表 6-10 所示。

表 6-10　中断挂起寄存器（INTPND）功能描述

位	引脚标志	功　能　描　述
[31]	INT_ADC	0 = 无请求　1 = 有请求
[30]	INT_RTC	0 = 无请求　1 = 有请求
[29]	INT_SPI1	0 = 无请求　1 = 有请求
[28]	INT_UART0	0 = 无请求　1 = 有请求
[27]	INT_IIC	0 = 无请求　1 = 有请求
[26]	INT_USBH	0 = 无请求　1 = 有请求
[25]	INT_USBD	0 = 无请求　1 = 有请求
[24]	Reserved	
[23]	INT_UART1	0 = 无请求　1 = 有请求
[22]	INT_SPI0	0 = 无请求　1 = 有请求
[21]	INT_SDI	0 = 无请求　1 = 有请求
[20]	INT_DMA3	0 = 无请求　1 = 有请求

续表

位	引脚标志	功　能　描　述
[19]	INT_DMA2	0 = 无请求　　1 = 有请求
[18]	INT_DMA1	0 = 无请求　　1 = 有请求
[17]	INT_DMA0	0 = 无请求　　1 = 有请求
[16]	INT_LCD	0 = 无请求　　1 = 有请求
[15]	INT_UART2	0 = 无请求　　1 = 有请求
[14]	INT_TIMER4	0 = 无请求　　1 = 有请求
[13]	INT_TIMER3	0 = 无请求　　1 = 有请求
[12]	INT_TIMER2	0 = 无请求　　1 = 有请求
[11]	INT_TIMER1	0 = 无请求　　1 = 有请求
[10]	INT_TIMER0	0 = 无请求　　1 = 有请求
[9]	INT_WDT	0 = 无请求　　1 = 有请求
[8]	INT_TICK	0 = 无请求　　1 = 有请求
[7]	nBATT_FLT	0 = 无请求　　1 = 有请求
[6]	Reserved	
[5]	EINT8_23	0 = 无请求　　1 = 有请求
[4]	EINT4_7	0 = 无请求　　1 = 有请求
[3]	EINT3	0 = 无请求　　1 = 有请求
[2]	EINT2	0 = 无请求　　1 = 有请求
[1]	EINT1	0 = 无请求　　1 = 有请求
[0]	EINT0	0 = 无请求　　1 = 有请求

（6）中断源请求偏移寄存器（INTOFFSET）

中断源请求偏移寄存器给出 INTPND 寄存器中哪个是 IRQ 模式的中断请求。

寄存器地址　0x4A000014　复位值　0x00FFFFFF

对于每一个中断源，其偏移值如表 6-11 所示。

表 6-11　中断源的偏移值

中 断 源	偏移值	中 断 源	偏移值	中 断 源	偏移值
INT_ADC	31	INT_DMA3	20	INT_TIMER0	10
INT_RTC	30	INT_DMA2	19	INT_WDT	9
INT_SPI1	29	INT_DMA1	18	INT_TICK	8
INT_UART0	28	INT_DMA0	17	nBATT_FLT	7
INT_IIC	27	INT_LCD	16	EINT8_23	5
INT_USBH	26	INT_UART2	15	EINT4_7	4
INT_USBD	25	INT_TIMER4	14	EINT3	3
INT_UART1	23	INT_TIMER3	13	EINT2	2
INT_SPI0	22	INT_TIMER2	12	EINT1	1
INT_SDI	21	INT_TIMER1	11	EINT0	0

(7) 子中断源挂起寄存器（SUBSRCPND）

该寄存器用来提供哪个子中断源有请求。

寄存器地址　0x4A000018　复位值　0x00000000

该寄存器长度为 32 位，低 11 位有效，每一位的功能如表 6-12 所示。

表 6-12　子中断源挂起寄存器（SUBSRCPND）功能描述

位	引脚标志	功能描述
[31:11]	—	保留
[10]	INT_ADC	0 = 无请求　1 = 有请求
[9]	INT_TC	0 = 无请求　1 = 有请求
[8]	INT_ERR2	0 = 无请求　1 = 有请求
[7]	INT_TXD2	0 = 无请求　1 = 有请求
[6]	INT_RXD2	0 = 无请求　1 = 有请求
[5]	INT_ERR1	0 = 无请求　1 = 有请求
[4]	INT_TXD1	0 = 无请求　1 = 有请求
[3]	INT_RXD1	0 = 无请求　1 = 有请求
[2]	INT_ERR0	0 = 无请求　1 = 有请求
[1]	INT_TXD0	0 = 无请求　1 = 有请求
[0]	INT_RXD0	0 = 无请求　1 = 有请求

(8) 子中断屏蔽寄存器（INTSUBMSK）

该寄存器用来屏蔽相应子中断源的请求。

寄存器地址　0x4C000000　复位值　0x00FFFFFF

该寄存器长度为 32 位，低 11 位有效，每一位的功能如表 6-13 所示。

表 6-13　子中断屏蔽寄存器（INTSUBMSK）功能描述

位	引脚标志	功能描述
[31:11]	—	保留
[10]	INT_ADC	0 = 允许中断服务　1 = 屏蔽中断服务
[9]	INT_TC	0 = 允许中断服务　1 = 屏蔽中断服务
[8]	INT_ERR2	0 = 允许中断服务　1 = 屏蔽中断服务
[7]	INT_TXD2	0 = 允许中断服务　1 = 屏蔽中断服务
[6]	INT_RXD2	0 = 允许中断服务　1 = 屏蔽中断服务
[5]	INT_ERR1	0 = 允许中断服务　1 = 屏蔽中断服务
[4]	INT_TXD1	0 = 允许中断服务　1 = 屏蔽中断服务
[3]	INT_RXD1	0 = 允许中断服务　1 = 屏蔽中断服务
[2]	INT_ERR0	0 = 允许中断服务　1 = 屏蔽中断服务
[1]	INT_TXD0	0 = 允许中断服务　1 = 屏蔽中断服务
[0]	INT_RXD0	0 = 允许中断服务　1 = 屏蔽中断服务

3. 中断程序设计

（1）初始化程序

要使用中断系统，必须首先初始化程序，初始化主要完成以下工作：

- 设置相应工作模式下的堆栈。当发生 IRQ 中断时，CPU 进入 IRQ 中断，使用 IRQ 下的堆栈；当发生 FIQ 中断时，CPU 进入 FIQ 中断，使用 FIQ 下的堆栈。因此，在使用中断前，要先设置好相应模式下的堆栈。
- 选择中断模式。设置中断模式寄存器（INTMOD），设置该中断是 IRQ 中断，还是 FIQ 中断。
- 允许中断。设置中断屏蔽寄存器（INTMSK），将相应的位设置为 0，允许中断。

如果是子中断，还应设置子中断屏蔽寄存器（INTSUBMSK），将相应的位设置为 0，允许中断。

中断系统的初始化操作可以在 S3C2410A 的启动代码中，通过配置向导来进行。

（2）中断服务程序

为了处理具体的中断事件，需要编写相应的中断服务程序。

6.2 存储器接口

存储器是用来存放程序与数据的部件，本节主要介绍 S3C2410A 的存储器组织和存储器接口的设计方法。

6.2.1 S3C2410A 的存储器组织

1. S3C2410A 的存储控制器

S3C2410A 处理器的存储控制器可以为片外存储器访问提供必要的控制信号，它主要包括以下特点：

- 支持小端存储格式和大端存储格式，可以通过软件来选择。
- 地址空间：包含 8 个地址空间，每个地址空间的大小为 128 MB，总共有 1GB 的地址空间。
- 除 bank0 以外的所有地址空间都可以通过编程设置为 8 位、16 位或 32 位访问。bank0 可以设置为 16 位、32 位访问。
- 共有 8 个存储器 bank，其中的 6 个存储器 bank 用于 ROM、SRAM，其余 2 个用于 ROM、SRAM 和 SDRAM。
- 7 个固定的存储器 bank（bank0～bank6）起始地址。
- 1 个可变的存储器 bank 地址和可编程大小。
- 所有存储器空间的访问周期都可以通过编程配置。
- 提供外部扩展总线的等待周期。
- 支持 SDRAM 的自刷新和掉电模式。

2. S3C2410A 的存储器地址分配

图 6-10 所示为 S3C2410A 的存储器地址分配，图中左边为 Nor Flash 启动方式下的存储器地址分配；右边为 Nand Flash 启动方式下的存储器地址分配。

从图中可以看出，特殊功能寄存器位于 0x48000000～0x60000000 的空间内。

bank0～bank5 的起始地址和空间大小都是固定的，bank6 的起始地址是固定的，但是空间大小和 Bank7 一样是可变的，可以配置为 2MB/4MB/8MB/16MB/32MB/64MB/128MB。bank6 和 bank7 的空间大小必须相同，且地址是连续的。

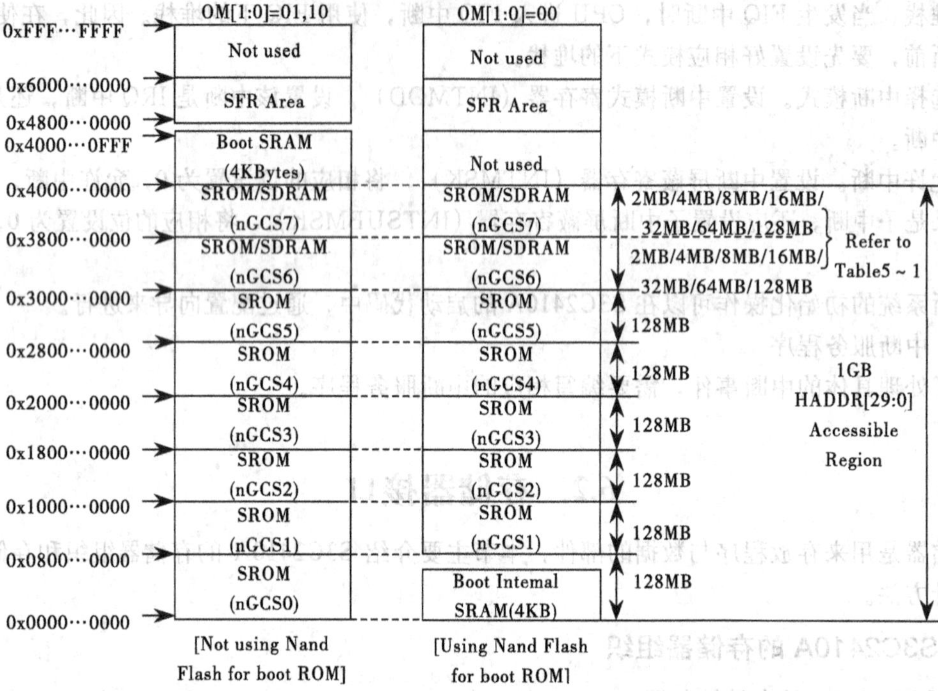

NOTES:
1. SROM means ROM or SRAM type memory
2. SFR means Spedal Function Register

图 6-10　S3C2410A 两种启动方式下的存储器地址分配

3. S3C2410A 的启动方式

S3C2410A 支持两种启动方式：从 Nand Flash 启动和从片外的 Nor Flash 启动，因为 bank0 为启动 ROM（映射地址为 0x00000000）所在的空间，bank0（nGCS0）的数据总线宽度可以配置为 16 位或 32 位，在第一次访问 ROM 前必须设置 bank0 数据宽度。

S3C2410A 的启动方式和 bank0 的数据宽度是由引脚 OM[1:0]的逻辑电平决定的，如表 6-14 所示。

典型的 S3C2410A 存储分配情况是：存储器 bank0 连接 Nor Flash 存储器，bank1 用于连接网络控制器；只有 bank6 和 bank7 支持 SDRAM，所以一般将 SDRAM 接在 bank6 上，如果同时使用 bank6/bank7，则要求连接相同大小的存储器，而且其地址空间在物理上是连续的；Nand Flash 一般连接到处理器的 Nand Flash 控制器上，用做系统数据处理器，用于构建文件系统或存放大量数据。

表 6-14　数据宽度选择

OM1	OM0	bank0 数据宽度
0	0	Nand Flash Mode

续表

OM1	OM0	bank0 数据宽度
0	1	16 bit
1	0	32 bit
1	1	Test Mode

4. 存储器控制寄存器

与存储器相关的寄存器有 13 个。

(1) 总线宽度/等待控制寄存器 (BWSCON)

用于配置 bank1～bank7 的数据总线宽度，是否使用等待状态，以及决定 SRAM 是否使用 UB/LB。

寄存器地址　0x48000000　复位值　0x0

该寄存器长度为 32 位，每一位的功能如表 6-15 所示。

表 6-15　总线宽度/等待控制寄存器（BWSCON）功能描述

位	引脚标志	功　能　描　述
[31]	ST7	为 bank7 确定 SRAM 是否用 UB/LB 0 = 不用　这些引脚用于 nWBE[3:0] 1 = 用　这些引脚用于 nBE[3:0]
[30]	WS7	为 bank7 确定 WAIT 状态 0 = 禁止　1 = 允许
[29:28]	DW7	为 bank7 确定数据总线宽度 00 = 8 位　01 = 16 位　10 = 32 位　11 = 保留
[27]	ST6	为 bank6 确定 SRAM 是否用 UB/LB 0 = 不用　这些引脚用于 nWBE[3:0] 1 = 用　这些引脚用于 nBE[3:0]
[26]	WS6	为 bank6 确定 WAIT 状态 0 = 禁止　1 = 允许
[25:24]	DW6	为 bank6 确定数据总线宽度 00 = 8 位　01 = 16 位　10 = 32 位　11 = 保留
[23]	ST5	为 bank5 确定 SRAM 是否用 UB/LB 0 = 不用　这些引脚用于 nWBE[3:0] 1 = 用　这些引脚用于 nBE[3:0]
[22]	WS5	为 bank5 确定 WAIT 状态 0 = 禁止　1 = 允许
[21:20]	DW5	为 bank5 确定数据总线宽度 00 = 8 位　01 = 16 位　10 = 32 位　11 = 保留
[19]	ST4	为 bank4 确定 SRAM 是否用 UB/LB 0 = 不用　这些引脚用于 nWBE[3:0] 1 = 用　这些引脚用于 nBE[3:0]
[18]	WS4	为 bank4 确定 WAIT 状态 0 = 禁止　1 = 允许

续表

位	引脚标志	功　　能　　描　　述
[17:16]	DW4	为 bank4 确定数据总线宽度 00 = 8 位　01 = 16 位　10 = 32 位　11 = 保留
[15]	ST3	为 bank3 确定 SRAM 是否用 UB/LB 0 = 不用　　这些引脚用于 nWBE[3:0] 1 = 用　　　这些引脚用于 nBE[3:0]
[14	WS3	为 bank3 确定 WAIT 状态 0 = 禁止　　1 = 允许
[13:12]	DW3	为 bank3 确定数据总线宽度 00 = 8 位　01 = 16 位　10 = 32 位　11 = 保留
[11]	ST2	为 bank2 确定 SRAM 是否用 UB/LB 0 = 不用　　这些引脚用于 nWBE[3:0] 1 = 用　　　这些引脚用于 nBE[3:0]
[10]	WS2	为 bank2 确定 WAIT 状态 0 = 禁止　　1 = 允许
[9:8]	DW2	为 bank2 确定数据总线宽度 00 = 8 位　01 = 16 位　10 = 32 位　11 = 保留
[7]	ST1	为 bank1 确定 SRAM 是否用 UB/LB 0 = 不用　　这些引脚用于 nWBE[3:0] 1 = 用　　　这些引脚用于 nBE[3:0]
[6]	WS1	为 bank1 确定 WAIT 状态 0 = 禁止　　1 = 允许
[5:4]	DW1	为 bank1 确定数据总线宽度 00 = 8 位　01 = 16 位　10 = 32 位　11 = 保留
[3]		保留
[2:1]	DW0	为 bank0 确定数据总线宽度 00 = 8 位　01 = 16 位　10 = 32 位　11 = 保留
[0]		保留

（2）bank 控制寄存器(BANKCONn)（n=0～7）

用于设定地址建立时间、片选建立时间、地址保持时间、片选保持时间、访存周期等。

BANKCON0 寄存器地址　0x48000004　复位值　0x0700

BANKCON1 寄存器地址　0x48000008　复位值　0x0700

BANKCON2 寄存器地址　0x4800000C　复位值　0x0700

BANKCON3 寄存器地址　0x48000010　复位值　0x0700

BANKCON4 寄存器地址　0x48000014　复位值　0x0700

BANKCON5 寄存器地址　0x48000018　复位值　0x0700

BANKCON6 寄存器地址　0x4800001C　复位值　0x18008

BANKCON7 寄存器地址　0x48000020　复位值　0x18008

bank 控制寄存器长度为 32 位，BANKCON0～BANKCON5 低 15 位有效，BANKCON6～BANKCON7 低 17 位有效，每一位的功能如表 6-16 所示。

表 6-16 bank 控制寄存器（BANKCONn）（n=0～7）功能描述

位	引脚标志	功 能 描 述
[16:15]	MT	为 bank6 和 bank7 确定存储器的类型 00 = ROM 或 SRAM 01 = 保留 10 = 保留 11 = SDRAM
[14:13]	Tacs	在 nGCSn 之前的地址建立时间 00 = 0 clock 01 = 1 clock 10 = 2 clock 11 = 4 clock
[12:11]	Tcos	在 nOE 之前的片选建立时间 00 = 0 clock 01 = 1 clock 10 = 2 clock 11 = 4 clock
[10:8]	Tacc	访问周期 000 = 1 clock 001 = 2 clock 010= 3 clock 011 = 4 clock 100 = 6 clock 101 = 8 clock 110= 10 clock 111 = 14 clock
[7:6]	Tcoh	在 nOE 之后的片选保持时间 00 = 0 clock 01 = 1 clock 10 = 2 clock 11 = 4 clock
[5:4]	Tcah	在 nGCSn 之后的地址保持时间 00 = 0 clock 01 = 1 clock 10 = 2 clock 11 = 4 clock
[3:2]	Tacp	页模式访问周期 00 = 2 clock 01 = 3 clock 10 = 4 clock 11 = 6 clock
[1:0]	PCM	页模式配置 00 = 1 data 01 = 4 data 10 = 8 data 11 = 16 data

表 6-16 中，位[16:15]仅为 bank6 和 bank7 所使用，对 bank0～bank5 无效。当 bank6 或 bank7 的存储器类型设置为 ROM 或 SRAM(位[16:15]=00)时，低 15 位有效；当 bank6 或 bank7 的存储器类型设置为 SDRAM（位[16:15]=11）时，仅低 4 位有效，此时低 4 位的功能如表 6-17 所示。

表 6-17 bank 控制寄存器(BANKCON6～7) 为 SDRAM 时低 4 位的功能描述

位	引脚标志	功 能 描 述
[3:2]	Trcd	RAS 到 CAS 的延时 00 = 2 clock 01 = 3 clock 10 = 4 clock
[1:0]	SCAN	列地址位数 00 = 8 位 01 = 9 位 10 = 10 位

(3) 刷新控制寄存器（REFRESH）

用于设定 SDRAM 的刷新模式、刷新时间等。

寄存器地址　0x48000024　复位值　0xAC0000

该寄存器长度为 32 位，低 24 位有效，每一位的功能如表 6-18 所示。

表 6-18　刷新控制寄存器（REFRESH）功能描述

位	引脚标志	功　能　描　述
[23]	REFEN	SDRAM 刷新使能 0 = 禁止　　1 = 使能
[22]	TREFMD	SDRAM 刷新模式 0 = 自动刷新　1 = 自刷新
[21:20]	Trp	SDRAM RAS 预改变时间 00 = 2 clock　　01 = 3 clock 10 = 4 clock　　11 = 保留
[19:18]	Trc	SDRAM 最少时间 00 = 4 clock　　01 = 5 clock 10 = 6 clock　　11 = 7 clock
[17:16]	保留	
[15:11]	保留	
[10:0]	刷新计数器	SDRAM 刷新计数器 刷新计数值 $= 2^{11} + 1 -$ HCLK * 刷新周期(μs)

(4) BANK 大小寄存器（BANKSIZE）

用于设定 bank6 和 bank7 的空间大小，以及 BURST 和 SCKE 的使能控制。

寄存器地址　0x48000028　复位值　0x0002

该寄存器长度为 32 位，低 8 位有效，每一位的功能如表 6-19 所示。

表 6-19　BANK 大小寄存器（BANKSIZE）功能描述

位	引脚标志	功　能　描　述
[7]	BURST_EN	ARM 内核触发操作使能 0 = 禁止　1 = 允许
[6]	保留	
[5]	SCKE_EN	通过 SCKE 的 SDRAM 断电模式使能 0 = 禁止　1 = 允许
[4]	SCLK_EN	SCLK 使能控制 0 =SCLK 总是有效 1 = SCLK 仅仅在访问期间有效
[3]	保留	
[2:0]	BK76MAP	为 bank6、bank7 确定存储器空间 000 = 32 MB　001 = 64 MB　010 = 128 MB　011 =保留 100 = 2 MB　101 = 4 MB　110 = 8 MB　111 =16 MB

(5) SDRAM 模式设置寄存器（MRSR n）（n=6～7）

用于设定 SDRAM 的工作模式。

MRSR6 寄存器地址　0x4800002C

MRSR7 寄存器地址　0x48000030

该寄存器长度为 32 位，低 12 位有效，每一位的功能如表 6-20 所示。

表 6-20　SDRAM 模式设置寄存器（MRSR n）功能描述

位	引脚标志	功　能　描　述
[11:10]	保留	
[9]	WBL	写允许宽度　固定为 0
[8:7]	TM	测试模式 00 = 模式寄存器(固定)　01/10/11 保留
[6:4]	CL	CAS 反应时间 000 = 1 clock　001 = 2 clock　010 = 3 clock　其余 保留
[3]	BT	触发类型 0 = 顺序触发　1 =保留
[2:0]	BL	触发长度 000 = 1　其余 保留

6.2.2 S3C2410A 的 SDRAM 存储器接口

SDRAM 具有容量大、存储速度快、成本低等特点，因而被广泛应用于嵌入式系统中。SDRAM 主要用来存储执行代码和相关变量，是系统启动后主要进行存取操作的存储器，由于 SDRAM 需要定时刷新以保持存储的数据，因而要求处理器具有刷新控制逻辑。

S3C2410A 片内有独立的 SDRAM 刷新控制，方便与 SDRAM 进行无缝连接。S3C2410A 只有 bank6 和 bank7 支持 SDRAM，所以一般将 SDRAM 接在 bank6 上。

1. SDRAM 存储器与 S3C2410A 的接口电路

使用两片容量为 32 MB、位宽为 16 位的现代公司的 HY57V561620 芯片组成容量为 64MB、位宽为 32 位的 SDRAM 存储器。每片 HY57V561620 的存储容量为 16 组×16Mbit（32MB），工作电压为 3.3V，常见的封装为 TSOP，兼容 LVTTL 接口，支持自动刷新和自刷新。

SDRAM 存储器电路如图 6-11 所示，其中电容都是 SDRAM 的退耦电容，一般在设计中靠近存储器的电源输入引脚。

2. 初始化设置

要正确使用 SDRAM 存储器，必须做好两件事：

第一，设置与存储器相关的 13 个控制寄存器。

第二，设置相关的 I/O 口，将 GPA9 设置为 ADDR24；将 GPA10 设置为 ADDR25。

这两项工作都可以在 S3C2410A 的启动代码中，通过配置向导来进行。

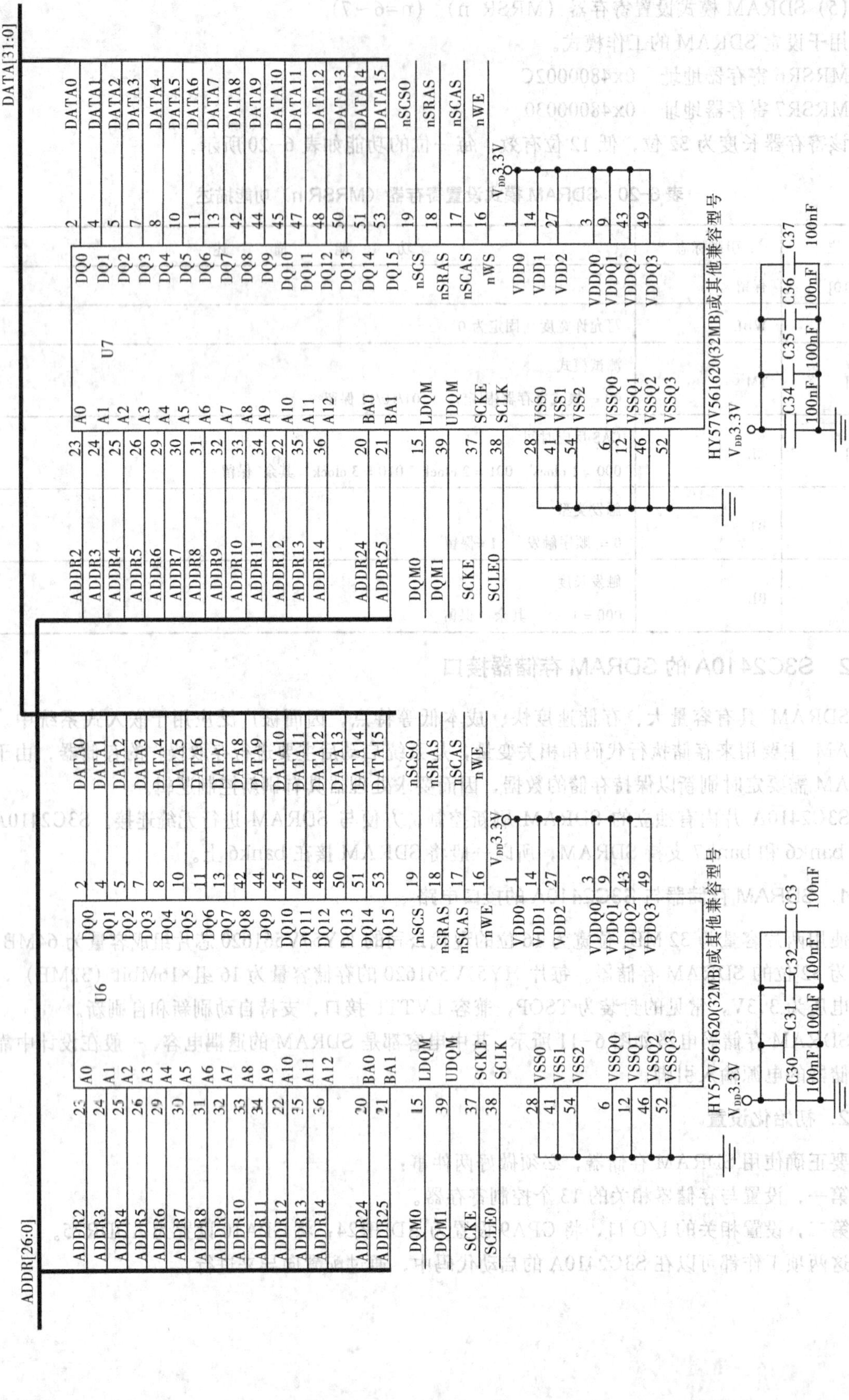

图6-11　SDRAM存储器电路设计

6.2.3 S3C2410A 的 Nand Flash 存储器接口

Nand Flash 是最近几年才出现的新型 Flash 存储器，这种存储器适用于纯数据存储和文件存储，Nand Flash 存储器具有如下特点：

- 以页为单位进行读和编程操作，每页为 256 B 或 512 B，在擦除数据时以块为单位，每块为 4 KB、8 KB 或 16 KB，其擦除时间是 2 ms，而 Nor Flash 进行块擦除时需要几百毫秒。
- 数据、地址采用同一总线，实现串行读取，随机读取速度慢且不能按字节随机编程。
- 芯片尺寸小，引脚少，是成本比较低的固态存储器。
- 芯片中可能存在失效块，但失效块不会影响有效块的性能。

1. S3C2410A 的 Nand Flash 控制器

S3C2410A 片内集成了一个 Nand Flash 控制器，因此可以直接使用 Nand Flash 存储器。

S3C2410A 的 Nand Flash 控制器具有如下特性：

- Nand Flash 模式：支持读、写、擦除 Nand Flash 存储器。
- 自动启动模式：在处理器复位后，启动代码将被装载到名为 stepping stone 的 SDRAM 缓冲区中，接着启动代码在 stepping stone 中执行。
- 支持硬件 ECC 检测。
- 在 Nand Flash 启动后，stepping stone 的 4KB 内部 SRAM 缓冲区可以被用于其他目的。

S3C2410A 的启动代码可以在外部 Nand Flash 存储器中执行，当启动时，Nand Flash 存储器最初的 4 KB 代码将被装载到一个名为 stepping stone 的 SDRAM 缓冲区中，然后启动代码在 stepping stone 中执行。

2. S3C2410A 的 Nand Flash 控制寄存器

与 Nand Flash 控制器相关的寄存器有 6 个。

(1) Nand Flash 配置寄存器（NFCONF）

用于使能 Nand Flash，初始化 ECC 编解码器，使能存储器片选，以及一些相关时间的设置。

寄存器地址　0x4E000000

该寄存器长度为 32 位，低 16 位有效，每一位的功能如表 6-21 所示。

表 6-21　Nand Flash 配置寄存器（NFCONF）功能描述

位	引脚标志	功　能　描　述
[15]		Nand Flash 控制器使能控制 0 = 禁止　　1 = 允许
[14:13]	–	保留
[12]		ECC 编码器初始化控制 0 = 无初始化 ECC　　1 = 初始化 ECC
[11]		Nand Flash 存储器的 nFCE 控制 0 = “nFCE=L” 激活　　1 = “nFCE=H” 停止
[10:8]	TACLS	设置 CLE&ALE 的保持时间 保持时间 = HCLK * (TACLS + 1)
[7]	–	保留

续表

位	引脚标志	功　能　描　述
[6:4]	TWRPH0	设置 TWRPH0 的保持时间 保持时间 = HCLK * (TWRPH0 + 1)
[3]	–	保留
[2:0]	TWRPH1	设置 TWRPH1 的保持时间 保持时间 = HCLK * (TWRPH1 + 1)

(2) Nand Flash 命令设置寄存器（NFCMD）

用于存储 Nand Flash 存储命令值。

寄存器地址　0x4E000004

该寄存器长度为 32 位，低 16 位有效，每一位的功能如表 6-22 所示。

表 6-22　Nand Flash 命令设置寄存器（NFCMD）功能描述

位	引脚标志	功　能　描　述
[15:8]	–	保留
[7:0]		Nand Flash 存储命令值

(3) Nand Flash 地址设置寄存器（NFADDR）

用于存储 Nand Flash 存储地址值。

寄存器地址　0x4E000008

该寄存器长度为 32 位，低 16 位有效，每一位的功能如表 6-23 所示。

表 6-23　Nand Flash 地址设置寄存器（NFADDR）功能描述

位	引脚标志	功　能　描　述
[15:8]	–	保留
[7:0]		Nand Flash 存储地址值

(4) Nand Flash 数据寄存器（NFDATA）

用于读写 Nand Flash 数据值。

寄存器地址　0x4E00000C

该寄存器长度为 32 位，低 16 位有效，每一位的功能如表 6-24 所示。

表 6-24　Nand Flash 数据寄存器（NFDATA）功能描述

位	引脚标志	功　能　描　述
[15:8]	–	保留
[7:0]		Nand Flash 存储数据值

(5) Nand Flash 工作状态寄存器（NFSTAT）

用于反馈存储器的状态。

寄存器地址　0x4E000010

该寄存器长度为 32 位，低 16 位有效，每一位的功能如表 6-25 所示。

表 6-25　Nand Flash 工作状态寄存器（NFSTAT）功能描述

位	引脚标志	功　能　描　述
[15:1]	–	保留
[0]		Nand Flash 状态值 0 = 忙　　1 = 准备好

（6）Nand Flash ECC 寄存器（NFECC）

用于反馈 ECC 的错误纠正代码。

寄存器地址　0x4E000014

该寄存器长度为 32 位，低 24 位有效，每一位的功能如表 6-26 所示。

表 6-26　Nand Flash ECC 寄存器（NFECC）功能描述

位	引脚标志	功　能　描　述
[23:16]	ECC2	错误纠正代码 ECC2
[15:8]	ECC1	错误纠正代码 ECC1
[7:0]	ECC0	错误纠正代码 ECC0

3. Nand Flash 存储器与 S3C2410A 的接口电路

本例选择 32 MB 的 K9F5608U 作为系统 ROM，8 位数据总线，分配地址空间为 0x0000 0000～0x01FFFFFF，如图 6-12 所示。一般在靠近存储器电源输入引脚的地方为 Nand Flash 加入退耦电容，同时要注意 Nand Flash 芯片的 SE 和 WP 引脚的连接。

4. 初始化设置

要正确使用 Nand Flash 存储器，必须首先进行初始化，初始化包括以下内容：

① 设置与存储器相关的 13 个控制寄存器。

② 设置相关的 I/O 口，将 PA17 设置为 CLE，PA18 设置为 ALE，PA19 设置为 nFWE，PA20 设置为 nFRE，PA22 设置为 nFCE。

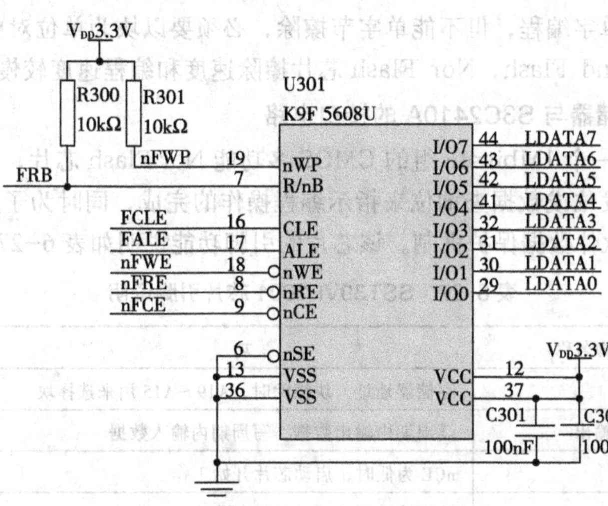

图 6-12　Nand Flash 存储器电路

③ 设置与 Nand Flash 控制器相关的 6 个寄存器。

前两项工作可以在 S3C2410A 的启动代码中，通过配置向导来进行，第三项工作需要编写一个初始化程序，代码如下：

```
void NandFlashInit(void)
{
    int i;

    support=0;
    nand_id=NFReadID();

    for(i=0; NandFlashChip[i].id!=0; i++)
        if(NandFlashChip[i].id==nand_id) {
            nand_id=i;
            NandFlashSize=NandFlashChip[i].size;
            support=1;
            NandAddr=NandFlashSize>SIZE_32M;
            if(!pNandPart[0].size) {
                pNandPart[0].offset=0;
                pNandPart[0].size=NandFlashSize;
                pNandPart[1].size=0;
            }
            return;
        }
}
```

6.2.4 S3C2410A 的 Nor Flash 存储器接口

Nor Flash 存储器具有速度快，数据不易失等特点，在嵌入式系统中可作为存储并执行启动代码和应用程序的存储器。与 Nand Flash 相比，Nor Flash 的特点如下：

- 程序和数据可放在同一芯片上，拥有独立的数据总线和地址总线，能快速随机读取数据，允许系统直接从 Flash 中读取代码并执行，无须将代码下载至 RAM 中再执行。
- 可以单字节或单字编程，但不能单字节擦除，必须要以块为单位对整个芯片执行擦除操作，相对于 Nand Flash，Nor Flash 芯片擦除速度和编程速度较慢，且尺寸也较大。

1. Nor Flash 存储器与 S3C2410A 的接口电路

SST39VF1601 是一个 1Mbit×16 组的 CMOS 多功能 Nor Flash 芯片，它具有高性能的字编程功能，芯片通过触发位或数据查询位来指示编程操作的完成，同时为了防止编程中的意外，芯片还提供了硬件和软件数据保护机制。该芯片的引脚功能说明如表 6-27 所示。

表 6-27 SST39VF1601 芯片引脚说明

符　号	引脚名称	功　　能
A19 ~ A0	地址输入	存储器地址，块擦除时，A19～A15 用来选择块
D15 ~ D0	数据输入/输出	读周期内输出数据，写周期内输入数据
nCE	芯片使能	nCE 为低时，启动芯片开始工作
nOE	输入使能	数据输出缓冲器的门控制信号
nWE	写使能	控制写操作

续表

符　号	引脚名称	功　　能
VDD	电源	电源为 2.7～3.6V
VSS	地	接地
NC	不连接	悬空引脚

如图 6-13 所示，使用 SST39VF1601 芯片可以很方便地实现 S3C2410A 的 Nor Flash 存储器电路，只需要将 SST39VF1601 芯片的数据线 D0～D15 与 S3C2410A 的 DATA0～DATA15 对应连接，将芯片的地址线 A0～A21 与 S3C2410A 的 ADDR1～ADDR22 对应连接，同时将芯片的 12 引脚连接至 S3C2410A 的 nRESET，主要目的是硬件系统的兼容性，因为很多公司的 Nor Flash 存储器在 12 脚上有芯片复位功能。

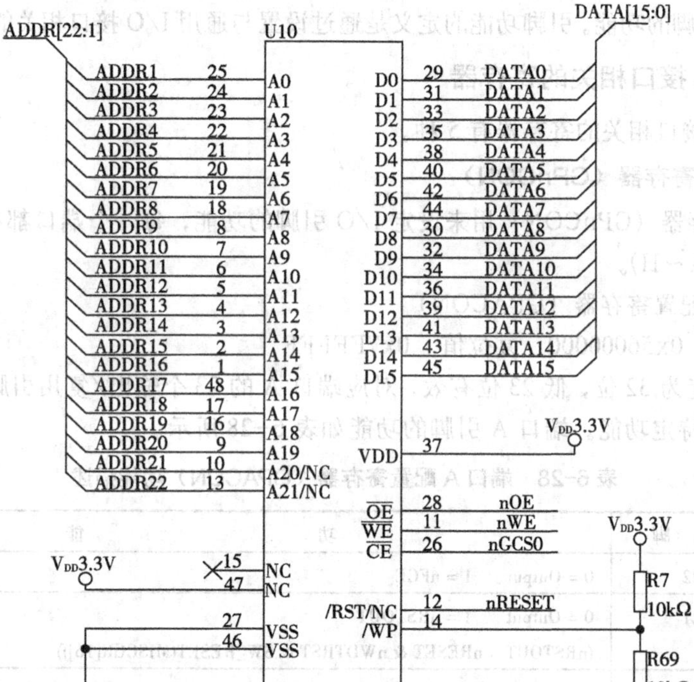

图 6-13　Nor Flash 存储器接口电路

2. 初始化设置

如果需要使用地址线 ADDR0（按字节访问）或者 ADDR16～ADDR26（存储空间大于 32Kbit×16），就需要进行初始化，选择 I/O 引脚的功能。

6.3　通用 I/O 接口

本节介绍 S3C2410A 的通用 I/O 接口、与通用 I/O 接口相关的寄存器，以及 I/O 接口的使用方法，并且通过一个实例介绍接口电路的设计和接口程序的设计。

6.3.1 S3C2410A 的通用 I/O 接口

S3C2410A 有 117 个具有复用功能的 I/O 引脚，分为 8 个端口。

- 端口 A（GPA），23 个输出/复用引脚。
- 端口 B（GPB），11 个 I/O 引脚。
- 端口 C（GPC），16 个 I/O 引脚。
- 端口 D（GPD），6 个 I/O 引脚。
- 端口 E（GPE），16 个 I/O 引脚。
- 端口 F（GPF），8 个 I/O 引脚。
- 端口 G（GPG），16 个 I/O 引脚。
- 端口 H（GPH），11 个 I/O 引脚。

S3C2410A 的每一个 I/O 引脚，多见于两个或两个以上的功能。在使用前，必须根据应用的具体要求，定义引脚的功能。引脚功能的定义是通过设置与通用 I/O 接口相关的寄存器来实现的。

6.3.2 通用 I/O 接口相关的寄存器

与通用 I/O 接口相关的寄存器有 5 种。

1．端口配置寄存器（GPnCON）

端口配置寄存器（GPnCON）用来设定 I/O 引脚的功能，每一个端口都有一个配置寄存器（GPnCON）（n=A～H）。

（1）端口 A 配置寄存器（GPACON）

寄存器地址　0x56000000　复位值　0x7FFFFF

该寄存器长度为 32 位，低 23 位有效，对应端口 A 的 23 个输出/复用引脚。0——设置为输出；1——设置为特定功能。端口 A 引脚的功能如表 6-28 所示。

表 6-28　端口 A 配置寄存器（GPACON）功能描述

位	引　脚	功　　　能
[22]	GPA22	0 = Output　　1 = nFCE
[21]	GPA21	0 = Output　　1 = nRSTOUT (nRSTOUT = nRESET & nWDTRST & SW_RESET(MISCCR[16]))
[20]	GPA20	0 = Output　　1 = nFRE
[19]	GPA19	0 = Output　　1 = nFWE
[18]	GPA18	0 = Output　　1 = ALE
[17]	GPA17	0 = Output　　1 = CLE
[16]	GPA16	0 = Output　　1 = nGCS5
[15]	GPA15	0 = Output　　1 = nGCS4
[14]	GPA14	0 = Output　　1 = nGCS3
[13]	GPA13	0 = Output　　1 = nGCS2
[12]	GPA12	0 = Output　　1 = nGCS1
[11]	GPA11	0 = Output　　1 = ADDR26
[10]	GPA10	0 = Output　　1 = ADDR25
[9]	GPA9	0 = Output　　1 = ADDR24

续表

位	引 脚	功 能
[8]	GPA8	0 = Output 1 = ADDR23
[7]	GPA7	0 = Output 1 = ADDR22
[6]	GPA6	0 = Output 1 = ADDR21
[5]	GPA5	0 = Output 1 = ADDR20
[4]	GPA4	0 = Output 1 = ADDR19
[3]	GPA3	0 = Output 1 = ADDR18
[2]	GPA2	0 = Output 1 = ADDR17
[1]	GPA1	0 = Output 1 = ADDR16
[0]	GPA0	0 = Output 1 = ADDR16

（2）端口 B 配置寄存器（GPBCON）

寄存器地址 0x56000010 复位值 0x0

该寄存器长度为 22 位，每 2 位的编码对应端口 B 的 1 个引脚功能。端口 B 引脚的功能如表 6-29 所示。

表 6-29 端口 B 配置寄存器（GPBCON）功能描述

位	引 脚	功 能
[21:20]	GPB10	00 = Input 01 = Output 10 = nXDREQ0 11 = Reserved
[19:18]	GPB9	00 = Input 01 = Output 10 = nXDACK0 11 = Reserved
[17:16]	GPB8	00 = Input 01 = Output 10 = nXDREQ1 11 = Reserved
[15:14]	GPB7	00 = Input 01 = Output 10 = nXDACK1 11 = Reserved
[13:12]	GPB6	00 = Input 01 = Output 10 = nXBREQ 11 = Reserved
[11:10]	GPB5	00 = Input 01 = Output 10 = Nxback 11 = Reserved
[9:8]	GPB4	00 = Input 01 = Output 10 = TCLK0 11 = Reserved
[7:6]	GPB3	00 = Input 01 = Output 10 = TOUT3 11 = Reserved
[5:4]	GPB2	00 = Input 01 = Output 10 = TOUT2 11 = Reserved]
[3:2]	GPB1	00 = Input 01 = Output 10 = TOUT1 11 = Reserved
[1:0]	GPB0	00 = Input 01 = Output 10 = TOUT0 11 = Reserved

（3）端口 C 配置寄存器（GPCCON）

寄存器地址 0x56000020 复位值 0x0

该寄存器长度为 32 位，每 2 位的编码对应端口 C 的 1 个引脚功能。端口 C 引脚的功能如表 6-30 所示。

表 6-30 端口 C 配置寄存器（GPCCON）功能描述

位	引 脚	功 能
[31:30]	GPC15	00 = Input 01 = Output 10 = VD[7] 11 = Reserved
[29:28]	GPC14	00 = Input 01 = Output 10 = VD[6] 11 = Reserved
[27:26]	GPC13	00 = Input 01 = Output 10 = VD[5] 11 = Reserved

续表

位	引　脚	功　　　　能
[25:24]	GPC12	00 = Input　01 = Output　10 = VD[4]　11 = Reserved
[23:22]	GPC11	00 = Input　01 = Output　10 = VD[3]　11 = Reserved
[21:20]	GPC10	00 = Input　01 = Output　10 = VD[2]　11 = Reserved
[19:18]	GPC9	00 = Input　01 = Output　10 = VD[1]　11 = Reserved
[17:16]	GPC8	00 = Input　01 = Output　10 = VD[0]　11 = Reserved
[15:14]	GPC7	00 = Input　01 = Output　10 = LCDVF2　11 = Reserved
[13:12]	GPC6	00 = Input　01 = Output　10 = LCDVF1　11 = Reserved
[11:10]	GPC5	00 = Input　01 = Output　10 = LCDVF0　11 = Reserved
[9:8]	GPC4	00 = Input　01 = Output　10 = VM　11 = Reserved
[7:6]	GPC3	00 = Input　01 = Output　10 = VFRAME　11 = Reserved
[5:4]	GPC2	00 = Input　01 = Output　10 = VLINE　11 = Reserved
[3:2]	GPC1	00 = Input　01 = Output　10 = VCLK　11 = Reserved
[1:0]	GPC0	00 = Input　01 = Output　10 = LEND　11 = Reserved

（4）端口 D 配置寄存器（GPDCON）

寄存器地址　0x56000030　复位值　0x0

该寄存器长度为 32 位，每 2 位的编码对应端口 D 的 1 个引脚功能。端口 D 引脚的功能如表 6-31 所示。

表 6-31　端口 D 配置寄存器（GPDCON）功能描述

位	引　脚	功　　　　能
[31:30]	GPD15	00 = Input　01 = Output　10 = VD23 11 = nSS0
[29:28]	GPD14	00 = Input　01 = Output　10 = VD22 11 = nSS1
[27:26]	GPD13	00 = Input　01 = Output　10 = VD21 11 = Reserved
[25:24]	GPD12	00 = Input　01 = Output　10 = VD20 11 = Reserved
[23:22]	GPD11	00 = Input　01 = Output　10 = VD19 11 = Reserved
[21:20]	GPD10	00 = Input　01 = Output　10 = VD18 11 = Reserved
[19:18]	GPD9	00 = Input　01 = Output　10 = VD17 11 = Reserved
[17:16]	GPD8	00 = Input　01 = Output　10 = VD16 11 = Reserved
[15:14]	GPD7	00 = Input　01 = Output　10 = VD15 11 = Reserved
[13:12]	GPD6	00 = Input　01 = Output　10 = VD14 11 = Reserved
[11:10]	GPD5	00 = Input　01 = Output　10 = VD13 11 = Reserved
[9:8]	GPD4	00 = Input　01 = Output　10 = VD12 11 = Reserved
[7:6]	GPD3	00 = Input　01 = Output　10 = VD11 11 = Reserved
[5:4]	GPD2	00 = Input　01 = Output　10 = VD10 11 = Reserved
[3:2]	GPD1	00 = Input　01 = Output　10 = VD9 11 = Reserved
[1:0]	GPD0	00 = Input　01 = Output　10 =VD8 11 = Reserved

（5）端口 E 配置寄存器（GPECON）

寄存器地址 0x56000040 复位值 0x0

该寄存器长度为 32 位，每 2 位的编码对应端口 E 的 1 个引脚功能。端口 E 引脚的功能如表 6-32 所示。

表 6-32 端口 E 配置寄存器（GPECON）功能描述

位	引 脚	功 能
[31:30]	GPE15	00 = Input 01 = Output (open drain output)
		10 = IICSDA 11 = Reserved
[29:28]	GPE14	00 = Input 01 = Output (open drain output)
		10 = IICSCL 11 = Reserved
[27:26]	GPE13	00 = Input 01 = Output 10 = SPICLK0 11 = Reserved
[25:24]	GPE12	00 = Input 01 = Output 10 = SPIMOSI0 11 = Reserved
[23:22]	GPE11	00 = Input 01 = Output 10 = SPIMISO0 11 = Reserved
[21:20]	GPE10	00 = Input 01 = Output 10 = SDDAT3 11 = Reserved
[19:18]	GPE9	00 = Input 01 = Output 10 = SDDAT2 11 = Reserved
[17:16]	GPE8	00 = Input 01 = Output 10 = SDDAT1 11 = Reserved
[15:14]	GPE7	00 = Input 01 = Output 10 = SDDAT0 11 = Reserved
[13:12]	GPE6	00 = Input 01 = Output 10 = SDCMD 11 = Reserved
[11:10]	GPE5	00 = Input 01 = Output 10 = SDCLK 11 = Reserved
[9:8]	GPE4	00 = Input 01 = Output 10 = I2SSDO 11 = I2SSDI
[7:6]	GPE3	00 = Input 01 = Output 10 = I2SSDI 11 = nSS0
[5:4]	GPE2	00 = Input 01 = Output 10 = CDCLK 11 = Reserved
[3:2]	GPE1	00 = Input 01 = Output 10 = I2SSCLK 11 = Reserved
[1:0]	GPE0	00 = Input 01 = Output 10 = I2SLRCK 11 = Reserved

（6）端口 F 配置寄存器（GPFCON）

寄存器地址 0x56000040 复位值 0x0

该寄存器长度为 16 位，每 2 位的编码对应端口 F 的 1 个引脚功能。端口 F 引脚的功能如表 6-33 所示。

表 6-33 端口 F 配置寄存器（GPFCON）功能描述

位	引 脚	功 能
[15:14]	GPF7	00 = Input 01 = Output 10 = EINT7 11 = Reserved
[13:12]	GPF6	00 = Input 01 = Output 10 = EINT6 11 = Reserved
[11:10]	GPF5	00 = Input 01 = Output 10 = EINT5 11 = Reserved
[9:8]	GPF4	00 = Input 01 = Output 10 = EINT4 11 = Reserved
[7:6]	GPF3	00 = Input 01 = Output 10 = EINT3 11 = Reserved
[5:4]	GPF2	00 = Input 01 = Output 10 = EINT2 11 = Reserved
[3:2]	GPF1	00 = Input 01 = Output 10 = EINT1 11 = Reserved
[1:0]	GPF0	00 = Input 01 = Output 10 = EINT0 11 = Reserved

(7) 端口 G 配置寄存器 (GPGCON)

寄存器地址 0x56000050 复位值 0x0

该寄存器长度为 32 位，每 2 位的编码对应端口 G 的 1 个引脚功能。端口 G 引脚的功能如表 6-34 所示。

表 6-34 端口 G 配置寄存器（GPGCON）功能描述

位	引脚	功能
[31:30]	GPG15	00 = Input 01 = Output 10 = EINT23 11 = nYPON
[29:28]	GPG14	00 = Input 01 = Output 10 = EINT22 11 = YMON
[27:26]	GPG13	00 = Input 01 = Output 10 = EINT21 11 = nXPON
[25:24]	GPG12	00 = Input 01 = Output 10 = EINT20 11 = XMON
[23:22]	GPG11	00 = Input 01 = Output 10 = EINT19 11 = TCLK1
[21:20]	GPG10	00 = Input 01 = Output 10 = EINT18 11 = Reserved
[19:18]	GPG9	00 = Input 01 = Output 10 = EINT17 11 = Reserved
[17:16]	GPG8	00 = Input 01 = Output 10 = EINT16 11 = Reserved
[15:14]	GPG7	00 = Input 01 = Output 10 = EINT15 11 = SPICLK1
[13:12]	GPG6	00 = Input 01 = Output 10 = EINT14 11 = SPIMOSI1
[11:10]	GPG5	00 = Input 01 = Output 10 = EINT13 11 = SPIMISO1
[9:8]	GPG4	00 = Input 01 = Output 10 = EINT12 11 = LCD_PWREN
[7:6]	GPG3	00 = Input 01 = Output 10 = EINT11 11 = nSS1
[5:4]	GPG2	00 = Input 01 = Output 10 = EINT10 11 = nSS0
[3:2]	GPG1	00 = Input 01 = Output 10 = EINT9 11 = Reserved
[1:0]	GPG0	00 = Input 01 = Output 10 = EINT8 11 = Reserved

(8) 端口 H 配置寄存器 (GPHCON)

寄存器地址 0x56000060 复位值 0x0

该寄存器长度为 22 位，每 2 位的编码对应端口 H 的 1 个引脚功能。端口 H 引脚的功能如表 6-35 所示。

表 6-35 端口 H 配置寄存器（GPHCON）功能描述

位	引脚	功能
[21:20]	GPH10	00 = Input 01 = Output 10 = CLKOUT1 11 = Reserved
[19:18]	GPH9	00 = Input 01 = Output 10 = CLKOUT0 11 = Reserved
[17:16]	GPH8	00 = Input 01 = Output 10 = UEXTCLK 11 = Reserved
[15:14]	GPH7	00 = Input 01 = Output 10 = RXD2 11 = nCTS1
[13:12]	GPH6	00 = Input 01 = Output 10 = TXD2 11 = nRTS1
[11:10]	GPH5	00 = Input 01 = Output 10 = RXD1 11 = Reserved
[9:8]	GPH4	00 = Input 01 = Output 10 = TXD1 11 = Reserved
[7:6]	GPH3	00 = Input 01 = Output 10 = RXD0 11 = reserved
[5:4]	GPH2	00 = Input 01 = Output 10 = TXD0 11 = Reserved
[3:2]	GPH1	00 = Input 01 = Output 10 = nRTS0 11 = Reserved
[1:0]	GPH0	00 = Input 01 = Output 10 = nCTS0 11 = Reserved

2. 端口数据寄存器（GPnDAT）

端口数据寄存器（GPnDAT）(n=A～H)是 I/O 端口的映射寄存器，如果端口配置为输入口，则可从该寄存器读入引脚的状态；如果端口配置为输出口，则将数据写入该寄存器，即输出到相应引脚。

（1）端口 A 数据寄存器（GPADAT）

寄存器地址　0x56000004

该寄存器长度为 32 位，低 23 位有效，对应端口 A 的 23 个引脚。

（2）端口 B 数据寄存器（GPBDAT）

寄存器地址　0x56000014

该寄存器长度为 32 位，低 11 位有效，对应端口 B 的 11 个引脚。

（3）端口 C 数据寄存器（GPCDAT）

寄存器地址　0x56000024

该寄存器长度为 32 位，低 16 位有效，对应端口 C 的 16 个引脚。

（4）端口 D 数据寄存器（GPDDAT）

寄存器地址　0x56000034

该寄存器长度为 32 位，低 16 位有效，对应端口 D 的 16 个引脚。

（5）端口 E 数据寄存器（GPEDAT）

寄存器地址　0x56000044

该寄存器长度为 32 位，低 16 位有效，对应端口 E 的 16 个引脚。

（6）端口 F 数据寄存器（GPFDAT）

寄存器地址　0x56000054

该寄存器长度为 32 位，低 8 位有效，对应端口 F 的 8 个引脚。

（7）端口 G 数据寄存器（GPGDAT）

寄存器地址　0x56000064

该寄存器长度为 32 位，低 16 位有效，对应端口 G 的 16 个引脚。

（8）端口 H 数据寄存器（GPHDAT）

寄存器地址　0x56000074

该寄存器长度为 32 位，低 11 位有效，对应端口 H 的 11 个引脚。

3. 端口上拉寄存器

端口上拉寄存器（GPnUP）(n=B～H)用于使能或禁止 I/O 端口的上拉寄存器，0=使能，1=禁止。

（1）端口 A 没有上拉寄存器

（2）端口 B 上拉寄存器（GPBUP）

寄存器地址　0x56000018

该寄存器长度为 32 位，低 11 位有效，对应端口 B 的 11 个引脚。

（3）端口 C 上拉寄存器（GPCUP）

寄存器地址　0x56000028

该寄存器长度为 32 位，低 16 位有效，对应端口 C 的 16 个引脚。

(4) 端口 D 上拉寄存器（GPDUP）

寄存器地址　0x56000038

该寄存器长度为 32 位，低 16 位有效，对应端口 D 的 16 个引脚。

(5) 端口 E 上拉寄存器（GPEUP）

寄存器地址　0x56000048

该寄存器长度为 32 位，低 16 位有效，对应端口 E 的 16 个引脚。

(6) 端口 F 上拉寄存器（GPFUP）

寄存器地址　0x56000058

该寄存器长度为 32 位，低 8 位有效，对应端口 F 的 8 个引脚。

(7) 端口 G 上拉寄存器（GPGDAT）

寄存器地址　0x56000068

该寄存器长度为 32 位，低 16 位有效，对应端口 G 的 16 个引脚。

(8) 端口 H 上拉寄存器（GPHDAT）

寄存器地址　0x56000078

该寄存器长度为 32 位，低 11 位有效，对应端口 H 的 11 个引脚。

4．MISCELLANEOUS 控制寄存器

该寄存器用于控制 I/O 端口的上拉寄存器、高阻状态、USB 通道及 CLKOUT 的选择。

寄存器地址　0x56000080

该寄存器长度为 32 位，低 22 位有效，对应功能如表 6-36 所示。

表 6-36　MISCELLANEOUS 控制寄存器功能描述

位	名　　称	功　　　能
[21:20]	Reserved	00
[19]	nEN_SCKE	用于断电保护 SDRAM 0: SCKE = Normal　1: SCKE = L level
[18]	nEN_SCLK1	用于断电保护 SDRAM 0: SCLK1 = SCLK　1: SCLK1 = L level
[17]	nEN_SCLK0	用于断电保护 SDRAM 0: SCLK0 = SCLK　1: SCLK0 = L level
[16]	nRSTCON	nRSTOUT 软件控制 1 (SW_RESET) 0: nRSTOUT = 0　1: nRSTOUT = 1
[15:14]	Reserved	00
[13]	USBSUSPND1	USB1 模式　0 = Normal　1= Suspend
[12]	USBSUSPND0	USB0 模式　0 = Normal　1= Suspend
[11]	Reserved	0
[10:8]	CLKSEL1	CLKOUT1 输出信号源 000 = MPLLCLK　001 = UPLLCLK　010 = FCLK 011 = HCLK　100 = PCLK　101 = DCLK1 11x = Reserved
[7]	Reserved	0

续表

位	名　称	功　能
[6:4]	CLKSEL0	CLKOUT0 输出信号源 000 = MPLL CLK　001 = UPLL CLK　010 = FCLK 011 = HCLK　100 = PCLK　101 = DCLK0 11x = Reserved
[3]	USBPAD	0 = Use pads related USB for USB device 1 = Use pads related USB for USB host
[2]	Reserved	0
[1]	SPUCR_L	数据端口[15:0] 上拉寄存器使能/禁止 0 = Enabled　1 = Disabled
[0]	SPUCR_H	数据端口[31:16] 上拉寄存器使能/禁止 0 = Enabled　1 = Disabled

5. 外部中断控制寄存器（EXTINTn）

S3C2410A 的 24 个外部中断可由多种方式来触发。EXTINTn 寄存器用于配置外部中断的触发方式。EXTINTn 寄存器有 3 个，每个寄存器用于配置 8 个外部中断。

（1）EXTINT0

寄存器地址　0x56000088　复位值　0x0

寄存器长度为 32 位，对应功能如表 6-37 所示。

表 6-37　外部中断控制寄存器（EXTINT0）功能描述

位	名　称	功　能
[30:28]	EINT7	000 = 低电平　001 = 高电平 01x = 下降沿　10x = 上升沿　11x = 双边沿
[26:24]	EINT6	000 = 低电平　001 = 高电平 01x = 下降沿　10x = 上升沿　11x = 双边沿
[22:20]	EINT5	000 = 低电平　001 = 高电平 01x = 下降沿　10x = 上升沿　11x = 双边沿
[18:16]	EINT4	000 = 低电平　001 = 高电平 01x = 下降沿　10x = 上升沿　11x = 双边沿
[14:12]	EINT3	000 = 低电平　001 = 高电平 01x = 下降沿　10x = 上升沿　11x = 双边沿
[10:8]	EINT2	000 = 低电平　001 = 高电平 01x = 下降沿　10x = 上升沿　11x = 双边沿
[6:4]	EINT1	000 = 低电平　001 = 高电平 01x = 下降沿　10x = 上升沿　11x = 双边沿
[2:0]	EINT0	000 = 低电平　001 = 高电平 01x = 下降沿　10x = 上升沿　11x = 双边沿

（2）EXTINT1

寄存器地址　0x5600008C　复位值　0x0

寄存器长度为 32 位，对应功能如表 6-38 所示。

表 6-38　外部中断控制寄存器（EXTINT1）功能描述

位	名　称	功　　能
[31]	Reserved	Reserved
[30:28]	EINT15	000 = 低电平 001 = 高电平 01x = 下降沿 10x = 上升沿 11x = 双边沿
[27]	Reserved	Reserved
[26:24]	EINT14	000 = 低电平 001 = 高电平 01x = 下降沿 10x = 上升沿 11x = 双边沿
[23]	Reserved	Reserved
[22:20]	EINT13	000 = 低电平 001 = 高电平 01x = 下降沿 10x = 上升沿 11x = 双边沿
[19]	Reserved	Reserved
[18:16]	EINT12	000 = 低电平 001 = 高电平 01x = 下降沿 10x = 上升沿 11x = 双边沿
[15]	Reserved	Reserved
[14:12]	EINT11	000 = 低电平 001 = 高电平 01x = 下降沿 10x = 上升沿 11x = 双边沿
[11]	Reserved	Reserved
[10:8]	EINT10	000 = 低电平 001 = 高电平 01x = 下降沿 10x = 上升沿 11x = 双边沿
[7]	Reserved	Reserved
[6:4]	EINT9	000 = 低电平 001 = 高电平 01x = 下降沿 10x = 上升沿 11x = 双边沿
[3]	Reserved	Reserved
[2:0]	EINT8	000 = 低电平 001 = 高电平 01x = 下降沿 10x = 上升沿 11x = 双边沿

（3）EXTINT2

寄存器地址　0x56000090　复位值　0x0

寄存器长度为 32 位，对应功能如表 6-39 所示。

表 6-39　外部中断控制寄存器（EXTINT2）功能描述

位	名　称	功　　能
[31]	FLTEN23	0 = Disable　1= Enable
[30:28]	EINT23	000 = 低电平 001 = 高电平 01x = 下降沿 10x = 上升沿 11x = 双边沿
[27]	FLTEN22	0 = Disable　1= Enable
[26:24]	EINT22	000 = 低电平 001 = 高电平 01x = 下降沿 10x = 上升沿 11x = 双边沿
[23]	FLTEN21	0 = Disable　1= Enable
[22:20]	EINT21	000 = 低电平 001 = 高电平 01x = 下降沿 10x = 上升沿 11x = 双边沿
[19]	FLTEN20	0 = Disable　1= Enable

续表

位	名　称	功　能
[18:16]	EINT20	000 = 低电平 001 = 高电平 01x = 下降沿 10x = 上升沿 11x = 双边沿
[15]	FLTEN19	0 = Disable　1= Enable
[14:12]	EINT19	000 = 低电平 001 = 高电平 01x = 下降沿 10x = 上升沿 11x = 双边沿
[11]	FLTEN18	0 = Disable　1= Enable
[10:8]	EINT18	000 = 低电平 001 = 高电平 01x = 下降沿 10x = 上升沿 11x = 双边沿
[7]	FLTEN17	0 = Disable　1= Enable
[6:4]	EINT17	000 = 低电平 001 = 高电平 01x = 下降沿 10x = 上升沿 11x = 双边沿
[3]	FLTEN16	0 = Disable　1= Enable
[2:0]	EINT16	000 = 低电平 001 = 高电平 01x = 下降沿 10x = 上升沿 11x = 双边沿

6.3.3　通用 I/O 接口设计

S3C2410A 的通用 I/O 接口有两种基本的应用电路。

1. 无须外接上拉电阻的通用输出接口

这类应用的典型电路如图 6-14 所示，采用灌电流方式驱动 LED，只需加一个限流电阻 R 即可。对于这类应用，需要将相应的 I/O 接口设置为输出口，当输出 0 时，LED 点亮；当输出 1 时，LED 熄灭。

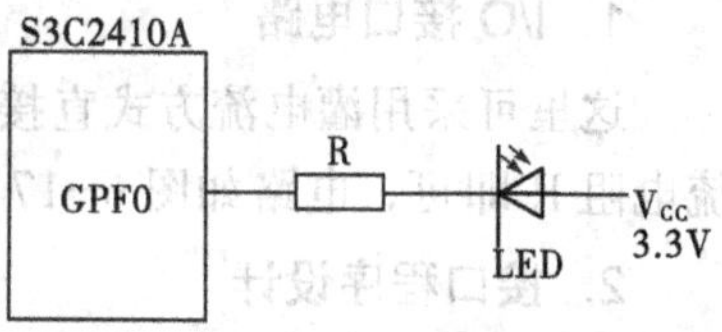

图 6-14　灌电流方式驱动 LED

电阻 R 值计算如下：

$$R = (U_{电源} - U_{LED压降}) / I$$

S3C2410A 的通用 I/O 接口 I=4mA，$U_{电源}$为 3.3V，$U_{LED压降}$一般为 1.7V，所以 R=400 Ω，为了保护 I/O 接口，限流电阻一般取值偏大一点，这里可以取 470 Ω。

由于 S3C2410A 的通用 I/O 接口的拉电流与灌电流能力基本相当，所以也可以直接使用拉电流驱动 LED。

2. 需外接上拉电阻的通用输入接口

这类应用的典型电路如图 6-15 和图 6-16 所示，由于 GPF0 作为输入接口时，内部无上拉电阻，所以需要外接上拉电阻，将其拉到高电平。这里的电阻 R 值一般取 10 kΩ。

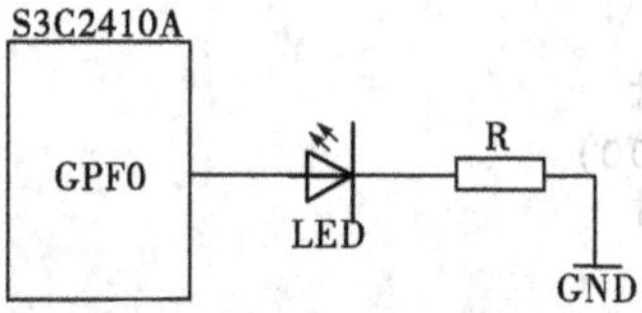

图 6-15　拉电流驱动 LED

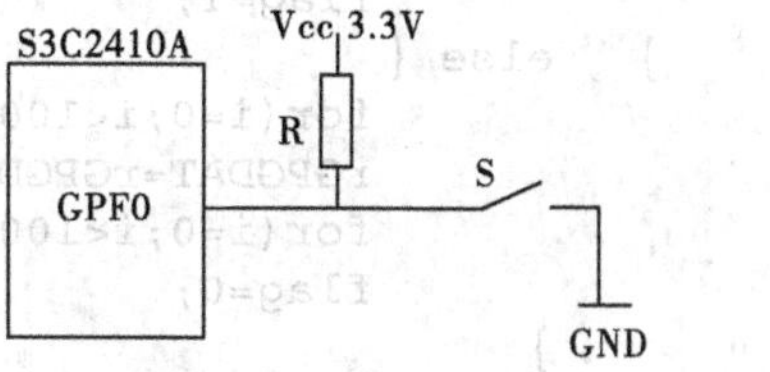

图 6-16　外接上拉电阻的通用输入接口

6.3.4 通用 I/O 接口驱动程序

1. 初始化程序

S3C2410A 的通用 I/O 引脚必须在使用前进行初始化，这里的初始化操作的基本任务有 3 个：

- 向端口配置寄存器（GPnCON）写入命令字，设定 I/O 引脚的功能。
- 设置上拉控制寄存器以确定 I/O 端口是否使用上拉电阻。
- 如果某 I/O 引脚配置为外中断输入引脚，还需要向 EXTINTn 寄存器写入命令字，配置外部中断的触发方式。

这里的初始化操作可以在 S3C2410A 的启动代码中，通过配置向导来进行。

2. GPIO 数据端口的读操作

当 S3C2410A 的通用 I/O 引脚配置为输入引脚时，可以通过从相应的数据寄存器读入引脚的状态。

3. GPIO 数据端口的写操作

当 S3C2410A 的通用 I/O 引脚配置为输出引脚时，可以通过将数据写入相应的数据寄存器，即输出到相应引脚。

6.3.5 通用 I/O 接口的应用实例

本例应用 I/O 接口，轮流点亮和熄灭 LED1 与 LED2。

1. I/O 接口电路

这里可采用灌电流方式直接驱动 LED，只需加一个限流电阻 R 即可，电路如图 6-17 所示。

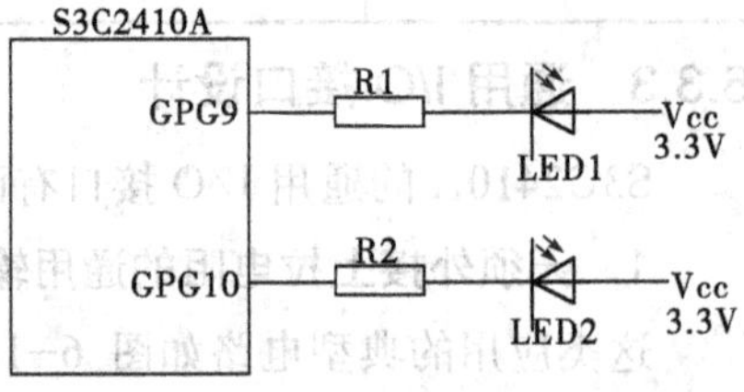

图 6-17 I/O 接口电路

2. 接口程序设计

(1) I/O 接口初始化程序

将 GPG9、GPG10 设置为输出口，这项工作可以在 S3C2410A 的启动代码中，通过配置向导来进行，也可以用以下代码实现。

```
rGPGCON=rGPGCON & 0xfff0ffff | 0x00050000;
```

(2) 轮流点亮和熄灭 LED1 与 LED2 的主程序

```
void main(void){
    int flag, i;
    Target_Init();          //初始化

    for(;;){
        if(flag==0) {
              for(i=0;i<1000000;i++);  //延时
              rGPGDAT=rGPGDAT & 0xeff | 0x200;
              for(i=0;i<10000000;i++); //延时
              flag=1;
    }   else {
              for(i=0;i<1000000;i++);  //延时
              rGPGDAT=rGPGDAT & 0xdff | 0x100;
              for(i=0;i<1000000;i++);  //延时
              flag=0;
         }
    }
}
```

6.4 键 盘 接 口

作为一种简单的输入器件，按键在嵌入式系统中是经常使用的。如果应用需要的按键数目不很多，而且处理器的 I/O 接口足够使用，可以采用独立式连接方式，为每一个按键分配一个 I/O 口线，参考图 6-16。如果应用需要的按键数目比较多，或者是处理器的 I/O 接口不够用，就需要采用矩阵式键盘或者直接采用计算机的标准通用键盘。

6.4.1 矩阵式键盘接口

矩阵式键盘就是将众多的按键排成矩阵式，每一个按键连接相应的行线与列线。S3C2410A 的内部没有矩阵式键盘接口，要使用矩阵式键盘，有两种基本方式：

1. 直接通过 I/O 接口线连接的矩阵式键盘接口设计

通过 I/O 接口线直接连接矩阵式键盘，键盘的管理全部由处理器来完成。在处理器的程序中，需要具有以下功能：

(1) 键盘扫描

识别有无键按下，通常有两种方法：一种是查询方式，另一种是中断方式。

查询方式：就是由程序不断地查询是否有按键按下，如果有按键按下，就读取键值执行相应的操作，否则继续查询。

中断方式：在键盘没有按键按下时，CPU 不理睬键盘，在键盘有按键被按下时，产生中断请求，通知 CPU，CPU 响应中断，停下正在处理的工作，执行按键的中断处理程序，判断哪个按键被按下，并处理按键操作，然后再回来继续原来的工作。

(2) 去除抖动

由于按键的机械特性，在按键闭合及断开的瞬间，一定会产生抖动。按键抖动会引起按键错误的识别，为此必须去除抖动的影响。消除抖动影响的基本方法有两种：硬件去抖和软件去抖。由于硬件去抖会使系统的成本提高，因此常使用软件去抖方法。

软件去抖主要是采用延时的方法去除抖动的影响。由于按键的机械特性，抖动的时间一般为 5～10 ms，软件去抖的基本思想是当检测出按键闭合后执行一个延时程序（10～20 ms），然后再一次检测按键的状态，如果仍保持闭合状态，则确认真正有键按下。

(3) 识别按键

在有按键按下时，需要识别是哪一个按键按下，按照对键盘的扫描方式不同，又分为行扫描法和线反转法。

行扫描法是逐行扫描键盘，通过读取列值，判别是否有键被按下。

线反转法通过两次扫描，一次行输出，列输入，读取列特征值；另一次列输出，行输入，读取行特征值。组合读到的行列特征值就可以确定键码。

例如：需要一个 4×4 的矩阵键盘，可以选择 S3C2410A 处理器的 4 个 I/O 引脚连接键盘的列线，再选择 4 个 I/O 引脚连接键盘的行线，如图 6-18 所示。

通过 I/O 口线直接连接矩阵式键盘的接口程序设计包括两大部分：

(1) 初始化程序

这里的初始化操作就是 I/O 口的初始化操作，主要有 3 个：

- 向端口配置寄存器（GPnCON）写入命令字，设定 I/O 引脚的功能。
- 设置上拉控制寄存器以确定 I/O 端口是否使用上拉电阻。

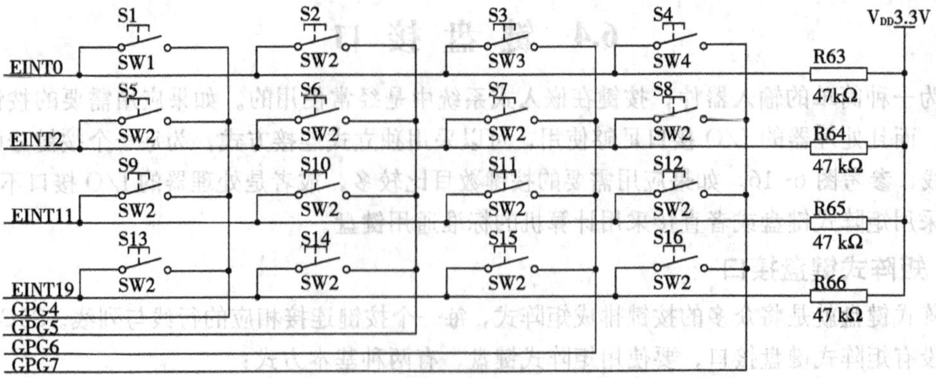

图 6-18　4×4 矩阵键盘接口电路

- 如果某 I/O 引脚配置为外中断输入引脚，还需要向 EXTINTn 寄存器写入命令字，配置外部中断的触发方式。

（2）键盘管理程序

这里的键盘管理程序包括键盘扫描、去除抖动和识别按键。

2．选用键盘接口芯片连接矩阵式键盘的接口设计

选用键盘接口芯片连接矩阵式键盘，键盘的管理不需要由处理器来完成，而是由键盘接口芯片来完成，但是处理器需要对接口芯片进行初始化操作。

例如：选用 HD7279A 键盘接口芯片连接矩阵式键盘。

HD7279A 是一片具有串行接口的可同时驱动 8 位共阴式数码管或独立的 LED 智能显示驱动芯片。该芯片同时还可连接多达 64 键的键盘矩阵，单片即可完成显示键盘接口的全部功能。内部含有译码器，可直接接受 BCD 码或十六进制码，并同时具有两种译码方式。此外，还具有多种控制指令，如消隐、闪烁、左移、右移、段寻址等，具有片选信号可方便地实现多于 8 位的显示或多于 64 键的键盘接口。

当程序运行时，按下按键，平时为高电平的 HD7279A 的＃KEY 就会产生一个低电平，送给 S3C2410A 的外部中断 5 请求脚，在 CPU 中断请求位打开的状态下，CPU 会立即响应外部中断 5 的请求，PC 指针就跳至中断异常向量地址处，进而跳入中断服务子程序中，由于外部中断 4、5、6、7 使用同一个中断控制器，所以还必须判断一个状态寄存器，判断是否是外部中断 5 的中断请求，如果判断出是外部中断 5 的中断请求，则程序继续执行，CPU 这时通过发送＃CS 片选信号选中 HD7279A，再发送时钟 CLK 信号和通过 DATA 线发送控制指令信号给 HD7279A，HD7279A 得到 CPU 发送的命令后，识别出该命令，然后扫描按键，把得到的键值回送给 CPU，同时，在 8 位数码管上显示相关的指令内容，CPU 在得到按键值后，有时程序还会给此键值一定的意义，然后再通过识别此按键的意义，进而进行相应的程序处理。要进一步开发显示功能，请参见关于 HD7279A 芯片及相应编程资料的 HD7279A.pdf 文档，其中有详细、完备的编程资料。

HD7279A 与 S3C2410A 的接口电路如图 6-19 所示，它使用了 4 根接口线：片选信号＃CS（低电平有效）、时钟信号 CLK、数据收发信号 DATA、中断信号＃KEY（低电平送出）。本实例中，使用了 3 个通用 I/O 接口和 1 个外部中断，实现了与 HD7279A 的连接，S3C2410A 的外部中断接 HD7279 的中断＃KEY，3 个 I/O 口分别与 HD7279A 的其他控制、数据信号线相连。HD7279 的其他管脚分别接 4×4 按键和 8 位数码管。

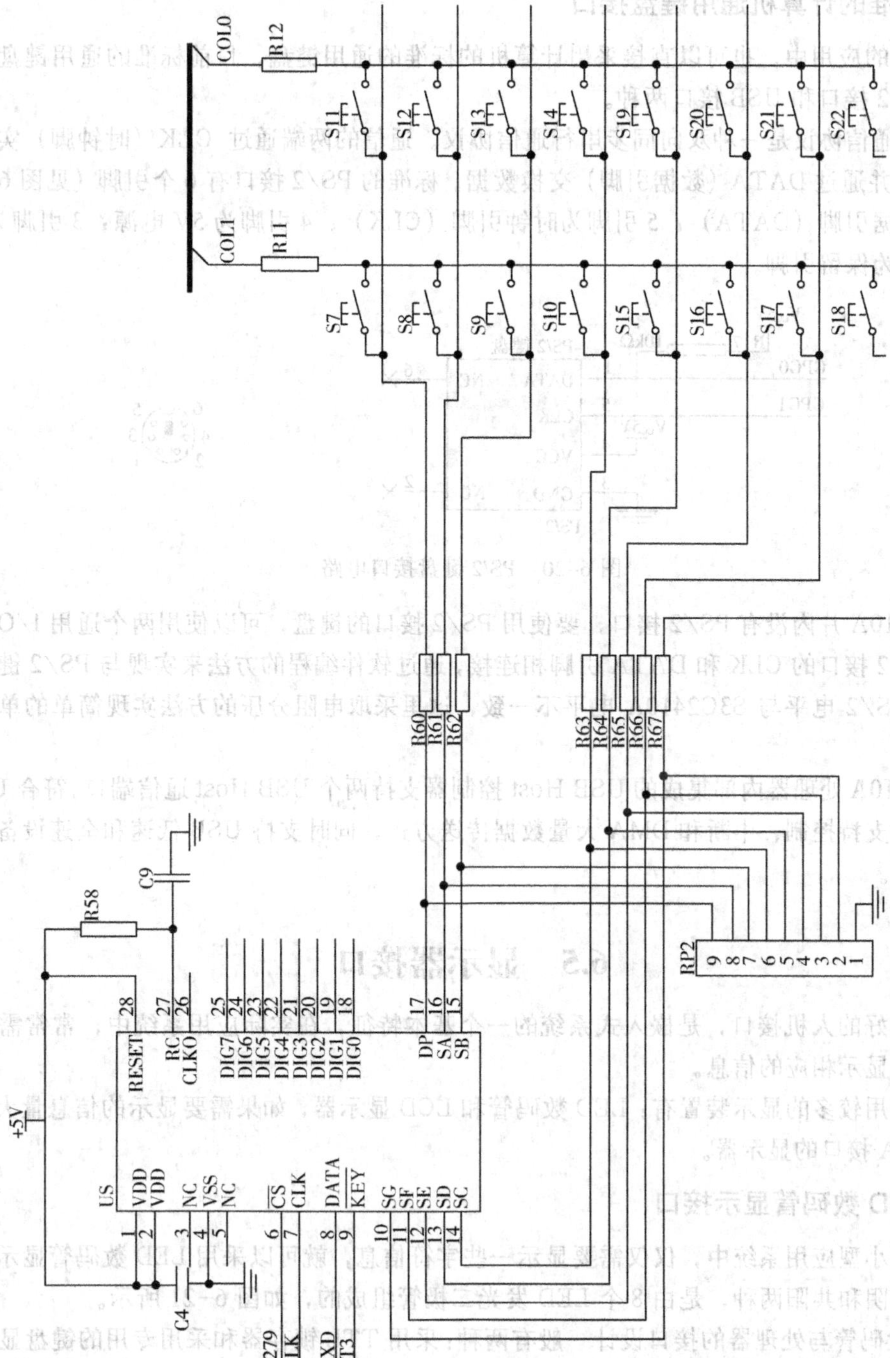

图 6-19 通过 HD7279A 键盘接口芯片连接的矩阵式键盘

6.4.2 标准的计算机通用键盘接口

在实际的应用中，也可以直接采用计算机的标准的通用键盘。目前标准的通用键盘常用的接口有 PS/2 接口和 USB 接口两种。

PS/2 通信协议是一种双向同步串行通信协议。通信的两端通过 CLK（时钟脚）实现数据传输同步，并通过 DATA（数据引脚）交换数据。标准的 PS/2 接口有 6 个引脚（见图 6-20）：1 引脚为数据引脚（DATA）；5 引脚为时钟引脚（CLK）；4 引脚为 5V 电源；3 引脚为接地；2 和 6 引脚为保留引脚。

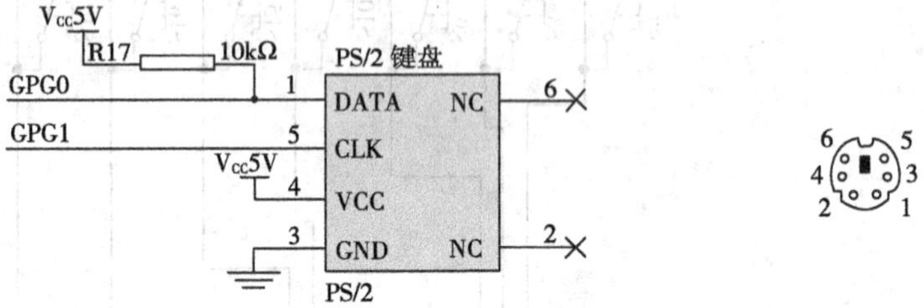

图 6-20 PS/2 键盘接口电路

S3C2410A 片内没有 PS/2 接口，要使用 PS/2 接口的键盘，可以使用两个通用 I/O 引脚，分别与 PS/2 接口的 CLK 和 DATA 引脚相连接，通过软件编程的方法来实现与 PS/2 键盘的通信。由于 PS/2 电平与 S3C2410A 电平不一致，这里采取电阻分压的方法实现简单的单向电平转换。

S3C2410A 处理器内部集成的 USB Host 控制器支持两个 USB Host 通信端口，符合 USB1.1 协议规范，支持控制、中断和 DMA 大量数据传送方式，同时支持 USB 低速和全速设备连接。详见 7.4 节。

6.5 显示器接口

具有友好的人机接口，是嵌入式系统的一个基本特征，在实际应用系统中，常常需要配置显示装置，显示相应的信息。

目前使用较多的显示装置有：LED 数码管和 LCD 显示器，如果需要显示的信息量大，还可以使用 VGA 接口的显示器。

6.5.1 LED 数码管显示接口

在一些小型应用系统中，仅仅需要显示一些字符信息，就可以采用 LED 数码管显示。LED 数码管有共阴和共阳两种，是由 8 个 LED 发光二极管组成的，如图 6-21 所示。

LED 数码管与处理器的接口设计一般有两种：采用 TTL 锁存器和采用专用的键盘显示接口芯片。

1. 采用 TTL 锁存器构成的接口电路

通过处理器的通用 I/O 引脚，采用 74HC574 锁存器和 74LS138 译码器可以构成数码管显示接口电路，如图 6-22 所示。其中，采用 S3C2410A 的 8 个通用 I/O 引脚通过 74HC574 锁存器作为 LED 数码管的段选信号，另外 3 个通用 I/O 引脚通过 74LS138（3-8 译码器）作为 LED 数码管的位选信号。

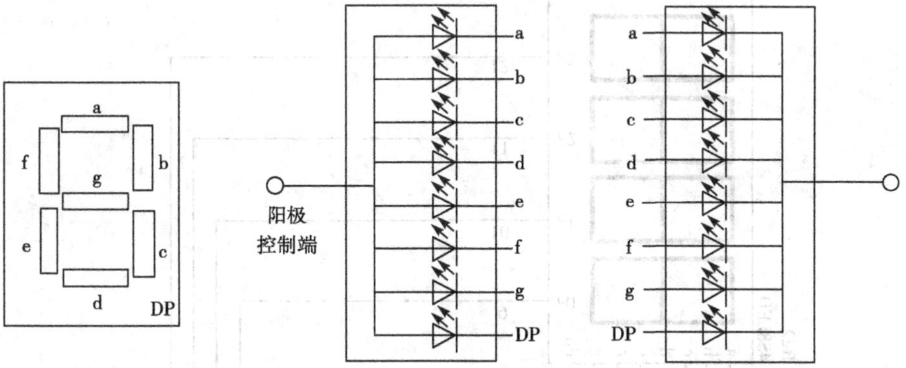

（a）LED 器件　　（b）共阳极接法　　（c）共阴极接法

图 6-21　LED 数码管组成结构

这种接口电路的显示程序需要采用动态扫描输出，逐位显示。从左到右或者从右到左，首先输出位选信号，选中要显示的位，然后输出段选信号，显示相应的字符，经延时后再换一位输出显示。

2．采用专用的键盘显示接口芯片构成的接口电路

例如：采用 HD7279A 键盘显示接口芯片。

HD7279A 不仅能够连接多达 64 键的键盘矩阵，而且能够同时驱动 8 位共阴式数码管，如图 6-23 所示。

这种接口电路的显示程序需要按照 HD7279A 芯片的命令格式，将要显示的字符数据输出。

6.5.2　LCD 显示接口

1．LCD 显示器

目前市场上用于嵌入式系统的 LCD 显示器主要有两类：STN（Super Twisted Nematic，超扭曲向列型）和 TFT（Thin Film Transistor，薄膜晶体管型）。这两类显示器的主要区别在于：STN 主要通过增大液晶分子的扭曲角，而 TFT 为每个像素点设置一个开关电路，做到完全独立控制每个像素点。从品质上看，STN 的亮度较暗，画面的显示质量较差，颜色显示也不够丰富，但功耗小，价格便宜，可用于对显示要求不高的嵌入式产品中。TFT 型显示器在亮度、画面显示质量、显示颜色数量及刷新速度等方面都优于 STN 显示器，但价格相对较高，主要用于显示要求高的视频播放类嵌入式产品中。

2．S3C2410A 的 LCD 控制器

(1) LCD 控制器可支持的 LCD 显示器的类型

S3C2410A 处理器片内的 LCD 控制器可支持 STN 和 TFT 两种类型的 LCD 显示器。

STN 型 LCD 显示屏的特点如下：

- 支持 4 位双扫描、4 位单扫描和 8 位单扫描等 3 种显示类型。
- 支持 4 级和 16 级灰度单色显示模式；支持 256 色和 4096 色彩色显示。
- 支持 640×480、320×240、160×160 等多种分辨率的 LCD 屏。
- 支持最大 4 MB 的虚拟屏。

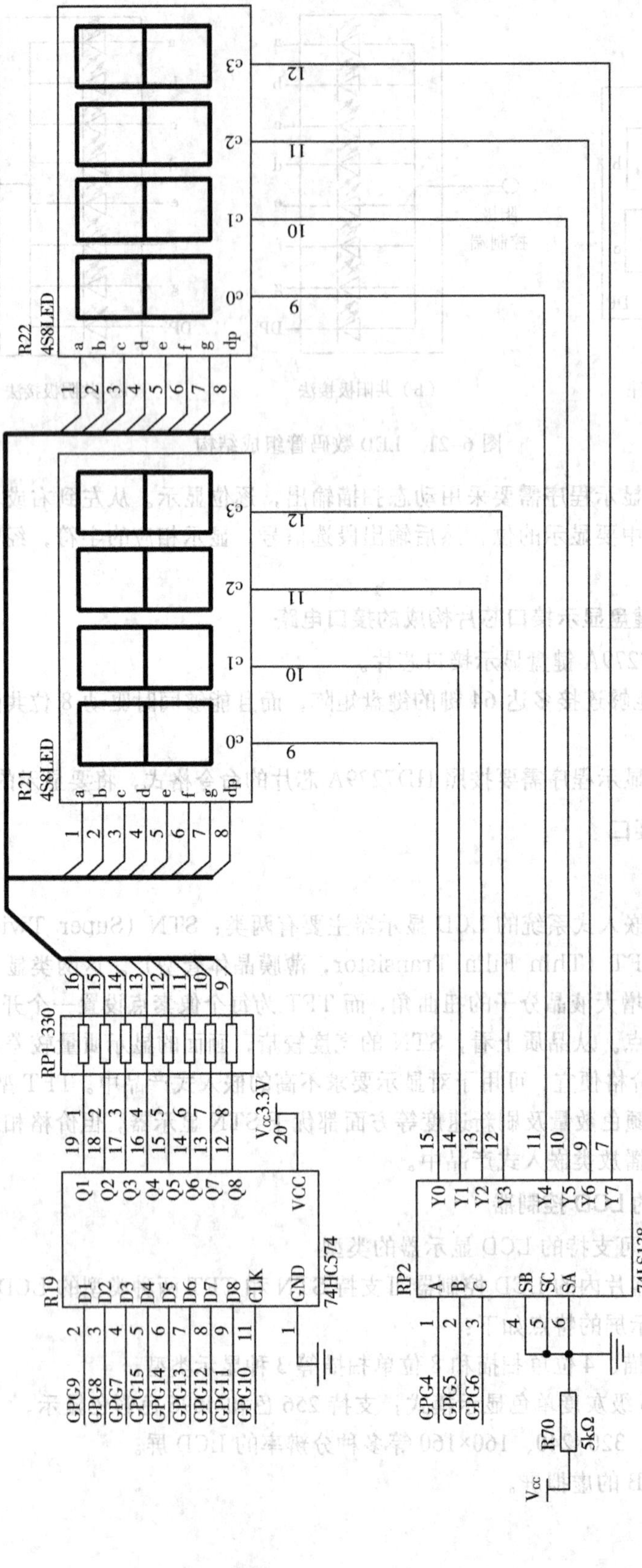

图6-22 采用TTL锁存器构成的数码管显示接口电路

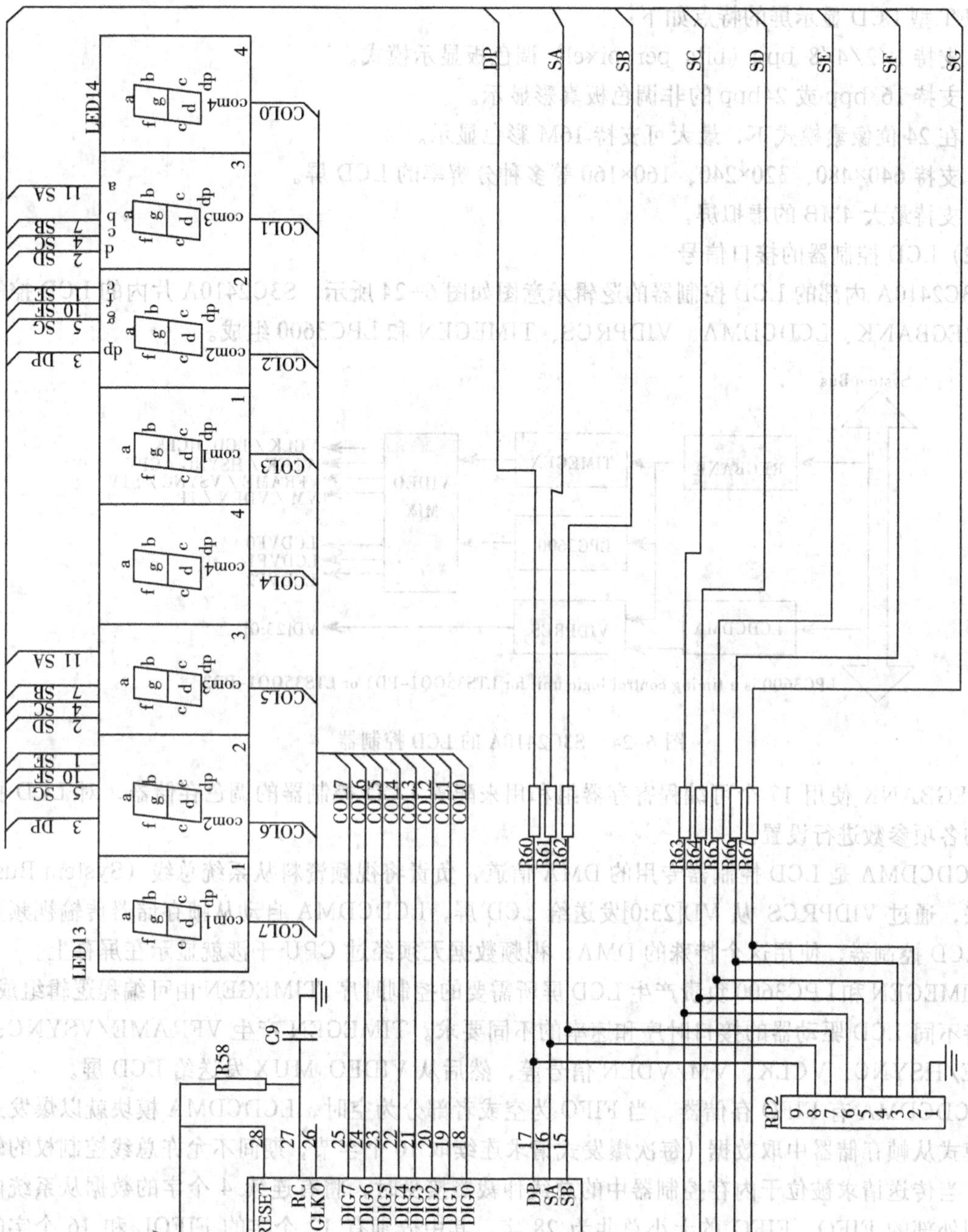

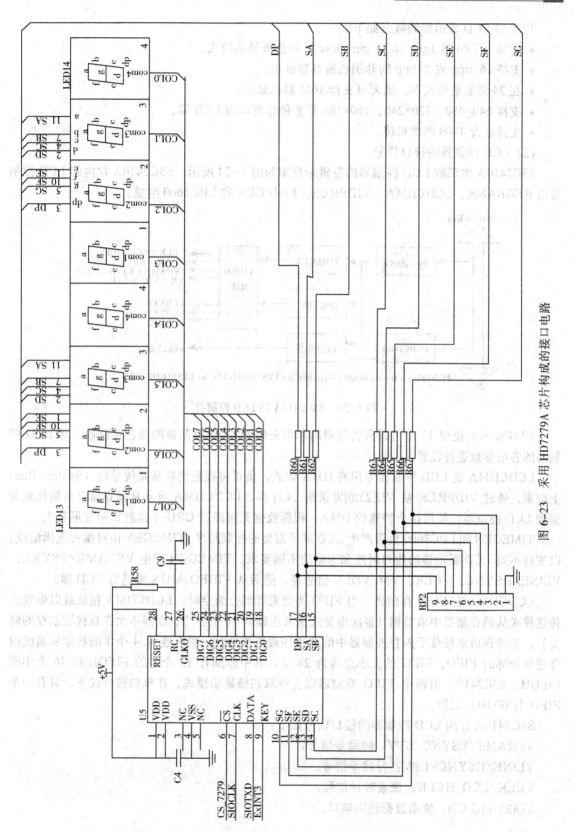

图 6-23　采用 HD7279A 芯片构成的接口电路

TFT 型 LCD 显示屏的特点如下：

- 支持 1/2/4/8 bpp（bits per pixel）调色板显示模式。
- 支持 16 bpp 或 24bpp 的非调色板真彩显示。
- 在 24 位像素模式下，最大可支持 16M 彩色显示。
- 支持 640×480、320×240、160×160 等多种分辨率的 LCD 屏。
- 支持最大 4MB 的虚拟屏。

（2）LCD 控制器的接口信号

S3C2410A 内部的 LCD 控制器的逻辑示意图如图 6–24 所示。S3C2410A 片内的 LCD 控制器由 REGBANK、LCDCDMA、VIDPRCS、TIMEGEN 和 LPC3600 组成。

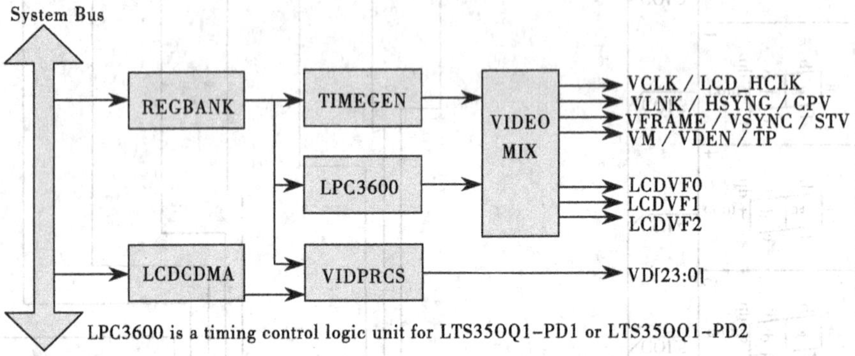

图 6–24　S3C2410A 的 LCD 控制器

REGBANK 使用 17 个可编程寄存器组和用来配置 LCD 控制器的调色存储器，对 LCD 控制器的各项参数进行设置。

LCDCDMA 是 LCD 控制器专用的 DMA 信道，负责将视频资料从系统总线（System Bus）上取来，通过 VIDPRCS 从 VD[23:0]发送给 LCD 屏，LCDCDMA 自动从帧存储器传输视频数据到 LCD 控制器，使用这个特殊的 DMA，视频数据无须经过 CPU 干涉就显示在屏幕上。

TIMEGEN 和 LPC3600 负责产生 LCD 屏所需要的控制时序，TIMEGEN 由可编程逻辑组成，以支持不同 LCD 驱动器的接口时序和速率的不同要求。TIMEGEN 产生 VFRAME/VSYNC、VLINE/HSYNC、VCLK、VM/VDEN 信号等，然后从 VIDEO MUX 发送给 LCD 屏。

LCDCDMA 有 FIFO 存储器，当 FIFO 为空或者部分为空时，LCDCDMA 模块就以爆发式传送模式从帧存储器中取数据（每次爆发式请求连续取 16 个字节，期间不允许总线控制权的转变）。当传送请求被位于内存控制器中的总线仲裁器接受时，将有连续 4 个字的数据从系统内存送到外部的 FIFO。FIFO 的大小总共为 28 字，其中分别有 12 个字的 FIFOL 和 16 个字的 FIFOH。S3C2410A 有两个 FIFO 存储器以支持双扫描显示模式。在单扫描模式下，只有一个 FIFO（FIFOH）工作。

S3C2410A 片内 LCD 控制器的接口信号如下：

VFRAME/VSYNC/STV：帧同步信号；

VLINE/HSYNC/CPV：行同步信号；

VCLK/LCD_HCLK：像素时钟信号；

VD[23:0]:LCD：像素数据输出端口；

VM/VDEN/TP：LCD 驱动器的交流信号；
LEND/STH：行结束信号；
LCD_PWREN：LCD 屏电源使能控制信号；
LCDVF0：SEC TFT 信号 OE；
LCDVF1：SEC TFT 信号 REV；
LCDVF2：SEC TFT 信号 REVB。

3. 与 LCD 控制相关的寄存器

在 S3C2410A 中与 LCD 控制相关的寄存器较多，一共有 16 个，包括 5 个 LCD 控制寄存器、3 个帧缓存器开始地址寄存器、3 个相关查找表寄存器、1 个抖动模式寄存器、1 个临时调色板寄存器、1 个中断屏蔽寄存器、1 个中断未决寄存器和 1 个 LCD 源未决寄存器。

（1）LCD 控制寄存器 1（LCDCON1）

LCD 控制寄存器 1 用来设定 VCLK 和 CLKVAL[9:0]的时钟、VM 的比率、扫描显示模式、像素的位数（BPP）模式，提供线计数器状态，使能 LCD 视频输出和逻辑允许。

寄存器地址　0x4D000000　复位值　0x00000000

寄存器每一位的功能如表 6-40 所示。

表 6-40　LCD 控制寄存器 1（LCDCON1）功能描述

位	引　脚	功　　能
[27:18]	LINECNT	提供线计数器状态
[17:8]	CLKVAL	设定 VCLK 和 CLKVAL[9:0]的时钟 STN：VCLK = HCLK /（CLKVAL*2）　CLKVAL　2 TFT：VCLK = HCLK /（（CLKVAL+1）*2）　CLKVAL　2
[7]	MMODE	设定 VM 的比率 0 = 每帧　1 = 由 MVAL 设置
[6:5]	PNRMODE	设定扫描显示模式 00 = 4 位双扫描显示模式（STN）　01 = 4 位单扫描显示模式（STN） 10 = 8 位双扫描显示模式（STN）11 = TFT LCD 面板
[4:1]	BPPMODE	设定 BPP 模式 0000 = STN 的 1 bpp，单色　0001 = STN 的 2bpp，4 级灰度 0010 = STN 的 4 bpp，16 级灰度　0011 = STN 的 8bpp，彩色 0100 = STN 的 12 bpp，彩色 1000 = TFT 的 1 bpp　1001 = TFT 的 2bpp 1010 = TFT 的 4 bpp　1011 = TFT 的 8bpp 1100 = TFT 的 16 bpp　1101 = TFT 的 24bpp
[0]	ENVID	使能 LCD 视频输出和逻辑允许 0 = 禁止　1 = 允许

（2）LCD 控制寄存器 2（LCDCON2）

LCD 控制寄存器 2 用来设定时间间隔。

寄存器地址　0x4D000004　复位值　0x00000000

寄存器每一位的功能如表 6-41 所示。

表 6-41　LCD 控制寄存器 2（LCDCON2）功能描述

位	引　脚	功　能
[31:24]	VBPD	STN：设置为 0 TFT：表示在垂直同步周期后，一帧开始时的无效线数
[23:14]	LINEVAL	定义 LCD 屏垂直方向的尺寸
[13:6]	VFPD	STN：设置为 0 TFT：表示在垂直同步周期后，一帧结束时的无效线数
[5:0]	VSPW	STN：设置为 0 TFT：确定 VSYNC

（3）LCD 控制寄存器 3（LCDCON3）

LCD 控制寄存器 3 用来设定 HBPD、HOZVAL、HFPD 等参数。

寄存器地址　0x4D000008　复位值　0x00000000

寄存器每一位的功能如表 6-42 所示。

表 6-42　LCD 控制寄存器 3（LCDCON3）功能描述

位	引　脚	功　能
[25:19]	HBPD(TFT) WDLY(STN)	TFT：设定 HSYNC 下降沿和有效数据开始之间的 VCLK 周期数 STN：WDLY[6:2]保留 WDLY[1:0]：确定 VLNE 与 VCLK 之间的延时 00 = 16HCLK　　01 = 32HCLK, 10 = 48HCLK　　11 = 64HCLK
[18:8]	HOZVAL	定义 LCD 屏水平方向的尺寸
[7:0]	HFPD(TFT) LINEBLANK(STN)	TFT：设定有效数据结束和 HSYNC 上升沿之间的 VCLK 周期数 STN：设定横向线持续时间的空白时间，可实现对 VLINE 比率的微调

（4）LCD 控制寄存器 4（LCDCON4）

LCD 控制寄存器 4 用来设定 MVAL、HSPW 和 WLH 等参数。

寄存器地址　0x4D00000C　复位值　0x00000000

寄存器每一位的功能如表 6-43 所示。

表 6-43　LCD 控制寄存器 4（LCDCON4）功能描述

位	引　脚	功　能
[15:8]	MVAL	STN：在 MMODE=1 时，这些位定义了 VM 信号的比率
[7:0]	HSPW(TFT) WLH(STN)	TFT：横向同步脉冲 HSYNC 的宽度 STN：WLH[7:2]保留 WLH[1:0]：定义了 VLINE 脉冲的宽度 00 = 16 HCLK　　01 = 32 HCLK 10 = 48 HCLK　　11 = 64 HCLK

（5）LCD 控制寄存器 5（LCDCON5）

LCD 控制寄存器 5 用来反馈 TFT 屏的水平和垂直状态，以及相关的信号格式。

寄存器地址　0x4D000010　复位值　0x00000000

寄存器每一位的功能如表 6-44 所示。

表 6-44　LCD 控制寄存器 5（LCDCON5）功能描述

位	引　脚	功　　能
[31:17]	–	保留
[16:15]	VSTATUS	TFT：垂直状态 00 = VSYNC　　01 = BACK Porch 10 = 激活　　11 = FRONT Porch
[14:13]	HSTATUS	TFT：水平状态 00 = HSYNC　　01 = BACK Porch 10 = 激活　　11 = FRONT Porch
[12]	BPP24BL	TFT：定义了 24 bpp 视频存储的顺序 0 = LSB　　1 = MSB
[11]	FRM565	TFT：定义了 16 bpp 视频数据的格式 0 = 5:5:5:1 格式　1 = 5:6:5 格式
[10]	INVVCLK	设定 VCLK 极性 0 = 上升沿有效　　1 = 下降沿有效
[9]	INVVLINE	设定 VLINE/HSYNC 脉冲的极性 0 = 正常　　1 = 反向
[8]	INVVFRAME	设定 VFRAME/VSYNC 脉冲的极性 0 = 正常　　1 = 反向
[7]	INVVD	设定 VD 脉冲的极性 0 = 正常　　1 = 反向
[6]	INVVDEN	TFT：设定 VDEN 脉冲的极性 0 = 正常　　1 = 反向
[5]	INVPWREN	设定 PWREN 脉冲的极性 0 = 正常　　1 = 反向
[4]	INVLEND	设定 LEND 脉冲的极性 0 = 正常　　1 = 反向
[3]	PWREN	LCD_PWREN 输出信号使能 0 = 禁止　　1 = 允许
[2]	ENLEND	TFT：LEND 输出信号使能 0 = 禁止　　1 = 允许
[1]	BSWP	字节交换使能控制 0 = 禁止　　1 = 允许
[0]	HWSWP	半字节交换使能控制 0 = 禁止　　1 = 允许

（6）帧缓存器开始地址寄存器 1（LCDSADDR1）

帧缓存器开始地址寄存器 1 用来设定存储器中缓冲区的层位置地址和高地址计数器的开始地址。

寄存器地址　0x4D000014　复位值　0x00000000

寄存器每一位的功能如表 6-45 所示。

表 6-45　帧缓存器开始地址寄存器 1（LCDSADDR1）功能描述

位	引　脚	功　　能
[29:21]	LCDBANK	设定存储器中缓冲区的层位置地址
[20:0]	LCDBASEU	双扫描模式：为高地址计数器的开始地址 单扫描模式：为帧缓存器的开始地址

（7）帧缓存器开始地址寄存器 2（LCDSADDR2）

帧缓存器开始地址寄存器 2 对于双扫描 LCD，用来设定低地址计数器的开始地址；对于单扫描 LCD，用来设定帧缓冲器的结束地址。

寄存器地址　0x4D000018　复位值　0x00000000

寄存器每一位的功能如表 6-46 所示。

表 6-46　帧缓存器开始地址寄存器 2（LCDSADDR2）功能描述

位	引　脚	功　　能
[20:0]	LCDBASEL	双扫描模式：为低地址计数器的开始地址 单扫描模式：为帧缓存器的结束地址

（8）帧缓存器开始地址寄存器 3（LCDSADDR3）

帧缓存器开始地址寄存器 3 用来设定虚拟屏的偏移大小和页宽。

寄存器地址　0x4D00001C　复位值　0x00000000

寄存器每一位的功能如表 6-47 所示。

表 6-47　帧缓存器开始地址寄存器 3（LCDSADDR3）功能描述

位	引　脚	功　　能
[21:11]	OFFSIZE	设定虚拟屏的偏移大小
[10:0]	PAGEWIDTH	设定虚拟屏的页宽

（9）红色查找表寄存器（REDLUT）

红色查找表寄存器用来设定红色组合选项。

寄存器地址　0x4D000020　复位值　0x00000000

寄存器每一位的功能如表 6-48 所示。

表 6-48　红色查找表寄存器（REDLUT）功能描述

位	引　脚	功　　能
[31:0]	REDVAL	从 8 个可能的红色组合选项中选择 1 个 000 = REDVAL[3:0]　　001 = REDVAL[7:4] 010 = REDVAL[11:8]　　011 = REDVAL[15:12] 100 = REDVAL[19:16]　　101 = REDVAL[23:20] 110 = REDVAL[27:24]　　111 = REDVAL[31:28]

（10）绿色查找表寄存器（GREENLUT）

绿色查找表寄存器用来设定绿色组合选项。

寄存器地址　0x4D000024　复位值　0x00000000

寄存器每一位的功能如表 6-49 所示。

表 6-49　绿色查找表寄存器（GREENLUT）功能描述

位	引　脚	功　　能
[31:0]	GREENVAL	从 8 个可能的绿色组合选项中选择 1 个 000 = GREENVAL[3:0]　001 = GREENVAL[7:4] 010 = GREENVAL[11:8]　011 = GREENVAL[15:12] 100 = GREENVAL[19:16]　101 = GREENVAL[23:20] 110 = GREENVAL[27:24]　111 = GREENVAL[31:28]

(11) 蓝色查找表寄存器（BLUELUT）

蓝色查找表寄存器用来设定蓝色组合选项。

寄存器地址　0x4D000028　复位值　0x00000000

寄存器每一位的功能如表 6-50 所示。

表 6-50　蓝色查找表寄存器（BLUELUT）功能描述

位	引　脚	功　　能
[15:0]	BLUEVAL	从 4 个可能的蓝色组合选项中选择 1 个 00 = BLUEVAL[3:0]　01 = BLUEVAL[7:4] 10 = BLUEVAL[11:8]　11 = BLUEVAL[15:12]

(12) 抖动模式寄存器（DITHMODE）

抖动模式寄存器用来设定两个可能的抖动选项。

寄存器地址　0x4D00004C　复位值　0x00000

寄存器每一位的功能如表 6-51 所示。

表 6-51　抖动模式寄存器（DITHMODE）功能描述

位	引　脚	功　　能
[18:0]	DITHMODE	这里有两个值可以选择： 0x00000　0x12210

(13) 临时调色板寄存器（TPAL）

临时调色板寄存器用来使能临时调色板及设置临时调色板数值。

寄存器地址　0x4D000050　复位值　0x00000000

寄存器每一位的功能如表 6-52 所示。

表 6-52　临时调色板寄存器（TPAL）功能描述

位	引　脚	功　　能
[24]	TPALEN	使能控制 0 = 禁止　1 = 允许
[23:0]	TPALVAL	临时调色板数值 TPALVAL[23:16]　红色 TPALVAL[15:8]　绿色 TPALVAL[7:0]　蓝色

(14) 中断未决寄存器(LCDINTPLD)

中断未决寄存器用来反馈帧同步及 FIFO 的中断未决位状态。

寄存器地址　0x4D000054　复位值　0x0

寄存器每一位的功能如表 6-53 所示。

表 6-53　中断未决寄存器(LCDINTPLD)功能描述

位	引　脚	功　　能
[1]	INT_FrSyn	帧同步中断未决位状态 0 = 无未决请求　　1 = 有请求
[0]	INT_FiCnt	FIFO 中断未决位状态 0 = 无未决请求　　1 = 有未决请求

(15) LCD 源未决寄存器(LCDSRCPND)

LCD 源未决寄存器用来反馈帧同步及 FIFO 的中断请求位状态。

寄存器地址　0x4D000058　复位值　0x0

寄存器每一位的功能如表 6-54 所示。

表 6-54　LCD 源未决寄存器(LCDSRCPND)功能描述

位	引　脚	功　　能
[1]	INT_FrSyn	帧同步中断未决位状态 0 = 无请求　　1 = 有请求
[0]	INT_FiCnt	FIFO 中断未决位状态 0 = 无请求　　1 = 有请求

(16) 中断屏蔽寄存器(LCDINTMSK)

中断屏蔽寄存器用来设定 FIFO 触发级别,屏蔽帧同步及 FIFO 的中断。

寄存器地址　0x4D00005C　复位值　0x3

寄存器每一位的功能如表 6-55 所示。

表 6-55　中断屏蔽寄存器(LCDINTMSK)功能描述

位	引　脚	功　　能
[2]	FIWSEL	设定 FIFO 触发级别 0 = 4 字　　1 = 8 字
[1]	INT_FrSyn	帧同步中断屏蔽控制 0 = 未屏蔽　　1 = 屏蔽
[0]	INT_FiCnt	FIFO 中断屏蔽控制 0 = 未屏蔽　　1 = 屏蔽

4. LCD 显示器与 S3C2410A 的接口电路

由于 S3C2410A 自带 LCD 控制器,所以 LCD 接口电路的设计只需要扩展出 LCD 显示器插槽以方便连接 LCD 显示器。在如图 6-25 所示的 LCD 接口电路中,设置了一个 LCD 电压选择跳线。这样做是因为目前市场上 LCD 显示器有的是 3.3V 供电,有的是 5V 供电,而 S3C2410A

的逻辑输出电压只有 3.3V，所以当连接 5V 供电的 LCD 时，必须将电压提高到 5V，否则即使屏幕点亮，也很难正常显示图像。

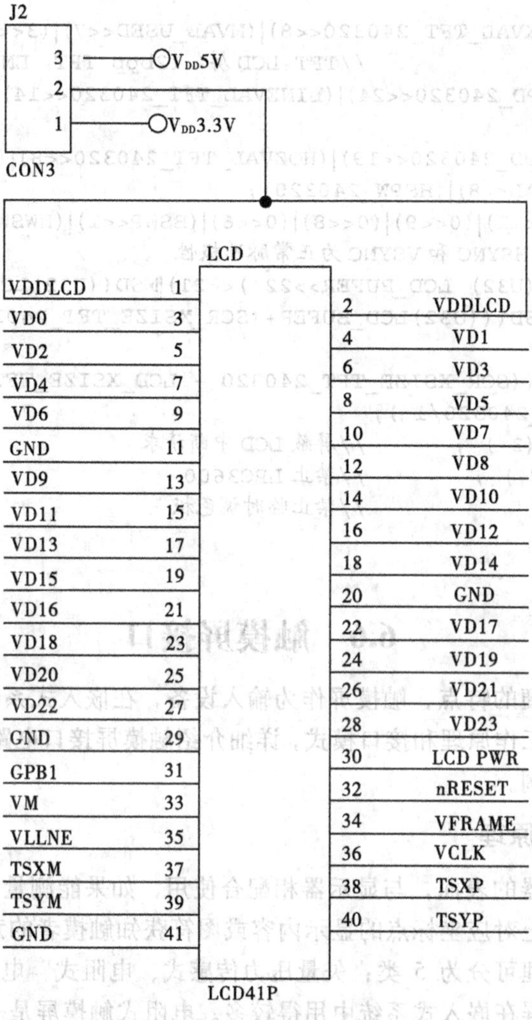

图 6-25　LCD 接口电路

5. 初始化设置

要以图形方式显示，应该首先对 LCD 控制器进行初始化，初始化主要包括以下内容：

(1) 设置相关的 I/O 口

由于 LCD 控制端口与 CPU 的 GPIO 端口是复用的，因此必须设置相应寄存器为 LCD 驱动控制端口。

将 PC0 设置为 LEND，PC1 设置为 VCLK，PC2 设置为 VLINE，PC3 设置为 VFRAME，PC4 设置为 VM，PC5 设置为 LCDVF2，PC6 设置为 LCDVF1，PC7 设置为 LCDVF0，PC8～PC15 分别设置为 VD[0～7]，PD0～PD7 分别设置为 VD[8～15]。

这项工作可以在 S3C2410A 的启动代码中，通过配置向导来进行。

(2) 设置与 LCD 控制相关的寄存器

要根据实际的 LCD 屏及控制要求配置相关的寄存器。

例如：初始化一个 320×240 16bpp 的 TFT LCD 模块，参考程序如下：

```
void lcd_init(void)
{
    rLCDCON1=(CLKVAL_TFT_240320<<8)|(MVAL_USED<<7)|(3<<5)|(12<<1)|0;
                                //TFT LCD 屏，12bpp TFT，ENVID=off
    rLCDCON2=(VBPD_240320<<24)|(LINEVAL_TFT_240320<<14)|( VFPD_240320<<6 )|
(VSPW_240320);
    rLCDCON3=(HBPD_240320<<19)|(HOZVAL_TFT_240320<<8)|(HFPD_240320);
    rLCDCON4=(MVAL<<8)|(HSPW_240320);
    rLCDCON5=(1<<11)|(0<<9)|(0<<8)|(0<<6)|(BSWP<<1)|(HWSWP);
    //FRM 5:6:5，HSYNC 和 VSYNC 为正常脉冲极性
    rLCDSADDR1=((U32) LCD_BUFER>>22 )<<21)|M5D((U32)LCD_BUFER >>1 );
    rLCDSADDR2=M5D(((U32)LCD_BUFER+(SCR_XSIZE_TFT_240320* LCD_YSIZE_TFT_
240320*2))>>1 )
    rLCDSADDR3=(((SCR_XSIZE_TFT_240320 - LCD_XSIZE_TFT_240320)/1) <<11 )|
( LCD_XSIZE_TFT_240320/1 );
    rLCDINTMSK|=(3 ) ;          //屏蔽 LCD 中断请求
    rLPCSEL&=(~7 ) ;            //禁止 LPC3600
    rTPAL=0;                    //禁止临时调色板
}
```

6.6 触摸屏接口

由于操作简单、方便的特点，触摸屏作为输入设备，在嵌入式系统中的应用越来越广泛。本节简单介绍触摸屏的工作原理和接口模式，详细介绍触摸屏接口电路和接口程序的设计方法，并且给出了一个应用实例。

6.6.1 触摸屏的工作原理

触摸屏附着在显示器的表面，与显示器相配合使用，如果能测量出触摸点在屏幕上的坐标位置，则可根据显示屏上对应坐标点的显示内容或图符获知触摸者的意图。

触摸屏按其技术原理可分为 5 类：矢量压力传感式、电阻式、电容式、红外线式、表面声波式，其中电阻式触摸屏在嵌入式系统中用得较多。电阻式触摸屏是一块 4 层的透明的复合薄膜屏，最下面是玻璃或有机玻璃构成的基层，最上面是一层外表面经过硬化处理从而光滑防刮的塑料层，中间是两层金属导电层，分别在基层之上和塑料层内表面，在两个导电层之间有许多细小的透明隔离点把它们隔开。当手指触摸屏幕时，两个导电层在触摸点处接触。

触摸屏的两个金属导电层是触摸屏的两个工作面，在每个工作面的两端各涂有一条银胶，称为该工作面的一对电极，若给一个工作面的电极对施加电压，则在该工作面上就会形成均匀连续的平行电压分布。当给 X 方向的电极对施加一确定的电压，而不给 Y 方向电极对加电压时，在 X 平行电压场中，触点处的电压值可以在 Y+(或 Y−)电极上反映出来，通过测量 Y+电极对地的电压大小，经过 A/D 转换，便可得知触点的 X 方向的坐标值。同理，当给 Y 电极对施加电压，而不给 X 电极对加电压时，通过测量 X+电极的电压，经过 A/D 转换，便可得知触点的 Y 方向的坐标。

电阻式触摸屏有 4 线和 5 线两种。

4 线式触摸屏的 X 工作面和 Y 工作面分别加在两个导电层上，共有 4 根引出线，即 X+、

X－、Y＋、Y－，分别连到触摸屏的 X 电极对和 Y 电极对上。

5 线式触摸屏把 X 工作面和 Y 工作面都加在玻璃基层的导电涂层上，但工作时，仍是分时加电压的，即让两个方向的电压场分时工作在同一工作面上，而外导电层则仅仅用来充当导体和电压测量电极。因此，5 线式触摸屏的引出线需为 5 根。

6.6.2 触摸屏的接口模式

触摸屏的接口模式共有 5 种。

1．普通的 A/D 转换模式

普通转换模式（AUTO_PST ＝ 0，XY_PST ＝ 0）用于一般目的的 ADC 转换。这个模式可以通过设置 ADCCON 和 ADCTSC 来进行对 A/D 转换的初始化，然后读取 ADCDAT0(ADC 数据寄存器 0）的 XPDATA 域（普通 ADC 转换）的值来完成转换。

2．X 与 Y 分别转换模式

这种模式由两种模式组成：X 位置转换模式和 Y 位置转换模式。

X 轴坐标转换（AUTO_PST=0 且 XY_PST=1）将 X 轴坐标转换数值写入 ADCDAT0 寄存器的 XPDATA 域。转换后，触摸屏接口将产生中断源（INT_ADC）到中断控制器。

Y 轴坐标转换（AUTO_PST=0 且 XY_PST=2）将 Y 轴坐标转换数值写入到 ADCDAT1 寄存器的 YPDATA 域。转换后，触摸屏接口将产生中断源（INT_ADC）到中断控制器。

X 与 Y 分别转换模式下的触摸屏引脚状况如表 6-56 所示。

表 6-56 X 与 Y 分别转换模式下的触摸屏引脚状况

	XP	XM	YP	YM
X 位置转换	外部电压	GND	AIN[5]	高阻
Y 位置转换	AIN[7]	高阻	外部电压	GND

3．XY 位置自动转换模式

触摸屏控制器将自动切换 X 轴坐标和 Y 轴坐标并读取两个坐标轴方向上的坐标。触摸屏控制器自动将测量得到的 X 轴数据写入 ADCDAT0 寄存器的 XPDATA 域，然后将测量到的 Y 轴数据写入 ADCDAT1 的 YPDATA 域。自动（连续）转换之后，触摸屏控制器产生中断源(INT_ADC）到中断控制器。

XY 位置自动转换模式下的触摸屏引脚状况如表 6-57 所示。

4．等待中断模式

当触摸屏控制器处于等待中断模式下时，它实际上是在等待触摸笔的点击。在触摸笔在触摸屏上点击时，控制器产生中断信号（INC_TC）。中断产生后，就可以通过设置适当的转换模式（X 与 Y 分别转换模式或 XY 位置自动转换模式）来读取 X 和 Y 的位置。

等待中断模式下的触摸屏引脚状况如表 6-58 所示。

表 6-57 XY 位置自动转换模式下的触摸屏引脚状况

	XP	XM	YP	YM
X 位置转换	外部电压	GND	AIN[5]	高阻
Y 位置转换	AIN[7]	高阻	外部电压	GND

表 6-58　等待中断模式下的触摸屏引脚状况

	XP	XM	YP	YM
等候中断模式	上拉	高阻	AIN[5]	GND

5. 闲置模式（Standby Mode）

当 ADCCON 寄存器的 STDBM 位被设为 1 时，闲置模式被激活。在该模式下，A/D 转换操作停止，ADCDAT0 寄存器的 XPDATA 域和 ADCDAT1 寄存器的 YPDATA（正常 ADC）域保存着先前转换所得的值。

6.6.3　触摸屏相关的寄存器

与触摸屏相关的寄存器有 5 个，其中有 3 个控制寄存器（ADCCON、ADCTSC、ADCDLY），2 个数据寄存器（ADCDAT0 和 ADCDAT1）。

1. A/D 转换控制寄存器（ADCCON）

ADC 控制寄存器（ADCCON）用来设定 A/D 转换时钟，选择 ADC 通道，启动 AD 转换，并返回转换状态。

寄存器地址　0x58000000　复位值　0x3FC4

该寄存器长度为 32 位，低 16 位有效，对应功能如表 6-59 所示。

表 6-59　A/D 转换控制寄存器（ADCCON）功能描述

位	引　　脚	功　　　　能
[15]	ECFLG	A/D 转换结束标志（只读） 0＝ 转换操作中　　　1＝ 转换结束
[14]	PRSCEN	A/D 转换预分频器使能 0＝ 禁止　　　1＝ 使能
[13:6]	PRSCVL	A/D 转换预分频器数值（1～ 255） 注意：数值为 N，除数实际为 N+1 ADC 频率应 < PCLK*5
[5:3]	SEL_MUX	模拟通道选择 000 = AIN0　------　111 = AIN7
[2]	STDBM	闲置模式选择 0＝ 普通模式　　　1 =闲置模式
[1]	READ_START	读取启动使能控制 0＝ 禁止　　　1＝ 使能
[0]	ENABE_START	启动操作（若 READ_START = 1，该位无效） 0＝ 无操作　　　1＝ 启动

2. A/D 转换触摸屏控制寄存器（ADCTSC）

ADC 触摸屏控制寄存器（ADCTSC）用来选择触摸屏接口模式、设置晶体管控制器的输出。

寄存器地址　0x58000004　复位值　0x058

该寄存器长度为 32 位，低 8 位有效，对应功能如表 6-60 所示。

表 6-60 A/D 转换触摸屏控制寄存器（ADCTSC）功能描述

位	引 脚	功 能
[8]	-	保留
[7]	YM_SEN	选择 YMON 的输出值 0 = YMON 为 0（YM = 高阻） 1 = YMON 为 1（YM = GND）
[6]	YP_SEN	选择 nYPON 的输出值 0 = nYPON 为 0（YP = 外部电压） 1 = nYPON 为 1（YP = AIN[5]）
[5]	XM_SEN	选择 XMON 的输出值 0 = XMON 为 0（XM = 高阻） 1 = XMON 为 1（XM = GND）
[4]	XP_SEN	选择 nXPON 的输出值 0 = nXPON 为 0（XP = 外部电压） 1 = nXPON 为 1（XP = AIN[7]）
[3]	PULL_UP	上拉切换使能 0 = XP 上拉使能　　1 = XP 上拉禁止
[2]	AUTO_PST	自动连续转换 X 轴坐标和 Y 轴坐标 0 = 普通 ADC 转换　　1 = 自动连续转换
[1:0]	XY_PST	手动测量 X 轴坐标和 Y 轴坐标 00 = 无操作　　01 = 测量 X 轴坐标 10 = 测量 Y 轴坐标　　11 = 等待中断模式

在自动模式下，ADCTSC 寄存器应该在读取启动之前重新设置。

3. A/D 转换开始延时寄存器（ADCDLY）

ADC 转换开始延时寄存器（ADCDLY）用于设置坐标转换延时值。

寄存器地址　0x58000008　复位值　0x00FF

该寄存器长度为 32 位。

在正常转换模式、分离 X/Y 轴坐标转换模式和自动（连续）X/Y 轴坐标转换模式下，为 X/Y 轴坐标转换延时值。

在等待中断模式下，触摸笔点击发生时，这个寄存器以几毫秒的时间间隔为自动 X/Y 轴坐标转换产生中断信号（INT_TC）。

注意：不能使用 0 值（0x0000）。

4. A/D 转换数据寄存器（ADCDAT0 和 ADCDAT1）

A/D 转换数据寄存器（只读），用于存放转换的结果与状态。

(1) ADCDAT0

寄存器地址　0x5800000C

该寄存器长度为 32 位，低 16 位有效，对应功能如表 6-61 所示。

表 6-61　A/D 转换数据寄存器 0（ADCDAT0）功能描述

位	引　脚	功　能
[15]	UPDOWN	等待中断模式下触笔的点击或提起状态 0 = 触笔点击状态　　1 = 触笔提起状态
[14]	AUTO_PST	自动 X/Y 坐标转换模式 0 = 普通转换模式　　1 = X/Y 坐标连续转换
[13:12]	XY_PST	手动 X/Y 坐标转换模式 00 = 无操作　　01 = X 轴坐标转换 10 = Y 轴坐标转换　　11 = 等待中断模式
[11:10]	-	保留
[9:0]	XPDATA	X 轴坐标转换数据值或者是普通 ADC 转换数据值 数据值范围：0～3FF

（2）ADCDAT1

寄存器地址　0x58000010

该寄存器长度为 32 位，低 16 位有效，对应功能如表 6-62 所示。

表 6-62　A/D 转换数据寄存器 1（ADCDAT1）功能描述

位	引　脚	功　能
[15]	UPDOWN	等待中断模式下触笔的点击或提起状态 0 = 触笔点击状态　　1 = 触笔提起状态
[14]	AUTO_PST	自动 X/Y 坐标转换模式 0 = 普通转换模式　　1 = X/Y 坐标连续转换
[13:12]	XY_PST	手动 X/Y 坐标转换模式 00 = 无操作　　01 = X 轴坐标转换 10 = Y 轴坐标转换　　11 = 等待中断模式
[11:10]	-	保留
[9:0]	YPDATA	Y 轴坐标转换数据值

6.6.4　触摸屏的接口设计

1. S3C2410A 内置触摸屏控制器

S3C2410A 内置触摸屏控制器接口主要由 ADC 和外部晶体管控制器构成，如图 6-26 所示。

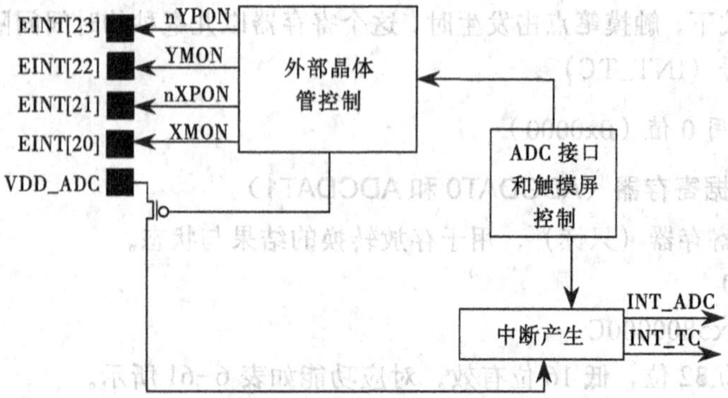

图 6-26　S3C2410A 的内置触摸屏控制器接口

2. 触摸屏与 S3C2410A 的连接

以 4 线式触摸屏为例，触摸屏与 S3C2410A 的连接电路一般由 4 个外部晶体管和 1 个外部电压源组成，如图 6-27 所示。

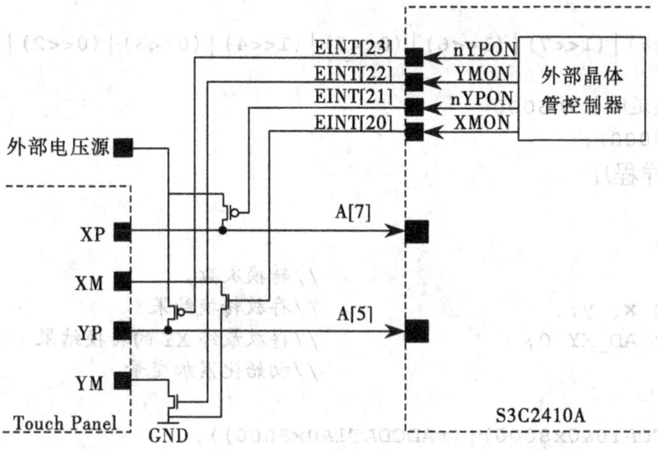

图 6-27 触摸屏与 S3C2410A 的连接电路

注意：① 外部电压源应该是 3.3 V。

② 外部晶体管的内部阻抗应该小于 5Ω。

6.6.5 触摸屏的驱动程序设计

触摸屏的驱动程序主要包括：触摸屏初始化程序、触摸屏采样程序、坐标滤波程序和处理程序。

1. 触摸屏初始化程序

初始化程序需要对 ADCCON、ADCTSC 和 ADCDLY 寄存器进行设置：设定 A/D 转换时钟，选择 ADC 通道，启动 A/D 转换；选择触摸屏接口模式；设置坐标转换延时值。

2. 触摸屏采样程序

采样就是读取触摸屏的坐标值，对于等待中断模式，应该在中断服务程序中完成。

3. 坐标滤波程序

对采集到的数据进行处理，去除不稳定的抖动值，得到准确的 A/D 转换值。

4. 处理程序

识别到触摸屏操作后，具体的响应处理需要根据具体的应用程序进行开发。

6.6.6 触摸屏接口实例

以 4 线式触摸屏为例，采用 S3C2410A 的内置触摸屏控制器。

1. 接口电路

触摸屏与 S3C2410A 的连接电路一般由 4 个外部晶体管和 1 个外部电压源组成(参考图 6-27)。

2. 驱动程序的设计

(1) 触摸屏初始化程序

例如：

```
//使能ADC转换时钟，分频系数为49，选择通道7，允许读操作启动A/D转换
rADCCON=(1<<14)|(49<<6)|(7<<3)|(0<<2)|(1<<1)|(0);

//设置晶体管控制器的输出YMON=1，nYPON=1，XMON=0，nXPON=1；设置触摸屏接口模式为等待
//中断模式
rADCTSC=(0<<8)|(1<<7)|(1<<6)|(0<<5)|(1<<4)|(0<<3)|(0<<2)|(3);

//设置坐标转换延时值为5000
rADCDLY=(0x5000);
```

(2) 触摸屏采样程序

例如:

```
int Dat0, i;
int Count=5;                              //转换次数
unsigned int x, y;                        //存放转换结果
unsigned int AD_XY=0;                     //存放最终XY的转换结果
Dat0=0;                                   //初始化累加变量

while ((rADCDAT0&0x8000)|(rADCDAT1&0x8000));
                                 //测试rADCDAT的bit15是否等于0(触摸笔按下状态)

//下面的代码是X，Y分别转换模式
rGPGUP=0xffff;                            //设置GPIO，禁止GPG上拉
rADCTSC=(0<<8)|(0<<7)|(1<<6)|(1<<5)|(0<<4)|(1<<3)|(0<<2)|(1);
//设置转换X的位置
for(i=0; i < Count; i++){                 //开始转换Y，共Count次
    rADCCON=(1<<14)|(49<<6)|(7<<3)|(0<<2)|(0<<1)|(1);
                                          //设置控制寄存器
    while(rADCCON & 0x1);                 //测试转换开始位
    while(!(0x8000 & rADCCON));           //测试ECFLG位，转换是否结束
    Delay(200);
    Dat0+=(rADCDAT0) & 0x3ff;             //转换结果累加，最后取平均
}

if (Dat0!=0){                             //如果X有效，继续转换Y
    x=Dat0 / Count;
    Dat0=0;

    rADCTSC=(0<<8)|(1<<7)|(0<<6)|(0<<5)|(1<<4)|(1<<3)|(0<<2)|(2);
                                          //设置转换Y的位置
    for (i=0; i < Count; i++){            //开始转换Y，共Count次
        rADCCON=(1<<14)|(49<<6)|(5<<3)|(0<<2)|(0<<1)|(1);
                                          //设置控制寄存器
        while(rADCCON&0x1);               //测试转换开始位
        while(!(0x8000&rADCCON));         //测试ECFLG位，转换是否结束
        Delay(200);
        Dat0+=(rADCDAT1)&0x3ff;           //转换结果累加，最后取平均
    }
    y=Dat0/Count;
}
rGPGUP=0x00;                              //设置GPIO，使能GPG上拉
```

```
AD_XY=(x<<16)|y;                         //高16位存放X，低16位存放Y

//恢复等待中断模式
Touch_Init();
Delay(1000);

while (!((rADCDAT0 & 0x8000) & (rADCDAT1 & 0x8000)));
//测试rADCDAT的bit15是否等于1(触摸笔提起状态)，如果是1，则可以开中断了
```

(3) 坐标滤波程序

```
int GetDat0(int* p){
int Dat0;
int tmp[9];                              //ADCount - 1
int i, k, diftag=0;
struct ARRAYCMP{
      int difsize;
      int continuecount;
}ArrayCmp[9];//ADCount-1

#if(method==avaverage)                   //对采集的点数据进行平均处理
      Dat0=0;
      for(i=0; i<ADCount; i++){
           Dat0+=p[i];                   //转换结果累加,最后取平均
      }
      Dat0/=ADCount;

#elif(method==optimize)                  //取最优点，即选取各点之间差别最小且连续
                                         //11个数最多的点，这是最稳定值
      selectsort(p, ADCount);            //将采集到的数据排序（由小到大）
      for (i=0; i<ADCount-1; i++){
           tmp[i]=p[i+1]-p[i];           //tmp[]存储各点之间的差值
      }

      #if (isDebug==1)
           Uart_Printf("tmp:\n    ");
           for (i=0; i<ADCount-1; i++){
              Uart_Printf("%d,",tmp[i]);
           }
           Uart_Printf("\n");
      #endif

      ArrayCmp[0].difsize=tmp[0];
      ArrayCmp[0].continuecount=0;
      k=0;
      for(i=1; i<ADCount-1; i++){
         if ((tmp[i]==tmp[i-1])&&(diftag==0)){
              ArrayCmp[i].difsize=tmp[i];
              ArrayCmp[i].continuecount=-2;
              ArrayCmp[i-1].continuecount=1;
              diftag=1;
              k=i-1;
         }else if ((tmp[i]==tmp[i-1])&&(diftag==1)){
```

```
                        ArrayCmp[i].difsize=tmp[i];
                        ArrayCmp[i].continuecount=-1;
                        ArrayCmp[k].continuecount+=1;
                        diftag=1;
                }else{  //(tmp[i]!=tmp[i - 1])
                        ArrayCmp[i].difsize=tmp[i];
                        ArrayCmp[i].continuecount=0;
                        diftag=0;
                }
        }

        #if (isDebug==1)
        Uart_Printf("ArrayCmp:\n    ");
        for (i=0; i<ADCount-1; i++){
             Uart_Printf("%d,%d,%d\n",i,ArrayCmp[i].difsize,
ArrayCmp[i].continuecount);
        }
        Uart_Printf("\n");
        #endif

        //扫描ArrayCmp[]中差值最小且连续个数最多的点的下标
        k=0;
        for (i=1; i<ADCount-1; i++){
            if (ArrayCmp[i].difsize<ArrayCmp[k].difsize)
                k=i;
            else if (ArrayCmp[i].difsize==ArrayCmp[k].difsize){
                if (ArrayCmp[i].continuecount>= ArrayCmp[k].continuecount)
                k=i;
            }
        }
        Dat0=p[k];
    #endif

    return Dat0;
    }
```

6.7 A/D 接口

A/D 转换器是模拟信号和 CPU 之间联系的接口，它是将连续变化的模拟信号转换为数字信号，以供计算机和数字系统进行分析、处理、存储、控制和显示。在工业控制和数据采集及许多其他领域中，A/D 转换是不可缺少的。

6.7.1 A/D 转换的基本原理

按照转换速度、精度、功能及接口等分类，常用 A/D 转换器有以下两种：

(1) 双积分型的 A/D 转换器

双积分型也称为二重积分式，其实质是测量和比较两个积分的时间，一个是对模拟信号电压的积分时间 T，此时间常是固定的，另一个是以充电后的电压为初值，对参考电源 Vn 的反向积分，积分电容被放电至 0，所需时间为 Ti。模拟输入电压 Vi 与参考电压 Vref 之比，等于上述两个时间之比。由于 Vref、T 时间固定，而放电时间 Ti 可以测出，因而可以计算出模拟输入电压 Vi 的大小。

（2）逐次逼近型的 A/D 转换器

逐次逼近型也称为逐位比较式，它的应用比积分型更为广泛，通常主要由逐次逼近寄存器 SAR、D/A 转换器、比较器及时序和逻辑控制等部分组成。通过逐次将设定的 SAR 寄存器中的数字量经 D/A 转换后得到电压 Vc，与待转换模拟电压 V_0进行比较。比较时，先从 SAR 的最高位开始，逐次确定各位的数码应为“1”还是为“0”，而得到最终的转换值。其工作原理为：转换前，先将 SAR 寄存器各位清零，转换开始时，控制逻辑电路先设定 SAR 寄存器的最高位为“1”，其余各位为“0”，此值经 D/A 转换器转换成电压 Vc，然后将 Vc 与输入模拟电压 Vx 进行比较。如果 Vx 大于等于 Vc，说明输入的模拟电压高于比较的电压，SAR 最高位的“1”应保留；如果 Vx 小于 Vc，说明 SAR 的最高位应清除。然后将 SAR 的次高位置“1”，依上述方法进行 D/A 转换和比较。重复上述过程，直至确定出 SAR 寄存器的最低位为止，此过程结束后，状态线改变状态，表明已完成一次转换。最后，逐次逼近寄存器 SAR 中的数值就是输入模拟电压的对应数字量。位数越多，越能准确逼近模拟量，但转换所需的时间也越长。

6.7.2　S3C2410A 的 A/D 转换控制器

S3C2410A 处理器内部集成了一个 8 路 10 位的 A/D 转换器，可以将模拟输入信号转换为 10 位的数字编码。A/D 转换器支持片上操作、采样保持功能和掉电模式。其 A/D 转换的时钟频为 2.5MHz 时，最大转换率为 500KSPS，输入电压范围是 0～3.3V。

要正确使用 S3C2410A 处理器的 A/D 转换器进行模拟量的采集，需要配置一些相关的寄存器。与 ADC 控制相关的寄存器有 4 个：1 个 A/D 转换控制寄存器（ADCCON）、1 个 A/D 转换开始延时寄存器（ADCDLY）、2 个 A/D 转换数据寄存器（ADCDAT0 和 ADCDAT1）。其中两个 A/D 转换数据寄存器均为只读寄存器。在触摸屏应用中，分别使用 ADCDAT0 和 ADCDAT1 来保存 X 位置和 Y 位置的转换数据。对于普通的 A/D 转换，使用 ADCDAT0 来保存转换后的数据。

各寄存器的功能描述参见 6.6.3 小节的表 6–59 至表 6–62。

6.7.3　A/D 接口电路

在嵌入式系统的 A/D 接口设计中，一般只需将 S3C2410A 的几个模拟通道扩展在一个插座上就可以了，通常情况下在插座上再扩展出不同电压的电源引脚以方便连接各类模拟量传感器。图 6–28 所示为 A/D 转换输入接口电路，图 6–29 所示为接入 LM35D 模拟温度传感器的应用电路。

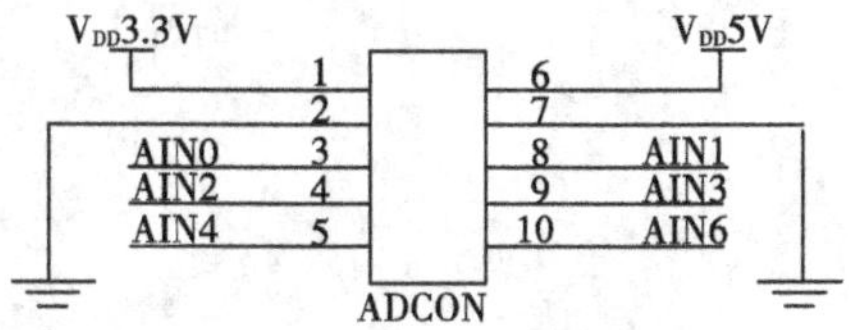

图 6–28　ADC 输入接口

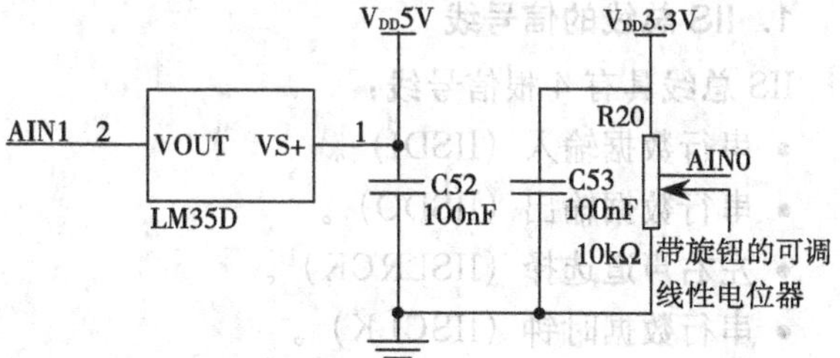

图 6–29　温度传感器 ADC 应用接口电路

6.7.4　A/D 转换的程序设计

1. 初始化程序

初始化程序需要对 ADCCON、ADCTSC 和 ADCDLY 寄存器进行设置：使能 A/D 转换的预分频器，设定 A/D 转换的预分配率，选择 ADC 通道。

例如：

```
void AD_Init(void){
    rADCDLY=(0x100);                                    // ADC Start or Interval Delay
    rADCTSC=0;                                          //设置成为 ADC 模式
    rADCCON=(1<<14)|(49<<6)|(ch<<3)|(0<<2)|(0<<1)|(0);//设置 ADC 控制寄存器
}
```

2. A/D 转换程序

A/D 转换程序包括启动 A/D 转换，确认 A/D 转换开始，检测 A/D 转换结束，读取 A/D 转换结果数据。

例如：

```
int Get_AD(unsigned char ch) {
    int i;
    int val=0;
    if(ch>7)  return 0;                          //通道不能大于 7
    for(i=0;i<16;i++) {                          //为转换准确，转换 16 次
        rADCCON|=0x1;                            //启动 A/D 转换
        rADCCON=rADCCON&0xffc7|(ch<<3);
        while (rADCCON&0x1);                     //避免第一个标志出错
        while (!(rADCCON&0x8000));               //避免第二个标志出错
        val+=(rADCDAT0&0x03ff);
        Delay(10);
    }
    return (val>>4);                             //为转换准确，除以 16 取均值
}
```

6.8 IIS 音频接口

IIS（Inter-IC Sound Bus）是飞利浦公司制定的一种总线标准，专用于数字音频设备之间的音频数据传输。在 IIS 标准中，既规定了硬件的接口规范，也规定了数字音频信号的格式。本节主要基于 S3C2410A 内置的 IIS 控制器，介绍其接口电路和接口程序的设计。

6.8.1 IIS 总线格式

1. IIS 总线的信号线

IIS 总线具有 4 根信号线：

- 串行数据输入（IISDI）。
- 串行数据输出（IISDO）。
- 左右声道选择（IISLRCK）。
- 串行数据时钟（IISCLK）。

产生 IISLRCK 和 IISCLK 的是主设备。串行数据以 2 的补码发送，并且首先发送最高位。首先发送最高位是因为发送器和接收器可能具有不同的字长，发送器没有必要了解接收器能够处理多少位数据，接收器也不需要了解多少位的数据正在被发送。

被发送器发送的串行数据可以依据时钟信号的下降沿或者上升沿来同步。但是，串行数据必须在上升沿处输入接收器，所以发送数据时使用上升沿进行同步有一些限制。左右声道选择

线决定了当前正发送的通道。IISLRCK 可以在下降沿或上升沿处改变，它不要求同步。在从模式下，这个信号在串行时钟的上升沿锁存。IISLRCK 在最高位发送前的前一个时钟周期内发生变化，这样从发送器可以同步发送串行数据。另外，允许接收器存储先前的字，并清除输入以准备接收下一个字。

2. 串行音频信号格式

MSB－Justified 格式与 IIS 格式有相同的信号线，不同的是，IISLRCK 信号线改变后，MSB 立即发送，期间无任何时钟周期的间隔，两种格式如图 6-30 所示。

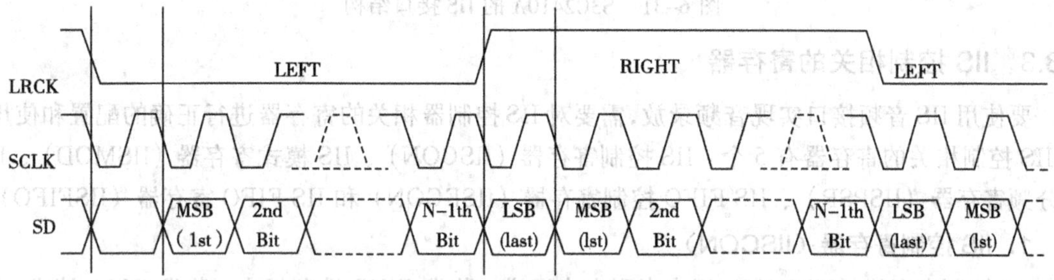

IIS 格式（N=8 或 16）

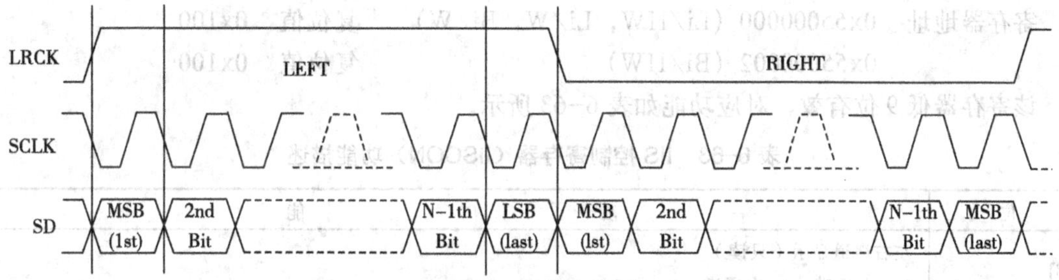

MSB-Justified 格式（N=8 或 16）

图 6-30 IIS 总线格式与 MSB-Justified 格式

6.8.2 S3C2410A 内置的 IIS 控制器

S3C2410A 的 IIS 总线接口能用来连接一个外部 8/16 位立体声音频数字信号解码器芯片，它支持 IIS 总线数据格式，也支持 MSB-Justified 格式。该接口对 FIFO 的访问采用 DMA 传输模式来代替中断模式，它可以同时发送数据和接收数据，也可以只发送数据或只接收数据。

对于只发送或只接收模式，又可以分为正常传输模式和 DMA 传输模式。在正常传输模式下，IIS 控制寄存器有一个 FIFO 准备好标志位。当发送数据时，如果发送 FIFO 不空，该标志位为 1，FIFO 准备好发送数据；如果发送 FIFO 为空，该标志位为 0。当接收数据时，如果 FIFO 不满，该标志位为 1，指示可以接收数据；如果 FIFO 满，则该标志位为 0。通过该标志位可以确定 CPU 读写 FIFO 的时间。在 DMA 传输模式下，发送和接收 FIFO 的存取由 DMA 控制器来实现，由 FIFO 就绪标志来自动请求 DMA 的服务。对于同时发送和接收模式，IIS 总线接口可以同时发送和接收数据，由于只有一个 DMA 源，因此该模式只能是一个通道用正常传输模式，另一个通道用 DMA 传输模式。S3C2410A 的 IIS 接口体系结构如图 6-31 所示。

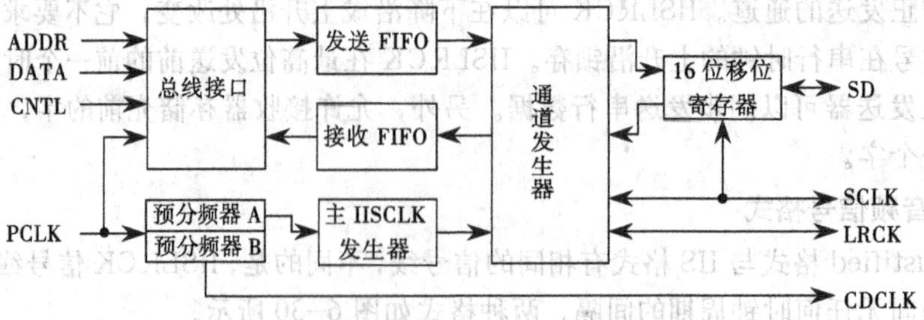

图 6-31　S3C2410A 的 IIS 接口结构

6.8.3　IIS 控制相关的寄存器

要使用 IIS 音频接口实现音频录放，需要对 IIS 控制器相关的寄存器进行正确的配置和使用。与 IIS 控制相关的寄存器有 5 个：IIS 控制寄存器（IISCON）、IIS 模式寄存器（IISMOD）、IIS 预分频寄存器（IISPSR）、IIS FIFO 控制寄存器（IISFCON）和 IIS FIFO 寄存器（IISFIFO）。

1. IIS 控制寄存器（IISCON）

IIS 控制寄存器（IISCON）用来索引左右通道，收发 FIFO 准备标志，收发 DMA 请求，收发通道空闲指令等。

寄存器地址　0x55000000（Li/HW，Li/W，Bi/W）　　复位值　0x100
　　　　　　0x55000002（Bi/HW）　　　　　　　　复位值　0x100

该寄存器低 9 位有效，对应功能如表 6-63 所示。

表 6-63　IIS 控制寄存器（IISCON）功能描述

位	功　　能
[8]	左右声道显示（只读） 0 = 左通道　1 =右通道
[7]	发送 FIFO 就绪标志　（只读） 0 = 发送 FIFO 没有准备好(空)　　1 = 发送 FIFO 准备好(不空)
[6]	接收 FIFO 就绪标志（只读） 0 = 接收 FIFO 没有准备好(满)　　1 = 接收 FIFO 准备好(不满)
[5]	DMA 发送请求（只读） 0 = 发送 DMA 请求不允许　　1 = 发送 DMA 请求允许
[4]	DMA 接收请求 0 = 接收 DMA 请求不允许　　1 = 接收 DMA 请求允许
[3]	发送空闲状态命令 在发送空闲状态，IISLRCK 不激活（暂停发送），该位仅在 IIS 是一个 master 时有效 0 = 产生 IISLRCK　　1 = 不产生 IISLRCK
[2]	接收空闲状态命令 在接收空闲状态，IISLRCK 不激活（暂停接收），该位仅在 IIS 是一个 master 时有效 0 =产生 IISLRCK　　1 =不产生 IISLRCK
[1]	预定标器设定 0 = 预定标器不起作用　　1 = 允许预定标器
[0]	IIS 接口设定 0 = IIS 不允许(停止)　　1 = IIS 允许(启动)

2. IIS 模式寄存器（IISMOD）

IIS 模式寄存器（IISMOD）用来选择主从模式、传输接收模式、串行接口格式、串行数据位数、时钟频率，激活左右通道等。

寄存器地址　0x55000004（Li/HW，Li/W，Bi/W）　复位值　0x0
　　　　　　0x55000006（Bi/HW）　复位值　0x0

该寄存器低 9 位有效，对应功能如表 6-64 所示。

表 6-64　IIS 模式寄存器（IISMOD）功能描述

位	功　　能
[8]	主从模式选择 0 = Master 模式(IISLRCK 和 IISCLK 输出) 1 = Slave 模式(IISLRCK 和 IISCLK 输入)
[7:6]	发送/接收模式选择 00 = 不传输　01 = 接收模式 10 = 发送模式　11 = 发送/接收模式
[5]	左/右通道的激活电平 0 = 低为左通道(高为右通道)　1 = 高为左通道(低为右通道)
[4]	串口的格式 0 = IIS 格式　1 = MSB(Left)-justified 格式
[3]	每个通道的串行数据位数 0 = 8 位　1 = 16 位
[2]	主时钟的频率选择 0 = 256fs　1 = 384fs　(fs :采样频率)
[1:0]	串行位时钟选择 00 = 16fs　01 = 32fs　10 = 48fs 11 = N/A

3. IIS 预分频寄存器（IISPSR）

IIS 预分频寄存器（IISPSR）用来设置分频率。

寄存器地址　0x55000008（Li/HW，Li/W，Bi/W）　复位值　0x0
　　　　　　0x5500000A（Bi/HW）　复位值　0x0

该寄存器低 10 位有效，对应功能如表 6-65 所示。

表 6-65　IIS 预分频寄存器（IISPSR）功能描述

位	功　　能
[9:5]	比例器 A 的分频系数（0~31） 注意：数值为 N，除数实际为 N+1
[4:0]	比例器 B 的分频系数（0~31） 注意：数值为 N，除数实际为 N+1

4. IIS FIFO 控制寄存器（IISFCON）

IIS FIFO 控制寄存器（IISFCON）用来选择 FIFO 的访问方式、使能控制及数据计数等。

寄存器地址　0x5500000C（Li/HW，Li/W，Bi/W）　复位值　0x0

　　　　　　0x5500000E（Bi/HW）　　　　　　　复位值　0x0

该寄存器低 16 位有效，对应功能如表 6-66 所示。

表 6-66　IIS FIFO 控制寄存器（IISFCON）功能描述

位	功　　能
[15]	发送 FIFO 存取模式选择： 0 = 正常存取模式　1 = DMA 存取模式
[14]	接收 FIFO 存取模式选择： 0 = 正常存取模式　1 = DMA 存取模式
[13]	发送 FIFO 允许位： 0 = 禁用 FIFO　　1 = 使能 FIFO
[12]	接收 FIFO 允许位 0 = 禁用 FIFO　　1 = 使能 FIFO
[11:6]	发送 FIFO 数据计数值（只读）（0～32）
[5:0]	接收 FIFO 数据计数值（只读）（0～32）

5. IIS FIFO 寄存器（IISFIFO）

IIS FIFO 寄存器（IISFIFO）是数据寄存器，用来存放收发的数据（16 位）。

寄存器地址　0x55000010（Li/HW，Li/W，Bi/W）　复位值　0x0

　　　　　　0x55000012（Bi/HW）　　　　　　　复位值　0x0

6.8.4　IIS 接口电路

使用S3C2410A 的IIS控制器和UDA1341 音频解码芯片就可以扩展IIS接口电路，UDA1341是飞利浦公司推出的一款音频解码芯片，用于实现音频信号的数字化处理和数字音频信号的模拟量输出。IIS 音频接口电路如图 6-32 所示，将 UDA1341 的 IIS 引脚连接在 S3C2410A 对应的IIS 引脚上，音频输入输出分别连接 MIC 和扬声器。

6.8.5　IIS 的接口程序设计

1. 初始化程序

这里的初始化程序需要完成两项工作。

(1) 配置 I/O 口

由于 IIS 控制端口与 CPU 的 GPIO 端口是复用的，因此必须设置相应寄存器为 IIS 驱动控制端口。将PE0设置为I2SLRCK，PE1设置为I2SSCLK，PE3设置为I2SSDI，PE4设置为I2SSDO。这项工作可以在 S3C2410A 的启动代码中，通过配置向导来进行。

(2) 配置相关的寄存器

要使用 IIS 音频接口实现音频录放，需要对 IIS 控制器相关的寄存器进行正确的配置和使用。

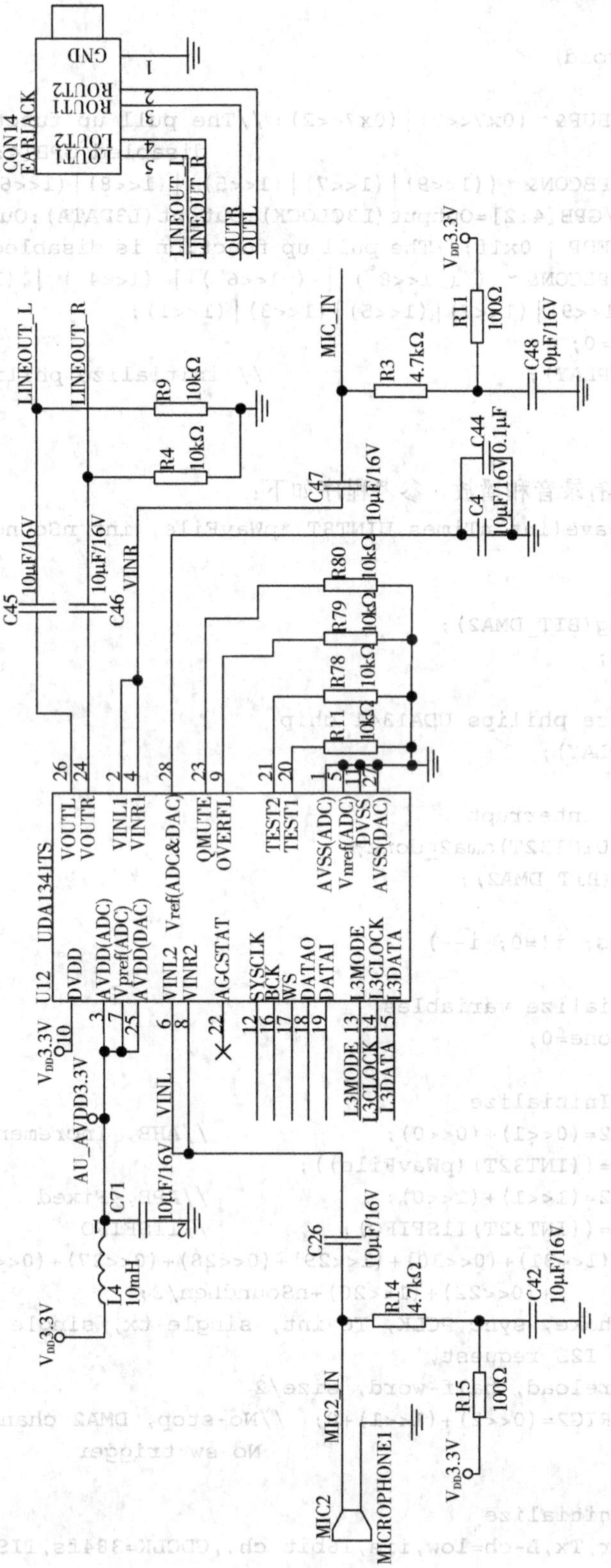

图 6-32　IIS 音频接口电路图

例如：

```
void iis_init(void)
{
    rGPBUP=rGPBUP&~(0x7<<2)|(0x7<<2); //The pull up function is
                                       disabled GPB[4:2] 1 1100
    rGPBCON=rGPBCON&~((1<<9)|(1<<7)|(1<<5))|(1<<8)|(1<<6)|(1<<4);
          //GPB[4:2]=Output(L3CLOCK):Output(L3DATA):Output(L3MODE)
    rGPEUP=rGPEUP | 0x1f;//The pull up function is disabled GPE[4:0] 1 1111
    rGPECON=rGPECON&~ ( ( 1<<8 ) | ( 1<<6 ) | (1<<4 ) | (1<<2) | (1<<0) )|
          (1<<9)|(1<<7)|(1<<5)|(1<<3)|(1<<1);
    f_nDMADone=0;
    init_1341(PLAY);                    // initialize philips UDA1341 chip
}
```

2. 音频应用程序

音频应用程序主要有录音和播放，参考程序如下：

```
void iis_play_wave(int nTimes,UINT8T *pWavFile, int nSoundLen)
{
    int i;
    ClearPending(BIT_DMA2);
    rINTMOD=0x0;

    // initialize philips UDA1341 chip
    init_1341(PLAY);

    // set BDMA interrupt
    pISR_DMA2=(UINT32T)dma2_done;
    rINTMSK&=~(BIT_DMA2);

    for(i=nTimes; i!=0; i--)
    {
        // initialize variables
        f_nDMADone=0;

        //DMA2 Initialize
        rDISRCC2=(0<<1)+(0<<0);            //AHB, Increment
        rDISRC2=((INT32T)(pWavFile));
        rDIDSTC2=(1<<1)+(1<<0);            //APB, Fixed
        rDIDST2=((INT32T)IISFIFO);         //IISFIFO
        rDCON2=(1<<31)+(0<<30)+(1<<29)+(0<<28)+(0<<27)+(0<<24)+(1<<23)
              +(0<<22)+(1<<20)+nSoundLen/2;
        //Handshake, sync PCLK, TC int, single tx, single service,
        I2SSDO, I2S request,
        //Auto-reload, half-word, size/2
        rDMASKTRIG2=(0<<2)+(1<<1)+0;  //No-stop, DMA2 channel on,
                                         No-sw trigger

        //IIS Initialize
        //Master,Tx,L-ch=low,iis,16bit ch.,CDCLK=384fs,IISCLK=32fs
        rIISCON=(1<<5)+(0<<4)+(0<<3)+(1<<2)+(1<<1);
        rIISMOD=(0<<8)+(2<<6)+(0<<5)+(0<<4)+(1<<3)+(1<<2)+(1<<0);
```

```
        rIISPSR=(2<<5)+2;                   //Prescaler_A/B=3

        //Tx DMA enable,Rx DMA disable,Tx not idle,Rx idle,
           prescaler enable,stop
        rIISFCON=(1<<15) + (1<<13);         //Tx DMA,Tx FIFO --> start piling....
        rIISCON|=0x1;                       // enable IIS
        while( f_nDMADone==0);              // DMA end
        rINTMSK|=BIT_DMA2;
        rIISCON=0x0;                        // IIS stop
    }
}

void iis_record(void)
{

    UINT8T*pRecBuf,ucInput;
    int nSoundLen;
    int i;

    // enable interrupt
    ClearPending(BIT_DMA2);
    rINTMOD=0x0;

    //-----------------------------------------//
    //          record                      //
    //-----------------------------------------//
    uart_printf(" Start recording....\n");
    pRecBuf=(unsigned char *)0x30200000;        // for download
    for(i=(UINT32T)pRecBuf; i<((UINT32T)pRecBuf+REC_LEN+0x20000); i+=4)
    {
        *((volatile unsigned int*)i)=0x0;
    }

    init_1341(RECORD);
    // set BDMA interrupt
    f_nDMADone=0;
    pISR_DMA2=(UINT32T)dma2_done;
    rINTMSK&=~(BIT_DMA2);

    //--- DMA2 Initialize
    rDISRCC2=(1<<1)+(1<<0);                 //APB, Fix
    rDISRC2=((UINT32T)IISFIFO);                 //IISFIFO
    rDIDSTC2=(0<<1) + (0<<0);                   //AHB, Increment
    rDIDST2=((int)pRecBuf);
    //Handshake, sync APB, TC int, single tx, single service, I2SSDI, I2S Rx
    //request,Off-reload, half-word, 0x50000 half word.
    rDCON2=(1<<31)+(0<<30)+(1<<29)+(0<<28)+(0<<27)+(1<<24)+(1<<23)
+(1<<22)+(1<<20)+REC_LEN/2;
    //No-stop, DMA2 channel on, No-sw trigger
    rDMASKTRIG2=(0<<2)+(1<<1)+0;
```

```
    //IIS Initialize
    //Master,Rx,L-ch=low,IIS,16bit ch,CDCLK=384fs,IISCLK=32fs
    rIISCON=(0<<5)+(1<<4)+(1<<3)+(0<<2)+(1<<1);
    rIISMOD=(0<<8)+(1<<6)+(0<<5)+(0<<4)+(1<<3)+(1<<2)+(1<<0);
    rIISPSR=(2<<5)+2;
    //Tx DMA disable,Rx DMA enable,Tx idle,Rx not idle,prescaler enable,stop
    rIISFCON=(1<<14)+(1<<12);       //Rx DMA,Rx FIFO --> start piling....
    rIISCON|=0x1;                   // enable IIS
    uart_printf(" Press any key to end recording\n");

    while(f_nDMADone==0)
    {
        if(uart_getkey())   break;
    }
    rINTMSK|=BIT_DMA2;
    rIISCON=0x0;                            // IIS stop
    delay(10);

    uart_printf(" End of record!!!\n");
    uart_printf(" Press any key to play record data!!!\n");
    while(!uart_getkey());

    //-----------------------------------------------------------//
    //                         play                             //
    //-----------------------------------------------------------//
    iis_play_wave(1,pRecBuf, REC_LEN);

    rINTMSK|=BIT_DMA2;
    rIISCON=0x0;                    // IIS stop
    uart_printf(" Play end!!!\n");
}
```

本章小结

本章介绍了基于 S3C2410A 处理器的嵌入式应用系统的基本设计方法，详细介绍了存储器接口、通用 I/O 接口、键盘显示接口、触摸屏接口、A/D 接口及 IIS 音频接口的设计原理和设计方法。通过本章的学习，读者可以对 S3C2410A 处理器集成的接口控制器有更深入的了解，可以按照不同的应用需求选择不同的接口进行应用开发。

习题

1. S3C2410A 处理器的最小系统应该包括哪些模块？设计并绘制 S3C2410A 最小系统原理图。

2. S3C2410A 处理器有几组电源输入，电压分别为几伏？嵌入式系统电源系统设计有哪些要点和相关要求？

3. 简述 S3C2410A 系统主时钟有几种可选的时钟源。

4. S3C2410A 的通用 I/O 引脚，必须在使用前进行初始化，这里的初始化操作的基本任务有哪些？

5．键盘扫描有哪几种方式？分别说明其基本原理。

6．试采用 8279A 芯片设计一个键盘显示接口。（关于 8279A 芯片的资料，自己到网上搜索）

7．如果 LCD 屏自带控制器，不使用 S3C2410A 的 LCD 控制器，接口应如何设计？

8．A/D 转换为什么要进行采样？采样频率应根据什么来选定？假设输入模拟量信号的最高频率为 5kHz，那么 S3C2410A 的 A/D 转换器是否符合要求？

9．使用 2 个 MOS 管和 2 个三极管设计一个符合 S3C2410A 的触摸屏接口。

10．试设计一个通用的驱动程序，点击触摸屏的某个位置，从而相应某个功能。

11．IIS 总线是否支持 DMA 传输？若支持，使用 UDA1431 设计一个支持 DMA 方式的 IIS 音频接口。

第7章 通信接口设计

本章导读

在实际应用中，还需要在最小系统的基础上通过扩展一些必要的通信接口来满足不同的应用需求。针对不同的嵌入式产品，由于设计方案和需求不同，所使用的芯片可能不同，电路设计方法就存在一定的差异，但从设计过程和方法上看仍然有许多共性。

本章内容要点

- UART 接口；
- IIC 接口；
- SPI 接口；
- USB 接口；
- 常用的网络接口。

如果课时较少，教学过程中可以有选择性地忽略部分内容。

内容结构

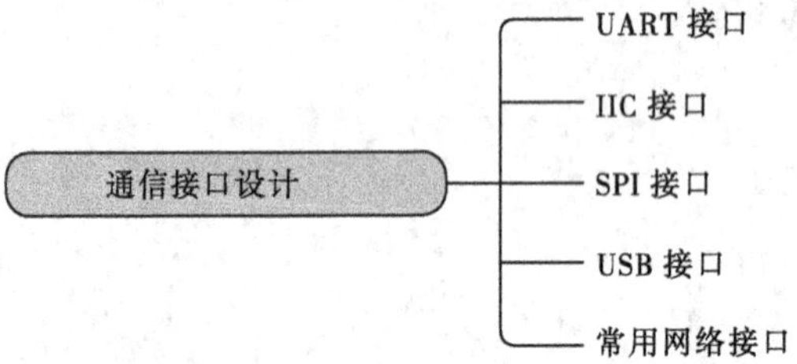

学习目标

通过对本章内容的学习，学生应该能够：

- 根据不同的应用需求设计相应的通信接口；
- 掌握接口应用程序的设计。

7.1 UART 接口

起止式异步通信 UART 是应用最广泛的一种通信协议，本节首先介绍 S3C2410A 内置的 UART 控制器和相关的寄存器，然后介绍其接口电路和接口程序的设计。

7.1.1　UART 通信数据格式

1．特点

在字符数据格式中设置起始位和停止位，发送端在一个字符正式发送前先发一个起始位，而在该字符结束时再发一个（或几个）停止位。接收端在检测到起始位时，便知道字符已到达，应开始接收字符；当检测到停止位时，则知道字符已结束。

2．格式

起止式的帧数据格式如图 7-1 所示，每帧信息（每个字符）由 4 部分组成。

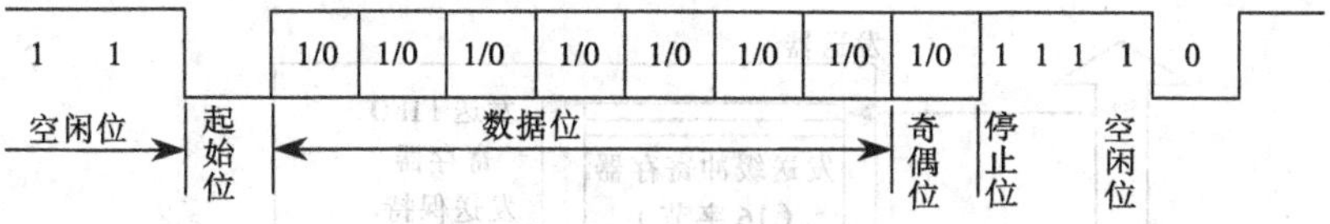

图 7-1　UART 帧数据格式

① 1 位起始位（低电平，逻辑值为 0）。

② 5～8 位数据位紧跟在起始位后面，是要传送的有效信息。传送顺序是低位在前，高位在后依次传送。

③ 1 位校验位（奇偶校验，也可以没有校验位）。

④ 最后是 1 位或 2 位停止位。

3．RS-232 标准

目前广泛使用的 RS-232 标准采用的接口是 9 针的 D 型插头，如图 7-2 所示，其各引脚功能如下：

- CD（Carrier Detect）——载波检测，用于确认是否收到 Modem 的载波。
- RXD（Received Data）——接收数据线，用于接收外部设备传送来的数据。
- TXD（Transmitted Data）——发送数据线，用于将数据发送给外部设备。
- DTR（Data Terminal Ready）——告知数据终端处于待命状态。
- SG（Signal Ground）——信号线的接地线。
- DSR（Data Set Ready）——告知本机在待命状态。
- RTS（Request to Send）——要求发送数据。
- CTS（Clear to Send）——清除发送。
- RI——振铃提示。

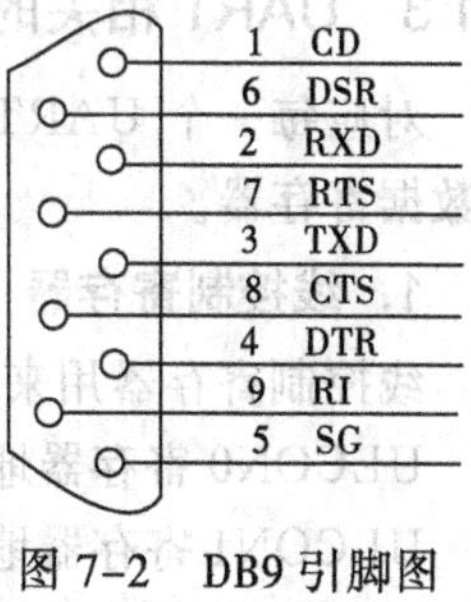

图 7-2　DB9 引脚图

7.1.2　S3C2410A 的 UART 接口

S3C2410A 的 UART（Universal Asynchronous Receiver and Transmitter，通用异步收发器）单元提供 3 个独立的异步串行 I/O 口，都可以运行于中断模式或 DMA 模式。也就是说，UART 可以产生中断请求或 DMA 请求，以便在 CPU 和 UART 之间传递数据。它最高可支持 115 200 bit/s 的传输速度。S3C2410A 中每个 UART 通道包含两个用于接收和发送数据的 16 位 FIFO 队列。

S3C2410A 的每个 UART 都有波特率发生器、数据发送器、数据接收器及控制单元。内部数据通过并行数据总线到达发送单元后，进入 FIFO 队列，或不进入 FIFO 队列，通过发送移位器 TXDn 引脚发送出去，送出的数据通过一个电压转换芯片将 3.3V 的 TTL/COMS 电平转换成 EIA（Electronic Industries Association）电平，送进 PC 串口。

数据接收的过程刚好相反，外部串口信号需要先把 EIA 电平经电压转换芯片把电平转换为 3.3V 的 TTL/COMS 电平，然后由 RXDn 管脚进入接收移位器，经过转换后放到并行数据总线上，由 CPU 进行处理或直接送到存储器中（DMA 方式下）。

图 7-3 所示为 S3C2410A 内部 UART 控制器结构图。

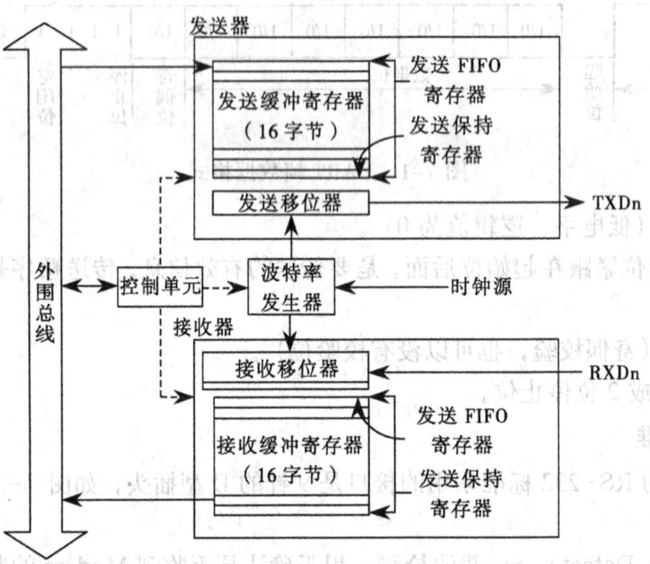

图 7-3　S3C2410A 内部 UART 控制器结构图

7.1.3　UART 相关的寄存器

对应每一个 UART 接口，相关寄存器有 11 个，包括 5 个控制寄存器、4 个状态寄存器和 2 个数据寄存器。

1. 线控制寄存器（ULCONn）（n = 0～2）

线控制寄存器用来设置传输帧的数据格式。

ULCON0 寄存器地址　0x50000000　复位值　0x00

ULCON1 寄存器地址　0x50004000　复位值　0x00

ULCON2 寄存器地址　0x50008000　复位值　0x00

线控制寄存器中每一位的功能如表 7-1 所示。

表 7-1　线控制寄存器（ULCONn）功能描述

位	功　　能
[7]	保留
[6]	模式选择 0 = 一般模式　　　1 = 红外模式

续表

位	功能
[5:3]	校验设置 0xx = 无校验 100 = 奇校验　101 = 偶校验 110 = 校验位为 1　111 = 校验位为 0
[2]	停止位数设置 0 = 1 位　1 = 2 位
[1:0]	数据字长 00 = 5 位　01 = 6 位　10 = 7 位　11 = 8 位

2. UART 控制寄存器（UCONn） (n = 0～2)

UART 控制寄存器用来设置收发数据的模式。

UCON0 寄存器地址　0x50000004　复位值　0x00

UCON1 寄存器地址　0x50004004　复位值　0x00

UCON2 寄存器地址　0x50008004　复位值　0x00

UART 控制寄存器每一位功能如表 7-2 所示。

表 7-2　UART 控制寄存器（UCONn）功能描述

位	功能
[10]	选择使用的时钟 0 = 使用 PCLK　1 = 使用 UCLK 引脚引入的时钟
[9]	发送中断请求类型设置 0 = 边沿　1 = 电平
[8]	接收中断请求类型设置 0 = 边沿　1 = 电平
[7]	接收超时中断使能控制 0 = 禁止　1 = 使能
[6]	错误中断使能控制 0 =禁止　1 = 允许
[5]	该位为 1 时，UART 进入 Loop-back 模式 0 = 正常模式　1 = Loop-back 模式
[4]	保留
[3:2]	发送模式设置 00 = 禁止　01 = 中断请求或查询模式 10 = BDMA0 请求 (仅为 UART0)　11 = BDMA1 请求 (仅为 UART1)
[1:0]	接收模式设置 00 = 禁止　01 = 中断请求或查询模式 10 = BDMA0 请求 (仅为 UART0)　11 = BDMA1 请求 (仅为 UART1)

3. FIFO 控制寄存器（UFCONn） (n = 0～2)

FIFO 控制寄存器用来设置收发 FIFO 的控制。

UFCON0 寄存器地址　0x50000008　复位值　0x00
UFCON1 寄存器地址　0x50004008　复位值　0x00
UFCON2 寄存器地址　0x50008008　复位值　0x00
FIFO 控制寄存器每一位功能如表 7-3 所示。

表 7-3　FIFO 控制寄存器（UFCONn）功能描述

位	功　　能
[7:6]	确定发送 FIFO 的触发条件 00 =空　01 =4B　10 =8B　11 =12B
[5:4]	确定接收 FIFO 的触发条件 00 =空　01 =4B　10 =8B　11 =12B
[3]	保留
[2]	Tx FIFO 复位控制，该位在 FIFO 复位后自动清除 0 =正常，　1= Tx FIFO 复位
[1]	Rx FIFO 复位控制，该位在 FIFO 复位后自动清除 0 = 正常，　1= Rx FIFO 复位
[0]	FIFO 使能控制 0 = 禁止 FIFO，　1 = 使能 FIFO

4．Modem 控制寄存器（UMCONn）（n = 0～1）

Modem 控制寄存器用来设置 AFC 控制。
UMCON0 寄存器地址　0x5000000C　复位值　0x00
UMCON1 寄存器地址　0x5000400C　复位值　0x00
Modem 控制寄存器每一位功能如表 7-4 所示。

表 7-4　Modem 控制寄存器（UMCONn）功能描述

位	功　　能
[7:5]	保留，必须为 000
[4]	AFC 使能控制 0 = 禁止　1 = 使能
[3:1]	保留，必须为 000
[0]	如果 AFC 允许，该位无效 0 = 高电平(禁止 nRTS)　1 = 低电平(激活 nRTS)

5．波特率除数寄存器（UBRDIVn）（n = 0～2）

波特率除数寄存器用来设置收发数据的波特率，其内容是波特率分频系数。分频系数与波特率和收发时钟的关系如下：

$$UBRDIVn=pclk/(16*baud)$$

其中：pclk 为收发时钟；
baud 为波特率；
UBRDIVn 的取值范围是 $1\sim2^{16}-1$。

6. 发送/接收状态寄存器（UTRSTATn） (n = 0～2)

发送/接收状态寄存器是 UART 的发送/接收状态寄存器。

UTRSTAT0 寄存器地址　0x50000010　复位值　0x6

UTRSTAT1 寄存器地址　0x50004010　复位值　0x6

UTRSTAT2 寄存器地址　0x50008010　复位值　0x6

发送/接收状态寄存器每一位功能如表 7-5 所示。

表 7-5　发送/接收状态寄存器（UTRSTATn）功能描述

位	功　能
[2]	传输线状态　0 = 非空　1 = 空
[1]	发送缓冲区状态　0 = 非空　1 = 空
[0]	接收缓冲区状态　0 = 非空　1 = 空

7. 接收错误状态寄存器（UERSTATn） (n = 0～2)

这是 UART 的接收错误状态寄存器。

UERSTAT0 寄存器地址　0x50000014　复位值　0x0

UERSTAT1 寄存器地址　0x50004014　复位值　0x0

UERSTAT2 寄存器地址　0x50008014　复位值　0x0

接收错误状态寄存器每一位功能如表 7-6 所示。

表 7-6　接收错误状态寄存器（UERSTATn）功能描述

位	功　能
[3]	保留
[2]	帧错误　1 有效
[1]	保留
[0]	溢出错误　1 有效

8. FIFO 状态寄存器（UFSTATn） (n = 0～2)

这是 UART 的 FIFO 状态寄存器。

UFSTAT0 寄存器地址　0x50000018　复位值　0x0

UFSTAT1 寄存器地址　0x50004018　复位值　0x0

UFSTAT2 寄存器地址　0x50008018　复位值　0x0

FIFO 状态寄存器每一位功能如表 7-7 所示。

表 7-7　FIFO 状态寄存器（UFSTATn）功能描述

位	功　能
[9]	Rx　FIFO 数据满　1 有效
[8]	Tx　FIFO 数据满　1 有效
[7:4]	Rx　数据字节数
[3:0]	Tx　数据字节数

9. Modem 状态寄存器（UMSTATn） (n = 0～1)

这是 UART 的 Modem 状态寄存器。

UMSTAT0 寄存器地址　0x5000001C　复位值　0x0

UMSTAT1 寄存器地址　0x5000401C　复位值　0x0

Modem 状态寄存器每一位功能如表 7-8 所示。

表 7-8　Modem 状态寄存器（UMSTATn）功能描述

位	功　能
[4]	HAS 是否改变　0 = 不改变　1 = 改变
[3:1]	保留
[0]	CTS 是否有效 0 = 无效（nCTS 为高电平）　1 = 有效（nCTS 为低电平）

10. 接收数据缓冲寄存器（URXHn） (n = 0～2)

该寄存器用来存放接收到的 1 字节数据。

URXH0 寄存器小端地址为　0x50000020　大端地址为 0x50000023 复位值　0x0

URXH1 寄存器小端地址为　0x50004020　大端地址为 0x50004023 复位值　0x0

URXH2 寄存器小端地址为　0x50008020　大端地址为 0x50008023 复位值　0x0

11. 发送数据缓冲寄存器（UTXHn） (n = 0～2)

该寄存器用来存放发送的 1 字节数据。

UTXH0 寄存器小端地址为　0x50000024　大端地址为 0x50000027 复位值　0x0

UTXH1 寄存器小端地址为　0x50004024　大端地址为 0x50004027 复位值　0x0

UTXH2 寄存器小端地址为　0x50008024　大端地址为 0x50008027 复位值　0x0

7.1.4 UART 接口设计

1. 无联络信号的连接电路

只需使用 3 根线（发送线 TxD、接收线 RxD、信号地线 SG）便可实现全双工异步串行通信。其他与 Modem 有关的控制状态线，可以不连接或者将控制线与自身的状态线连接起来，如图 7-4 所示。

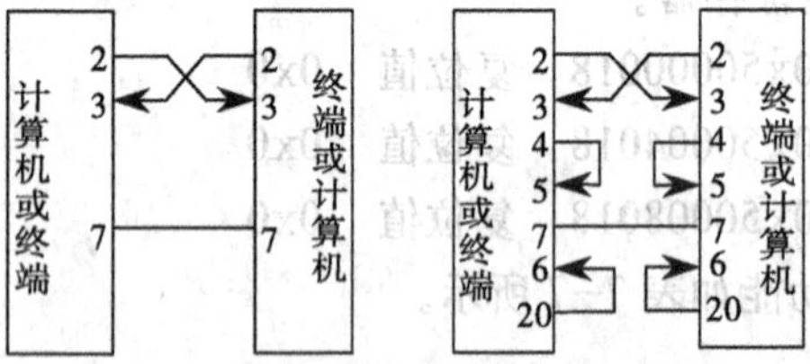

图 7-4　无联络信号的连接电路

2. 借助于 Modem 联络信号的连接电路

双方握手信号关系如下：

借助于 Modem 联络信号的连接电路如图 7-5 所示。

- 甲方的数据终端就绪（DTR）和乙方的数传机就绪（DSR）及振铃信号（RI）两个信号互连。这时，一旦甲方的 DTR 有效，乙方的 RI 就立即有效，产生呼叫，并应答响应，同时又使乙方的 DSR 有效。这意味着，只要一方的 DTE 准备好，便同时为对方的 DCE 准备好，尽管实际上对方 DCE 并不存在。

- 甲方的请求发送（RTS）及清除发送（CTS）自连，并与乙方的数据载体检出（DCD）互连，这时，一旦甲方请求发送（RTS 有效），便立即得到发送允许（CTS 有效），同时使乙方的 DCD 有效，即检测到载波信号，表明数据通信链路已接通，意味着只要一方的 DTE 请求发送，同时也为对方的 DCE 准备好接收（即允许发送），尽管实际上对方 DCE 并不存在。
- 双方的发送数据(TxD)和接收数据(RXD)互连，这意味着双方都是数据终端设备(DTE)，上述的握手关系一经建立，双方即可进行全双工传输或半双工传输。

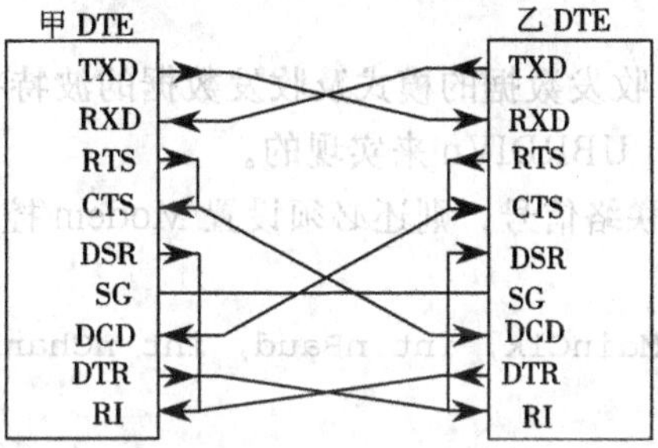

图 7-5 借助于 Modem 联络信号的连接电路

3. 电平转换电路

S3C2410A 的 UART 接口采用的是 TTL 电平标准，在与其他设备进行串行连接时，由于其他设备所采用的电平标准可能不是 TTL 标准，与 TTL 以高低电平表示逻辑状态的规定不同。因此，为了能够与计算机接口或终端的 TTL 器件连接，必须进行电平和逻辑关系的变换。实现这种变换常采用专用的集成电路芯片。

(1) TTL 与 RS-232C 之间的转换

通常选用 MAX3232 系列或其兼容芯片来实现 TTL 电平到 RS-232 电平的转换。接口电路如图 7-6 所示。

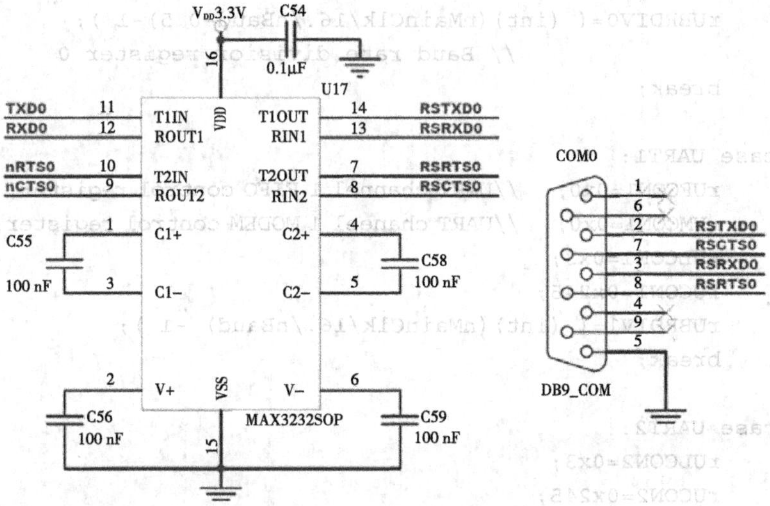

图 7-6 UART 接口应用电路

(2) TTL 与 RS-485 之间的转换

可以采用 MAX485 系列或其兼容芯片来实现 TTL 电平到 RS-485 电平的转换。

7.1.5 UART 接口驱动程序

1. 初始化程序

这里的初始化程序需要完成两项工作。

(1) 配置 I/O 口

根据所需要的 UART 接口，将相应的 I/O 口设置为 TXDn 和 RXDn。这项工作可以在 S3C2410A 的启动代码中，通过配置向导来进行。

(2) 配置相关的寄存器

设置传输帧的数据格式、收发数据的模式及收发数据的波特率，这些设置是通过设置控制寄存器 ULCONn、UCONn 和 UBRDIVn 来实现的。

如果需要借助于 Modem 联络信号，则还必须设置 Modem 控制寄存器 UMCONn。

例如：

```
void uart_init(int nMainClk, int nBaud, int nChannel)
{
    int i;
    if(nMainClk==0)
    nMainClk=PCLK;

    switch (nChannel)
    {
        case UART0:
            rUFCON0=0x0;    //UART channel 0 FIFO control register, FIFO disable
            rUMCON0=0x0;    //UART chaneel 0 MODEM control register, AFC disable
            rULCON0=0x3;    //Line control register : Normal,No parity,1 stop,
                            //8 bits
            rUCON0=0x245; // Control register
            rUBRDIV0=( (int)(nMainClk/16./nBaud+0.5)-1 );
                            // Baud rate divisior register 0
            break;

        case UART1:
            rUFCON1=0x0;    //UART channel 1 FIFO control register, FIFO disable
            rUMCON1=0x0;    //UART chaneel 1 MODEM control register, AFC disable
            rULCON1=0x3;
            rUCON1=0x245;
            rUBRDIV1=( (int)(nMainClk/16./nBaud) -1 );
            break;

        case UART2:
            rULCON2=0x3;
            rUCON2=0x245;
            rUBRDIV2=( (int)(nMainClk/16./nBaud) -1 );
            rUFCON2=0x0;    //UART channel 2 FIFO control register, FIFO disable
```

```
            break;

        default:
            break;
    }
    for(i=0;i<100;i++);
    delay(400);
}
```

2. 发送数据程序

发送数据的程序比较简单，只要将数据传送到发送数据缓冲寄存器 UTXHn，即完成发送。

例如：

```
void uart_sendstring(char *pString)
{
    while(*pString)
        uart_sendbyte(*pString++);
}
```

3. 接收数据程序

接收数据首先必须确定 UART 已收到一帧有效的数据，这可以采用程序查询方式或中断方式来确定。

采用程序查询方式就是用指令读取发送/接收状态寄存器 UTRSTATn 的内容，根据其 D0 位是否为 1，来判别是否已收到一帧有效的数据。为 1 表明已收到一帧有效的数据，可以直接从接收数据缓冲寄存器 URXHn 读取数据；为“0”表明未收到一帧有效的数据，需要不断地查询等待，直到收到一帧有效的数据，再从接收数据缓冲寄存器 URXHn 读取数据。

采用中断方式需要在初始化程序中设置中断，当 UART 收到一帧有效的数据时，引发中断，读取数据的操作在中断服务程序中进行。

例如：

```
char uart_getch(void)
{
    if(f_nWhichUart==0)
    {
        while(!(rUTRSTAT0 & 0x1)); //Receive data ready
        return RdURXH0();
    }
    else if(f_nWhichUart==1)
    {
        while(!(rUTRSTAT1 & 0x1)); //Receive data ready
        return RdURXH1();
    }
    else if(f_nWhichUart==2)
    {
        while(!(rUTRSTAT2 & 0x1)); //Receive data ready
        return RdURXH2();
    }
    return NULL;
}
```

7.2 IIC 接口

IIC（Inter IC 总线）是由飞利浦公司开发的双线同步总线，用于与 EEPROM、ADC、DAC 和 LCD 这类慢速器件进行通信，它通过 SDA（串行数据线）和 SCL（串行时钟线）两根线连接到总线上的任何一个器件上，每个器件都有一个唯一的地址，而且都可以作为一个发送器或接收器。

IIC 能用于替代标准的并行总线，能连接各种集成电路和功能模块。支持 IIC 的设备有微控制器、ADC、DAC、存储器、LCD 控制器、LED 驱动器及实时时钟等。

IIC 总线的数据传送速度在标准工作方式下为 100Kbit/s，快速方式下最高传送速度达 400Kbit/s。

本节首先介绍 S3C2410A 内置的 IIC 控制器和相关的寄存器，然后介绍其接口电路和接口程序的设计。

7.2.1 IIC 通信数据格式

IIC 的一帧数据由起始信息、数据信息和结束信息构成，IIC 总线上每传输一个数据位必须产生一个时钟脉冲。图 7-7 所示为 IIC 的数据帧。

起始信息：在 SCL 线是高电平时，SDA 线从高电平向低电平切换。

结束信息：在 SCL 线是高电平时，SDA 线由低电平向高电平切换。

数据信息：发送到 SDA 线上的每个数据必须为 8 位，高位（MSB）在前，低位在后，每次传输可以发送的数据字节数不受限制，每个字节后必须跟一个应答位。相应的应答时钟脉冲由从机产生。在应答的时钟脉冲期间，发送器释放 SDA 线（高），接收器必须将 SDA 线拉低，使其在这个时钟脉冲的高电平期间保持稳定的低电平。

起始信息后的第一个字节数据是从器件的地址，其中前 7 位为地址码，第 8 位为方向位，0 表示发送（主器件发送数据到从器件），1 表示接收（主器件接收从器件发送的数据）。

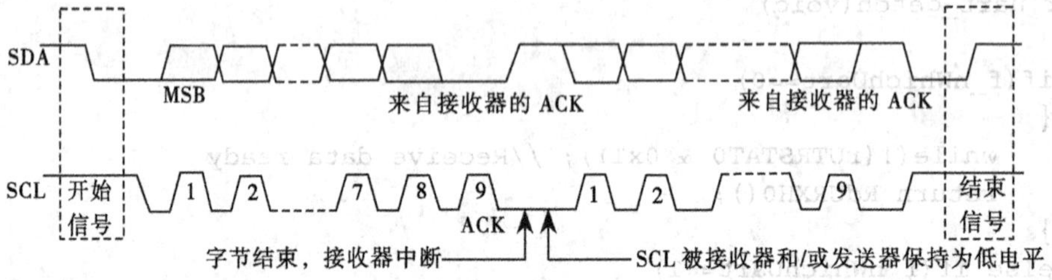

图 7-7 IIC 的数据帧

7.2.2 S3C2410A 的 IIC 接口

S3C2410A 处理器提供了一个 IIC 串行总线，包括一个专门的串行数据线和串行时钟线。它的操作模式有 4 种：

- 主设备发送模式；
- 主设备接收模式；
- 从设备发送模式；

• 从设备接收模式。

S3C2410A 处理器的 IIC 总线接口框图如图 7-8 所示。

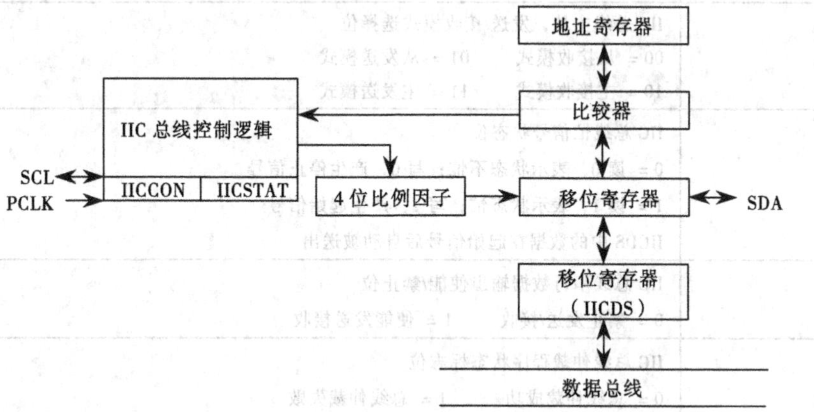

图 7-8　S3C2410A 的 IIC 总线接口

7.2.3　IIC 相关的寄存器

IIC 总线相关的寄存器包括：IIC 总线控制寄存器（IICCON）、IIC 总线状态寄存器（IICSTAT）、IIC 总线发送接收移位寄存器（IICDS）和 IIC 总线地址寄存器（IICADD）。

1. IIC 总线控制寄存器（IICCON）

该寄存器用来使能 IIC 总线应答、IIC 总线中断及设置时钟。

寄存器地址　0x54000000　复位值　0x0X

该寄存器每一位的功能如表 7-9 所示。

表 7-9　IIC 总线控制寄存器（IICCON）功能描述

位	功　　能
[7]	IIC 总线应答使能控制 0 = 禁止　　　　1 = 使能
[6]	IIC 总线发送时钟预分频选择位 0 = IICCLK = PCLK/16　　1 = IICCLK = PCLK/512
[5]	IIC 总线中断使能控制 0 = 禁止　　　　1 = 使能
[4]	中断挂起标志 0 = ①读 0，没有发生中断；　②写 0，清除未决条件并恢复中断响应 1 = ①读 1，发生了未决中断；②不可以写入操作
[3:0]	发送时钟预分频器的值，这 4 位预分频器的值决定了 IIC 总线进行发送的时钟频率，对应关系如下： Tx clock = IICCLK/(IICCON[3:0]+1)

2. IIC 总线状态寄存器（IICSTAT）

该寄存器用来选择主从收发模式，反馈总线状态。

寄存器地址　0x54000004　复位值　0x0

该寄存器每一位的功能如表 7-10 所示。

表 7-10　IIC 总线状态寄存器（IICSTAT）功能描述

位	功　　能
[7:6]	IIC 总线主从，发送/接收模式选择位 00 = 从接收模式　　01 = 从发送模式 10 = 主接收模式　　11 = 主发送模式
[5]	IIC 总线忙信号状态位 0 = 读 0，表示状态不忙；写 0，产生停止信号 1 = 读 1，表示状态忙；写 1，产生起始信号 IICDS 中的数据在起始信号后自动被送出
[4]	IIC 总线串行数据输出使能/禁止位 0 = 禁止发送/接收　　1 = 使能发送接收
[3]	IIC 总线仲裁程序状态标志位 0 = 总线仲裁成功　　1 = 总线仲裁失败
[2]	IIC 总线从地址状态标志位 0 = 在探测到起始或停止条件时，被清零 1 = 如果接收到的从器件地址与保存在 IICADD 中的地址相符，则置 1
[1]	IIC 总线 0 地址状态标志位 0 = 在探测到起始或停止条件时，被清零 1 = 如果接收到的从器件地址为 0，则置 1
[0]	应答位（最后接收到的位）状态标志 0 = 最后接收到的位为 0（ACK 接收到了） 1 = 最后接收到的位为 1（ACK 没有接收到）

3. IIC 总线发送接收移位寄存器（IICDS）

该寄存器为传输帧的移位寄存器，用来存放 8 位移位数据。

寄存器地址　0x54000008

4. IIC 总线地址寄存器（IICADD）

该寄存器为用来存放 7 位从地址。

寄存器地址　0x5400000C

该寄存器每一位的功能如表 7-11 所示。

表 7-11　IIC 总线地址寄存器（IICADD）功能描述

位	功　　能
[7:1]	7 位从地址
[0]	保留

7.2.4　IIC 接口设计

在以 S3C2410A 处理器为核心的嵌入式产品硬件设计中，IIC 接口一般用于连接带有 IIC 总线接口的存储器、微控制器或各类传感器。由于 IIC 总线采用两线式结构，所以电路设计非常简单，只需将从器件的 SCL 引脚、SDA 引脚与 S3C2410A 处理器的 GPE15 引脚（IICSCL）和 GPE14 引脚（IICSDA）对应连接，再加上一个 10kΩ的上拉电阻即可。添加上拉电阻，是因为在电气特性上，IIC 总线的设计思想是利用“线与”的方法实现总线冲突和抢占，这就要求总线上的元件 I/O 特性必须满足“线与”的条件，即 OC 门输出，同时总线上必须有上拉电阻。

图 7-9 所示为使用 IIC 总线连接 AT24C08 EEPROM 的电路。

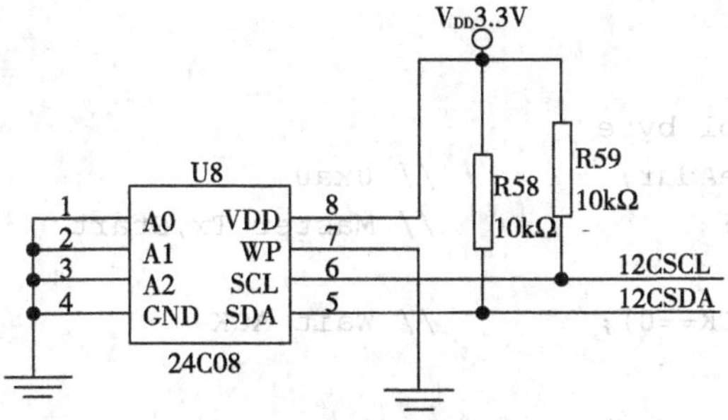

图 7-9 IIC 接口应用电路

7.2.5 IIC 接口驱动程序

1. 初始化程序

这里的初始化程序需要完成两项工作。

(1) 配置 I/O 口

IIC 使用 GPE14 和 GPE15 两个引脚，因此需要设置相应的 I/O 口。这项工作可以在 S3C2410A 的启动代码中，通过配置向导来进行。

(2) 配置相关的寄存器

例如：

```
void IIC_init()
{
    rINTMSK=0x7ffffff;                              //屏蔽所有的中断
    rINTMOD=0x0;                                    //所有的中断设置为 IRQ 模式
    pISR_IIC=(unsigned) IicInt;                     //设置 IIC 的中断处理函数
    rINTMSK=~ (BIT_GLOBAL|BIT_IIC);

    rIICCON=(1<<7)|(0<<6)|(1<<5)|(0xf);             //使能中断，IICCLK = PCLK/16,
                                                    //允许应答
    rIICADD=0x0;                                    //S3C2410 从地址
    rIICSTAT=0xf0;
}
```

2. 发送和接收数据

使用 IIC 总线发送和接收数据时，可以采用中断方式或者轮询方式，下面是使用轮询方式对 EEPROM 进行读写操作的基本步骤。

(1) 写操作步骤

① 填写 IIC 命令（写）、IIC 缓冲区数据及大小。

② 设置从设备地址并启动 IIC。

③ IIC 通过轮询方式进行写操作。

④ 等待写操作结束。

⑤ 等待从设备应答。

例如：

```
void iic_write_24c040(UINT32T unSlaveAddr,UINT32T unAddr,UINT8T ucData)
{
     f_nGetACK=0;

    // Send control byte
    rIICDS=unSlaveAddr;           // 0xa0
    rIICSTAT=0xf0;                // Master Tx,Start

    while(f_nGetACK==0);          // Wait ACK
    f_nGetACK=0;

    //Send address
    rIICDS=unAddr;
    rIICCON=0xaf;                 // Resumes IIC operation.

    while(f_nGetACK==0);          // Wait ACK
    f_nGetACK=0;

    // Send data
    rIICDS=ucData;
    rIICCON=0xaf;                 // Resumes IIC operation.

    while(f_nGetACK==0);          // Wait ACK
    f_nGetACK=0;

    // End send
    rIICSTAT=0xd0;                // Stop Master Tx condition
    rIICCON=0xaf;                 // Resumes IIC operation.
    delay(5);                     // Wait until stop condtion is in effect.
}
```

(2) 读操作步骤

① 填写 IIC 命令（读）。

② 等待写操作结束。

③ 启动 IIC 操作，通过轮询方式进行读操作，读取的数据放入缓冲区中。

例如：

```
void iic_read_24c040(UINT32T unSlaveAddr,UINT32T unAddr,UINT8T *pData)
{
    char cRecvByte;
    f_nGetACK=0;
    //Send control byte
    rIICDS=unSlaveAddr;                 // 0xa0
    rIICSTAT=0xf0;                      // Master Tx,Start
    while(f_nGetACK==0);                // Wait ACK
    f_nGetACK=0;
```

```
    // Send address
    rIICDS=unAddr;
    rIICCON=0xaf;                   // Resumes IIC operation.
    while(f_nGetACK==0);            // Wait ACK
    f_nGetACK=0;

    //Send control byte
    rIICDS=unSlaveAddr;             // 0xa0
    rIICSTAT=0xb0;                  // Master Rx,Start
    rIICCON=0xaf;                   // Resumes IIC operation.
    while(f_nGetACK==0);            // Wait ACK
    f_nGetACK=0;

    //Get data
    cRecvByte=rIICDS;
    rIICCON=0x2f;
    delay(1);

    // Get data
    cRecvByte=rIICDS;

    // End receive
    rIICSTAT=0x90;                  // Stop Master Rx condition
    rIICCON=0xaf;                   // Resumes IIC operation.
    delay(5);                       // Wait until stop condtion is in effect.

    *pData=cRecvByte;
}
```

7.3 SPI 接口

串行外围设备接口 SPI（Serial Peripheral Interface）总线技术是 Motorola 公司推出的一种同步串行接口，该总线大量用于慢速外设器件通信。绝大多数半导体公司的 MCU（微控制器）都配有 SPI 硬件接口。SPI 在系统管理方面的缺点是缺乏流控机制，无论主器件还是从器件，均不对消息进行确认。SPI 接口是在 CPU 和外围低速器件之间进行同步串行数据传输，在主器件的移位脉冲下，数据按位传输，高位在前，低位在后，为全双工通信，数据传输速度总体来说比 IIC 总线要快，速度可达到每秒钟几兆位。

在点对点的通信中，SPI 接口不需要进行寻址操作，且为全双工通信，显得简单高效。

本节首先介绍 S3C2410A 内置的 SPI 控制器和相关的寄存器，然后介绍其接口电路和接口程序的设计。

7.3.1 SPI 接口

1. SPI 接口信号

SPI 接口是以主从方式工作的，这种模式通常有一个主器件和一个或多个从器件，其接口包括以下 4 种信号：

- MOSI——主器件数据输出，从器件数据输入。
- MISO——主器件数据输入，从器件数据输出。
- SCLK——时钟信号，由主器件产生。
- $\overline{\text{CS}}$——从器件使能信号，由主器件控制。

2. SPI 总线系统的典型结构

SPI 总线系统的典型结构如图 7-10 所示。可以由 1 个主机和若干个从机构成各种系统。在大多数应用场合，可使用 1 个 MCU 作为主机来控制数据，并向 1 个或几个外围器件传送该数据。从机只有在主机发命令时才能接收或发送数据。

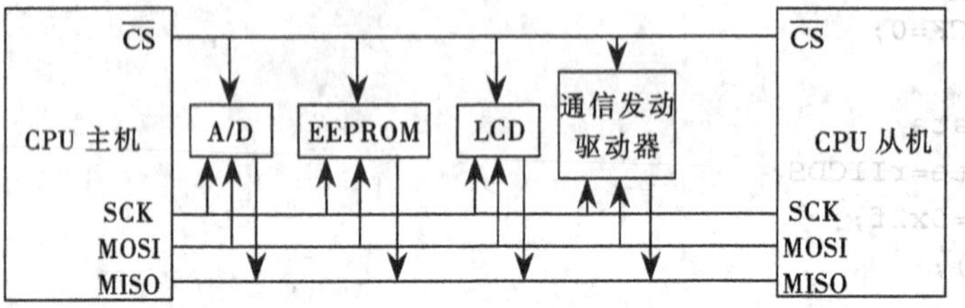

图 7-10　SPI 总线系统的典型结构

3. SPI 总线的工作方式与接口时序

SPI 模块为了和外设进行数据交换，根据外设工作要求，可以对其输出串行同步时钟 SCK 的极性和相位进行配置，按照 SCK 极性和相位的不同，SPI 总线的工作方式分为 4 种，如图 7-11 所示。

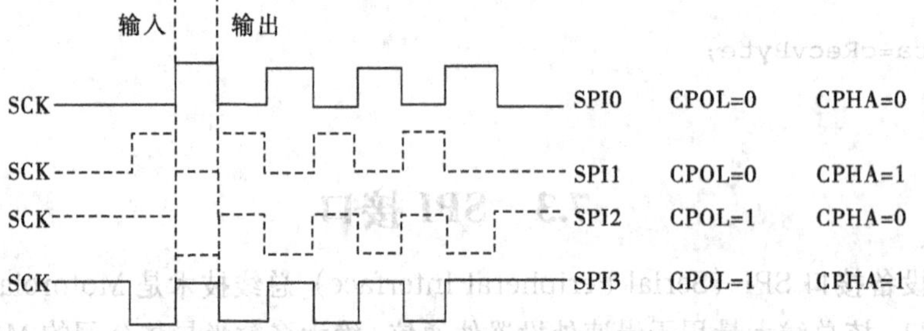

图 7-11　SPI 总线的 4 种工作方式

时钟极性（CPOL）对传输协议没有重大的影响。如果 CPOL=0，串行同步时钟的空闲状态为低电平；如果 CPOL=1，串行同步时钟的空闲状态为高电平。时钟相位（CPHA）能够配置用于选择两种不同的传输协议之一进行数据传输。如果 CPHA=0，在串行同步时钟的第一个跳变沿（上升或下降）数据被采样；如果 CPHA=1，在串行同步时钟的第二个跳变沿（上升或下降）数据被采样。SPI 主模块和与之通信的外设音时钟相位和极性应该一致。SPI 总线接口时序如图 7-12 所示。

主设备 SPI 时钟和极性的配置应该由外设来决定，二者的配置必须保持一致，这是因为主从设备是在 SCK 的控制下，同时发送和接收数据，并通过两个双向移位寄存器来交换数据的。

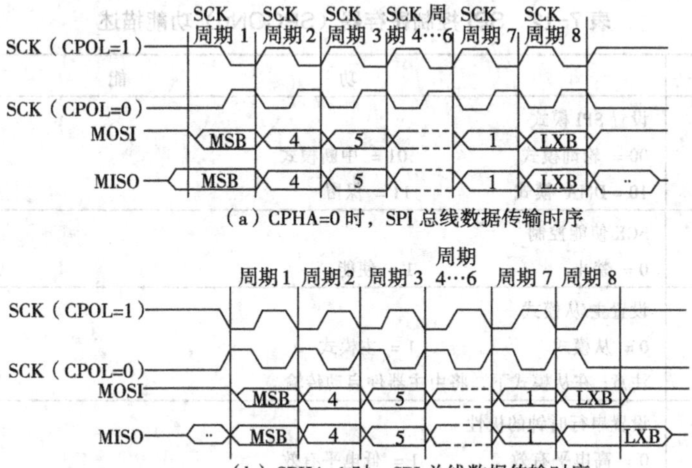

（b）CPHA=1 时，SPI 总线数据传输时序

图 7-12　SPI 总线接口时序

7.3.2　S3C2410A 的 SPI 控制器

S3C2410A 处理器可提供两个 SPI 接口，每个接口都有一个用于同步传输和接收数据的 8 位移位寄存器，使用 SPI 接口，处理器可以与外部设备之间实现 8 位数据的传输和接收。SPI 接口通过一根串行时钟线来实现数据传输和接收的同步，当 S3C2410A 为主器件时，数据的传输速度可以通过修改 SPPREn 寄存器相应的位来设置。S3C2410A 的 SPI 接口支持轮询（polling）、中断和 DMA 3 种 SPI 模式，可以通过修改 SPI 控制寄存器 SPCONn 的相应位来进行设置。

使用 SPI 总线与外部设备进行通信时，根据外设的工作要求，可以通过配置串行同步时钟的极性（CPOL）和相位（CPHA）形成 4 种不同的 SPI 数据传输格式，S3C2410A 对这 4 种不同的数据传输格式均支持。

时钟的极性对传输协议没有重大的影响，CPOL＝0 表示串行同步时钟的空闲状态为低电平，CPOL＝1 表示空闲状态为高电平。串行同步时钟的相位值决定着使用哪种传输协议进行数据传输。如果 CPHA＝0，表示在串行同步时钟的第一个跳变沿（上升沿或下降沿）数据被采样；CPHA＝1，则表示在串行同步时钟的第二个跳变沿（上升沿或下降沿）数据被采样。使用 SPI 总线进行通信的主设备和从设备的时钟相位和极性应该设为相同的值。图 6-22 给出了 CPOL＝0，CPHA＝0 和 CPOL＝0，CPHA＝1 两种设置下的 SPI 数据传输时序，可以通过设置 SPCONn 控制寄存器的 CPOL 和 CPHA 位来设置串行同步时钟的极性和相位。

7.3.3　SPI 相关的寄存器

在 S3C2410A 处理器中与 SPI 总线配置相关的寄存器主要有 SPI 控制寄存器 SPCONn、SPI 状态寄存器 SPSTAn、SPI 引脚控制寄存器 SPPINn、波特率分频寄存器 SPPREn。

1. SPI 控制寄存器（SPCONn）（n=0～1）

SPCONn 寄存器用来设置 SPI 模式、器件的主/从模式及串行时钟的极性和相位。

SPCON0 寄存器地址　0x59000000　复位值　0x00

SPCON1 寄存器地址　0x59000020　复位值　0x00

SPI 控制寄存器每一位的功能如表 7-12 所示。

表 7-12　SPI 控制寄存器（SPCONn）功能描述

位	功能
[6:5]	设置 SPI 模式 00 = 轮询模式　　01 = 中断模式 10 = DMA 模式　　11 = 保留
[4]	SCK 使能控制 0 = 禁止　　1 = 使能
[3]	设置主/从模式 0 = 从模式　　1 = 主模式 注意：在从模式下，将由主器件启动传输
[2]	设置串行时钟的极性 0 = 高电平有效　　1 = 低电平有效
[1]	选择传输格式 0 = 格式 A　　1 = 格式 B
[0]	选择接收数据模式 0 = 普通模式　　1 = Tx auto garbage data mode 注意:在普通模式下，如果仅需要接收数据，将传输伪数据 0xFF

2. SPI 状态寄存器（SPSTAn）（n=0～1）

SPSTAn 寄存器用于设置数据冲突检测、数据传输准备标志及多主器件冲突检测。

SPSTA0 寄存器地址　0x5900004 复位值　0x01

SPSTA1 寄存器地址　0x5900024 复位值　0x01

SPI 状态寄存器每一位的功能如表 7-13 所示。

表 7-13　SPI 状态寄存器（SPSTAn）功能描述

位	功能
[7:3]	保留
[2]	数据冲突标志 0 = 无冲突　　1 = 数据冲突
[1]	多主器件冲突标志 0 = 无冲突　　1 = 多主器件冲突
[0]	数据传输准备标志 0 = 未准备好　　1 = 准备好

3. SPI 引脚控制寄存器（SPPINn）（n=0～1）

SPPIN0 寄存器地址　0x5900008 复位值　0x02

SPPIN1 寄存器地址　0x5900028 复位值　0x02

SPI 引脚控制寄存器如表 7-14 所示。

表 7-14　SPI 状态寄存器（SPPINn）功能描述

位	功能
[7:3]	保留

续表

位	功 能
[2]	多主器件冲突标志引脚（ $\overline{SS}$ ）使能 0 = 禁止（作为普通引脚） 1 = 使能（作为多主器件冲突标志） 仅用于主器件
[1]	保留 必须为“1”
[0]	当一个字节传输结束时，确定 MOSI 保持输出还是释放。仅用于主器件 0 = 释放 1 = 保持输出

4．SPI 波特率分频寄存器（SPPREn）（n=0～1）

SPPREn 寄存器用设置时钟的波特率：

$$波特率 = PCLK / 2 / (SPPREn + 1)$$

SPPRE0 寄存器地址 0x5900000C 复位值 0x00

SPPRE1 寄存器地址 0x5900002C 复位值 0x00

5．SPI 数据寄存器（SPTDATn）（n=0～1）

SPTDAT0 寄存器地址 0x59000010 复位值 0x00

SPTDAT1 寄存器地址 0x59000030 复位值 0x00

7.3.4 SPI 接口的初始化程序

这里的初始化程序需要完成两项工作。

1．配置 IO 口

SPI 使用 GPE11、GPE12 和 GPE13 3 个引脚，因此需要设置相应的 IO 口。这项工作可以在 S3C2410A 的启动代码中，通过配置向导来进行。

2．配置相关的寄存器

例如：

```
void SPI_init()
{
    rSPPRE0=PCLK/2/ucSpiBaud-1;
    rSPCON0=(1<<5)|(1<<4)|(1<<3)|(0<<2)|(0<<1)|(0<<0); //interrupt mode,
                    //enable ENSCK,master,CPOL=0,CPHA=0,normal mode
    rSPPRE1=PCLK/2/ucSpiBaud-1;
    rSPCON1=(1<<5)|(1<<4)|(0<<3)|(0<<2)|(0<<1)|(0<<0); //interrupt mode,
                    //enable ENSCK,slave,CPOL=0,CPHA=0,normal mode
    rSPPIN0=(0<<2)|(1<<1)|(0<<0);             //dis-ENMUL,SBO,release
    rINTMOD&=~(BIT_SPI0|BIT_SPI1);
    rINTMSK&=~(BIT_SPI0|BIT_SPI1);

    while(!(rSPSTA0&rSPSTA1&0x1));
    cTxEnd=0;
    rSPTDAT0=*cTxData++;

    rINTMSK|=(BIT_SPI0|BIT_SPI1);
}
```

7.4 USB 接口

通用串行总线协议 USB（Universal Serial BUS）是由 Intel、康柏及 Microsoft 等公司联合提出的一种新的串行总线标准，主要用于 PC 与外围设备的互联。1996 年 2 月，发布了第一个规范版本 1.0，2000 年 4 月发布了目前广泛使用的版本 2.0，相应的设备传输速率也从 1.5Mbit/s 的低速和 12Mbit/s 的全速提高到如今的 480 Mbit/s 的高速。

7.4.1 USB 接口

USB 总线协议定义了 4 条信号线，其中两条负责供电，另外两条负责数据传输。USB 通信模型是一种 Host-Slave 主从式结构，因此通过 USB 总线进行通信的双方必然有一方在通信中担当 Host 角色。USB 有 4 种数据传输方式：控制、同步、中断和批量。USB 规范中将 USB 分为 5 部分：控制器、控制器驱动程序、USB 芯片驱动程序、USB 设备及针对不同 USB 设备的驱动程序。

7.4.2 S3C2410A 的 USB 控制器

S3C2410 内置的 USB Device 控制器具有以下特性：

- 完全兼容 USB1.1 协议。
- 支持全速（Full Speed）设备。
- 集成的 USB 收发器。
- 支持 Control、Interrupt 和 Bulk 传输模式。
- 5 个具备 FIFO 的通信端点。
- Bulk 端点支持 DMA 操作方式。
- 接收和发送均有 64B 的 FIFO。
- 支持挂起和远程唤醒功能。

S3C2410A 处理器内部集成的 USB Host 控制器支持两个 USB Host 通信端口，符合 USB1.1 协议规范，支持控制、中断和 DMA 大量数据传送方式，同时支持 USB 低速和全速设备连接。处理器内部集成了 5 个可配置结点的 64 位 FIFO 存储收发器，同时支持挂起和远程唤醒功能。S3C2410A 处理器中与 USB 总线配置相关的寄存器比较多，读者可以参阅 S3C2410A 数据手册。

7.4.3 USB 接口设计

在嵌入式系统中一般要扩展出主和从两个 USB 接口。其中，USB Device 接口可与 PC 上的 USB 连接进行程序下载通信等功能。USB Host（主机）接口可连接诸如 U 盘的外部设备进行通信和存储。USB Host 接口电路如图 7-13 所示，USB Device 接口电路如图 7-14 所示。

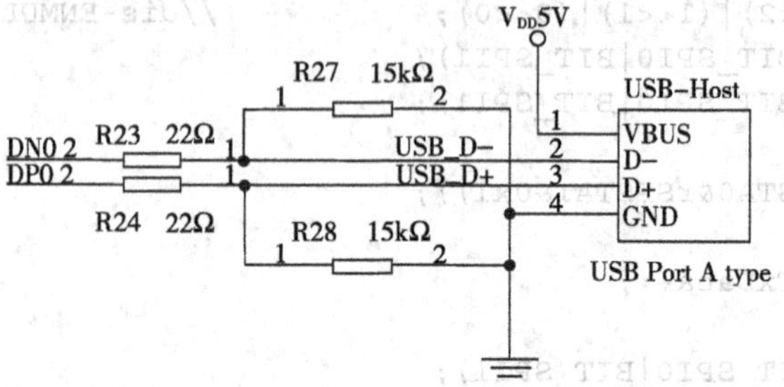

图 7-13　USB Host 接口电路

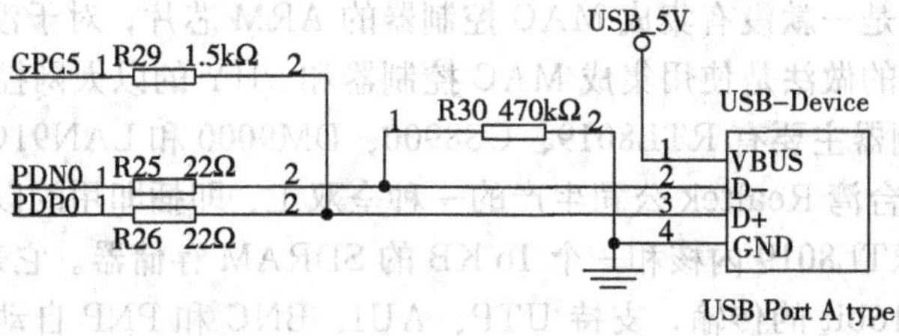

图 7-14　USB Device 接口电路

7.4.4　USB 接口编程

在嵌入式系统中，USB 接口分为 USB Host 接口和 USB Device 接口，其接口软件完成的功能不一样，但主要都是完成 USB 协议的处理和数据的传送，USB 接口软件必须严格按照 USB 的技术规范要求来编写。

因为 S3C2410 微处理器内部包含 USB 主机和 USB 设备的控制器，因此只需要编写相应的 USB 设备端的 MCU 控制软件和 USB 主机端的程序。

7.5　常用网络接口

以太网作为目前应用最为广泛的局域网技术，在工业自动化和过程控制领域得到了越来越广泛的应用。传统的控制系统在信息层大都采用以太网，而在控制层和设备层一般采用不同的现场总线或其他专用网络。目前，随着工业以太网技术的发展，以太网已经渗透到了控制层和设备层。基于以太网的控制网络最典型的应用形式是 Ethernet+TCP/IP，它的底层是 Ethernet，网络层和传输层采用国际公认的标准 TCP/IP。

本节主要介绍 S3C2410A 扩展以太网控制器的基本方法，以及以太网接口电路和接口程序的设计。

7.5.1　以太网技术协议

IEEE 802.3 通常是指以太网。以太网协议是由一组 IEEE 802.3 标准定义的局域网协议集。在以太网标准中，有两种工作模式：半双工和全双工。半双工模式中，数据是通过在共享介质上采用载波监听多路访问/冲突检测（CSMA/CD）协议实现传输的。

RJ-45 接口是以太网最为常用的接口，RJ-45 是一个常用名称，指的是由 IEC(60)603-7 标准化，使用由国际性的接插件标准定义的 8 个位置（8 针）的模块化插孔或者插头。

IEEE 802.3 描述了 OSI 七层模型中的物理层和数据链路层的 MAC 子层的实现方法，在所有 IEEE 802 协议中，数据链路层被划分为两个 IEEE 802 子层，即：媒体访问控制（MAC）子层和 MAC 客户端子层；IEEE 802.3 物理层对应于 OSI 参考模型的物理层。

7.5.2　以太网接口控制器

以太网接口控制器主要包括 MAC 和 PHY 两个部分，其中 MAC 层控制器作为逻辑控制，比较容易集成在处理器的内部，很多针对网络控制应用的嵌入式处理器都集成了 MAC 层控制器。集成在 ARM 芯片内的 MAC 控制器可以通过 DMA 通道与系统内存交换数据，ARM 内核通过 APB 总线访问 MAC 控制器的寄存器接口。

S3C2410A 处理器是一款没有集成 MAC 控制器的 ARM 芯片，对于没有集成 MAC 控制器的嵌入式处理器，通用的做法是使用集成 MAC 控制器和 PHY 的以太网控制器来扩展以太网接口。常见的以太网控制器主要有 RTL8019、CS8900、DM9000 和 LAN91C11 等。

RTL8019AS 是由台湾 Realtek 公司生产的一种全双工、即插即用的以太网控制器，它在一块芯片上集成了一个 RTL8019 内核和一个 16 KB 的 SDRAM 存储器。它兼容 RTL8019 控制软件和 NE2000 8bit 或 16bit 的传输，支持 UTP、AUI、BNC 和 PNP 自动检测模式，支持外接闪烁存储器读写操作，支持 I/O 口地址的完全解码，具有 LED 指示功能。其接口符合 Ethernet II 和 IEEE 802.3（10Base5、10Base2、10BaseT）标准。

DM9000 是 DAVICOM 公司推出的一款 10/100M 自适应快速以太网 MAC 控制器。在其内部有一个 10/100M 自适应的 PHY 和 4K DWORD 值的 SRAM ，支持 8 位、16 位和 32 位数据总线访问内部存储器，其工作电压为 3.3V，容易与多数嵌入式处理器直接连接，且有成熟的 Linux 驱动程序支持。DM9000 物理协议层接口完全支持使用 10Mbit/s 下 3 类、4 类、5 类非屏蔽双绞线和 100Mbit/s 下 5 类非屏蔽双绞线，这完全符合 IEEE 802.3u 规格。它的自动协调功能将自动完成配置以最大限度地适合其线路带宽，还支持 IEEE 802.3x 全双工流量控制。

7.5.3 以太网接口电路

图 7–15 所示为基于 RTL8019 的以太网接口电路，RTL8019 和 RJ–45 接口之间需要用网络隔离变压器来连接，网络隔离变压器起着信号传输、阻抗匹配、波形修复、杂波抑制及高电压隔离等作用，以保护系统的安全。关于 RTL8019 的详细资料，读者可以参见相关的数据手册。

7.5.4 以太网接口编程

基于 RTL8019 的以太网接口，主要包括 3 点内容。

1. RTL8019 初始化

(1) 先要对网卡进行复位

对网卡复位有两种方式：

- 冷启动：对 RTL8019 的 RSTDRV 发送一个高电平复位信号。
- 热启动：对 RTL8019 内部寄存器进行操作，对复位端口进行任意读写。

(2) 对寄存器进行设置

主要有以下操作：

- 先停止网卡工作，设置发送和接收的单元。设置是否要屏蔽中断，设置网卡工作在 8 位总线还是 16 位总线方式下等。
- 设置网卡的 MAC 地址到 MAR 寄存器，网卡开始工作。

2. 发送数据

将待发送的数据包存入芯片 RAM，给出发送缓冲区首地址和数据包长度（写入 TPSR、TBCR0,1），然后启动发送命令（CR=0x3E），即可实现 8019 发送功能。8019 会自动按以太网协议完成发送并将结果写入状态寄存器。发送数据包的基本步骤如下：

① 装帧：将发送的数据封装成 802.3 协议的以太网帧；

② 将封装后的数据帧送入 RTL8019AS 的发送缓冲区；

③ 设置发送控制寄存器：TBCR，TBCR0 中设置发送数据包的长度、TPSR 中设置发送缓冲区起始页地址；

④ 启动 RTL8019AS：将该帧发送到网络传输线上。

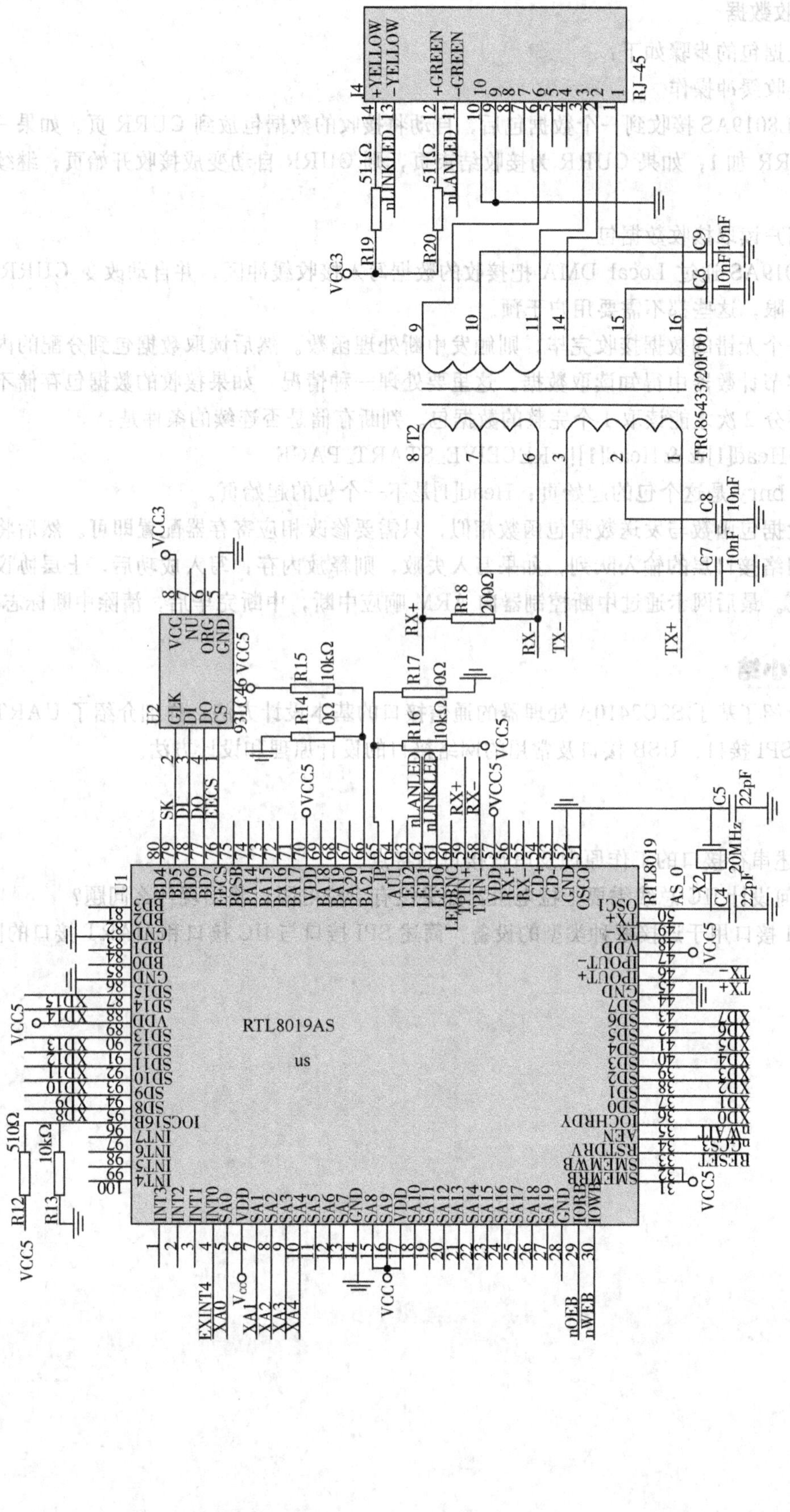

图 7-15　基于 RTL8019 的以太网接口电路

3．接收数据

接收数据包的步骤如下：

（1）接收缓冲操作

当 RTL8019AS 接收到一个数据包后，自动将接收的数据包放到 CURR 页。如果一页放不下，则 CURR 加 1；如果 CURR 为接收结束页，则 CURR 自动变成接收开始页，继续写入接收的数据。

（2）用户读取接收数据包

RTL8019AS 通过 Local DMA 把接收的数据写入接收缓冲区，并自动改变 CURR 和识别缓冲区的界限，这些都不需要用户干预。

如果一个无错的数据接收完毕，则触发中断处理函数。然后读取数据包到分配的内存，可以从接收字节计数器中得知读取数据。这里要处理一种情况：如果接收的数据包存储不是连续的，这时要分 2 次才能读取 1 个完整的数据包。判断存储是否连续的条件是：

bnry>Head[1]&&Head[1]!=RECEIVE_START_PAGE

其中：bnry 是这个包的起始页；Head[1]是下一个包的起始页。

接收数据包函数与发送数据包函数相似，只需要修改相应寄存器配置即可。然后将接收的数据写入网络接口层的输入队列，如果写入失败，则释放内存；写入成功后，上层协议将提取这个数据包。最后网卡通过中断控制器向 ARM 响应中断，中断完毕后，清除中断标志。

本章小结

本章介绍了基于 S3C2410A 处理器的通信接口的基本设计方法，详细介绍了 UART 接口、IIC 接口、SPI 接口、USB 接口及常用的网络接口的设计原理和设计方法。

习题

1．简述串行接口的工作原理及串行接口的特点。

2．为何设计 IIC 总线需要上拉电阻？如果没有上拉电阻，将出现什么问题？

3．SPI 接口用于连接哪种类型的设备？简述 SPI 接口与 IIC 接口和 UART 接口的区别。

第8章 基于嵌入式Linux的应用开发

本章导读

Linux是芬兰赫尔辛基大学的学生Linus Torvalds在1991年开发出来的一款类UNIX操作系统，是目前最为流行的一款开放源代码的操作系统。从1991年问世到现在，因其具有高性能内核、良好的多任务支持及良好的可移植性等特点，Linux不仅在PC平台，还在嵌入式应用中大放光彩，逐渐形成了与其他商业嵌入式操作系统抗衡的局面。经过改造后的嵌入式Linux具有如下适合于嵌入式系统的特点：

- 内核精简，高性能、稳定；
- 良好的多任务支持；
- 适用于不同的CPU体系架构：支持多种体系架构，如X86、ARM、MIPS、ALPHA、SPARC等；
- 可伸缩的结构：可伸缩的结构使Linux适用于从简单到复杂的各种嵌入式应用；
- 外设接口统一：以设备驱动程序的方式为应用提供统一的外设接口。

Linux操作系统不仅具有适合嵌入式系统应用的特点，而且开放源代码，软件资源丰富，具有广泛的软件开发者支持，价格低廉，结构灵活，适用面广。因此，目前正在开发的嵌入式系统中，70%以上的项目选择Linux作为嵌入式操作系统。

本章内容要点

- 嵌入式Linux内核组成与启动过程；
- 嵌入式Linux的开发步骤；
- 嵌入式Linux开发环境的构建；
- 嵌入式系统的Bootloader技术；
- 嵌入式Linux系统的构建；
- Linux系统下设备驱动程序的开发；
- Linux用户图形接口GUI。

如果课时较少，教学过程中可以不考虑基于嵌入式Linux的应用开发，本章也只进行了简单的介绍。

内容结构

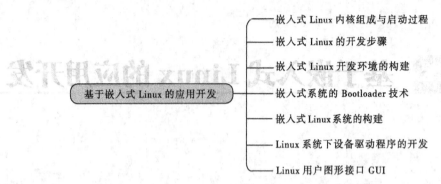

基于嵌入式 Linux 的应用开发

- 嵌入式 Linux 内核组成与启动过程
- 嵌入式 Linux 的开发步骤
- 嵌入式 Linux 开发环境的构建
- 嵌入式系统的 Bootloader 技术
- 嵌入式 Linux 系统的构建
- Linux 系统下设备驱动程序的开发
- Linux 用户图形接口 GUI

学习目标

通过对本章内容的学习，学生应该能够：

- 了解嵌入式 Linux 内核组成与启动过程；
- 学会嵌入式 Linux 开发环境、嵌入式 Linux 系统的构建；
- 掌握基于嵌入式 Linux 的应用系统的开发技术；
- 应用相应的技术完成一个简单的嵌入式 Linux 应用系统的开发设计。

8.1 嵌入式 Linux 内核组成与启动过程

8.1.1 嵌入式 Linux 内核组成

嵌入式 Linux 系统内核主要由进程调度子系统、进程通信子系统、内存管理子系统、虚拟文件子系统和网络接口子系统 5 个子系统组成。

1. 进程调度子系统

该子系统主要用于控制进程对 CPU 的访问。嵌入式 Linux 操作系统是一个多任务操作系统，在任何时刻都可能有多个进程需要占用 CPU 资源。进程调度就是从等待的可运行进程中选择下一个占用 CPU 资源的进程。可运行进程实际上是仅等待 CPU 资源的进程，如果某个进程在等待其他资源，则该进程是不可运行进程。Linux 使用了比较简单的、基于优先级的进程调度算法选择新的进程。进程处于操作系统的中心位置，其他子系统都依赖它。

2. 进程通信子系统

嵌入式 Linux 提供进程间通信（Inter-Process Communication，IPC）机制，其作用是给并发执行的进程提供一种方法，使它们可以共享资源，与其他进程同步并且交换数据。因为在一些特殊应用场合，需要一个以上的进程来完成单一的应用程序，但由于这些不同的进程或线程享有的系统资源往往是独立的，无法直接分享，因此操作系统核心必须提供进程间的通信机制，让这些不同的进程间可以互相交换消息，也可以借此知道彼此的意图来做出相应的行为。嵌入式 Linux 操作系统提供了管道、信号量、消息队列及共享内存等多种进程间通信机制。

3. 内存管理子系统

内存管理（Memory Management）子系统是操作系统中最为重要的部分，内存管理程序子系统负责控制进程对硬件内存资源的访问，这是通过硬件内存管理单元（Memory Management Unit，MMU）来完成的，该单元提供进程内存引用与嵌入式设备物理内存之间的映射。内存管理程序子系统为每个进程都维护一个这样的映射关系，使得两个进程可以访问同一个虚拟内存地址，而实际使用的却是不同的物理内存位置。此外，内存管理程序子系统支持交换，它把暂时不使用的内存页面移出内存，存放到永久性存储器中，这样嵌入式设备就可以支持比物理内存大的虚拟内存。

4. 虚拟文件子系统

虚拟文件系统（Virtual File System，VFS）隐藏了各种硬件的具体细节，为所有设备提供了统一的接口，VFS 提供了多达数十种不同的文件系统。虚拟文件系统可以分为逻辑文件系统和设备驱动程序。逻辑文件系统是指 Linux 所支持的文件系统，如 ext2、fat 等，设备驱动程序是指为每一种硬件控制器所编写的设备驱动程序模块。

5. 网络接口子系统

网络接口子系统提供了对各种网络标准的存取和各种网络硬件的支持。网络接口可分为网络协议和网络驱动程序。网络协议部分负责实现每一种可能的网络传输协议。网络设备驱动程序负责与硬件设备通信，每一种可能的硬件设备都有相应的设备驱动程序。

8.1.2 嵌入式 Linux 的启动过程

嵌入式 Linux 系统的软件体系结构，主要由 Bootloader、Linux 内核和根文件系统组成。Bootloader 的作用是初始化系统硬件并引导 Linux 内核启动，在各种体系结构平台上，大多数 Linux 内核都采用压缩格式（MIPS 平台例外，它的映像采用非压缩格式）。Linux 系统的启动过程通常划分为内核引导、内核启动和应用程序启动 3 个主要阶段。

第一阶段为内核引导阶段，这一阶段主要完成目标硬件初始化，解压内核映像，然后跳转到内核映像入口等工作。这部分的工作一般由系统的引导程序和内核映像的自引导程序完成。不同体系结构的硬件系统引导的方式和程序都有差异。

第二阶段为内核启动阶段，主要完成内核的初始化、设备驱动初始化和挂接根文件系统等操作。此阶段是 Linux 内核通用的启动函数入口，所有体系结构的硬件平台都顺序调用统一的函数。

第三阶段为应用程序启动阶段，主要是执行用户空间的 init 程序，完成系统初始化、启动相关服务和管理用户登录等工作。这一阶段可以提供给用户交互界面，如 Shell 命令或图形化的窗口界面，也可以自动运行用户编写的应用程序。

嵌入式 Linux 系统启动过程的流程图如图 8-1 所示。嵌入式硬件系统上电或者复位后，首先执行系统引导程序 Bootloader，初始化内存等硬件，然后把压缩的 Linux 内核映像加载到内存中，最后跳转到内核映像入口执行，这样就把控制权交给了 Linux 内核映像，完成了第一阶段的启动工作。

完成第一阶段工作后，接下来内核映像继续执行，完成自解压或者重定位，然后跳转到解压后的内核代码入口，这部分工作主要由 Linux 的自引导程序来完成。自引导程序又叫做 Linux Bootloader，包含在内核源代码中，这部分代码相对简单，不能替代系统 Bootloader。因为文件和应用程序都要存储在根文件系统中，所以 Linux 离不开文件系统，在内核启动的最后阶段必须挂载一个根文件系统，挂载完成后，从文件系统中的目录下找到 init 程序，启动 init 进程，然后启动用户登录、网络服务和图形化界面，完成整个 Linux 系统的启动工作。在整个启动过程中有两个关键点，一个是内核映像的解压启动，一个是挂载根文件系统。

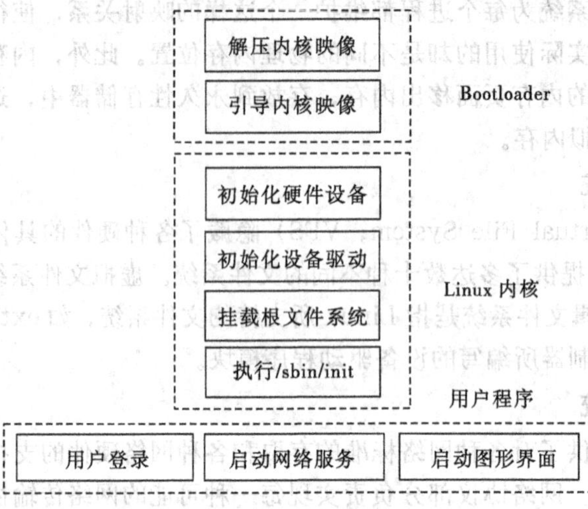

图 8-1　嵌入式 Linux 系统启动流程

8.2　嵌入式 Linux 的开发步骤

基于 Linux 系统进行嵌入式产品开发主要有两大方面的工作，一方面是根据用户需求进行嵌入式硬件系统设计，另一方面是操作系统移植和应用软件系统开发。硬件系统设计一般包括系统需求分析、处理器及外围芯片选择、原理图设计、PCB 设计、硬件焊接及调试等工作。软件系统设计主要包括配置 Linux 开发环境，开发 Bootloader，配置和编译 Linux 内核，建立根文件系统，开发应用程序等工作。一般情况下，硬件系统设计和软件系统设计可以并行，从而缩短产品的开发周期。典型嵌入式产品的开发流程如图 8-2 所示。

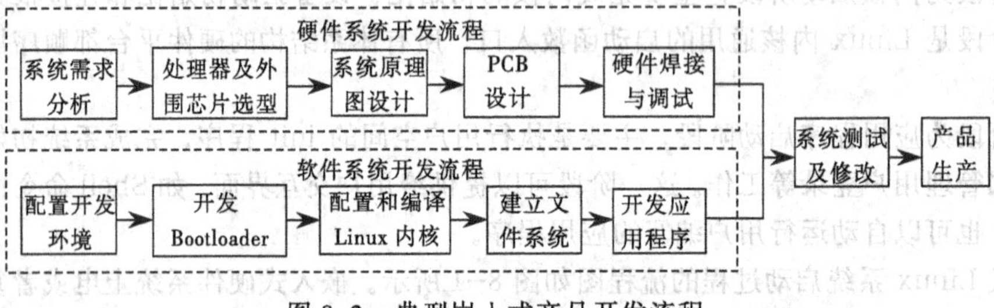

图 8-2　典型嵌入式产品开发流程

使用 Linux 进行嵌入式系统的开发，根据应用需求的不同，有不同的配置开发方法，但是一般都要经过如下过程：

1. 建立和配置开发环境

由于嵌入式硬件设备的资源有限，因此无法在硬件系统上直接安装发行版本的 Linux，这就需要专门为目标硬件定制 Linux 操作系统，这必须需要建立相关的开发环境。建立开发环境首先是在宿主机上安装发行版本的 Linux 操作系统，如 Red Hat 9、Fedroa 9 等，其次是安装交叉编译工具，如 arm-linux-gcc，最后是根据要求设置主机的串口参数、配置网络参数以方便嵌入式 Linux 的开发。

2. 开发 Bootloader 程序

Bootloader 是系统启动后运行的第一个程序，是用来引导操作系统启动的代码，是整个嵌入式软件系统的起点。Bootloader 不但依赖于 CPU 的体系结构，而且依赖于嵌入式系统的硬件配置，因此不可能为所有的嵌入式系统建立一个通用的 Bootloader。因此必须针对硬件系统来开发合适的 Bootloader，开发方式可以选择自主设计，也可以在一些公开源码的 Bootloader（如 U-boot、vivi）上进行修改。

3. 配置和编译 Linux 内核

根据系统的硬件配置编写特定设备的驱动程序，并对 Linux 系统的源码进行相关的裁减和编译，生成操作系统内核映像文件。

4. 建立文件系统

使用 busybox 等专门用于定制文件系统的工具软件建立一个最基本的根文件系统，再根据自己的应用需要添加其他程序。

5. 开发应用程序

根据嵌入式产品的需求，使用相关工具编写 Linux 下的应用程序，通过 arm-linux-gcc 等编译软件，编译生成可在 ARM 平台上运行的可执行文件。

8.3　嵌入式 Linux 开发环境的构建

由于嵌入式系统硬件的特殊性，一般不能安装发行版本的 Linux 系统，所以需要专门为特定的目标板定制 Linux 系统，这就必须为此建立相应的开发环境。嵌入式 Linux 下最常见的就是交叉开发模式。交叉开发模式由宿主机和目标开发板组成，两者通过串口、以太网口或 USB 等接口进行通信，其体系结构如图 8-3 所示。宿主机一般由 PC 承担，可以在宿主机上安装开发工具用来编译目标板的 Linux 引导程序、内核文件和文件系统，然后通过通信接口建立与目标机的连接，在目标机上调试和运行程序。

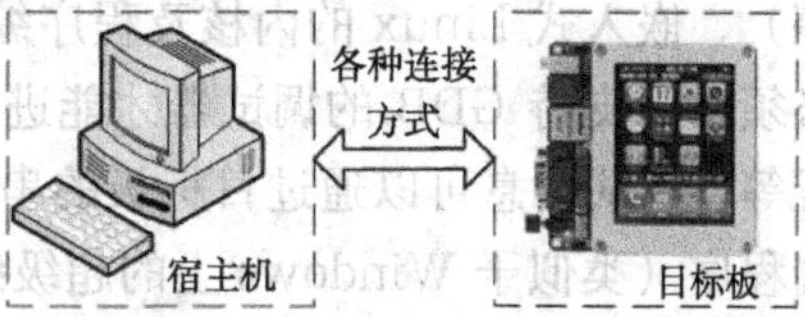

图 8-3　嵌入式 Linux 交叉开发模式

8.3.1　嵌入式 Linux 交叉开发环境

对于交叉开发模式，开发者一方面可以在熟悉的主机环境下进行程序的开发，另一方面可以真实地在目标板系统上运行和调试程序，可以避免受到目标板硬件的限制。要建立交叉开发方式，需要在宿主机和目标板之间建立连接，进行相互通信和文件传输等。常见的通信接口主要有串行通信接口、以太网接口、USB 等。

1. 宿主机与目标板文件传输方式

在宿主机端编译的 Linux 内核映像、文件系统及应用程序必须至少用一种方式下载到目标板上执行。通常情况下是由目标板的 Bootloader 程序提供相应功能，负责把内核映像和文件系统下载到目标板的 Flash 存储器中。根据不同的连接方式，可以有多种文件传输方式，每一种传输方式都需要相应的传输软件和协议。

（1）串口传输

宿主机使用 Linux 系统中的 minicom 或者 Windows 系统下的超级终端等工具可以通过串口发送文件。发送文件之前，首先要配置串口的波特率、起止位、校验位等参数和使用的文件传输协议，同时目标板也要做好接收文件的准备。通常，串口传输文件所使用的协议可以是 Kermit、Xmode 或 Zmode 等。

（2）网络传输方式

网络传输方式一般采用 TFTP（Trivial File Transport Protocol）。TFTP 是一种简单的网络传输协议，是基于 UDP 传输的，没有传输控制，很适合目标板的引导程序，且协议简单，功能容易实现，数据传输的速度也比较快，是一种常用的文件传输方式。

（3）USB 接口传输方式

在宿主机和目标板之间采用 USB 的主从方式进行文件传输，宿主机为主设备，目标板为从设备。宿主机端通常需要安装驱动程序，识别目标设备后，可以传输数据，数据传输速度非常快，目前市场上大部的 ARM 开发板都使用这种方式。

（4）网络文件系统

网络文件系统（Network File System，NFS）允许一个系统在网络上共享目录和文件，通过使用 NFS，目标板上的用户和程序可以像访问本地文件一样访问宿主机上的文件。网络文件系统的这一优点正好适合嵌入式 Linux 系统开发。目标板没有足够的存储空间，Linux 内核挂载网络文件系统可以避免使用本地存储器，可更快速地建立 Linux 系统，这样可以方便地运行和调试应用程序。

2. 宿主机软件配置模式

在宿主机上建立嵌入式 Linux 开发环境，通常有 3 种可选的软件配置模式。

（1）安装 Linux 操作系统

这种方式是在宿主机上安装发行版本的 Linux 操作系统（如 Red Hat 9、Fedroa 9、Ubuntu 等），嵌入式 Linux 的内核及程序编辑、编译、调试都在 Linux 环境下进行。在这种模式下，必须采用支持 GDB 的调试器才能进行调试，否则只能通过 Bootloader 进行简单的程序烧写运行等。调试信息可以通过目标板的串口传送给宿主机，宿主机使用 Linux 下的 Minicom 超级终端程序（类似于 Windows 上的超级终端工具）接收并显示目标板传送的打印信息。

（2）安装 Windows 系统和 Cygwin 软件

这种方式是在宿主机上安装 Windows 操作系统，通过安装 Cygwin 软件来模拟一个 Linux 系统，Cygwin 是运行于 Windows 中的一个应用程序，它可以使 Linux 环境下的应用程序可以在 Cygwin 环境下进行编译。在这种模式下，Linux 内核配置和编译等在 Cygwin 环境下运行，程序编辑和调试都在 Windows 环境下进行，必须采用支持 Windows 下进行 Linux 调试的调试器才能进行调试，否则只能通过 Bootloader 进行简单的程序烧写运行等。调试信息可以通过目标板的串口传送给宿主机，宿主机使用 Windows 上的超级终端工具接收并显示目标板传送的打印信息。

（3）安装 Windows 系统 VMWare 虚拟机

VMWare 是运行于 Windows 中的一个应用程序，是一个虚拟机，可以在其上安装一个 Linux 操作系统，相当于在 Windows 上安装一个虚拟的操作系统，这样就可以在 Windows 下开发 Linux 应用程序，然后在虚拟机中进行程序的编译和调试，完成后通过网络将程序下载至目标板。这种模式的优点是可以使用 Windows 环境下的各种应用软件向目标板传送文件，如 TFTP、FileZilla 等。这种模式是目前应用最为广泛的一种宿主机软件配置模式。

8.3.2　安装 Linux 操作系统

要在宿主机上配置嵌入式 Linux 的开发环境，这里推荐使用安装 Windows 系统和 VMWare 虚拟机的软件模式。首先在 Windows 系统下安装一个 VMWare 虚拟机软件，该软件可以在 VMware 公司的官方网站上下载（www.vmware.com），安装完成后需要在 VMware 中新建一个虚拟机，并配置虚拟机的虚拟硬件，然后将 Linux 操作系统的安装光盘映像文件挂载到虚拟机的虚拟光驱，启动虚拟机，开始安装 Linux 操作系统。对于 Linux 操作系统的发行版本，推荐安装 Red Hat 9 或 Fedroa 9，下面以 Red Hat 9 为例，来讲述在虚拟机下安装 Linux 的过程。

首先要把虚拟计算机的引导程序设置为光盘启动，然后把虚拟机的光盘驱动器映射到 Red Hat Linux 9 的第一张安装光盘映像文件，启动虚拟机，安装盘会自动引导虚拟机开始安装 Red Hat Linux 9。接下来的安装步骤如下：

1. 选择安装模式和语言

Red Hat Linux 9 提供了图形安装模式和文本安装模式，如图 8-4 所示。图形安装模式提供方便的中文菜单、图形化的界面和在线帮助，使用户能按照提示一步一步地完成系统安装。本次实验选择图形安装模式，如果计算机没有图形化的安装界面，也可以使用文本安装模式，安装程序会给出恰当的提示，图形化的安装比文本方式安装方便，但速度比较慢。当安装引导程序进入如图 8-5 所示的对话框时，选择使用的语言，这里选择“简体中文”语言。安装程序将试图根据所选择的语言信息来定义恰当的时区。

图 8-4　安装模式选择

图 8-5　语言选择

2. 键盘和鼠标的配置

在图 8-6 中，使用鼠标来选择本次安装和以后系统默认的键盘布局类型，选好后单击“下一步”按钮进入鼠标配置。在图 8-7 中，为系统选择正确的鼠标类型。如果找不到确切的匹配，选择一种与系统兼容的鼠标类型。选定后单击“下一步”按钮继续安装过程。

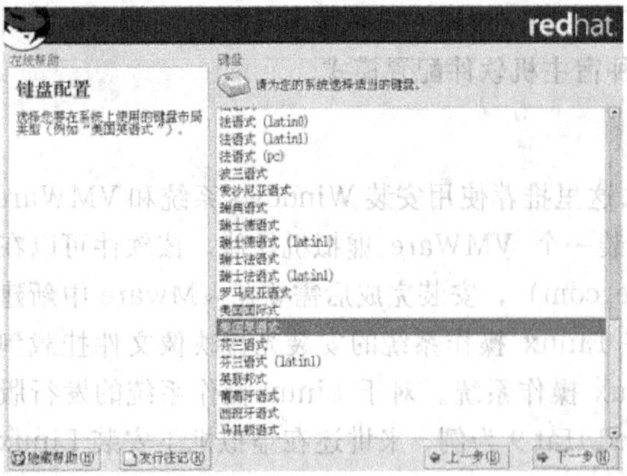

图 8-6　键盘配置

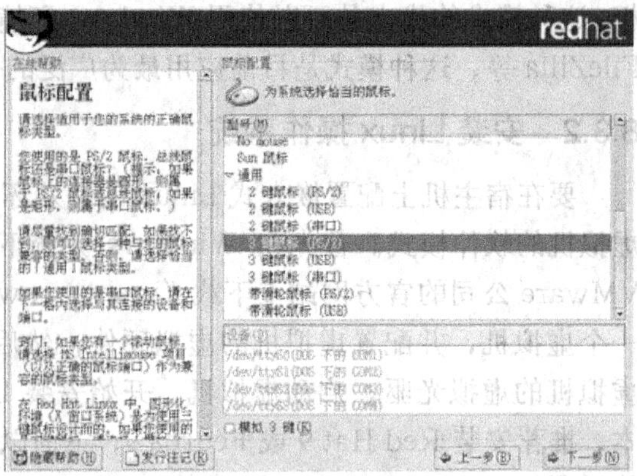

图 8-7　鼠标配置

3. 选择安装模式与安装类型

如果安装程序在系统上检测到从前安装的 Red Hat Linux 版本，会自动弹出“升级检查”界面。要在系统上执行 Red Hat Linux 9 的新安装操作，在图 8-8 中选中“执行 Red Hat Linux 的新安装”单选按钮，然后单击“下一步”按钮进入选择安装类型的界面，如图 8-9 所示，选择安装类型，这里设置安装类型为“服务器”，然后单击“下一步”按钮继续安装过程。

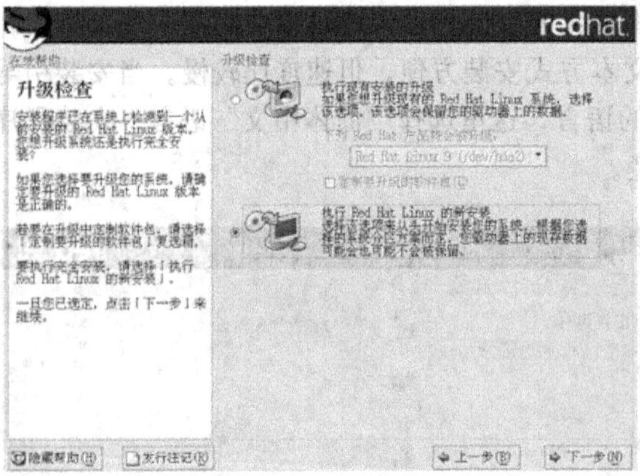

图 8-8　升级检查

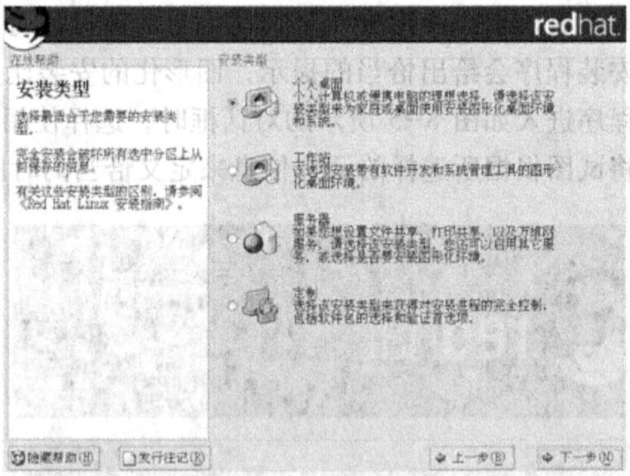

图 8-9　安装类型

4. 设置磁盘分区

Linux 安装过程中的磁盘分区设置界面如图 8-10 所示，共有“自动分区”和“用 Disk Druid 手工分区”两种分区方式。一般情况下，只需选中“自动分区”单选按钮就可以了。为了对 Linux 的分区有更深入的了解，这里选中“用 Disk Druid 手工分区”单选按钮，其界面如图 8-11 所示。

(1) Linux 分区的命名原则

Linux 通过字母和数字的组合来标识硬盘分区，就像用户习惯使用“C 盘”来标识计算机的 C 硬盘驱动器一样，不同的是，Linux 的分区命名设计比其他操作系统更灵活，能表达更多的信息。如 hda3 表示机器中第一块 IDE 硬盘上的第三个分区，这种分区类型表示的方法简单归纳如下：

- 分区名的前两个字母表明分区所在设备的类型。通常使用 hd（指 IDE 硬盘），或 sd（指 SCSI 硬盘）。

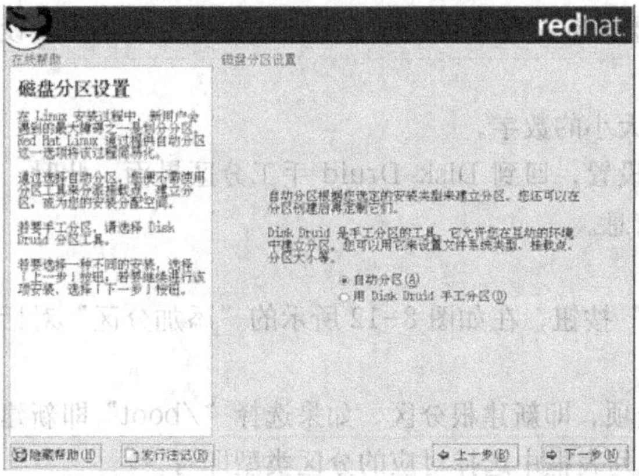

图 8-10　磁盘分区设置

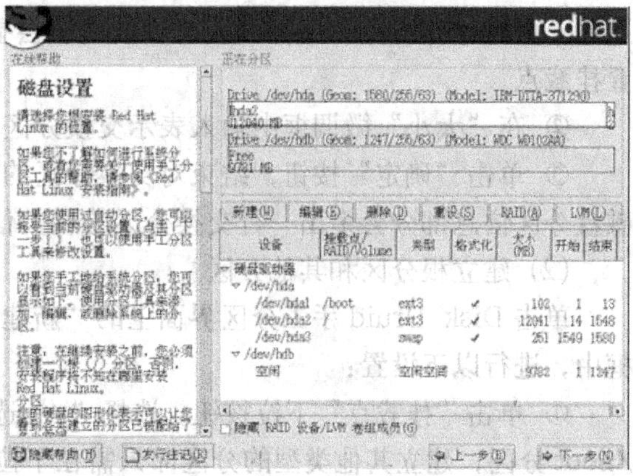

图 8-11　Disk Druid 手工分区界面

• 下一个字母表明分区在哪个设备。例如，/dev/hda（第一个 IDE 硬盘），或/dev/sdb（第二个 SCSI 硬盘），以此类推。

• 数字代表分区。前 4 个分区（主分区或扩展分区）用数字 1～4 表示，逻辑分区从 5 开始。例如，/dev/hda3 是第一个 IDE 硬盘上的第三个主分区；/dev/sdb6 是第二个 SCSI 硬盘上的第二个逻辑分区。

(2) Linux 磁盘分区方案

安装 Linux 与安装 Windows 系统在分区方面的要求有所不同，安装 Linux 时必须至少有两个分区：交换分区（又称 swap 分区）和 /分区（又称根分区），最简单的分区方案是：

• 交换分区。用于实现虚拟内存，也就是说，当系统没有足够的内存来存储正在被处理的数据时，可将部分暂时不用的数据写入交换分区。一般情况下，交换分区的大小应是物理内存的 1～2 倍，其文件系统类型是一定是 swap。

• 根分区。用于存放包括系统程序和用户数据在内的所有数据，其文件系统类型通常是 ext3。

当然，用户也可以为 Linux 多划分几个分区，那么系统将根据数据的特性，把相关的数据存储到指定的分区中，而其他剩余的数据就保留在根分区。Red Hat 推荐的分区方案为将 Linux 系统划分为 4 个分区，它们分别是：

• 交换分区。

• /boot 分区。约为 100 MB，用于存放 Linux 的内核及启动过程中使用的文件。

• /var 分区。专门于用保存管理性和记录性数据，以及临时文件。

• /分区。保存其他所有数据。

在此以最简单的分区方案为例，来说明使用 Disk Druid 手工分区工具创建 Linux 磁盘分区的方法，分区创建的先后顺序不会影响分区的结果，用户既可以先建立根分区，也可以先建立其他类型的分区。

(1) 新建交换分区

单击 Disk Druid 手工分区界面上的“新建”按钮，弹出如图 8-12 所示的对话框，在此对话框中进行以下设置：

① 单击“文件系统类型”下拉按钮，选中“swap”

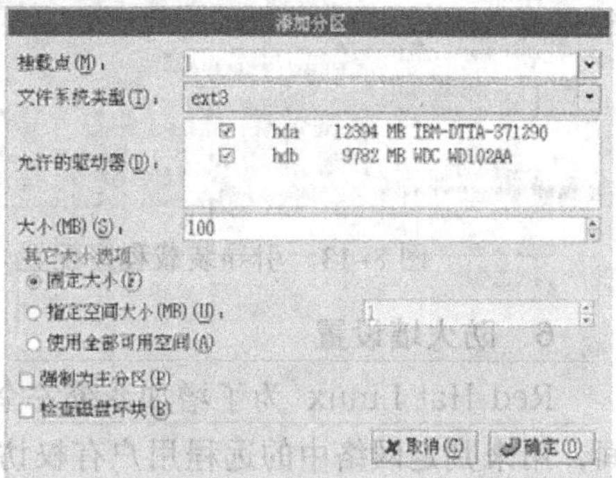

图 8-12　“添加分区”对话框

选项，此时“挂载点”下拉列表框中的内容会显示为灰色的<不可用>，即交换分区不需要设置挂载点。

② 在“大小”微调框中输入表示交换分区大小的数字。

③ 单击“确定”按钮，结束对交换分区的设置，回到 Disk Druid 手工分区界面。此时，磁盘分区信息部分会多出一行交换分区的相关信息。

(2) 建立根分区和其他分区

单击 Disk Druid 手工分区界面上的“新建”按钮，在如图 8-12 所示的“添加分区”对话框中，进行以下设置：

① 单击“挂载点”下拉按钮，选择“/”选项，即新建根分区，如果选择“/boot”即新建 /boot 分区，建立其他类型的分区即只需在下拉列表框中选择对应的分区类型即可。

② 单击“文件系统类型”下拉按钮，设置分区的文件系统类型，在此推荐使用 ext3 文件系统。

③ 在“大小”微调框中输入表示新建分区大小的数字。

④ 单击“确定”按钮结束分区的设置。

在所有分区创建完成以后，在 Disk Druid 手工分区界面中会显示所有分区的相关信息，此时“格式化”栏中将显示“√”符号，表示新建立的分区需要进行格式化来创建文件系统。至此，磁盘分区工作全部完成，单击“下一步”按钮继续安装过程。

5. 引导装载配置与网络配置

Linux 安装过程中的“引导装载程序配置”界面如图 8-13 所示，在默认情况下，引导装载程序被安装到第一块磁盘的 MBR（主引导记录）上，一般采用默认设置即可，无须更改。Linux 安装过程的“网络配置”界面如图 8-14 所示，如果计算机上没有网络设备，则在安装过程中将看不到这个屏幕界面。如果已经安装了网络设备但还没有配置这些设备，那么可以在 Linux 安装过程中配置这些设备。单击“下一步”按钮继续安装过程。

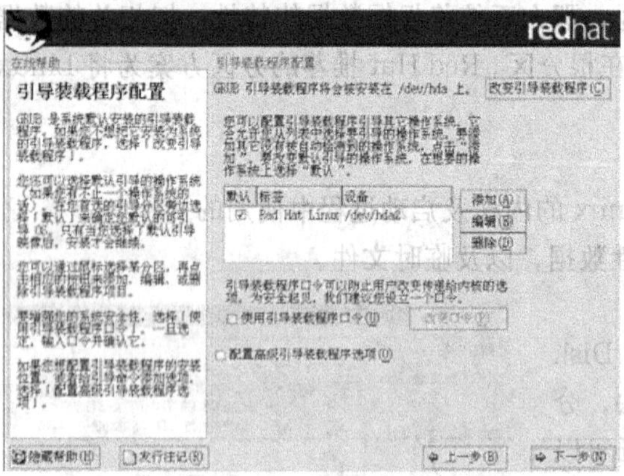

图 8-13　引导装载程序配置

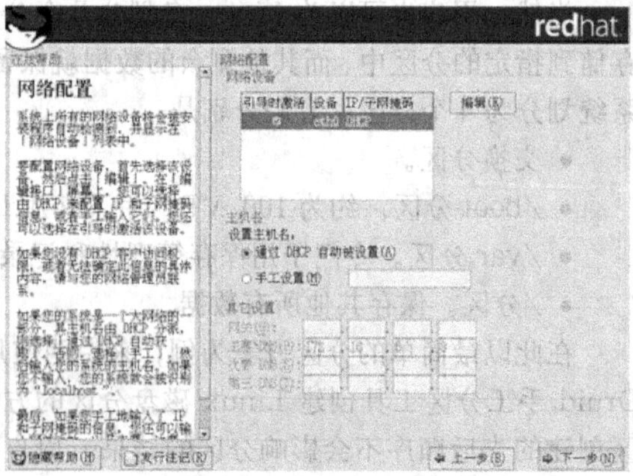

图 8-14　网络配置

6. 防火墙设置

Red Hat Linux 为了增加系统安全性，提供了防火墙保护。防火墙存在于计算机和网络之间，用来判定网络中的远程用户有权访问计算机上的哪些资源。一个正确配置的防火墙可以极大地增加计算机的系统安全性。Red Hat Linux 的防火墙有 3 个级别，如图 8-15 所示，分别为高级、中级和无防火墙，这里选中“无防火墙”单选按钮，单击“下一步”按钮继续安装过程。

7．配置支持语言和时区

Linux 系统支持多种语言，必须选择一种语言作为默认语言，当安装结束后，系统将会使用默认语言。如果选择安装了其他语言，可以在安装后改变默认语言，配置界面如图 8–16 所示。可以通过选择计算机的物理位置，或者指定时区和通用协调时间（UTC）的偏移来设置时区，配置界面如图 8–17 所示。选择合适的时区后，单击“下一步”按钮进入根口令设置界面。

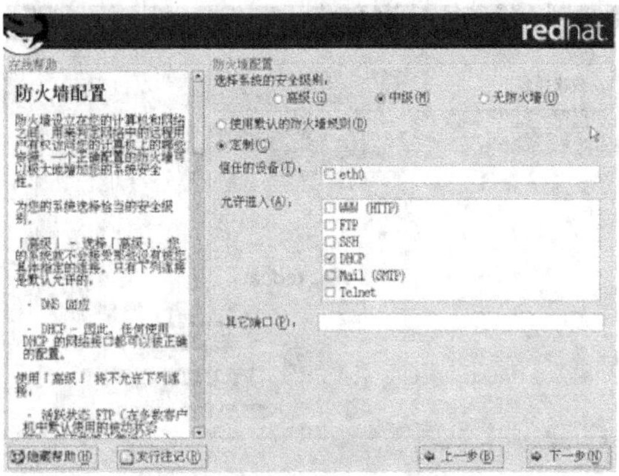

图 8–15　防火墙配置

图 8–16　语言支持配置

8．设置根口令

设置根账号及其口令是安装过程中最重要的步骤之一。根账号的作用与 Windows XP 系统中的管理员账号类似。根账号被用来安装软件包，升级 RPM，以及执行多数系统维护工作。作为根用户登录，可以对系统有完全的控制权。根口令必须至少包括 6 个字符；用户输入的口令不会在屏幕上显示。用户必须把口令输入两次；如果两个口令不匹配，安装程序将会请用户重新输入口令。用户应该把根口令设为自己可以记住，但又不容易被别人猜到的组合。名字、电话号码、password、root、123456 都是典型的坏口令，好口令混合使用数字、大小写字母，并且不包含任何词典中的现成词汇，例如，Aard387vark 或 420BMttNT。值得注意的是，在 Linux 中，口令是区分大小写的。根口令配置界面如图 8–18 所示。

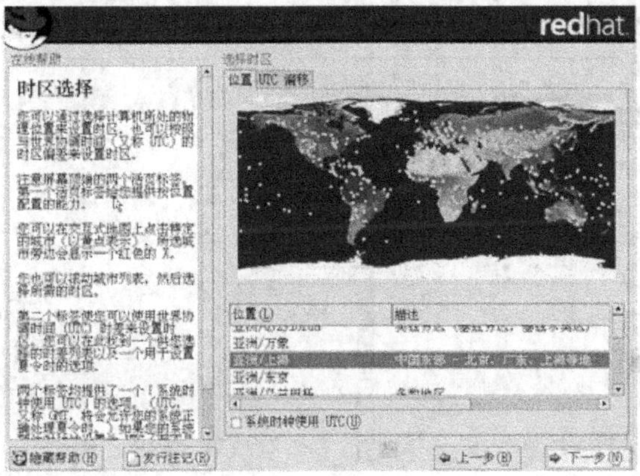

图 8–17　设置时区

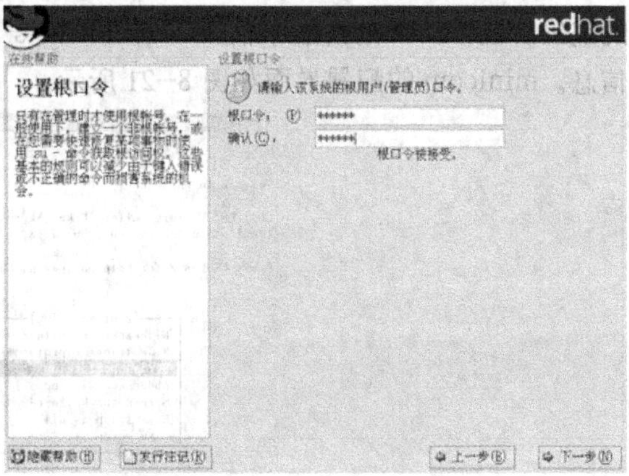

图 8–18　设置根口令

9. 选择软件包组

当分区被选定并按配置格式化后，便可以选择要安装的软件包了。如果选择的是定制安装，安装程序将会自动选择多数软件包，如图 8-19 所示。如果要选择所有组件，在定制安装中选择“全部”选项，将会安装 Red Hat Linux 9 中的所有软件包。选择合适的软件包后，单击“下一步”按钮。

10. 安装软件包

在这一步，所有被选择的软件包将会被安装到计算机中，安装速度的快慢与选择的软件包数量和计算机速度有关。安装完成后，会进入创建引导盘的界面。安装过程界面如图 8-20 所示。

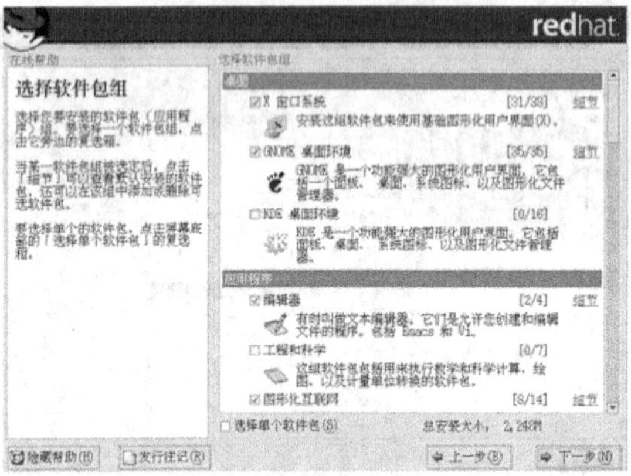

图 8-19　选择软件包组

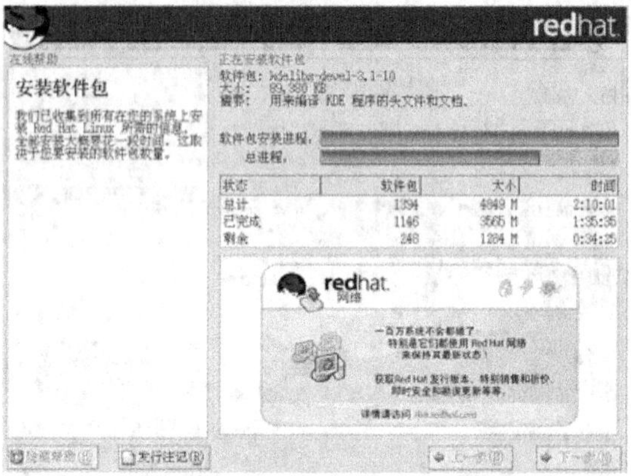

图 8-20　安装软件包

在所有软件包安装完成后，用户需要按系统检测到的默认参数来设置视频卡和显示器的相关参数，设置完成后，Linux 系统的整个安装过程就结束了，安装程序会提示用户做好重新引导系统的准备。重新启动虚拟机后，用户就可以使用安装完成的 Red Hat Linux 9 操作系统了。

8.3.3　配置开发工具

在虚拟机中安装好 Red Hat Linux 9 操作系统后，还要对 Linux 系统及一些相关的工具软件进行配置，以方便嵌入式 Linux 开发。

1. 配置串口控制台工具

宿主机需要通过串口来接收目标板的调试信息，因此要对串口控制台工具进行相关的配置。Linux 操作系统通常使用 minicom 串口通信工具，在使用 minicom 前，需要对其参数进行相关的配置。在 Linux 的终端中输入“minicom -s”，然后，按【Enter】键。使用参数 s 调出配置信息。minicom 的配置界面如图 8-21 所示。

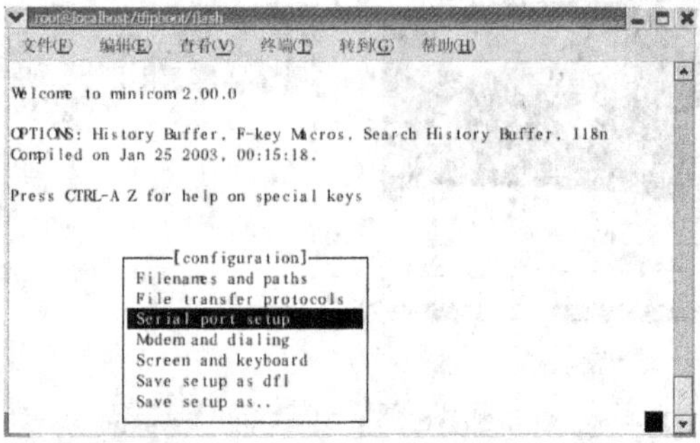

图 8-21　minicom 配置界面

将光标移到“Serial port setup”选项，按【Enter】键会弹出串口通信参数的配置菜单，根据配置菜单的内容按如下的步骤来配置参数。

（1）串口通信口的选择（A – Serial Device）

按【A】键把光标移动到 Serial Device 上。如果串口线连在 PC 的串口 1 上，则把 Serial Device 设置为/dev/ttyS0。如果连在串口 2 上，则把 Serial Device 设置为/dev/ttyS1，然后按【Enter】键。

（2）串口参数的设置（E – Bps/Par/Bits）

按【E】键来设置通信波特率、数据位、奇偶校验位和停止位。可以通过按不同的键来设置通信参数。例如，目标板平台需要把波特率设为 115 200Bps，数据位设为 8，奇偶校验位设为无，停止位设为 1，可以分别通过按【I】、【V】、【L】、【W】键设置波特率、数据位、奇偶校验位和停止位。设置完后按【Esc】键返回。

（3）数据流的控制选择

按【F】键（F – Hardware Flow Control）可以完成硬件流控制切换，即完成“Yes”与“No”之间的切换。按【G】键（G – Software Flow Control）完成软件流控制切换，即完成“Yes”与“No”之间的切换。

（4）设置参数的保存与退出

配置完成后，按【Esc】键，将会显示如图 8-21 所示的配置列表。选择“Save setup as dfl”选项，按【Enter】键来保存配置，然后按【Esc】键完成设置。

2．配置宿主机网络参数

在嵌入式 Linux 开发中，经常需要使用 TFTP、FTP 或挂载 NFS 的方式向目标板传送内核、文件系统及应用程序等文件，这些必须保证宿主机与目标板之间能进行网络通信，因此必须对宿主机的 Linux 系统配置相关的网络参数。可以通过命令方式，也可以通过图形化界面配置主机的 IP 地址。如在 Shell 终端输入命令“ifconfig eth0 192.168.1.2 netmask 255.255.255.0”，即表示配置宿主机网卡 0 的 IP 地址为“192.168.1.2”，子网掩码为 255.255.255.0。也可以在终端输入命令“redhat-config-network”，启动图形化配置窗口。

3．配置 NFS

网络文件系统 NFS 可以将宿主机上的一部分文件系统作为目标机的资源，这样可以弥补目标机存储空间的不足。在使用网络文件时，应对网络文件配置进行一定的设置。NFS 本身的服务并没有提供文件传输的协议，它通过 RPC 的功能负责文件传输，因此使用 NFS 还需要启动 portmap 服务。

在宿主机 Linux 系统中配置 NFS 的步骤如下：

① 在主机/mnt 目录下创建 nfs 目录，并利用文本编辑器编辑修改/etc/exports 文件，增加内容“/mnt/nfs(rw, no_root_squash)”，将主机的/mnt/nfs 目录设置为能够通过网络文件系统访问可读写的目标。

② 编辑好/etc/exports 配置文件后，通过命令启动 portmap 和 NFS 服务，启动服务的命令如下：

```
$ /etc/rc.d/init.d/portmap start
$ /etc/rc.d/init.d/nfs start
```

配置好宿主机的 NFS 服务后，就可以在目标板上挂载 NFS 文件系统了，在目标板操作系统启动完成后，挂载文件系统的命令如下（假设宿主机 IP 地址为 192.168.1.2）：

```
$portmap
$mount -t nfs 192.168.1.2:/mnt/nfs /mnt
```

上述命令实现将主机上的/mnt/nfs 目录挂载到目标机的/mnt 目录下，并作为目标机文件系统的一部分。这时，可以将需要传输的文件或需要运行的程序保存在主机的/mnt/nfs 目录下，然后在目标机中对主机/mnt/nfs 上的文件进行运行或复制等相应的处理。

8.3.4 交叉编译环境的建立

交叉编译就是在一个平台上生成可以在另一个平台上执行的代码。在宿主机上对即将运行在目标机上的应用程序进行编译，生成可在目标机上运行的代码格式。交叉编译环境是一个由编译器、连接器、解释器和调试器组成的综合开发环境。交叉编译工具主要包括针对目标系统的编译器 GCC、目标系统的二进制工具 Binutils、目标系统的标准 C 库 glibc 和 GDB 调试器。

1. GNU Binutils 工具

在 Linux 下建立嵌入式交叉编译环境要用到一系列的工具链（tool-chain），主要有 GNU Binutils、GCC、glibc、GDB 等，它们都属于 GNU 的工具集。其中 GNU Binutils 是一套用来构造和使用二进制所需的工具集。建立嵌入式交叉编译环境，Binutils 工具包是必不可少的，而且 Binutils 与 GNU 的 C 编译器 GCC 是紧密集成的，没有 Binutils，GCC 也不能正常工作。Binutils 的官方下载地址是 ftp://ftp.gnu.org/gnu/binutils/，在这里可以下载到不同版本的 Binutils 工具包。目前比较新的版本是 Bintuils 2.20.1。GNU Binutils 工具集中主要有以下一系列的部件。

(1) as GNU 的汇编器

作为 GNU Binutils 工具集中最重要的工具之一。as 工具主要用来将汇编语言编写的源程序转换成二进制形式的目标代码。Linux 平台的标准汇编器是 GAS，它是 GNU GCC 编译器所依赖的后台汇编工具，通常包含在 Binutils 软件包中。

(2) ld GNU 的链接器

与 as 一样，ld 也是 GNU Binutils 工具集中重要的工具，Linux 使用 ld 作为标准的链接程序，由汇编器产生的目标代码是不能直接在计算机上运行的，它必须经过链接器的处理才能生成可执行代码，链接是创建一个可执行程序的最后一个步骤，ld 可以将多个目标文件链接成为可执行程序，同时指定程序在运行时是如何执行的。

(3) add2line

add2line 用来将地址转换成文件名或行号对，以便调试程序。在命令行中带一个地址和一个可执行文件名，它就会使用这个可执行文件的调试信息指出在给出的地址中是哪个文件及其行号。

(4) ar

ar 用来从文件中创建、修改、扩展文件。

(5) gasp

汇编宏处理器。

(6) nm

从目标代码文件中列举所有变量（包括变量值和变量类型），如果没有指定目标文件，则默认是 a.out 文件

（7）objcopy

objcopy 工具使用 GNU BSD 库，它可以把目标文件的内容从一种文件格式复制到另一种格式的目标文件中。在默认情况下，GNU 编译器生成的目标文件格式为 ELF 格式，ELF 文件由若干段（section）组成，如果不做特殊指明，由 C 源程序生成的目标代码中包含如下段：

- text（正文段）——包含程序的指令代码。
- data（数据段）——包含固定的数据，如常量、字符串。
- bss（未初始化数据段）——包含未初始化的变量、数组等。

C++源程序生成的目标代码中还包含.fini（析构函数代码）和.init（构造函数代码）等。链接生成的 ELF 格式文件还不能直接下载到目标平台上运行，需要通过 objcopy 工具生成最终的二进制文件。链接器的任务就是将多个目标文件的 text、data 和 bss 等段连接在一起，而连接脚本文件是告诉链接器从什么地址开始放置这些段。

（8）objdump

显示目标文件信息。objdump 工具可以反编译二进制文件，也可以对对象文件进行反汇编，并查看机器代码。

（9）readelf

显示 ELF 文件信息。readelf 命令可以显示符号、段信息、二进制文件格式的信息等，这在分析编译器如何从源代码创建二进制文件时非常有用。

（10）ranlib

生成索引以加快对归档文件的访问，并将结果保存到这个归档文件中。在索引中列出了归档文件各个成员所定义的可重分配目标文件。

（11）size

列出目标模块或文件的代码尺寸。size 命令可以列出目标文件每一段的大小及总体的大小。在默认情况下，对于每个目标文件或者一个归档文件中的每个模块只产出一行输出。

（12）strings

打印可打印的目标代码字符（至少 4 个字符），打印字符的多少可以控制。对于其他格式的文件，打印字符串。打印某个文件的可打印字符串，这些字符串长度最少为 4 个字符，也可以使用选项“-n”设置字符串的最小长度。默认情况下，它只打印目标文件初始化和可加载段中的可打印字符；对于其他类型的文件，它打印整个文件的可打印字符，这个程序对于了解非文本文件内容很有帮助。

（13）strip

放弃所有符号连接。删除目标文件中的全部或者特定符号。

（14）C++filt

链接器 ld 使用该命令可以过滤 C++符号和 Java 符号，防止重载函数冲突。

2. GCC 编译器

GCC 是 GNU 项目的编译器组件之一，也是 GNU 最具有代表性的作品。GCC 是一个交叉平台的编译器，目前支持几乎所有主流 CPU 处理器平台，它可以完成从 C、C++、Objective C 等源文件向运行在特定 CPU 硬件上的目标代码的转换，GCC 不仅功能非常强大，结构也异常灵活，便携性与跨平台支持特性是 GCC 的显著优点，目前编译器能支持使用 C、C++及汇编语言编写的源程序。GCC 是一组编译工具的总称，其软件包中包含众多的工具，按其类型，主要有以下的分类：

- C 编译器 cc、cc1、cc1 plus、gcc。
- C++编译器 c++、cc1 plus、g++。
- 源代码预处理程序 cpp、cpp0。
- 库文件 libgcc.a、libgcc_eh.a、libgcc_s.so、libiberty.a、libstdc++.[a, so]、libsupc++.a。

(1) GCC 编译选项解析

GCC 是 Linux 下基于命令行的 C 语言编译器，其基本的使用语法如下：

gcc [选项 | 源文件名]

对于编译 C++的源程序，其基本语法如下：

g++ [选项 | 源文件名]

其中，"选项"为 GCC 使用时的选项，而"源文件名"为需要 GCC 做编译处理的文件名。就 GCC 来说，其本身是一个十分复杂的命令，合理地使用其命令选项可以有效地提高程序的编译效率，优化代码，GCC 拥有众多的命令选项，有超过 100 个的编译选项可用，其常用选项有：

- –c 选项。

这是 GCC 命令的常用选项。–c 选项告诉 GCC 仅把源程序编译为目标代码而不做链接工作，所以采用该选项的编译指令不会生成最终的可执行程序，而是生成一个与源程序文件名相同的以.o 为扩展名的目标文件。例如，一个 hello.c 源程序经过下面的编译之后会生成一个 hello.o 文件 $ gcc –o hello.c。

- –o 选项。

在默认的状态下，如果 GCC 指令没有指定编译选项，会在当前目录下生成一个名为 a.out 的可执行程序，例如，执行# gcc hello.c 命令后会生成一个名为 a.out 的可执行程序，因此，为了指定生成的可执行程序的文件名，就可以采用–o 选项，比如下面的指令：

```
# gcc -o hello hello.c
```

执行该指令，会在当前目录下生成一个名为 hello 的可执行文件。

(2) GCC 代码优化选项

代码优化是指编译器通过分析源代码，找出其中尚未达到最优的部分，然后对其重新进行组合，进而改善代码的执行性能。GCC 通过提供编译选项–On 来控制优化代码的生成，对于大型程序来说，使用代码优化选项可以大幅度提高代码的运行速度。

- –O 选项：编译时使用选项–O 可以告诉 GCC 同时减小代码的长度和执行时间，其效果等价于–O1。
- –O2 选项：使用选项–O2 可以告诉 GCC 除了完成所有–O1 级别的优化之外，同时还要进行一些额外的调整工作，如处理器指令调度。

(3) GCC 调试分析选项

- –g 选项：生成调试信息，GNU 调试器可以利用该信息。GCC 编译器使用该选项进行编译时，将调试信息加入目标文件中，这样 GDB 调试器就可以根据这些调试信息来跟踪程序的执行状态。
- –pg 选项：编译完成后，额外产生一个性能分析所需的信息。

3. GDB 调试器

应用程序的调试试开发过程中必不可少的环节之一。Linux 下的 GNU 的调试器称为 GDB

(GNU Debugger)，该软件最早由 Richard Stallman 编写，GDB 是一个用来调试 C 和 C++ 程序的调试器。使用者能在程序运行时观察程序的内部结构和内存的使用情况，GDB 是一个基于命令行工作模式的程序，工作在字符模式下，由多个不同的图形用户界面前端予以支持，每个前端都能以多种方式提供调试控制功能，它的功能非常丰富，适用于修复程序代码中的问题，在 X Windows 系统中，基于图形界面的调试工具称为 xxgdb，目前比较新的 GDB 版本是 GDB 7.1（2010 年 3 月 18 日发布），其官方网站是 http://www.gnu.org/software/gdb。以下是 GDB 提供的一些功能。

- 启动程序，并且可以设置运行环境和参数来运行指定程序。
- 让程序在指定断点处停止执行。
- 对程序做出相应得调整，这样就能纠正一个错误后继续调试。

需要注意的是，GDB 调试的是可执行文件，而不是源程序，如果想让 GDB 调试编译后生成的可执行文件，在使用 GDB 工具调试程序之前，必须使用带有-g 或-gdb 编译选项的 gcc 命令来编译源程序，例如：# gcc -g -o hello hello.c。只有这样才会在目标文件中产生相应的调试信息，调试信息包含源程序每个变量的类型和可执行文件中的地址映射及源代码行号，GDB 利用这些信息使源代码和机器代码关联。

使用 gdb 命令的语法如下。

```
# gdb  [参数]  文件名
```

下面列举一些常用的参数。

- -help：列出所有的参数，并给出简要说明。
- -s file：读出文件（file）的所有符号。
- -d：加入一个源文件的搜索路径。默认搜索路径是环境变量中 PATH 所定义的路径。
- -q：使用该参数不显示 GDB 的介绍和版权信息。

4. 安装交叉编译工具链

在 Linux 操作系统中，可以使用 GNU 提供的交叉编译工具链来编译可运行在 ARM 平台上的 Linux 内核和应用程序，在 GNU 和一些网站上都提供制作好的 ARM 平台的交叉编译工具链。用户可以直接下载这些工具，建立交叉编译环境，也可以自己下载工具链源文件，动手编译适合于 ARM 平台的工具链，自己编译工具链需要对这个工具有一定的了解，否则很容易出错，对于初学者，建议安装 GNU 已编译完成的 ARM 平台交叉编译工具链。目前比较新的 ARM 平台交叉编译工具链为 arm-linux-gcc 4.4.1，该版本的工具链既可编译 Linux 2.4 内核，也可编译 Linux 2.6 内核，该工具链的下载地址为 http://www.arm.linux.org.uk。下载的工具链一般是直接压缩的.tar 或.tgz 压缩文件，这种压缩文件直接解压安装即可。下面以安装 arm-linux-gcc4.4.1 为例，来讲解详细的安装过程。

(1) 解压 arm-linux-gcc

打一个 Linux 系统终端，在/usr 目录下建立一个目录用来安装工具链，然后运行命令解压工具链压缩包，其命令如下：

```
$ mkdir -p /usr/local/arm/4.4.1
$ tar tar xjvf ***/arm-linux-gcc-4.4.1.tgz  -C /usr/local/arm/4.4.1（其中
***代表工具链压缩文件存放的绝对路径）
```

(2) 添加工具链的路径到 Linux 环境变量 PATH

为了以后可以方便地在 Bash 或编写的 Makefile 中使用交叉编译工具，需要在解压工具链后将其路径添加到 Linux 环境变量 PATH 中。在 Linux 中可以配置环境变量的文件有 3 个，它们分别在不同的范围内生效，分别是：

- /etc/profile——这是系统启动过程执行的一个脚本，对所有用户都生效。
- ~/.bash_profile——这是用户的脚本，仅对当前登录时用户生效。
- ~/.bashrc——这也是用户的脚本，在~/.bash_profile 中调用生效。

例如，当前登录用户名为 root，则按如下的步骤添加路径：

```
$ vi /root/.bashrc （使用 Vi 编辑器打开 root 用户的环境变量配置脚本）
```

在打开的文件中添加如下的文件，添加后保存退出：

```
export PATH=/usr/local/arm/4.4.1/bin:\$PATH
```

然后在命令行终端中运行如下的命令，使环境变量生效：

```
$ source /root/.bashrc
```

(3) 测试 arm-linux-gcc 工具链

为了确保交叉编译工具能正常工作，我们需要对安装完成的工具链进行测试。在 Linux 系统中用 vi 编辑器编写一个简单的 C 程序 test.c，程序清单如下：

```
# include <stdio.h>
int main()
{
  printf("Hello, this is a program for test arm-linux-gcc!\n");
  return 0;
}
```

然后在终端中依次执行下面的命令：

```
$ arm-linux-gcc testARM test.c
$ file testARM
```

编译生成 ARM 平台下的可执行程序 testARM，然后用 file 命令查看 testARM 的属性，返回如下的信息：

```
testARM: ELF 32-bit LSB executable, ARM, version 1 (SYSV), dynamically linked
(uses shared libs), for GNU/Linux 2.6.16, not stripped   return 0;
```

从返回的信息可知，arm-linux-gcc 是可以正常工作的，生成的 testARM 是在 ARM 平台下的可执行程序。

8.4 嵌入式系统的 Bootloader 技术

Bootloader(启动加载器)是用来完成系统启动和系统软件加载工作的一个专用程序。Bootloader 程序与需要载入的操作系统、系统 CPU 类型与型号、系统内存的大小、具体芯片的型号、系统的硬件设计都有关系。每种不同的 CPU 体系结构都有不同的 Bootloader，而且不同的嵌入式板级设备的配置，Bootloader 内容也不一样。

8.4.1 嵌入式软件运行过程

一个嵌入式 Linux 系统从软件的角度看通常可以分为 4 个层次：

- 引导加载程序。包括固化在固件（firmware）中的 boot 代码（可选），和 Bootloader 两大部分。
- Linux 内核。特定于嵌入式板子的定制内核及内核的启动参数。
- 文件系统。包括根文件系统和建立于 Flash 内存设备之上的文件系统。

- 用户应用程序。特定于用户的应用程序。有时在用户应用程序和内核层之间可能还会包括一个嵌入式图形用户界面。

图 8-22 所示为一个同时装有 Bootloader、内核启动参数、内核映像和根文件系统映像的 Flash 存储器空间分配结构示意图。

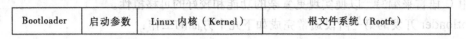

Bootloader	启动参数	Linux 内核（Kernel）	根文件系统（Rootfs）

图 8-22　嵌入式 Linux 存储器空间分配结构图

Bootloader 是系统加电启动运行的第一段软件代码，是整个嵌入式软件运行的起点。通过 PC 的体系结构可以知道，PC 中的引导加载程序由 BIOS（其本质就是一个固件程序）和位于硬盘 MBR 中的引导程序一起组成。BIOS 在完成硬件检测和资源分配后，将硬盘 MBR 中的引导程序读到系统的 RAM 中，然后将控制权交给引导程序。引导程序的主要运行任务是将内核映像从硬盘上读到 RAM 中，然后跳转到内核的入口点去运行，也即开始启动操作系统。

由于在嵌入式系统中，通常并没有像 BIOS 那样的固件程序（有的嵌入式系统也会内嵌一个短小的启动程序），因此整个系统的加载启动任务就完全由 Bootloader 来完成。对于一个含有 Linux 操作系统的嵌入式设备来说，系统加电后的硬件初始化，Linux 内核映像的引导都需要 Bootloader 为它准备一个正确的环境。

简单地说，Bootloader 是在操作系统内核或用户应用程序运行之前运行的一个小程序。通过这个小程序，可以初始化硬件设备，建立内存空间的映射图，从而将系统的软硬件环境带到一个合适的状态，为最终调用操作系统内核或用户应用程序准备好正确的环境。

大多数 Bootloader 都包含两种不同的操作模式——启动加载模式和下载模式，这两种模式的区别仅对于开发人员才有意义。从最终用户的角度看，Bootloader 用来加载操作系统，并不存在所谓的启动加载模式与下载模式的区别。

启动加载（Boot loading）模式：这种模式也称为自主（Autonomous）模式。也即 Bootloader 从目标机上的某个固态存储设备上将操作系统加载到 RAM 中运行，整个过程并没有用户的介入。这种模式是 Bootloader 的正常工作模式，在嵌入式产品发布的时候，Bootloader 显然必须工作在这种模式下。

下载（Downloading）模式：在这种模式下，目标机上的 Bootloader 将通过串口连接或网络连接等通信手段从主机下载文件，比如，下载内核映像和根文件系统映像等。从主机下载的文件通常首先被 Bootloader 保存到目标机的 RAM 中，然后再被 Bootloader 写到目标机上的 Flash 类固态存储设备中。Bootloader 的这种模式通常在第一次安装内核与根文件系统时被使用；此外，以后的系统更新也会使用 Bootloader 的这种工作模式。工作于这种模式下的 Bootloader 通常都会向它的终端用户提供一个简单的命令行接口。

最常见的情况是，目标机上的 Bootloader 通过串口与主机之间进行文件传输，传输协议通常是 XModem/YModem/ZModem 协议中的一种。但是，由于串口传输的速度是有限的，因此通过以太网连接并借助 TFTP 来下载文件是个更好的选择。但是，在通过以太网连接和 TFTP 下载文件时，因为主机必须有一个软件用来提供 TFTP 服务，所以操作相对复杂。

8.4.2　Bootloader 的开发过程

Bootloader 是整个嵌入式软件系统开发的第一步工作，Bootloader 是依赖于硬件而实现的，特别是在嵌入式领域，为嵌入式系统建立一个通用的 Bootloader 是很困难的。但是可以归纳出一些通用的流程，以便简化特定 Bootloader 的设计与实现。

一般来说，开发 Bootloader 的程序框架可分为两个主要部分：第一部分是依赖于 CPU 体系结构的硬件初始化代码，一般用汇编语言编写；第二部是用于引导内核启动的代码，这一部分一般用 C 语言来编写，以便实现更复杂的功能和较好的可移植性。

Bootloader 开发的第一阶段通常完成如下几个方面的工作：

1. 硬件设备初始化

这是 BootLoader 开始就执行的操作，其目的是为第二阶段的执行，以及随后内核的执行准备好基本的硬件环境。它通常包括以下 3 个步骤：

① 初始化 GPIO 功能。一般来说，任何一个嵌入式设备都会通过 GPIO 扩展出 LED 电路，其目的是表明系统的状态是 OK 还是 Error。如果板子上没有 LED，那么也可以通过初始化 UART，向串口打印 Bootloader 的 Logo 字符信息来确定系统的状态。

② 设置 CPU 的速度和时钟频率。

③ 存储控制单元初始化。包括正确地设置系统动静态存储控制器的各个寄存器等。

2. 加载 Bootloader 到 RAM 空间

为了获得更快的执行速度，通常把第二阶段加载到 RAM 空间来执行。首先要为 Bootloader 的第二阶段准备 RAM 空间，在分配好 RAM 空间后，复制 Bootloader 第二阶段的代码到 RAM 空间中。

3. 设置好堆栈

堆栈指针的设置是为执行 C 语言代码做好准备。通常可以把 sp 的值安排在 RAM 空间的最顶端（堆栈向下生长）。此外，在设置堆栈指针 sp 之前，也可以关闭 LED 灯，以提示准备跳转到第二阶段。经过上述这些执行步骤后，系统的物理内存布局应该如图 8-23 所示。

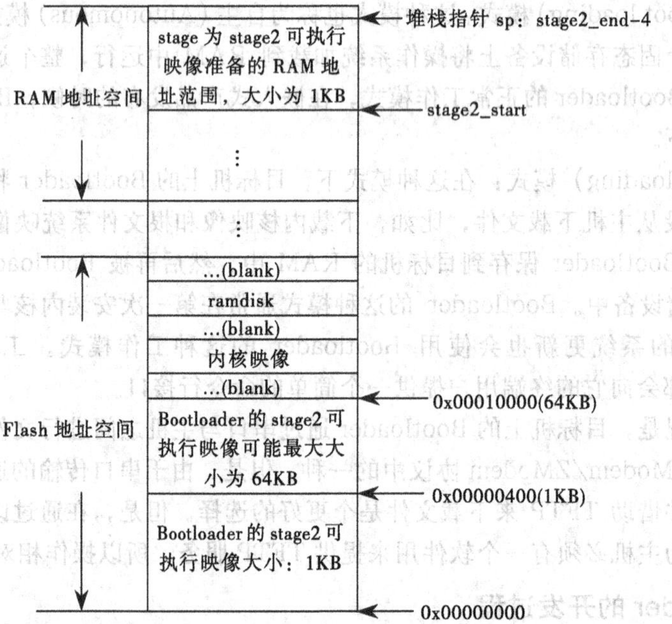

图 8-23　Bootloader 第一阶段系统内存布局图

4. 跳转到第二阶段的 C 程序入口点

在上述一切都就绪后，就可以跳转到 Bootloader 的第二阶段去执行了。在 ARM 系统中，可以通过修改 PC 寄存器为合适的地址来实现这一操作。

Bootloader 第二阶段的代码通常用 C 语言来实现，以便于实现更复杂的功能和取得更好的代码可读性和可移植性。但是与普通 C 语言应用程序不同的是，在编译和链接 Bootloader 程序时，不能使用 glibc 库中的任何支持函数。可以直接把 main()函数的起始地址作为整个第二阶段执行映像的入口点。第二阶段主要完成以下几个方面的工作：

（1）初始化本阶段要使用到的硬件设备

本阶段初始化的硬件设备通常包括：初始化至少一个串口，以便和终端用户进行 I/O 信息输出；初始化计时器，初始化网络传输等。在初始化这些设备之前，也可以重新把 LED 灯点亮，以表明程序 Bootloader 程序已经进入 main()函数执行。设备初始化完成后，可以输出一些打印信息，程序名字符串、版本号等。

（2）系统内存映射

所谓内存映射就是指在整个 4 GB 物理地址空间中有哪些地址范围被分配用来寻址系统的 RAM 单元。虽然 CPU 通常预留出一大段足够的地址空间给系统 RAM，但是在搭建具体的嵌入式系统时却不一定会实现 CPU 预留的全部 RAM 地址空间。也就是说，具体的嵌入式系统往往只把 CPU 预留的全部 RAM 地址空间中的一部分映射到 RAM 单元上。

（3）加载内核映像和根文件系统映像

在这一阶段要把存储在 Flash 上的内核映像和根文件系统映像加载到 RAM 空间，因此首先必须规划内存占用的布局。这里包括两个方面：内核映像所占用的内存范围，根文件系统所占用的内存范围。

在规划内存占用的布局时，主要考虑基地址和映像的大小两个方面。通常嵌入式 Linux 的内核都不操过 1MB，所以对于内核映像，一般将其复制到从(MEM_START＋0x8000)这个基地址开始的大约 1MB 大小的内存范围内。把从 MEM_START 到 MEM_START＋0x8000 这段 32 KB 大小的内存空出来，是因为 Linux 内核要在这段内存中放置一些全局数据结构（如启动参数和内核页表等信息）。而对于根文件系统映像，则一般将其复制到 MEM_START+0x00100000 开始的地址。

（4）为内核设置启动参数

在将内核映像和根文件系统映像复制到 RAM 空间中后，就可以准备启动 Linux 内核了。但是在调用内核之前，应该先设置 Linux 内核的启动参数。Linux 2.4.x 以后的内核都倾向于以标记列表（tagged list）的形式来传递启动参数。启动参数标记列表以标记 ATAG_CORE 开始，以标记 ATAG_NONE 结束。每个标记由 tag_header 结构和随后的特定参数值数据结构组成。在嵌入式 Linux 系统中，通常需要由 Bootloader 设置的常见启动参数有 ATAG_CORE、ATAG_MEM、ATAG_CMDLINE、ATAG_RAMDISK、ATAG_INITRD 等。

（5）调用内核

Bootloader 调用 Linux 内核的方法是直接跳转到内核的第一条指令处，也即直接跳转到 MEM_START＋0x8000 地址处。在跳转时，要满足下列条件：

① CPU 寄存器的设置。

- R0＝0。

- R1＝机器类型 ID；关于机器类型号，可以参见 linux/arch/arm/tools/mach-types。
- R2＝启动参数标记列表在 RAM 中的起始基地址。

② CPU 模式。

- 必须禁止中断（IRQs 和 FIQs）。
- CPU 必须为 SVC 模式；

③ Cache 和 MMU 的设置。

- MMU 必须关闭。
- 指令 Cache 可以打开，也可以关闭。
- 数据 Cache 必须关闭。

8.4.3 常用的 Bootloader

在嵌入式系统的大家庭中有各种各样的 Bootloader，种类划分也有许多方式，一般常用的是按处理器的体系结构划分。为了在嵌入式系统开发过程中提供很好的调试功能，不仅需要 Bootloader 提供引导操作系统的功能，还应该提供一些命令接口，以方便在开发过程中进行调试、读写 Flash、烧写 Flash、配置环境变量等操作。下面就对一些常见的适用于 ARM 平台的 Bootloader 进行简单的介绍。

1. vivi

vivi 是韩国 mizi 公司开发的 Bootloader，开放源代码，必须使用 arm-linux-gcc 进行编译，目前已经基本停止发展，主要适用于三星 S3C24xx 系列的 ARM 芯片，用于启动 Linux 系统，支持串口下载和网络文件系统启动等常用简易功能。

vivi 利用串行通信为用户提供接口。为了连接 vivi，首先利用串口电缆连接宿主机和目标板，然后在主机上运行串口通信程序，并在目标板上正确设置 vivi 以支持串口。vivi 也有前面说过的两种工作模式，在启动模式下，可以在一段时间后自行启动 Linux 内核，这是 vivi 的默认方式。弹出提示信息后，按除【Enter】键外的任意键，即可进入下载模式，出现“vivi>”提示符。在下载模式下，vivi 为用户提供了一个命令行接口，通过该接口可以使用 vivi 提供的一些命令。

2. U-Boot

U-Boot，全称为 Universal Bootloader，是 DENX 软件工程中心 Wolfgang Denk 基于 8xxROM 的开发项目逐步发展演化而来的，它是遵循 GPL 条款的开放源代码项目。其源代码目录、编译形式与 Linux 内核很相似，事实上，不少 U-Boot 源码就是相应的 Linux 内核源程序的简化，尤其是一些设备的驱动程序。U-Boot 不仅支持嵌入式 Linux 系统的引导，当前它还支持 NetBSD、VxWorks，QNX，RTEMS，ARTOS，LynxOS 嵌入式操作系统。U-Boot 除了支持 PowerPC 系列的处理器外，还能支持 MIPS、X86、ARM、NIOS、XScale 等诸多常用系列的处理器。这两个特点正是 U-Boot 项目的开发目标，即支持尽可能多的嵌入式处理器和嵌入式操作系统。

就目前来看，U-Boot 对 PowerPC 系列处理器的支持最为丰富，对 Linux 的支持最完善。其他系列的处理器和操作系统基本是在 2002 年 11 月 PPCBOOT 改名为 U-Boot 后逐步扩充的。U-Boot 的源代码可以从 http://sourceforge.net/project/u-boot 网站下载，必须使用 arm-linux-gcc 进行编译，具有强大的网络功能，支持网络下载内核并通过网络启动系统。如果没有网络，U-Boot 基本丧失其最独到的优势，而在 S3C2410A 处理器的嵌入式系统中网络是添加网络芯片外扩的，毫无疑问会增加成本。目前对于 S3C2410A 处理器的嵌入式系统来说，它尚不支持从 Nand Flash 启动，移植时需要自行加入这些功能。

3．国内公司的 Bootloader

随着嵌入式技术在我国的不断发展，国内一些从事嵌入式研发的企业也推出了一些自行研发的适用于 ARM 处理器和 Linux 操作系统的 Bootloader。主要有广州友善之臂公司的 Supervivi 和深圳优龙公司的 YL-BIOS。

Supervivi 是由广州友善之臂公司提供并积极维护的 Bootloader，它基于 vivi 发展而来，但不提供源代码。它在保留原始 vivi 功能的基础上，整合了诸多其他实用功能，如支持 CRAMFS、YAFFS 文件系统，支持 USB 下载，自动识别并启动 Linux、Windows CE、uCOS、VxWorks 等多种嵌入式操作系统，是目前对于 S3C2410A 处理器的嵌入式系统中功能最强大、最好用的 Bootloader。（详细情况可参考 http://www.arm9.net）

YL-BIOS 是深圳优龙公司基于三星公司的监控程序 24xxMON 改进而来的。它提供源代码，可以使用 ADS 进行编译，整合了 USB 下载功能，仅支持 CRAMFS 文件系统，并增加了手工设置启动 Linux 和 Windows CE，下载到内存执行测试程序等多种实用功能。

8.4.4　Bootloader 的移植

Bootloader 是与目标板硬件密切相关的引导程序，在嵌入式产品开发过程中，自行开发 Bootloader 的难度比较大，通常是对适合于目标板体系结构的 Bootloader 源代码进行相关的修改和配置，即进行 Bootloader 的移植。Bootloader 的移植就是针对目标板硬件的具体情况对已有的 Bootloader 源代码进行修改、配置、编译的过程。本节将以 vivi 为例，详细讲述 vivi 在以 S3C2410A 处理器为核心的目标板上移植的方法。

1．vivi 的源代码结构

vivi 的代码包括 arch、init、lib、drivers 和 include 等几个目录，共有 200 多个文件，代码并不是很复杂，限于篇幅，本节只能对 vivi 的代码进行简要分析，帮助读者了解其代码结构，为移植奠定基础。vivi 包括下面几个目录：

- arch：此目录包括所有 vivi 支持的目标板的子目录。
- documentation：存放了许多文档，非常详细，主要是 vivi 的使用指南。
- drivers：包括引导内核所需的 MTD 设备和串口驱动程序。MTD 目录下分 maps、nand 和 nor 3 个目录，实现了对 Nand Flash 和 Nor Flash 的读写控制。serial 目录下的文件实现对串口的控制，并支持 XModem 和 YModem 协议。
- include：头文件的公共目录，其中的 S3C2410A.h 定义了处理器的一些寄存器，以及 Nand Flash 的一些寄存器等。Platform/smdk2410.h 定义了与目标板相关的资源配置参数，修改波特率、引导参数和物理内存映射等参数后，就可适用于自己的目标板。
- init：这个目录下只有 main.c 和 version.c 两个文件。与普通的 C 程序一样，vivi 将从 main()函数开始执行。
- lib：一些平台公共的接口代码，比如，time.c 中的 udelay()和 mdelay()。
- scripts：主要在配置时用到，存放了配置所需的脚本文件，如 Menuconfig 和 Configure 文件，以方便对 vivi 的配置。

vivi的运行也可以分为两个阶段。在第一阶段完成含有依赖于CPU体系结构硬件初始化的代码，利用汇编语言完成。第二阶段是用C语言完成的。在跳转进main()函数之前，利用汇编语言编写了一段 trampoline 程序作为第二阶段可执行镜像的执行入口点。之后可以在trampoline中用处理器的跳转指令进入main()函数中去执行。当main()函数返回时，CPU就进行复位。trampoline程序的源代码如下：

```
ldr     sp,DW_STACK_START
mov     fp,#0
mov     a2,#0
bl      main
mov     pc,#FLASE_BASE
```

main()函数是在Flash中还是RAM中执行，与选择Nand Flash还是Nor Flash启动有关。vivi从Nand Flash中启动时，在vivi配置的时候定义宏CONFIG_S3C2410A_NAND_BOOT以编译以下代码段：

```
#ifdef CONFIG_S3C2410A_NAND_BOOT
bl copy_myself
ldr r1, =on_the_ram
add pc, r1, #0
nop
nop
1: b 1b @ infinite loop
on_the_ram:
#endif
```

该代码首先是将vivi自身复制到RAM中，并跳转到RAM中去执行。芯片复位时，Nand Flash中最前面的4KB代码会被自动复制到芯片内部的4KB RAM中，然后开始执行。由于代码不能在Nand Flash中执行，所以vivi从Nand Flash中启动的情况下，bl main是跳到RAM中的main()函数。

如果vivi是烧写到Nor Flash中启动的，因为代码可以在Nor Flash中执行，所以在配置vivi的时候，就不需要定义宏CONFIG_S3C2410A_NAND_BOOT了。上段代码在条件编译的时候不进行编译，那么vivi就没有复制自身到RAM去，整个过程都在Nor Flash中运行，这也包括bl main。直到运行main()函数都还是在Nor Flash中。因此，在这种情况下，bl main是跳转到Flash中的main()函数。

2. vivi的配置和编译

配置vivi和配置Linux内核一样，可以通过字符界面来对vivi进行相关的配置，用户在终端中进入vivi的源代码目录，运行“make menuconfig”命令，打开如图8-24所示的配置界面，然后根据目标板的具体情况选择适当的配置。对于配置菜单中各项的具体含义，大家可以参考vivi的使用说明文档。

在配置vivi后，就可以对vivi进行编译了，但在编译之前，必须根据宿主机编译器的具体情况对vivi源码中的顶层Makefile文件进行相应的修改，其顶层Makefile文件的源代码如下：

```
VERSION=0
PATCHLEVEL=1
SUBLEVEL=4
VIVIRELEASE=$(VERSION).$(PATCHLEVEL).$(SUBLEVEL)
ARCH:=arm
```

```
CONFIG_SHELL:=$(shell if [ -x "$$BASH" ]; then echo $$BASH; \
    else if [ -x /bin/bash ]; then echo /bin/bash; \
    else echo sh; fi ; fi)
TOPDIR:=$(shell /bin/pwd)
LINUX_INCLUDE_DIR=/usr/local/arm/2.95.3/include
VIVIPATH=$(TOPDIR)/include
HOSTCC=gcc
HOSTCFLAGS=-Wall -Wstrict-prototypes -O2 -fomit-frame-pointer
CROSS_COMPILE=/usr/local/arm/2.95.3/bin/arm-linux-
```

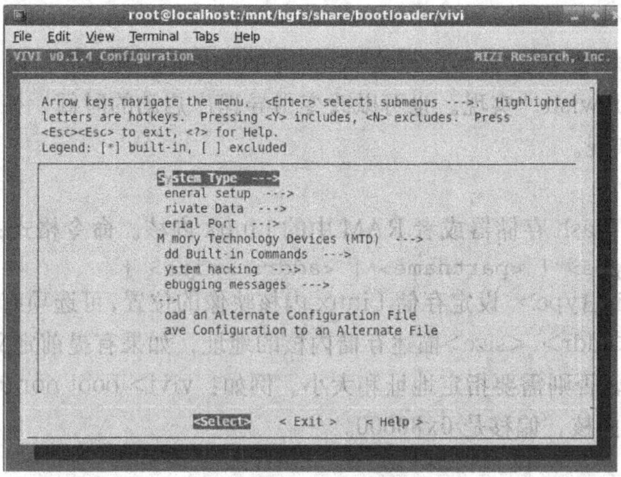

图 8-24　vivi 配置界面

主要是根据宿主机交叉编译器的具体情况配置 LINUX_INCLUDE_DIR 和 CROSS_COMPILE 两个参数。LINUX_INCLUDE_DIR 是宿主机中 Linux 头文件的路径，CROSS_COMPILE 是宿主机交叉编译器的路径。修改好 Makefile 文件后，使用“make”命令开始编译 vivi，编译完成后可在当前目录下生成 vivi.bin 二进制文件，将该文件烧写到目标板的 Flash 中就可以用于启动 Linux 内核了。

3. vivi 的使用命令

在下载模式下，vivi 为用户提供了一个命令行接口，通过该接口可以使用 VIVI 提供的一些命令。

（1）load 命令

将二进制文件载入到 Flash 或者 RAM，命令格式：

```
load <media_type> [ <partname> | <addr> <size> ] <x|y|z>
```

其中，命令行参数<media_type>描述装载位置，有 Flash 和 RAM 两种选项；参数<partname>或<addr> <size>描述装载的地址，如果有提前定义的 MTD 分区信息，可以只输入分区名称，否则需要指定地址和大小；参数<x|y|z>确定文件的传输协议，常用选项“x”用来指定采用 XModem 协议。

例如：vivi > load flash kernel x，装载压缩映像文件 zImage 到 Flash 存储器中，地址是 kernel 分区，并采用 XModem 传输协议。也可以指定地址和大小，例如：vivi > load flash 0x80000 0xc0000 x。

（2）part 命令

操作 MTD 分区信息，例如，显示、增加、删除、复位、保存 MTD 分区等，命令格式：

- part show：显示 MTD 分区信息。
- part add <name> <offset> <size> <flag>：增加新的 MTD 分区，其中<name>为新 MTD 分区的名称，<offset>是 MTD 器件的偏移，<size>表示 MTD 分区的大小，<flag>表示分区类型，可选择的选项有 JFFS2、LOCKED 和 BONFS。
- part del <partname>：删除一个 MTD 分区。
- part reset：恢复 MTD 分区为默认值。
- part save：在 Flash 中永久保存参数值和分区信息。

（3）param 命令

用来设置或者查看参数。例如，改变"linux command line"，使用 vivi> param set linux_cmd_line "you wish."实现。也可以改变引导程序启动的时间，使用 vivi> param set boot_delay 100000 实现。

（4）boot 命令

用来引导存储在 Flash 存储器或者 RAM 中的 Linux 内核。命令格式：

```
boot <media_type> [ <partname> | <addr> <size> ]
```

其中，参数<media_type> 设定存储 Linux 内核映像的位置，可选项有 RAM、Nor 和 SMC；参数<partname>或<addr> <size>描述存储内核的地址，如果有提前定义的 MTD 分区信息，可以只输入分区名称，否则需要指定地址和大小。例如：vivi> boot nor 0x80000 表示从 Flash 存储器中读出 Linux 内核，偏移是 0x80000。

（5）flash 命令

存储器管理命令，例如：flash erase [<partname> | <offset> <size>]表示擦除 Flash 存储器。

8.5 嵌入式 Linux 系统的构建

嵌入式 Linux 系统由两个比较独立的部分组成，即内核部分和文件系统部分。通常，启动一个 Linux 系统的过程是这样的：一个不隶属于任何操作系统的 Bootloader 程序将 Linux 内核部分调入内存，并将控制权交给内存中 Linux 内核的第一行代码，加载程序的工作就完成了。此后 Linux 要将自己的剩余部分全部加载到内存，初始化所有的设备，在内存中建立好所需的数据结构（有关进程、设备、内存等）。至此，Linux 内核的工作告一段落，内核已经控制了所有硬件设备。至于操作和使用这些硬件设备，则由文件系统部分实现。内核加载设备并启动 init 守护进程，init 守护进程会根据配置文件加载文件系统、配置网络、服务进程、终端等。一旦终端初始化完毕，就可以看到系统的欢迎界面了。简而言之，内核部分初始化并控制大部分硬件设备，为内存管理、进程管理、设备读写等工作做好一切准备；系统部分加载必需的设备，配置各种环境以便用户可以使用整个系统。因此，嵌入式 Linux 系统的构建过程就是建立 Linux 内核和文件系统的过程。

8.5.1 嵌入式 Linux 内核的构建

1. Linux 内核源代码目录

在构建嵌入式 Linux 系统以前，需要先认识一下 Linux 的内核源代码目标结构。Linux 内核源代码可以从网上下载（http://www.kernel.org），目前最新的 Linux 内核版本是

2.6.33.4。一般主机平台的 Linux（如红旗 Red Hat）源代码在根目录下的/usr/src/linux 目录下。内核源代码的文件按树形结构进行组织，在源代码树最上层可以看到以下一些目录：

① arch：arch 子目录包括所有与体系结构相关的内核代码。arch 的每一个子目录都代表一个 Linux 所支持的体系结构。例如：arm 目录下就是 arm 体系架构的处理器目录，包含我们使用的 S3C2410A 处理器。

② include：include 子目录包括编译内核所需要的头文件。与 ARM 相关的头文件在 include/asm-arm 子目录下。

③ init：这个目录包含内核的初始化代码，但不是系统的引导代码，其中所包含 main.c 和 Version.c 文件是研究 Linux 内核的起点。

④ mm：该目录包含所有独立于 CPU 体系结构的内存管理代码，如页式存储管理内存的分配和释放等。与 ARM 体系结构相关的代码在 arch/arm/mm 目录中。

⑤ Kernel：包括主要的内核代码，此目录下的文件实现大多数 Linux 的内核函数，其中最重要的文件是 sched.c。与 arm 体系结构相关的代码在 arch/arm /kernel 目录中。

⑥ Drives：此目录存放系统所有的设备驱动程序，每种驱动程序各占一个子目录。

- /block：块设备驱动程序。块设备包括 IDE 和 SCSI 设备。
- /char：字符设备驱动程序。如串口、鼠标等。
- /cdrom：包含 Linux 所有的 CD-ROM 代码。
- /pci：PCI 卡驱动程序代码，包含 PCI 子系统映射和初始化代码等。
- /scsi：包含所有的 SCSI 代码及 Linux 所支持的所有 SCSI 设备驱动程序代码。
- /net：网络设备驱动程序。
- /sound：声卡设备驱动程序。

⑦ lib：放置内核的库代码；

⑧ net：包含内核与网络相关的代码。

⑨ ipc：包含内核进程通信的代码。

⑩ fs：所有的文件系统代码和各种类型的文件操作代码，它的每一个子目录支持一个文件系统，如 JFFS2。

⑪ scripts：包含用于配置内核的脚本文件等。每个目录下一般都有一个 depend 文件和一个 makefile 文件，它们是编译时使用的辅助文件，仔细阅读这两个文件对弄清楚各个文件之间的相互依托关系很有帮助。

2. Linux 内核配置

(1) Linux 内核配置的基本结构

Linux 内核的配置系统由 4 个部分组成：

- Makefile：分布在 Linux 内核源代码中的 Makefile 定义 Linux 内核的编译规则，顶层 Makefile 是整个内核配置、编译的总体控制文件。
- 配置文件（config.in）：给用户提供配置选择的功能；.config 为内核配置文件，包括由用户选择的配置选项，用来存放内核配置后的结果。
- 配置工具：包括对配置脚本中使用的配置命令进行解释的配置命令解释器和配置用户界面（基于字符界面——make config；基于 Ncurses 图形界面——make menuconfig；基于 XWindows 图形界面——make xconfig）。

• Rules.make：规则文件，被所有的 Makefile 使用。

利用 make menuconfig（或 make config、make xconfig）对 Linux 内核进行配置后，系统将产生配置文件（.config）。在编译时，顶层 Makefile 将读取.config 中的配置选项。

顶层 Makefile 完成产生核心文件（vmlinux）和内核模块（module）两个任务，为了完成此任务，顶层 Makefile 递归进入到内核的各个子目录中，分别调用位于这些子目录中的 Makefile，然后进行编译。至于到底进入哪些子目录，取决于内核的配置。顶层 Makefile 中的 include arch/$(ARCH)/Makefile 指定特定 CPU 体系结构下的 Makefile，这个 Makefile 包含了与特定平台相关的信息。

各个子目录下的 Makefile 同样也根据配置文件（.config）给出的配置信息，构造出当前配置下需要的源文件列表，并在文件最后有 include $(TOPDIR)/Rules.make。

顶层 Makefile 定义并向环境中输出了许多变量，为各个子目录下的 Makefile 传递一些变量信息。有些变量，比如 SUBDIRS，不仅在顶层 Makefile 中定义并且赋初值，而且在 arch/*/Makefile 还做了扩充。下面对部分主要变量进行介绍。

① 版本信息。

有关版本信息变量有 VERSION、PATCHLEVEL、SUBLEVEL、EXTRAVERSION、KERNELRELEASE。版本变量信息定义了当前内核的版本，比如 VERSION=2、PATCHLEVEL=4、SUBLEVEL=18、EXATAVERSION=-rmk7，它们共同构成内核的发行版本 KERNELRELEASE：2.4.18-rmk7。

② CPU 体系结构变量 ARCH。

在顶层 Makefile 的开头，用 ARCH 定义目标 CPU 的体系结构，比如 ARCH:=arm 等。许多子目录的 Makefile 中，要根据 ARCH 的定义选择编译源文件的列表。

③ 路径信息变量 TOPDIR、SUBDIRS。

TOPDIR 变量定义了 Linux 内核源代码所在的根目录。例如，各个子目录下的 Makefile 通过$(TOPDIR)/Rules.make 就可以找到 Rules.make 的位置。SUBDIRS 变量定义了一个目录列表，在编译内核或模块时，顶层 Makefile 根据 SUBDIRS 变量决定需要进入哪些子目录。SUBDIRS 变量的值取决于内核的配置，在顶层 Makefile 中 SUBDIRS 赋值为 kernel drivers mm fs net ipc lib；根据内核的配置情况，在 arch/*/Makefile 中对 SUBDIRS 的值进行了扩充以满足特定 CPU 体系结构的要求。

④ 内核组成信息变量：HEAD、CORE_FILES、NETWORKS、DRIVERS、LIBS。

⑤ 编译信息变量：CPP、CC、AS、LD、AR、CFLAGS、LINKFLAGS。

CROSS_COMPILE 定义了交叉编译器前缀 arm-linux-，表明所有的交叉编译工具都是以 arm-linux- 开头的，所以在各个交叉编译器工具之前都加入了$(CROSS_COMPILE)变量引用，以组成一个完整的交叉编译工具文件名，比如 arm-linux-gcc。CFLAGS 定义了传递给 C 编译器的参数。LINKFLAGS 是链接生成 vmlinux 时所使用的参数，LINKFLAGS 在 arm/*/Makefile 中定义。

⑥ 配置变量 CONFIG_*（*表示通配符）。

配置文件（.config）中有许多配置变量等式，用来说明用户配置的结果。例如 CONFIG_MODULES=y 表明用户选择了 Linux 内核的模块功能。配置文件（.config）被顶层 Makefile 包含后，就形成许多的配置变量，每个配置变量具有 4 种不同的值：

- y——表示本编译选项对应的内核代码被静态编译进 Linux 内核。
- m——表示本编译选项对应的内核代码被编译成模块。
- n——表示不选择此编译选项。
- 空——如果根本就没有选择，那么配置变量的值为空。

除了 Makefile 的编写外，另外一个重要的工作就是把新增功能加入到 Linux 的配置选项中来提供功能的说明，让用户有机会选择新增功能项。Linux 所有选项配置都需要在 config.in 文件中用配置语言来编写配置脚本，然后顶层 Makefile 调用 scripts/Configure，按照 arch/arm/config.in 来进行配置。命令执行完后，生成包含配置信息的配置文件（.config）。下一次再执行 make config 时将产生新的.config 文件，原.config 被改名为.config.old。

(2) Linux 内核配置选项

Linux 内核的配置过程比较烦琐，但是配置是否适当与 Linux 系统能否正常运行密切相关，所以需要了解一些主要的配置选项。配置 Linux 内核可以选择不同的配置界面，常用的有基于字符界面、基于 Ncurses 图形界面、基于 XWindows 图形界面 3 种。通常情况下都是在终端下使用“make menuconfig”命令打开如图 8-25 所示的基于 Ncurses 的图形界面来配置 Linux 内核。

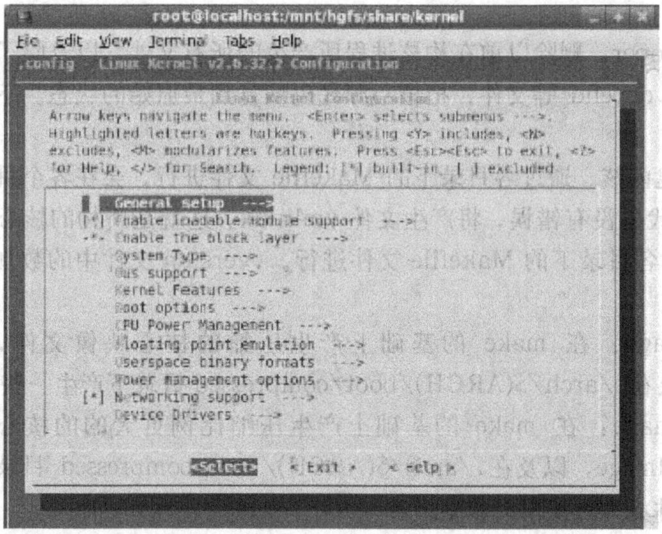

图 8-25 基于 Ncurses 的 Linux 内核配置界面

在配置界面上可用【↑】、【↓】键来在各菜单之间移动，在标有“--->”标志的地方按【Enter】键进入下级菜单，按两次【Esc】键或选择<Exit>则返回到上级菜单，按“h”键或选择下面的<Help>则可看到配置帮助信息，按【Tab】键则在各控制选项之间移动。在各级子菜单项中，选择相应的配置时，有 3 种选择，分别为：Y——表示包含该功能选项配置在内核中，M——表示以模块的方式编译到内核中，N——表示该功能选项不进行编译。在每一个选项前面都有个括号，有的是[ ]，有的是< >，还有的是( )。用【Space】键进行选择时可以发现，中括号中要么是空，要么是“*”，表示对应的项要么不要，要么编译到内核里；而尖括号中可以是空、“*”和“M”，M 表示编译成模块；圆括号中的内容是要用户在所提供的几个选项中选择一项。

在构建嵌入式 Linux 内核的过程中，最麻烦的事情就是配置内核选项，最初接触 Linux 内核的开发者往往不清楚如何来选择这些项。实际上，在配置时，大部分选项可以使用其默认值，只有小部分需要根据用户不同的需要进行选择。选择的基本原则是：将与内核其他部分关系较远且不经常使用的部分编译成为可加载模块，这样有利用减小内核长度，减小内核消耗的内存；与内核关系紧密而且经常使用的部分直接编译到内核中；不需要的功能就不要选。

(3) Linux 内核编译与下载

编译 Linux 内核的常用命令包括 make config、dep、clean、rmproper、zImage、bzImage、Modules、Modules_Install，下面分别对这些命令进行简单的介绍。

① make config：内核配置。调用./scripts/Configure，按照 arch/i386/config.in 来进行配置。命令执行后，产生文件.config，其中保存着配置信息。下次执行 make config 时，将产生新的.config 文件，原文件.config 更名为.config.old。

② make dep：寻找依存关系。产生两个文件.depend 和.hdepend，其中.hdepend 表示每个.h 文件都包含其他哪些嵌入文件。而.depend 文件有多个，在每个会产生目标文件（.o）文件的目录下均有，它表示每个目标文件都依赖于哪些嵌入文件（.h）。

③ make clean：清除以前构核所产生的所有目标文件、模块文件、核心及一些临时文件等，不产生任何文件。

④ make rmproper：删除以前在构核过程所产生的所有文件，以及除了做 make clean 外，还要删除.config，.depend 等文件，把核心源代码恢复到最原始的状态。下次构核时必须进行重新配置。

⑤ make：构建内核。通过各目录下的 Makefile 文件进行，会在各个目录下产生一大堆目标文件，如果核心代码没有错误，将产生文件 vmlinux，这就是所构的核心。并产生映像文件 system.map，通过各目录下的 Makefile 文件进行。.version 文件中的数加 1，表示版本号的变化。

⑥ make zImage：在 make 的基础上产生压缩的核心映像文件./arch/$(ARCH)/boot/zImage，以及在./arch/$(ARCH)/boot/compressed 目录下产生一些临时文件。

⑦ make bzImage：在 make 的基础上产生压缩比例更大的的核心映像文件./arch/$(ARCH)/boot/bzImage，以及在./arch/$(ARCH)/boot/compressed 目录下产生一些临时文件，通常在内核文件太大时使用此命令。

编译内核时，首先运行“make rmproper”命令删除以前在构核过程所产生的所有文件，然后运行“make menuconfig”命令打开配置选项界面以配置内核选项，完成后运行“make dep”命令创建内核依赖关系，最后运行“make zImage”命令生成压缩的内核映像文件。内核编译完毕之后，生成 zImage 内核映像文件，保存在源代码的 arch/arm/boot/目录下。生成内核以后，接下来要做的就是将其下载到目标板的 Flash 中。在下载内核前，要保证 Bootloader 的正常运行，在此以 vivi 为例加以介绍。

① 连接串口，在控制台下启动 Minicom 打开串口终端。

② 启动目标板，进入 vivi 命令行工作模式。

③ 执行“load flash kernel x”命令，开始下载内核。

④ 在终端的等待状态下，先按住【Ctrl】键，再按【A】键，然后同时松开，再按【S】键，进入下载模式。

⑤ 选择 XModem 协议，下载结束，即可保存内核文件到 Flash 中。

8.5.2 嵌入式 Linux 根文件系统的构建

文件系统在任何操作系统中都是非常重要的概念，简单地讲，文件系统是操作系统用于明确磁盘或分区上的文件的方法和数据结构，即在磁盘上组织文件的方法。文件系统的存在使数据可以被有效而透明地存取访问。进行嵌入式开发，采用 Linux 作为嵌入式操作系统，必须要构建 Linux 文件系统。Linux 的根文件系统具有非常独特的特点，就其基本组成来说，根文件系统应该包括支持 Linux 系统正常运行的基本内容，包含系统使用的软件和必要的库文件，以及所有用来为用户提供支持架构和用户使用的应用程序软件。

嵌入式 Linux 文件系统结构与 PC 上的 Linux 文件系统结构非常相似。在 Linux 中，文件系统的结构是基于树状的，根在顶部，各个目录和文件从树根向下分支，目录树的最顶端被称为根目录（/）。Linux 操作系统由一些目录和许多文件组成，例如/bin 目录包含二进制文件的可执行程序，/sbin 目录用于存储管理系统的二进制文件，/etc 目录包含绝大部分的 Linux 系统配置文件，/lib 目录存储程序运行时使用的共享库，/dev 目录包含称为设备文件的特殊文件，/proc 目录实际上是一个虚拟文件系统，/tmp 目录用于存储程序运行时生成的临时文件，/home 目录是用户起始目录的基础目录，/var 目录保存要随时改变大小的文件，/usr 目录及其子目录对 Linux 系统的操作非常重要，它保存着系统中一些最重要的程序。

1. 嵌入式 Linux 常用文件系统类型

(1) EXT 文件系统

Ext2fs 是 Linux 的标准文件系统，它已经取代了扩展文件系统（或 Extfs）。扩展文件系统 Extfs 支持的文件大小最大为 2 GB，支持的最大文件名称大小为 255 个字符，而且它不支持索引结点（包括数据修改时间标记）。和 Extfs 相比，Ext2fs 具有下面一些优点：

- Ext2fs 支持达 4 TB 的内存。
- Ext2fs 文件名称最长可以到 1012 个字符。
- 在创建文件系统时，管理员可以根据需要选择存储逻辑块的大小（通常大小可选择 1024B、2048B 和 4096B）。
- Ext2fs 可以实现快速符号链接（相当 Windows 文件系统的快捷方式），不需为符号链接分配数据块，并且可将目标名称直接存储在索引结点（inode）表中，这使文件系统的性能有所提高，特别在访问速度上。

由于 Ext2fs 文件系统的稳定性、可靠性和健壮性，所以几乎在所有基于 Linux 的系统（包括台式机、服务器和工作站，甚至一些嵌入式设备）上都使用 Ext2fs 文件系统。

(2) NFS 文件系统

NFS 是一个 RPC Service，它由 SUN 公司开发，并于 1984 年推出。NFS 文件系统能够使文件实现共享，它的设计是为了在不同的系统之间使用，所以 NFS 文件系统的通信协议设计与作业系统无关。当使用者想使用远端文件时，只要用“mount”命令就可以把远端文件系统挂载在自己的文件系统上，使远端的文件在使用上和本地机器的文件没有区别。

(3) JFFS/JFFS2 文件系统

JFFS 文件系统是瑞典 Axis 通信公司开发的一种基于 Flash 的日志文件系统，它在设计时充分考虑了 Flash 的读写特性和电池供电嵌入式系统的特点，在这类系统中，必须确保在读取文件时，如果系统突然掉电，其文件的可靠性不受到影响。对 Red Hat 的 Davie Woodhouse 进行改进后，形成了 JFFS2。主要改善了存取策略以提高 Flash 的抗疲劳性，同时也优化了碎片整理性能，增加了数据压缩功能。需要注意的是，当文件系统已满或接近满时，JFFS2 会大大放慢运行速度，这是因为垃圾收集的问题。相对于 Ext2fs 而言，JFFS2 在嵌入式设备中更受欢迎。

JFFS2 文件系统通常用来当作嵌入式系统的文件系统。JFFS2 克服了 JFFS 的一些缺点：使用了基于哈希表的日志结点结构，大大加快了对结点的操作速度，其特点如下：

- 支持数据压缩。
- 提供了“写平衡”支持。
- 支持多种结点类型。
- 提高了对闪存的利用率，降低了内存的消耗。

在嵌入式系统中常用的 Flash 存储器可分为 Nor Flash 和 Nand Flash 两种主要类型。一片没有使用过的 Flash 存储器，每一位的值都是逻辑 1，对 Flash 的写操作就是将特定位的逻辑 1 改变为逻辑 0。而擦除就是将逻辑 0 改变为逻辑 1。Flash 的数据存储是以块（Block）为单位进行组织的，所以 Flash 在进行擦除操作时只能进行整块擦除。Flash 的使用寿命以擦除次数进行计算，一般是每块 100 000 次。为了保证 Flash 存储芯片的某些块不早于其他块到达其寿命长度，有必要在所有块中尽可能地平均分配擦除次数，这就是“损耗平衡”。JFFS2 文件系统是一种“追加式”的文件系统，新的数据总是被追加到上次写入数据的后面，这种“追加式”结构就自然实现了“损耗平衡”。用户只需要在自己的嵌入式 Linux 中加入 JFFS2 文件系统并做少量的改动，就可以使用 JFFS 文件系统。通过 JFFS2 文件系统，可以用 Flash 存储器来保存数据，即将 Flash 存储器作为系统的硬盘来使用。可以像操作硬盘上的文件一样操作 Flash 芯片上的文件和数据。同时，系统运行的参数可以实时保存到 Flash 存储器芯片中，在系统断电后数据不会丢失。

（4）YAFFS 文件系统

YAFFS（Yet Another Flash Filling System）是第一个专门为 Nand Flash 存储器设计的嵌入式文件系统，适用于大容量的存储设备。它是与 JFFS 类似的日志结构的文件系统，提供损耗平衡和掉电保护，可以有效地避免意外掉电对文件系统一致性和完整性的影响。

YAFFS 充分考虑了 Nand Flash 的特点，根据 Nand 存储器以数据块为单位存取的的特点，将文件以固定大小的数据块存储。每个文件（包括目录）都有一个数据块头与之相对应，数据块头中保存了 ECC（Error Correction Code）和文件系统的组织信息，用于错误检测和坏块处理。YAFFS 把这个数据块头存储在 Flash 的 16 字节备用空间中。当文件系统被挂载时，只需扫描存储器的备用空间就能将文件系统信息读入内存，并且驻留在内存中，不仅加快了文件系统的加载速度，也提高了文件的访问速度。YAFFS 采用一种多策略混合的垃圾回收算法，结合贪心算法的高效性和随机选择的平均性，达到了兼顾损耗平均和减小系统开销的目的。

2. 嵌入式 Linux 根文件系统制作

BusyBox 最初由 Bruce Perens 在 1996 年为 Debian GNU/Linux 安装盘编写，主要使用在 Debian 的安装程序中。后来又有许多 Debian 开发者对 BusyBox 贡献力量。BusyBox 编译成一个叫做 busybox 的独立执行程序，并且可以根据配置，执行 ASH Shell 的功能，以及几十个小应用程序。这其中包括一个迷你的 vi 编辑器、系统不可或缺的/sbin/init 程序，以及其他诸如

sed、ifconfig、 halt、reboot、mkdir、mount、ln、ls、echo、cat 等，所有这些都是一个正常的系统必不可少的，但如果把这些程序的源文件拿过来，其大小在一个嵌入式系统中无法承受。BusyBox 具有全部这些功能，大小也只有 100KB 左右，而且用户还可以根据自己的需要对 BusyBox 的应用程序功能进行配置选择。BusyBox 支持多种体系结构，它可以静态或动态链接 glic 或者 uclibc 库，以满足不同的需要，也可以修改 BusyBox 默认的编译配置以移除不想使用的命令的支持。这些使得 BusyBox 在嵌入式开发过程中具有不言而喻的优势，同时使用 BusyBox 可以大大简化制作嵌入式根文件系统的过程，所以 BusyBox 工具在嵌入式开发中得到了广泛的应用。

使用 BusyBox 建立根文件系统包括编译安装 BusyBox，配置根文件系统，制作文件系统映像 3 个步骤。

（1）编译安装 BusyBox

最新版本 BusyBox 源代码可以在其官方网站下载，下载完成后将其源码复制到指定目录并解压，完成后执行“make menuconfig”命令来对其源代码进行相关配置。这里下载的是 busybox-1.00-pre05.tar.bz2。首先把它放在/root/S3C2410A/Filesystem 目录下，并进行解压缩，配置界面与 Linux 内核配置类似，如图 8-26 所示。

```
[root@localhost]$ cd /root/S3C2410A/Filesystem
[root@Filesystem]$ tar jxf busybox-1.00-pre05.tar.bz2
[root@Filesystem]$ cd busybox-1.00-pre05
[root@Filesystem]$ make defconfig  /* 首先进行默认配置 */
[root@Filesystem]$ make menuconfig
```

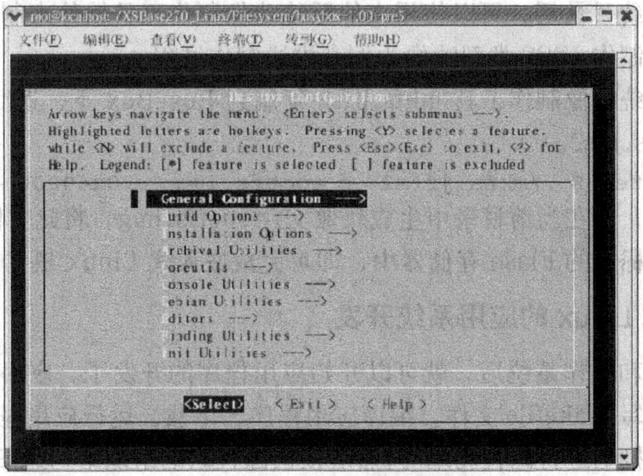

图 8-26　BUSYbOX 配置界面

在 Build Option 菜单下，可以选择静态库编译方式，设置如下：[*] Build BusyBox as a static binary (no shared libs)。由于为 ARM 体系结构处理器制作文件系统，所以在交叉编译选项中需要使用带 glibc 库支持的交叉编译器 arm-linux-gcc，需要在 Cross Complier prefix 中指定 arm-linux-gcc 的安装目录。BusyBox 默认的安装路径为_install，用户可以根据需要在 Installation Options 配置中输入自定义安装路径，同时可以根据需要对文件系统的功能选项进行配置，这样可以减小文件系统的大小，以节省存储空间。配置完成后，需要对配置选项进行保存操作，然后通过“make install”命令安装 BusyBox：

```
[root@Filesystem]$ make dep
```

```
[root@Filesystem]$ make install
```

编译和安装完后生成_install 目录。并且可以看到 bin、sbin 和 usr 3 个目录，在这 3 个目录下，可以看到一个 BusyBox 应用程序和许多符号链接，并且还可以看出所有这些符号链接都指向 BusyBox 应用程序。

（2）配置根文件系统

BusyBox 将在未来的根文件系统中建立/usr、/bin、/sbin 等目录。从中可以看到，编译好的 BusyBox 可执行文件和其他应用命令的符号链接。典型的 BusyBox 文件大小在动态链接的情况下是 300 KB 左右，静态链接为 800 KB 左右，用它实现的文件系统完全可以控制在 1 MB 以下。但就目前为止，得到的还不是一个完整可用的文件系统，必须要在这个基础上添加一些必要的文件，让它可以工作。这里对于一个最小的文件系统，我们还缺少 3 个必要的目录，分别是/etc、/lib、/dev。

对于 lib 来说，由于交叉开发工具的库文件很多，而且很大，所以可以直接从系统中复制出库文件。

对于 etc 目录中的文件，可以复制 BusyBox 源代码 example/bootfloopy/etc 中的文件作为基础，然后进行修改。

对于 dev，是用于存放 Linux 设备文件的目录，而当我们为一个新的设备编写完一个驱动程序，并且假设该驱动运行正常，我们只能得到一个设备号，在使用这个设备以前，还必须手工为这个设备建立设备文件，设备文件可以通过 mknod 命令来建立。

（3）制作文件系统映像文件

在配置好文件系统目录后，可以使用文件系统映像制作工具软件来制作相应类型的文件系统映像文件，此处以制作 JFFS 类型映像为例来讲述制作过程。

将下载的文件系统映像制作工具 mkfs.jffs2 复制到 BusyBox 下，返回到 BusyBox 的根目录下，运行命令 mkfs.jffs2。

```
[root@Filesystem]$ ./mkfs.jffs2 -o rootfs.img -e 0x40000 -r _install -p -l
```

命令运行成功后，将在当前目录中生成映像文件 rootfs.img，将此文件在 Bootloader 的下载模式下，烧写到目标板的 Flash 存储器中，即可完成嵌入式 Linux 根文件系统的构建工作。

8.5.3 基于嵌入式 Linux 的应用系统开发

在建立开发环境和操作系统后，就可以开始应用程序的开发了。应用程序的开发一般包括编写程序源代码，编写 Makefile 文件，编译应用程序，下载、运行应用程序几个步骤。应用程序一般情况下在宿主机上进行源代码编写，然后根据源代码的组织结构递归编写 Makefile 文件，编写完成后，使用交叉编译器对源文件进行编译，生成可在目标板上运行的二进制文件，最后将可执行的二进制文件下载到目标板上并配置程序运行方式，完成应用系统在目标板的部署。

1. 编写应用程序代码

在宿主机的 Linux 系统下开发目标板的应用程序，应首先为应用程序建立一个工作目录，然后选用文本编译器 VI 编写程序源代码，当然也可以选择自己所熟悉的 vim，或者是 XWindows 界面下的 gedit。VI 是 Linux 系统中应用最为广泛的文本编辑器，也是 Linux 下的第一个全屏幕交互式编辑程序。它没有菜单，只有命令，功能强大，可以执行输出、删除、查找、替换、块操作等多种文本操作，而且用户可以根据自己的需要对其进行定制，这是其他编辑程序所没有的。

VI 编辑器有 3 种工作状态，分别是命令模式（command mode）、插入模式（insert mode）和末行模式（last line mode），各模式的功能区分如下：

- 命令行模式：该模式主要通过控制屏幕光标的移动进行文字编辑，在插入模式下按【Esc】键或是在末行模式下输入了错误的命令都会回到命令行模式。
- 插入模式：在 VI 下编辑文字，不能直接插入、替代或删除文字，只有在该模式下，才可以做这些操作。要进入插入模式，可以在命令行模式下按【a】、【i】或【o】键，在插入模式下按【Esc】键可回到命令行模式。
- 末行模式：该模式主要用来进行一些文字编辑辅助功能，如字符串搜索，替换、保存文件，退出 VI 等。

一般情况下，可用命令“vi filename”来打开或者建立一个程序源文件，如果命令中的文件名在当前目录下不存在，则在当前目录下新建以命令中文件名命名的一个文件。下面以编辑一个 hello.c 简单 C 语言程序为例，介绍 VI 的使用方法，其主要操作步骤如下：

① 在终端中输入命令，用 VI 建立文件。

```
[root@tmp]$ vi hello.c
```

输入该命令后，就进入了 VI 编辑界面，但此时的 VI 是命令行工作模式，不能进行文本的输入，需要先切换到插入模式。

② 按【I】键，进入插入模式，在此模式下输入编辑文本内容如下：

```
# include <stdio.h>
int main()
{
  printf("Hello, this is a program for test arm-linux-gcc!\n");
  return 0;
}
```

③ 保存文本并退出 VI。

文本输入完成后，在插入模式下按【Esc】键返回命令行模式，输入命令“wq”就可以保存并退出刚才编辑的程序。

2. 编写 Makefile 文件

在 Linux 或 UNIX 环境下，对于只含有几个源代码文件的小程序（如 hello.c）的编译，可以手工输入 gcc 命令对源代码文件逐个进行编译，然而在大型项目开发中，可能涉及几十到几百个源文件，采用手工输入的方式进行编译，则非常不方便，而且一旦修改了源代码，尤其是如果头文件发生了修改，采用手工方式进行编译和维护的工作量相当大，而且容易出错。因此在 Linux 或 UNIX 环境下，人们通常利用 GNU make 工具来自动完成应用程序的维护和编译工作。实际上，GNU make 工具是通过一个称为 Makefile 的文件来完成对应用程序的自动维护和编译工作。Makefile 是按照某种脚本语法编写的文本文件，而 GNU make 能够对 Makefile 中的指令进行解释并执行编译操作。Makefile 文件定义了一系列的规则来指定哪些文件需要先编译，哪些文件需要后编译，哪些文件需要重新编译，甚至于进行更复杂的功能操作。

(1) Makefile 基本结构

Makefile 有其自身特定的编写格式，并且遵循一定的语法规则，Makefile 的一般结构如下：

```
# 注释
目录文件（target）: 依赖（dependency）文件列表
……………………………………
```

<Tab> 命令（command）列表

结构中各部分的含义如下：

- 注释：和 Linux Shell 脚本一样，Makefile 语句行的注释采用“#”号开头。
- 目标文件（target）：一个目标文件，可以是 Object 文件，也可以是执行文件，还可以是一个标签（Label）。
- 依赖（dependency）文件列表：列出生成目标（target）文件要依赖哪些文件。
- 命令（command）列表：是指创建项目时需要运行的 shell 命令。需要注意的是，命令（command）部分每行的缩进必须要使用【Tab】键而不能使用多个空格。

Makefile 实际上是一个文件的依赖关系，也就是说，target 这一个或多个目标文件依赖于 dependency 中的文件，其生成规则定义在命令（command）中。如果依赖（dependency）文件中有一个以上的文件比目标（target）文件要新，shell 命令（command）所定义的命令就会被执行。这就是 Makefile 的规则，也就是 Makefile 中最核心的内容。

例如，假设有一个 C 源文件 test.c，该源文件包含有自定义的头文件 test.h，则目标文件 test.o 明确依赖于两个源文件：test.c 和 test.h。如果只希望利用 gcc 命令来生成 test.o 目标文件，这时，就可以利用如下的 makefile 命令来定义 test.o 的创建规则：

```
#This makefile just is a example.
test.o: test.c test.h
gcc -c test.c
clean:
rm -f *.o
```

从上面的例子可以看到，第一个字符为#的行表示注释行；第一个非注释行指定 test.o 为目标，并且依赖于 test.c 和 test.h 文件；随后的行指定了如何从目标所依赖的文件建立目标。

如果 test.c 或 test.h 文件在编译之后又被修改，则 make 工具可自动重新编译 test.o，如果在前后两次编译之间，test.c 和 test.h 均没有被修改，而且 test.o 还存在，就没有必要重新编译。这种依赖关系在多源文件的程序编译中尤其重要。通过这种依赖关系的定义，make 工具可避免许多不必要的编译工作。

一个 Makefile 文件中可定义多个目标，利用 make target 命令可指定要编译的目标，如果不指定目标，则使用第一个目标。通常，Makefile 中定义有 clean 目标，可用来清除编译过程中的中间文件。在上例中运行 make clean 命令时，执行 rm -f *.o 命令，删除编译过程中生成的所有中间文件。

(2) Makefile 文件的内容

Makefile 一般包括包含：显式规则、隐含规则、变量定义、文件指示和注释等 5 项内容。

- 显式规则：显式规则说明如何生成一个或多个目标文件。这是由 Makefile 的书写者明显指出的，包括要生成的文件、文件的依赖文件、生成的命令。
- 变量定义：在 Makefile 中可以定义一系列的变量，变量一般都是字符串，当 Makefile 被执行时，变量的值会被扩展到相应的引用位置上。
- 隐含规则：由于 GNU make 具有自动推导功能，所以隐含规则可以比较粗糙、简略地书写 Makefile，然后由 GNU make 的自动推导功能完成隐含规则的内容。
- 文件指示：其包括了 3 个部分，一个是在一个 Makefile 中引用另一个 Makefile，就像 C 语言中的 include 一样；另一个是根据某些情况指定 Makefile 中的有效部分，就像 C 语言中的预编译#if 一样；最后一是定义一个多行的命令。

- 注释：Makefile 中只有行注释，和 UNIX 的 Shell 脚本一样，其注释是用“#”字符标记，如果要在 Makefile 中使用“#”字符，可以用反斜杠进行转义，如：“\#”。

Makefile 中定义的变量，与 C/C++语言中的宏一样，代表一个文本字串，在 Makefile 被执行时，变量会自动在所使用的地方展开。Makefile 中的变量可以使用在“目标”，“依赖目标”，“命令”或 Makefile 的其他部分。Makefile 中变量的名称可以包含字符、数字，下画线(可以是数字开头)，但不应该含有“:”、“#”、“=”或是空字符(空格、回车等)。Makefile 中变量是大小写敏感的，“foo”、“Foo”和“FOO”是 3 个不同的变量名。传统的 Makefile 的变量名是全大写的命名方式，变量在声明时需要赋初值，而在使用时，需要在变量名前加上“$”符号。例如，某 Makefile 文件的内容如下：

```
# makefile test for hello program
CC=gcc
CFLAGS=
OBJS=hello.o
all: hello
hello: $(OBJS)
    $(CC) $(CFLAGS) $(OBJS) -o hello
hello.o: hello.c
    $(CC) $(CFLAGS) -c hello.c -o $(OBJS)
 clean:
    rm -rf hello *.o
```

在上面的例子中，自定义变量 OBJS 表示 hello.o，当 makefile 被执行时，变量会在使用它的地方精确地展开，就像 C/C++中的宏一样。上述 makfile 变量展开后的形式为：

```
# makefile test for hello program
CC=gcc
CFLAGS=
OBJS=hello.o
all: hello
hello: hello.o
    gcc  hello.o -o hello
hello.o: hello.c
    gcc -c hello.c -o  hello.o
clean:
    rm -rf hello *.o
```

GNU make 包含一些内置的或隐含的规则，这些规则定义了如何从不同的依赖文件建立特定类型的目标。GNU make 支持两种类型的隐含规则：

- 后缀规则（suffix rule）。后缀规则是定义隐含规则的一种风格较老的方法。后缀规则定义了将一个具有某个扩展名的文件（例如，.c 文件）转换为具有另外一个扩展名的文件（例如，.o 文件）的方法。每个后缀规则以两个成对出现的扩展名定义，例如，在上例中将.c 文件转换为.o 文件的后缀规则可定义为：

```
.c.o:
$(CC) $(CCFLAGS) $(CPPFLAGS) -c -o $@ $<
```

- 模式规则（pattern rule）。这种规则更加通用，这是因为可以利用模式规则定义更加复杂的依赖性规则。模式规则看起来非常类似于正则规则，但在目标名称的前面多了一个%号，同时可用来定义目标和依赖文件之间的关系。例如，下面的模式规则定义了如何将任意一个 X.c 文件转换为 X.o 文件：

```
%.c:%.o
$(CC) $(CCFLAGS) $(CPPFLAGS) -c -o $@ $<
```

在 Makefile 文件中使用 include 关键字可以把别的 Makefile 文件包含进来，这很像 C 语言的#include，被包含的文件会原样放在当前文件的包含位置。例如，有以下几个 Makefile 文件——a.mk、b.mk、c.mk，还有一个文件名为 foo.make，以及一个变量$(bar)，其包含了 e.mk 和 f.mk，那么下面的语句：

```
include foo.make *.mk $(bar)
```

等价于：

```
include foo.make a.mk b.mk c.mk e.mk f.mk
```

开始执行 make 命令时，会寻找 include 所指出的其他 Makefile，并把其内容安置在当前的位置。如果文件都没有指定是绝对路径还是相对路径，make 首先会在当前目录下查找，如果当前目录下没有找到，那么 make 还会在下面的几个目录查找：

- 如果执行 make 命令时，有“–I”或“––include–dir”参数，那么 make 命令就会在这个参数所指定的目录下去寻找。
- 如果目录<prefix>/include（一般是：/usr/local/bin 或/usr/include）存在，make 也会去找。

如果有的文件没有找到，make 会生成一条警告信息，但不会马上出现致命错误。它会继续载入其他文件，一旦完成 Makefile 的读取，make 命令会再重新查找那些没有找到或是不能读取的文件，如果还是不行，make 才会显示一条致命信息。

在 Makefile 中可以使用函数来处理变量，从而让命令或规则更为灵活和具有智能，函数调用和变量的使用非常相似，也是以“$”来标识的，函数调用后，函数的返回值可以当做变量来使用。例如，wildcard 函数可以展开成一列所有符合其参数描述的文件名。文件名之间以空格间隔。语法如下：

```
$(wildcard PATTERN...)
```

用 wildcard 函数找出目录中所有的.c 文件：SOURCES = $(wildcard *.c)。实际上，GNU make 还有许多字符串处理函数、文件名操作函数等其他函数。

(3) GNU make 命令

一般来说，最简单的就是直接在命令行下输入 make 命令，GNU make 寻找默认的 Makefile 的规则是在当前目录下依次找 3 个文件：“GNUmakefile”、“makefile”和“Makefile”。按顺序找这 3 个文件，一旦找到，就开始读取这个文件并执行，也可以给 make 命令指定一个特殊名字的 Makefile。要实现这个功能，要求使用 make 的“–f”或是“–file”参数，例如，make –f Hello.makefile。

在一些大的工程中，不同模块或是不同功能的源文件放在不同的目录中，可以在每个目录中都书写一个该目录的 Makefile，这有利于使 Makefile 变得更加简洁，而不至于把所有的东西全部写在一个 Makefile 中，这个技术对于进行模块编译和分段编译有着非常大的优势。例如，有一个子目录名为 subdir，这个目录下有一个 Makefile 文件指明了这个目录下文件的编译规则。那么总的 Makefile 可以书写为：

```
subsystem:
        cd subdir && $(MAKE)
```

如果要传递变量到下级 Makefile 中，可以使用 export <variable ...>来声明。GNU make

命令还有一些其他选项，表 8-1 给出了这些选项。

表 8-1　GNU make 命令参数

命令行选项	含　　义
-C DIR	在读取 makefile 之前改变到指定的目录 DIR
-f FILE	以指定的 FILE 文件作为 Makefile
-h	显示所有的 make 选项
-i	忽略所有的命令执行错误
-I DIR	当包含其他 Makefile 文件时，可利用该选项指定搜索目录
-n	只打印要执行的命令，但不执行这些命令
-p	显示 make 变量数据库和隐含规则
-s	在执行命令时不显示命令
-w	在处理 Makefile 前后，显示工作目录
-W FILE	假定文件 FILE 已经被修改

（4）Makefile 文件编写示例

在掌握 Makefile 文件的基本结构和内容后，下面通过一个例子讲述如何编写 Makefile 文件来实现多文件的联合编译。

首先，在终端下使用 VI 编辑器建立 3 个 C 程序源文件 hello1.c、hello2.c、hello2.h，3 个文件的内容如下：

```
//hello1.c
#include <stdio.h>
int main()
{
    printf("This is hello1 test program for Makefile!\n");
    test2();
    return 1;
}

//hello2.c
#include "hello2.h"
#include <stdio.h>
void test2(void)
{
    printf("This is hello2 test program for Makefile!\n ");
}

//hello2.h
void test2(void);
```

使用 VI 编辑器编写 Makefile 文件，内容如下：

```
# makefile test for multi files program
CC=gcc
CFLAGS=
OBJS=hello1.o hello2.o
all: hello
hello: $(OBJS)
```

```
    $(CC) $(CFLAGS) $^ -o $@
hello1.o: hello1.c
    $(CC) $(CFLAGS) -c $< -o $@
hello2.o: hello2.c
    $(CC) $(CFLAGS) -c $< -o $@
clean:
    rm -rf hello *.o
```

编写完成后，在终端运行 make 命令，则在当前目录下会生成一个可执行文件 hello，在终端中输入命令./hello，运行该程序可看到程序的执行结果。上面的例子是使用 GCC 编译器对程序进行编译的，产生的可执行程序也是在 X86 平台下运行的程序，如果想编译成 ARM 体系下的可执行程序，只需要将 Makefile 文件中的 gcc 替换为 arm-linux-gcc 即可。

3. 部署应用程序到目标板

应用程序编译完成生成可执行文件后，首先可以通过在目标板上挂载 NFS 的方式进行测试，这种方式不需要将应用程序可执行文件下载到 Flash，方便应用程序的修改。当程序测试完成后，需要将开发好的应用程序部署到目标板上，部署的过程包含下载应用程序到目标板 Flash 和设置应用程序运行方式两个主要步骤。

(1) 下载程序到目标板

应用程序的下载调试可以选择串口方式，也可以采用网络方式。对于支持 USB 的目标板，还可以借助 U 盘复制生成的可执行文件。当应用程序的可执行文件比较大时，一般使用网络方式下载到目标板，使用网络下载主要方式是借助于宿主机的 FTP 工具。在使用 FTP 前要保证宿主机的 FTP 服务是启动的且配置正确，同时也要保证宿主机和目标板在同一子网。假设宿主机的 IP 地址是 192.168.1.2，将宿主机 hello 应用程序下载到目标板的步骤如下：

① 将 hello 可执行程序文件复制到目标板的 FTP 共享目录中。

② 使用串口控制台工具（如 Minicom）连接到目标板，在终端中执行如下命令：

```
ftp 192.168.1.2      /*登录 ftp 服务器*/
>get hello           /*下载 hello */
>bye                 /*退出 ftp 登录*/
```

③ 在目标板终端中运行 chmod 命令改变 hello 文件的执行权限。

```
chmod 777 hello
```

(2) 在目标板中执行应用程序

当应用程序下载到目标的 Flash 存储器后，可以通过手动的方式执行应用程序，也可以配置应用程序在 Linux 系统启动后自动执行。手动执行应用程序，只需要在目标板终端中切换到应用程序所在的目录，然后通过命令“./hello”来运行 hello 应用程序。

如果需要在 Linux 系统启动以后自动运行 hello 程序，需要编辑文件系统中的启动脚本文件，该文件存放路径为 root/rd/etc/init.d/rcS，修改的方式如下：

在目标板终端运行“vi root/rd/etc/init.d/rcS”命令，在 VI 编辑器中打开 rcS 文件，在该文件最后添加如下脚本：

```
xxx/hello (其中 xxx 代表 hello 程序在目标板中的存放路径)
```

添加完成后，保存 rcS 文件的修改，当目标板 Linux 系统每次重新启动后都会自动执行 hello 程序，直到程序退出。也可以在上面脚本中 hello 后面加上一个“&”符号，这表示目标板 Linux 系统启动后在后台运行 hello 程序，此时不影响其他程序的运行。

8.6 Linux 系统下设备驱动程序的开发

操作系统是通过各种驱动程序来驾驭硬件设备的，它为用户屏蔽了各种各样的设备，驱动硬件是操作系统最基本的功能，并且提供统一的操作方式。设备驱动程序是内核的一部分，硬件驱动程序是操作系统最基本的组成部分。驱动程序负责将应用程序如读、写等操作正确无误地传递给相关的硬件，并使硬件能够做出正确反应的代码。驱动程序像一个黑盒子，它隐藏了硬件的工作细节，应用程序只需要通过一组标准化的接口实现对硬件的操作。Linux 设备驱动程序在 Linux 的内核源代码中占有很大的比例，源代码的长度日益增加，主要是因为驱动程序的增加。在嵌入式系统开发中，掌握硬件驱动程序的编写是很重要的。

8.6.1 Linux 下设备驱动程序简介

1. Linux 操作系统设备类型

Linux 系统的设备可分为 3 类：字符设备、块设备和网络设备。块设备是以记录块或扇区为单位，成块进行输入/输出的设备，如磁盘；字符设备是以字符为单位，逐个进行输入/输出的设备，如键盘。网络设备是介于块设备和字符设备之间的一种特殊设备。下面分别进行详细的介绍。

（1）字符设备

字符设备通常指像普通文件或字节流一样，以字节为单位顺序读写的设备，如并口设备、虚拟控制台等。字符设备可以通过设备文件结点访问，它与普通文件之间的区别在于普通文件可以被随机访问（可以前后移动访问指针），而大多数字符设备只能提供顺序访问，因为对它们的访问不会被系统缓存。但也有例外，例如帧缓存是一种可以被随机访问的字符设备。

（2）块设备

块设备通常指一些需要以块为单位随机读写的设备，如 IDE 硬盘、SCSI 硬盘、光驱等。块设备也是通过文件结点来访问，它不仅可以提供随机访问，而且可以容纳文件系统（例如硬盘、闪存等）。Linux 可以使用户态程序像访问字符设备一样每次进行任意字节的操作，只是在内核态内部中的管理方式和内核提供的驱动接口上不同。

（3）网络设备

网络设备通常是指通过网络能够与其他主机进行数据通信的设备，如网卡等。内核和网络设备驱动程序之间的通信调用一套数据包处理函数，它们完全不同于内核和字符及块设备驱动程序之间的通信（read()、write()等函数）。Linux 网络设备不是面向流的设备，因此不会将网络设备的名称（例如 eth0）映射到文件系统中去。

2. Linux 系统设备驱动程序

Linux 系统中的设备驱动程序实际上是处理和操作硬件控制器的软件，从本质上讲，是内核中具有最高特权级的、驻留内存的、可共享的底层硬件处理程序。驱动程序是内核的一部分，是操作系统内核与硬件设备的直接接口，驱动程序屏蔽了硬件的细节，完成以下功能：

- 初始化和释放设备。
- 管理设备，包括实时参数设置，以及提供对设备的操作接口。
- 读取应用程序传送给设备文件的数据或者回送应用程序请求的数据。
- 检测和处理设备出现的错误。

Linux 操作系统将所有设备全部看成文件，并通过文件的操作界面进行操作。对用户程序而言，设备驱动程序隐藏了设备的具体细节，对各种不同设备提供了一致的接口，一般来说，是把设备映射为一个特殊的设备文件，用户程序可以像对其他文件一样对此设备文件进行操作。这意味着：

- 由于每一个设备至少有文件系统的一个文件代表，因而都有一个“文件名”。
- 应用程序通常可以通过系统调用 open()打开设备文件，建立起与目标设备的连接。
- 打开了代表着目标设备的文件，即建立起与设备的连接后，可以通过 read()、write()、ioctl()等常规的文件操作对目标设备进行操作。

设备文件的属性由 3 部分信息组成：第一部分是文件的类型，第二部分是一个主设备号，第三部分是一个次设备号。其中，类型和主设备号结合在一起可以唯一确定设备文件驱动程序及其界面，而次设备号则说明目标设备是同类设备中的第几个。

由于 Linux 中将设备当做文件处理，所以对设备进行操作的调用格式与对文件的操作类似，主要包括 open()、read()、write()、ioctl()、close()等。应用程序发出系统调用命令后，会从用户态转到核心态，通过内核将 open()这样的系统调用转换成对物理设备的操作。

3. Linux 系统中设备驱动的加载过程

设备驱动在准备好以后可以编译到内核中，在系统启动时和内核一起启动，这种方法在嵌入式 Linux 系统中经常被采用。通常情况下，设备驱动的动态加载更为普遍，开发人员不必在调试过程中频繁启动机器就能完成设备驱动的开发工作。

图 8-27 所示为一个设备驱动模块动态挂载、卸载和系统调用的全过程。在加载设备驱动时，首先调用入口函数 init_module()，该函数完成设备驱动的初始化工作，比如寄存器置位、结构体赋值等一系列工作，其中最重要的一个工作就是向内核注册该设备，对于字符设备调用 register_chrdev()完成注册，对于块设备需要调用 register_blkdev()完成注册。注册成功后，该设备获得了系统分配的主设备号、自定义的次设备号，并建立起与文件系统的关联。设备在卸载时需要回收相应的资源，让设备的响应寄存器复位并从系统中注销该设备，字符设备调用 unregister_chrdev()，块设备调用 unregister_blkdev()。系统调用部分则是对设备的操作过程，比如 open()、read()、write()、ioctl()等。

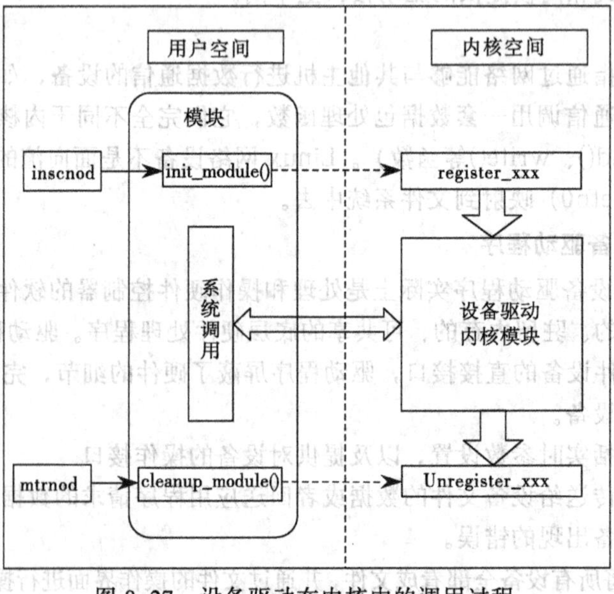

图 8-27　设备驱动在内核中的调用过程

8.6.2　设备驱动程序的结构

1. Linux 设备驱动的组成结构

一个 Linux 设备的驱动程序应包括自动配置和初始化子程序、服务于 I/O 请求的子程序和中断服务程序 3 个组成部分。自动配置和初始化子程序，用来检测所需驱动的硬件设备工作是否正常，对正常工作的设备及其相关驱动程序所需要的软件状态进行初始化。服务于 I/O 请求的子程序，称为驱动程序的上半部分，这部分程序在执行时，系统仍认为与进行调用的进程属于同一个进程，只是由用户态变成了核心态，可以在其中调用 sleep()等与进程运行环境有关的函数。中断服务程序，又称为驱动程序的下半部分，由 Linux 系统接收硬件中断，再由系统调用中断服务子程序。

在系统内部，I/O 设备的存取通过一组固定的入口点进行，入口点也可以理解为设备的句柄，就是对设备进行操作的基本函数。字符设备驱动程序提供如下几个入口点：

（1）open 入口点

打开设备，准备 I/O 操作。对字符设备文件进行打开操作，都会调用设备的 open 入口点。open 子程序必须对将要进行的 I/O 操作做好必要的准备工作，如清除缓冲区等。如果设备是独占的，即同一时刻只能有一个程序访问此设备，则 open 子程序必须设置一些标志以表示设备处于忙状态。

（2）close 入口点

关闭一个设备。最后一次使用完设备后，调用 close 子程序。独占设备必须标记设备方可再次使用。

（3）read 入口点

从设备上读数据。对于有缓冲区的 I/O 操作，一般是从缓冲区中读数据。对字符设备文件进行读操作，将调用 read 子程序。

（4）write 入口点

向设备中写数据。对于有缓冲区的 I/O 操作，一般是把数据写入缓冲区中。对字符设备文件进行写操作，将调用 write 子程序。

（5）ioctl 入口点

执行读、写之外的操作。

（6）select 入口点

检查设备，看数据是否可读，或设备是否可用于写数据。select 系统调用在检查与设备文件相关的文件描述符时，使用 select 入口点。

2. Linux 设备驱动程序框架

如果采用模块方式编写设备驱动程序，通常至少要实现设备初始化模块、设备打开模块、数据读写与控制模块、中断处理模块（有的驱动程序没有）、设备释放模块和设备卸载模块等几个部分。下面给出一个典型的设备驱动程序的基本框架，从中不难体会到这几个关键部分是如何组织起来的。

```
/* 打开设备模块 */
static int xxx_open(struct inode *inode, struct file *file)
{
    /*...*/
}
/* 读设备模块 */
```

```
static int xxx_read(struct inode *inode, struct file *file)
{
/*...*/
}
/* 写设备模块 */
static int xxx_write(struct inode *inode, struct file *file)
{
/*...*/
}
/* 控制设备模块 */
static int xxx_ioctl(struct inode *inode, struct file *file)
{
/*...*/
}
/* 中断处理模块 */
static void xxx_interrupt(int irq, void *dev_id, struct pt_regs *regs)
{
   /* ... */
}
/* 设备文件操作接口 */
static struct file_operations xxx_fops = {
   read:      xxx_read,        /* 读设备操作*/
   write:     xxx_write,       /* 写设备操作*/
   ioctl:     xxx_ioctl,       /* 控制设备操作*/
   open:      xxx_open,        /* 打开设备操作*/
   release:   xxx_release      /* 释放设备操作*/
   /* ... */
};
static int _init xxx_init_module (void)
{
   /* ... */
}
static void _exit demo_cleanup_module (void)
{
   pci_unregister_driver(&demo_pci_driver);
}
/* 加载驱动程序模块入口 */
module_init(xxx_init_module);
/* 卸载驱动程序模块入口 */
module_exit(xxx_cleanup_module);
```

打开的设备在内核内部由 file 结构标识，内核使用 file_operations 结构访问驱动程序函数。file_operation 结构是一个定义在<linux/fs.h>中的函数指针数组。每个文件都与它自己的函数集相关联。这个结构中的每一个字段都必须指向驱动程序中，以实现特定操作的函数。file_operations 结构如下，详细内容可查阅相关文档。

```
struct file_operations {
    struct module *owner;
    loff_t (*llseek) (struct file *, loff_t, int);
    ssize_t (*read) (struct file *, char *, size_t, loff_t *);
    ssize_t (*write) (struct file *, const char *, size_t, loff_t *);
    int (*readdir) (struct file *, void *, filldir_t);
```

```
    unsigned int (*poll) (struct file *, struct poll_table_struct *);
    int (*ioctl) (struct inode *, struct file *, unsigned int, unsigned long);
    int (*mmap) (struct file *, struct vm_area_struct *);
    int (*open) (struct inode *, struct file *);
    int (*flush) (struct file *);
    int (*release) (struct inode *, struct file*);
    int (*fsync) (struct file *, struct dentry *, int datasync);
    int (*fasync) (int, struct file *, int);
    int (*lock) (struct file *, int, struct file_lock *);
    ssize_t (*readv) (struct file *, const struct iovec *, unsigned long, loff_t *);
    ssize_t (*writev) (struct file *, const struct iovec *, unsigned long, loff_t *);
    ssize_t (*sendpage) (struct file *, struct page *, int, size_t, loff_t *, int);
    unsigned long(*get_unmapped_area)(struct file *, unsigned long, unsigned
long, unsigned long, unsigned long);
};
```

在用户自己的驱动程序中，首先要根据驱动程序的功能，完成 file_operations 结构中函数的实现。不需要的函数接口可以直接在 file_operations 结构中初始化为 NULL。file_operations 中的变量会在驱动程序初始化时，注册到系统内部。每个进程对设备的操作，都会根据主次设备号，转换成对 file_operations 结构的访问。

struct file 主要用于与文件系统相关的设备驱动程序，可提供关于被打开文件的信息。它在打开时被内核创建，并传递给在该文件上进行操作的所有函数，直到最后的 close()函数。在文件的所有实例都被关闭之后，内核会释放这个数据结构。该结构在/linux/fs.h 中定义，详细内容可查阅相关文档。

```
struct file {
    struct list_head        f_list;
    struct dentry          *f_dentry;
    struct vfsmount         *f_vfsmnt;
    struct file_operations *f_op;
    atomic_t                f_count;
    unsigned int           f_flags;
    mode_t             f_mode;
    loff_t                 f_pos;
    unsigned long          f_reada, f_ramax, f_raend, f_ralen, f_rawin;
    struct fown_struct  f_owner;
    unsigned int           f_uid, f_gid;
    int                f_error;
    unsigned long          f_version;
    /* needed for tty driver, and maybe others */
    void               *private_data;
    /* preallocated helper kiobuf to speedup O_DIRECT */
    struct kiobuf           *f_iobuf;
    long               f_iobuf_lock;
};
```

8.6.3　设备驱动程序的开发

由于嵌入式设备硬件种类非常丰富，在默认的内核发布版中不一定包括所有驱动程序，所以进行嵌入式 Linux 系统开发时，很大的工作量是为各种设备编写驱动程序，除非系统不使用操作系统，直接操纵硬件。嵌入式 Linux 系统驱动程序开发与普通 Linux 开发没有区别，可以在硬件生产厂家或者 Internet 上寻找驱动程序，也可以根据相近的硬件驱动程序进行改写，这样可以加快开发速度。

实现一个嵌入式 Linux 设备驱动的开发，一般要经过如下几个步骤：

① 查看原理图，理解设备的工作原理。一般嵌入式处理器的生产商提供参考电路，用户也可以根据需要自行设计。

② 定义设备号。设备由一个主设备号和一个次设备号来标识。主设备号唯一标识了设备类型，即设备驱动程序类型，它是块设备表或字符设备表中设备表项的索引。次设备号仅由设备驱动程序解释，区分被一个设备驱动控制的某个独立的设备。

③ 实现初始化函数。在驱动程序中实现驱动的注册和卸载。

④ 设计所要实现的文件操作，定义 file_operations 结构。

⑤ 实现所需的文件操作调用，如 read()、write()等。

⑥ 实现中断服务，并用 request_irq 向内核注册，中断并不是每个设备驱动所必需的。

⑦ 编译该驱动程序到内核中，或者用 insmod 命令加载模块。

⑧ 测试该设备，编写应用程序，对驱动程序进行测试。

1. 模块化驱动程序设计

在探讨模块之前，有必要先了解一下内核模块与应用程序之间的区别。一个应用从头到尾完成一个任务，而模块则是为以后处理某些请求而注册自己，完成这个请求后，它的“主”函数就立即中止了。

然而，内核源代码仅能连接、编译到内核模块中，不像应用那样有众多的支持库，内核能调用的仅是由内核开放出来的那些函数。由于没有库连接到模块中，所以源代码文件不应该模块化任何常规头文件。与内核有关的所有内容都定义在目录 /usr/include/linux 和 /usr/include/asm 下的头文件中。

(1) 内核空间和用户空间

当谈到软件时，我们通常称执行态为内核空间和用户空间，在 Linux 系统中，内核在最高级执行，也称为管理员态，在这一级任何操作都可以执行。而应用程序则在最低级执行，即所谓的用户态，在这一级，处理器禁止对硬件的直接访问和对内存的未授权访问。模块是在内核空间中运行的，而应用程序则是在用户空间中运行的。它们分别引用不同的内存映射，也就是程序代码使用不同的地址空间。

Linux 通过系统调用和硬件中断完成从用户空间到内核空间的控制转移。执行系统调用的内核代码在进程的上下文中执行，它执行调用进程的操作，而且可以访问进程地址空间中的数据。但处理中断与此不同，处理中断的代码相对进程而言是异步的，而且与任何一个进程都无关。模块的作用就是扩展内核的功能，是运行在内核空间的模块化的代码。模块的某些函数作为系统调用执行，而某些函数则负责处理中断。

各个模块被分别编译并链接成一组目标文件，这些文件能被载入正在运行的内核，或从正在运行的内核中卸载。必要时，内核能请求内核守护进程 Kerneld 对模块进行加载或卸载。根据需要动态载入模块可以保证内核达到最小，并且具有很大的灵活性。内核模块一部分保存在 Kernel 中，另一部分在 Modules 包中。在项目一开始，很多地方对设备安装、使用和改动都是通过编译进内核来实现的，对驱动程序稍微做点改动，就要重新烧写一遍内核，而且烧写内核经常容易出错，还占用资源。模块采用的则是另一种途径，内核提供一个插槽，它就像一个插件，在需要时，插入内核中使用，不需要时从内核中拔出，这一切都由一个称为 Kerneld 的守护进程自动处理。

（2）模块化的优缺点

内核模块的动态加载具有以下优点：将内核映像的尺寸保持在最小，并具有最大的灵活性。这便于检验新的内核代码，而不需要重新编译内核并重新引导。

但是，内核模块的引入也对系统性能和内存的使用有负面影响。引入的内核模块与其他内核部分一样，具有相同的访问权限，由此可见，差的内核模块会导致系统崩溃。为了使内核模块能访问所有内核资源，内核必须维护符号表，并在加载和卸载模块时修改这些符号表。由于有些模块要求利用其他模块的功能，因此内核要维护模块之间的依赖性。内核必须能够在卸载模块时通知模块，并且要释放分配给模块的内存和中断等资源。内核版本和模块版本的不兼容也可能导致系统崩溃，因此，必须严格检查版本。尽管内核模块的引入同时带来了不少问题，但是模块机制确实是扩充内核功能的一种行之有效的方法，也是在内核级进行编程的有效途径。

2．设备的注册和初始化

设备的驱动程序在加载的时候首先需要调用入口函数 init_module()，该函数最重要的一项工作就是向内核注册该设备，对于字符设备，调用 register_chrdev()完成注册。register_chrdev()的定义为：

```
int register_chrdev(unsigned int major, const char *name, struct file_
operations *fops);
```

其中，major 是为设备驱动程序向系统申请的主设备号，如果为 0，则系统为此驱动程序动态分配一个主设备号；name 是设备名；fops 是对各个调用的入口点说明。此函数返回 0 时，表示成功；返回−EINVAL 时，表示申请的主设备号非法，主要原因是主设备号大于系统所允许的最大设备号；返回−EBUSY 时，表示所申请的主设备号正在被其他设备程序使用。如果动态分配主设备号成功，此函数将返回所分配的主设备号。如果 register_chrdev()操作成功，设备名就会显示在/proc/dvices 文件中。

Linux 在/dev 目录中为每个设备建立一个文件，用“ls –l”命令列出函数返回值，若小于 0，则表示注册失败；返回 0 或者大于 0 的值，表示注册成功。注册成功以后，Linux 将设备名与主、次设备号联系起来。当有对此设备名的访问时，Linux 通过请求访问的设备名得到主、次设备号，然后把此访问分发到对应的设备驱动，设备驱动再根据次设备号调用不同的函数。

当设备驱动模块从 Linux 内核中卸载时，对应的主设备号必须被释放。字符设备在 cleanup_module()函数中调用 unregister_chrdev()来完成设备的注销。unregister_chrdev()的定义为：

```
int unregister_chrdev(unsigned int major, const char *name);
```

此函数的参数为主设备号 major 和设备名 name。Linux 内核把 name 与 major 在内核注册的名称作对比，如果不相等，卸载失败，并返回−EINVAL；如果 major 大于最大的设备号，也返回−EINVAL。

包括设备注册在内，设备驱动的初始化函数主要完成的工作是有以下 5 项：

① 对驱动程序管理的硬件进行必要的初始化。

对硬件寄存器进行设置。例如，设置中断掩码，设置串口的工作方式、并口的数据方向等。

② 初始化设备驱动相关的参数。

一般说来，每个设备都要定义一个设备变量，用于保存设备相关的参数。在这一步中对设备变量中的项进行初始化。

③ 在内核中注册设备。

调用 register_chrdev()函数来注册设备。

④ 注册中断。

如果设备需要 IRQ 支持，则要使用 request_irq()函数注册中断。

⑤ 其他初始化工作。

初始化部分一般还负责给设备驱动程序申请包括内存、时钟、I/O 端口等在内的系统资源，这些资源也可以在 open 子程序或者其他地方申请。这些资源不用时，应该释放，以便于资源的共享。

若驱动程序是内核的一部分，初始化函数则要按如下方式声明：

```
int _init chr_driver_init(void);
```

其中，_init 是必不可少的，在系统启动时会由内核调用 chr_driver_init()，完成驱动程序的初始化。当驱动程序是以模块的形式编写时，则要按照如下方式声明：int init_module(void)。当运行后面介绍的 insmod 命令插入模块时，会调用 init_module()函数完成初始化工作。

3. 设备中断管理

设备驱动程序通过调用 request_irq()函数来申请中断，通过调用 free_irq()来释放中断。它们在 linux/sched.h 中的定义如下：

```
int request_irq(
  unsigned int irq,
  void (*handler)(int irq,void dev_id,struct pt_regs *regs),
  unsigned long flags,
  const char *device,
  void *dev_id
);
void free_irq(unsigned int irq, void *dev_id);
```

通常从 request_irq()函数返回的值为 0 时，表示申请成功；为负值时，表示出现错误。

- irq 表示所要申请的硬件中断号。
- handler 为向系统注册的中断处理子程序，中断产生时由系统来调用，调用时所带参数 irq 为中断号，dev_id 为申请时告诉系统的设备标识，regs 为中断发生时寄存器中的内容。
- device 为设备名，将会出现在/proc/interrupts 文件中。
- flags 是申请时的选项，它决定中断处理程序的一些特性，其中最重要的是决定中断处理程序是快速处理程序（flag 里设置了 SA_INTERRUPT），还是慢速处理程序（不设置 SA_INTERRUPT）。

下面的代码将在基于 S3C2410A 的 Linux 中注册外部中断 2。

```
eint_irq=IRQ_EINT2;
set_external_irq (eint_irq, EXT_FALLING_EDGE,GPIO_PULLUP_DIS);
ret_val=request_irq(eint_irq,eint2_handler, "S3C2410AX eint2",0);
if(ret_val < 0){
  return ret_val;
}
```

4. 设备驱动开发的基本函数

(1) I/O 端口函数

无论驱动程序多么复杂，归根结底，无非还是向某个端口或者某个寄存器位赋值，这个值只能是 0 或 1，接收值的就是 I/O 端口。与中断和内存不同，使用一个没有申请的 I/O 端口不会使处理器产生异常，也就不会导致诸如“segmentation fault”一类的错误发生。由于任何进程都可以访问任何一个 I/O 端口，此时系统无法保证对 I/O 端口的操作不会发生冲突，甚至因此而使系统崩溃。因此，在使用 I/O 端口前，也应该检查此 I/O 端口是否已有别的程序在使用，若没有，再把此端口标记为正在使用，在使用完以后释放它。

这样需要用到如下几个函数：

```
int check_region(unsigned int from, unsigned int extent);
void request_region(unsigned int from, unsigned int extent,const char *name);
void release_region(unsigned int from, unsigned int extent);
```

调用这些函数时的参数说明如下：

- from 表示所申请的 I/O 端口的起始地址。
- extent 为所要申请的从 from 开始的端口数。
- name 为设备名，将会出现在/proc/ioports 文件里。

check_region()返回 0 表示 I/O 端口空闲，否则为正在被使用。

在申请了 I/O 端口之后，可以借助 asm/io.h 中的以下几个函数来访问 I/O 端口：

```
inline unsigned int inb(unsigned short port);
inline unsigned int inb_p(unsigned short port);
inline void outb(char value, unsigned short port);
inline void outb_p(char value, unsigned short port);
```

其中，inb_p()和 outb_p()插入了一定的延时以适应某些低速的 I/O 端口。

(2) 时钟函数

在设备驱动程序中，一般都需要用到计时机制。在 Linux 系统中，时钟是由系统管理的，设备驱动程序可以向系统申请时钟。与时钟有关的系统调用有：

```
#include <asm/param.h>
#include <linux/timer.h>
void add_timer(struct timer_list * timer);
int del_timer(struct timer_list * timer);
inline void init_timer(struct timer_list * timer);
```

struct timer_list 的定义为：

```
struct timer_list {
    struct timer_list *next;
    struct timer_list *prev;
    unsigned long expires;
    unsigned long data;
    void (*function)(unsigned long d);
};
```

其中，expires 是要执行 function()的时间。系统核心有一个全局变量 jiffies 表示当前时间，一般在调用 add_timer()时 jiffies=JIFFIES+num，表示在 num 个系统最小时间间隔后执行 function()函数。系统最小时间间隔与所用的硬件平台有关，在核心中定义了常数 HZ，表示一秒内最小时间间隔的数目，则 num*HZ 表示 num 秒。系统计时到预定时间就调用 function()，并把此子程序从定时队列里删除，可见，如果想要每隔一定时间间隔执行一次，就必须在 function()中再一次调用 add_timer()。function()的参数 d 即为 timer_list 里面的 data 项。

(3) 内存操作函数

作为系统核心的一部分，设备驱动程序在申请和释放内存时不是调用 malloc()和 free()，而是调用 kmalloc()和 kfree()，它们在 linux/kernel.h 中被定义为：

```
void * kmalloc(unsigned int len, int priority);
void kfree(void * obj);
```

参数 len 为希望申请的字节数，obj 为要释放的内存指针，priority 为分配内存操作的优先级，即在没有足够空闲内存时如何操作，一般由取值 GFP_KERNEL 解决即可。

(4) 复制函数

在用户程序调用 read()、write()时，因为进程的运行状态由用户态变为核心态，所以地址空间也变为核心地址空间。由于 read()、write()中的参数 buf 是指向用户程序的私有地址空间的，所以不能直接访问，必须通过下面两个系统函数来访问用户程序的私有地址空间。

```
#include <asm/segment.h>
void memcpy_fromfs(void * to,const void * from,unsigned long n);
void memcpy_tofs(void * to,const void * from,unsigned long n);
```

memcpy_fromfs()由用户程序地址空间向核心地址空间复制，memcpy_tofs()则反之。参数 to 为复制的目的指针，from 为源指针，n 为要复制的字节数。在设备驱动程序中，可以调用 printk()来打印一些调试信息，printk()的用法与 printf()类似。printk()打印的信息不仅出现在屏幕上，同时还记录在文件 syslog 里。

5. 设备驱动的加载和卸载

(1) 入口函数

在编写模块程序时，必须提供两个函数，一个是 int init_module()，在加载此模块的时候自动调用，负责进行设备驱动程序的初始化工作。init_module()返回 0，表示初始化成功，返回负数表示失败，它在内核中注册一定的功能函数。在注册之后，如果有程序访问内核模块的某个功能，内核将查表获得该功能的位置，然后调用功能函数。init_module()的任务就是为以后调用模块的函数做准备。

另一个函数是 void cleanup_module()，该函数在模块被卸载时调用，负责进行设备驱动程序的清除工作。这个函数的功能是取消 init_module()所做的事情，把 init_module()函数在内核中注册的功能函数完全卸载，如果没有完全卸载，那么下次调用此模块时，将会因为有重名的函数而导致调入失败。

在 2.3 版本以上的 Linux 内核中，提供了一种新的方法来命名这两个函数。例如，可以定义 init_my()代替 init_module()函数，定义 exit_my()代替 cleanup_module()函数，然后在源代码文件末尾使用下面的语句 module_init(init_my);和 module_exit(exit_my);即可。

这样做的优点是，每个模块都可以有自己的初始化和卸载函数的函数名，多个模块在调试时不会有重名的问题。

(2) 模块加载与卸载

虽然模块是内核的一部分，但并未被编译到内核中，它们被分别编译和链接成目标文件。Linux 中模块可以用 C 语言编写，用 gcc 命令编译成模块*.o，在命令行中加上-c 的参数和“-D__KERNEL__-DMODULE”参数。然后用 depmod -a 命令，使此模块成为可加载模块。模块用 insmod 命令加载，用 rmmod 命令来卸载，这两个命令分别调用 init_module()和 cleanup_module()函数，还可以用 lsmod 命令来查看所有已加载模块的状态。

insmod 命令可将编译好的模块调入内存。内核模块与系统中的其他程序一样是已链接的目标文件，但不同的是，它们被链接成可重定位映像。Insmod 命令将执行一个特权级系统调用 get_kernel_sysms()函数以找到内核的输出内容，insmod 命令修改模块对内核符号的引用后，将再次使用特权级系统调用 create_module()函数来申请足够的物理内存空间，以保存新的模块。内核将为其分配一个新的 module 结构及足够的内核内存，并将新模块添加在内核模块链表的尾部，然后将新模块标记为 uninitialized。

利用 rmmod 命令可以卸载模块。如果内核中还在使用此模块，这个模块就不能被卸载。原因是如果设备文件正被一个进程打开，就卸载还在使用的内核模块，将导致对内核模块的读/写函数所在内存区域的调用。如果幸运，没有其他代码被加载到那个内存区域，将得到一个错误提示；否则另一个内核模块被加载到同一区域，这就意味着程序跳到内核中另一个函数的中间，结果是不可预见的。

8.6.4　Linux 设备驱动开发实例

1. 接口电路

要编写实际驱动，就必须了解相关的硬件资源，比如用到的寄存器、物理地址、中断等，本节将以一个 LED 接口驱动为例，讲述 Linux 系统下字符设备驱动编写的过程。图 8-28 所示为 LED 接口电路，它用到了处理器的 GPB 通用 I/O 端口的 5、6、7、8 等 4 个引脚。LED 控制采用低电平有效方式，当端口电平为低时点亮 LED 指示灯，输出高电平时 LED 熄灭。与 LED 相连的通用 I/O 端口的控制寄存器名称及寄存器每一位的详细信息可参考 S3C2410A 芯片手册。

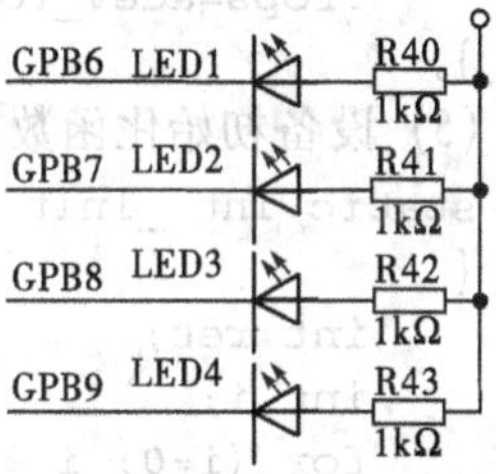

图 8-28　GPIO LED 驱动电路

2. LED 接口驱动程序代码设计

(1) 系统资源和宏定义

```
#define DEVICE_NAME "led"  //定义设备名称
#define LED_MAJOR 220      //定义主设备号
static unsigned long led_table []={ //定义设备的 I/O 资源
    S3C2410A_GPB5,
    S3C2410A_GPB6,
    S3C2410A_GPB7,
    S3C2410A_GPB8,
};
static unsigned int led_cfg_table []={
    S3C2410A_GPB5_OUTP,
    S3C2410A_GPB6_OUTP,
    S3C2410A_GPB7_OUTP,
    S3C2410A_GPB8_OUTP,
};
```

(2) 设备 ioctl()入口函数

```
static int sbc2440_leds_ioctl(
    struct inode *inode,
    struct file *file,
    unsigned int cmd,
    unsigned long arg)
{
```

```
    switch(cmd) {
    case 0:
    case 1:
        if (arg > 4) {
            return -EINVAL;
        }
        S3C2410A_gpio_setpin(led_table[arg], !cmd);
        return 0;
    default:
        return -EINVAL;
    }
}
```

(3) 文件系统接口定义

```
static struct file_operations dev_fops={
    .owner=THIS_MODULE,
    .ioctl=sbc2440_leds_ioctl,};
```

(4) 注册设备

```
static struct miscdevice misc={
    .minor=MISC_DYNAMIC_MINOR,
    .name=DEVICE_NAME,
    .fops=&dev_fops,
};
```

(5) 设备初始化函数

```
static int _init dev_init(void)
{
    int ret;
    int i;
    for (i=0; i < 4; i++) {
        S3C2410A_gpio_cfgpin(led_table[i], led_cfg_table[i]);
        S3C2410A_gpio_setpin(led_table[i], 0);
    }
    ret=misc_register(&misc);
    printk (DEVICE_NAME"\tinitialized\n");
    return ret;
}
```

(6) 设备卸载函数

```
static void __exit dev_exit(void)
{
    misc_deregister(&misc);
}
```

(7) 模块化

```
module_init(dev_init);
module_exit(dev_exit);
```

用 insmod 命令加载模块时，调用 module_init()；用 rmmod 命令卸载模块时，调用 module_exit()函数。

3. 加载驱动的应用程序设计

调用 LED 驱动的应用程序代码如下：

```
#include <stdio.h>
```

```
#include <stdlib.h>
#include <unistd.h>
#include <sys/ioctl.h>
int main(int argc, char **argv)
{
    int on;
    int led_no;
    int fd;
    if (argc != 3 || sscanf(argv[1], "%d", &led_no) != 1 || sscanf(argv[2],
  "%d", &on) != 1 ||  on < 0 || on > 1 || led_no < 0 || led_no > 3)
    {
        fprintf(stderr, "Usage: leds led_no 0|1\n");
        exit(1);
    }
    fd=open("/dev/led0", 0);
    if (fd < 0) {
        fd=open("/dev/led", 0);
    }
    if (fd < 0) {
        perror("open device leds");
        exit(1);
    }
    ioctl(fd, on, led_no);
    close(fd);
    return 0;
}
```

该程序首先读取命令行的参数输入，其中参数 argv[1]赋值给 led_no，表示发光二极管的序号；argv[2]赋值给 on。led_no 的取值范围是 1～3，on 取值为 0 或 1，0 表示熄灭 LED，1 表示点亮 LED。

参数输入后，通过 fd = open("/dev/led", 0)打开设备文件，在保证参数输入正确和设备文件正确打开后，通过语句 ioctl(fd, on, led_no)实现系统调用 ioctl()，并通过输入的参数控制 LED。在程序的最后关闭设备句柄。

8.7　Linux 用户图形接口 GUI

图形用户界面（Graphics User Interface，GUI）是迄今为止计算机系统中最为成熟的人机交互技术。一个好的图形用户界面设计不仅要考虑到具体硬件环境的限制，而且还要考虑到用户的喜好等。

8.7.1　嵌入式系统的 GUI

1. GUI 的定义

由于图形用户界面的引入主要是从用户角度出发的，因此用户的主观感受对图形用户界面的评价占了很大比例，例如，易用性、直观性、友好性等。另外，从纯技术的角度看，仍然会有一些标准需要考虑，比如，跨平台性、对硬件的要求等。在嵌入式系统开发和应用中，我们所考虑的问题主要集中在图形用户界面对硬件的要求，以及对硬件类型的敏感性，在提供给用户的最终界面方面，只要求简单实用即可。

虽然不同的 GUI 系统因为其使用场合或服务目的不同，具体实现会有差异，但是总结起来，一般在逻辑上可以分为以下几个模块：底层 I/O 设备驱动（显示设备驱动、鼠标驱动、键盘驱动等）、基本图形引擎（画点、画线、区域填充）、消息驱动机制、高层图形引擎（画窗口、画按钮），以及 GUI 应用程序接口（API）。

底层 I/O 设备驱动，例如，显示驱动、鼠标驱动、键盘驱动等构成了 GUI 的硬件基础。由于此类设备具有多样性的特点，需要对其进行抽象，并提供给上层一个统一的调用接口；而各类设备驱动则自成一体，形成一个 GUI 设备管理模块。当然，从操作系统内核的角度看，GUI 设备管理模块则是操作系统内核的 I/O 设备管理的一部分。

基本图形引擎模块完成一些基本的图形操作，如画点、画线、区域填充等。它直接和底层 I/O 设备打交道，同时，多线程或者多进程机制的引入也为基本图形模块的实现提供了很大的灵活性。

消息不仅是底层 I/O 硬件与 GUI 上层进行交互的基础，同时也是各类 GUI 组件，如窗口、按钮等相互作用的重要途径。一个 GUI 系统的消息驱动机制的效率对该系统的性能，尤其是对响应速度等性能的影响很大。

高级图形引擎模块则在消息传递机制和基本图形引擎的基础上完成对诸如窗口、按钮等的管理。

GUI API 则是提供给最终程序员的编程接口，使他们能够利用 GUI 体系所提供的 GUI 高级功能快速开发 GUI 应用程序。

另外，为了实现 GUI 系统，一般需要用到操作系统内核提供的功能，如线程机制、进程管理。当然，不可避免地需要用到内存管理、I/O 设备管理，甚至还可能用到文件管理。

从用户的观点来看，图形用户界面（GUI）是系统的一个至关重要的方面：由于用户通过 GUI 与系统进行交互，所以 GUI 应该易于使用并且非常可靠。此外，它不能占用太多的内存，以便在内存受限的微型嵌入式设备上能够无缝执行。由此可见，GUI 应该是轻量级的，并且能够快速装入。

2. 嵌入式 GUI 的特点

嵌入式 GUI 要求简单、直观、可靠，占用资源小且反应快速，以适应系统硬件资源有限的条件。另外，由于嵌入式系统硬件本身的特殊性，嵌入式 GUI 应具备高度可移植性与可裁减性，以适应不同的硬件条件和使用需求。总体来讲，嵌入式 GUI 具备以下特点：

- 体积小。
- 运行时耗用系统资源小。
- 上层接口与硬件无关，高度可移植。
- 高度可靠性。
- 在某些应用场合应具备实时性。

一个能够移植到多种硬件平台上的嵌入式 GUI 系统，应至少抽象出两类设备：基于图形显示设备（如 VGA 卡）的图形抽象层 GAL（Graphic Abstract Layer）和基于输入设备（如键盘、触摸层等）的输入抽象层 IAL（Input Abstract Layer）。GAL 完成系统对具体的显示硬件设备的操作，最大限度地隐藏各种不同硬件的技术实现细节，为程序开发人员提供统一的图形编程接口。IAL 则需要实现对于各类不同输入设备的控制操作，提供统一的调用接口。GAL 与 IAL 设计概念的引入，可以显著提高嵌入式 GUI 的可移植性。

3. 几种典型的嵌入式 GUI

(1) Qt/Embedded

Qt/Embedded（简称 QtE）是一个专门为嵌入式系统设计的图形用户界面的工具包，由挪威 Trolltech 公司开发，最初作为跨平台的开发工具用于 Linux 台式计算机。它支持各种有 UNIX 和 Microsoft Windows 特点的系统平台。Qt/Embedded 以 Qt 为基础，许多基于 Qt 的 X Window 程序可以非常方便地移植到 Qt/Embedded 上，因此，从 Qt/Embedded 以 GPL 条款形式发布以来，就有大量的嵌入式 Linux 开发商转到了 Qt/Embedded 系统上，比如，韩国的 mizi 公司。

Qt/Embedded 通过 Qt API 与 Linux I/O 设备直接交互，是面向对象编程的理想环境。面向对象的体系结构使代码结构化、可重用并且运行快速，与其他 GUI 相比，Qt GUI 运行非常快，没有分层，这使得 Qt/Embedded 成为基于 Qt 程序的最紧凑环境。

Qt/Embedded 延续了 Qt 在 X 上的强大功能，在底层摒弃了 X lib，仅采用 FrameBuffer 作为底层图形接口。同时，将外部输入设备抽象为 keyboard 和 mouse 输入事件，底层接口支持键盘、GPM 鼠标、触摸屏及用户自定义的设备等。

Qt/Embedded 类库完全采用 C++ 封装，丰富的控件资源和较好的可移植性是 Qt/Embedded 最为突出的优点。Qt/Embedded 的类库接口完全兼容于同版本的 Qt-X11，使用 X 下的开发工具可以直接开发基于 Qt/Embedded 的应用程序 GUI。

(2) MiniGUI

MiniGUI 是由北京飞漫软件技术有限公司创办的开源 Linux 图形用户界面支持系统，经过近些年的发展，MiniGUI 已经发展成为比较成熟的性能优良的、功能丰富的跨操作系统的嵌入式图形界面支持系统，支持 Linux/uClinux、eCos、uC/OS-II、VxWorks、ThreadX、Nucleus、pSOS、OSE 等操作系统和数十种 SoC 芯片，广泛应用于通讯、医疗、工控、电力、机顶盒、多媒体终端等领域。MiniGUI 的最新版本为 MiniGUI 3.0，它支持 GB2312 与 BIG5 字元集，其他字元集也可以轻松加入。

MiniGUI V3.0 在以前版本的基础上新增了如下新特性：

主窗口双缓冲区（Double Buffering Main Window）：当 MiniGUI 3.0 的主窗口具有双缓冲区时，可以在自定义缓冲区中获得整个主窗口的渲染结果。

外观渲染器（Look and Feel Renderer）：MiniGUI V3.0 改变了以往只支持三种控件风格的方式，引入了渲染器（Look and Feel）这一全新的模式。

双向文本（BIDI Text）的显示与输入：MiniGUI 3.0 中增加了对阿拉伯文和希伯来文语言所属字符集的处理，并增加了阿拉伯和希伯来键盘布局的支持，从而实现了对双向文本的输入输出处理。

不规则窗口：MiniGUI V3.0 实现了不规则窗口与控件，可满足用户对窗口外观各种不同的需求。

字体：在 MiniGUI3.0 中，飞漫软件发明了一种新的 UNICODE 字体文件格式，称为“UPF”字体。这种字体的最大特点，是便于在多进程环境下使用，从而极大地节约了内存的使用。

其他增强。MiniGUI 3.0 实现了桌面的可定制。通过桌面的外部编程接口，用户可以在桌面放置图标并响应桌面事件，实现类似 Windows 桌面的界面效果。除此之外，MiniGUI 3.0 还增强了透明控件的实现，使之效率更高，且不依赖于控件的内部实现代码。MiniGUI 3.0 还提供独立的滚动条控件，提供统一的虚拟帧缓冲区程序支持等等。另外最新的 MiniGUI V3.0 新增加了两个新的组件：mGUtils 和 mGPlus，把字体、位图、图标、光标等资源进行统一管理，资源的内嵌和非内嵌方式并不影响模块的组成，由此抽象出系统资源管理模块。

(3) OpenGUI

OpenGUI 在 Linux 系统上已经应用了很长时间。OpenGUI 基于一个用汇编语言实现的 X86 图形内核，提供了一个快速、32 位、高层的 C/C++图形接口。OpenGUI 也是一个公开源代码（LGPL）项目，最初名为 FastGL，只支持 256 色的线性显存模式。目前，OpenGUI 也支持其他显示模式，并且支持多种操作系统平台，比如，MS-DOS、QNX、Linux 等，不过目前只支持 X86 硬件平台。

OpenGUI 也分为 3 层：最低层是用汇编语言编写的快速图形引擎；中间层提供了图形绘制 API，包括线条、矩形、圆弧等，并且兼容于 Borland 的 BGI API；第三层用 C++语言编写，提供了完整的 GUI 对象集。OpenGUI 提供了消息驱动的 API 和 BMP 文件格式支持，OpenGUI 比较适合于 x86 平台的实时系统，可移植性稍差，目前的发展也基本停滞。

(4) Microwindows/Nano-X

Microwindows 是 Century Software 的开放源代码项目，设计用于带小型显示单元的微型设备。它有许多针对现代图形视窗环境的功能部件，可被多种平台支持。

Microwindows 体系结构是基于客户机/服务器（Client/Server）分层设计的。底层是屏幕和输入设备，通过驱动程序来与实际硬件交互；中间层提供底层硬件的抽象接口，进行窗口管理；最上层支持两种 API：第一种支持 Win32/Windows CE API，称为 Microwindows，另一种支持的 API 与 GDK（GTK+ Drawing Kit）非常相似，用在 Linux 上称为 Nano-X，用于占用资源少的应用程序。

Microwindows 支持 1bpp、2bpp、4bpp 和 8bpp（每像素的位数）的衬底显示，以及 8bpp、16bpp、24bpp 和 32 bpp 的真彩色显示。Microwindows 提供了相对完善的图形功能和一些高级的特性，如 Alpha 混合、三维支持和 TrueType 字体支持等。该系统为了提高运行速度，也改进了基于 Socket 套接字的 X 实现模式，采用基于消息机制的 Server/Client 传输机制。Microwindows 还支持速度更快的帧缓冲区。

Nano-X 服务器占用的存储器资源大约为 100～150KB。原始 Nano-X 应用程序的平均大小为 30～60KB。与 Xlib 的实现不同，Nano-X 仍在每个客户机上同步运行，这意味着一旦发送了客户机请求包，服务器在为另一个客户机提供服务之前一直等待，直到整个包都到达为止。这使服务器代码非常简单，而运行的速度仍非常快。

8.7.2 Qt/Embedded 基础

1. Qt/Embedded 简介及其特点

Qt/Embedded（简称 QtE）是一个专门为嵌入式系统设计图形用户界面的工具包。Qt 是挪威 Trolltech 软件公司的产品，它为各种系统提供图形用户界面的工具包，QtE 就是 Qt 的嵌入式版本。嵌入式系统的要求是小而快速，而 QtE 就能帮助开发者为满足这些要求开发强壮的应用程序。QtE 是模块化和可裁剪的。开发者可以选取自己所需要的一些特性，而裁剪掉所不需要的。这样，通过选择所需要的特性，QtE 的映像变得很小，最小只有 600KB。

与 Qt 一样，QtE 也是用 C++写的，虽然这样会增加系统资源消耗，但是却为开发者提供了清晰的程序框架，使开发者能够迅速上手，并且能够方便地编写自定义的用户界面程序。由于 QtE 是作为一种产品推出，所以它有很好的开发团队和技术支持，这对于使用 QtE 的开发者来说，开发过程更加方便，并增加了产品的可靠性。

总的来说，QtE 拥有下面一些特征：

- 拥有同 Qt 一样的 API。开发者只需要了解 Qt 的 API，不用关心程序所用到的系统与平台，它的结构很好地优化了内存和资源的利用。
- 拥有自己的窗口系统。QtE 不需要一些子图形系统。它可以直接对底层的图形驱动进行操作。
- 与硬件平台无关。QtE 可以应用在所有主流平台和 CPU 上。支持所有主流的嵌入式 Linux，对于 Linux 上的 QtE 的基本要求只不过是 FrameBuffer 设备和一个 C++编译器（如 GCC）。QtE 同时也支持很多实时的嵌入式系统，如 QNX 和 Windows CE。
- 提供压缩字体格式。即使在很小的内存中，也可以提供一流的字体支持。
- 支持多种硬件和软件的输入。
- 支持 Unicode，可以轻松地使程序支持多种语言。
- 支持反锯齿文本和 Alpha 混合的图片。
- 代码公开，以及拥有十分详细的技术文档帮助开发者。
- 强大的开发工具模块化。开发者可以根据需要自己定制所需要的模块。

Trolltech 公司在 QtE 的基础上开发了一个应用环境——Qtopia，这个应用环境是为移动和手持设备开发的。其特点就是拥有完全的、美观的 GUI，同时它也提供了上百个应用程序用于管理用户信息、办公、娱乐、Internet 交流等。已经有很多公司采用 Qtopia 来开发其主流 PDA。

2. Qt/Embedded 的体系结构

Qt/Embedded 是一个为嵌入式应用定制的用于多种平台图形界面程序开发的 C++工具包，以原始 Qt 为基础，做了许多适用于嵌入式环境的调整，是面向对象编程的理想环境。Qt/Embedded 通过 Qt API 与 Linux I/O 设备直接交互，面向对象的体系结构使代码结构化、可重用并且运行快速。与其他 GUI 相比，Qt GUI 运行非常快，没有分层结构，这使 Qt/Embedded 成为运行基于 Qt 的程序的最紧凑环境。Qt/Embedded 为带有轻量级窗口系统的嵌入式设备提供了标准的 Qt API。面向对象的设计思想，使其能很好地支持键盘、鼠标和图形加速卡这样的附加设备。通过使用 Qt/Embedded，开发者可以感受到在 Qt/X11、Qt/Windows 和 Qt/Mac 等不同的版本下使用相同的 API 编程所带来的便利。

Qt 的功能建立在所支持平台底层的 API 上，这使得 Qt 灵活而高效。Qt 是一个“模拟的”多平台工具包，所有窗口部件都由 Qt 绘制，可以通过重新实现其虚函数来扩展或自定义部件功能。Qt 为所支持平台提供底层 API，这不同于传统分层的跨平台工具包（如 Windows 中的 MFC）。

Qt 是受专业支持的，它可以利用以下平台：Microsoft Windows、X11、Mac OS X 和嵌入式 Linux。它使用单一的源代码树，只需简单地在目标平台上重编译就可以把 Qt 程序转换成可执行程序。Qt/Embedded 与 Qt/X11 在嵌入式 Linux 中的比较如图 8-29 所示。

Qt/X11 使用 Xlib 与 X 服务器直接通信，而不使用 Xt（X Toolkit）、Motif、Athena 或其他工具包。Qt 能够自动适应用户的窗口管理器或桌面环境，并且拥有 Motif、SGI、CDE、GNOME 和 KDE 的外观。这与大多数其他的 UNIX 工具包形成鲜明对比，那些工具包常将用户锁定为它们自己的外观。

Qt/Embedded 提供了完整的窗口环境，可以直接写入 Linux 的帧缓存。Qt/Embedded 去掉了对 X 服务器的依赖，而且运行起来比基于 X11 的 Linux 设备更快，更省内存。虽然 Qt 是一个多平台工具包，但是客户会发现它比个别平台上的工具包更易学，也更有用。许多客户用

Qt 进行单一平台的开发，是因为他们喜欢 Qt 完全面向对象的做法。

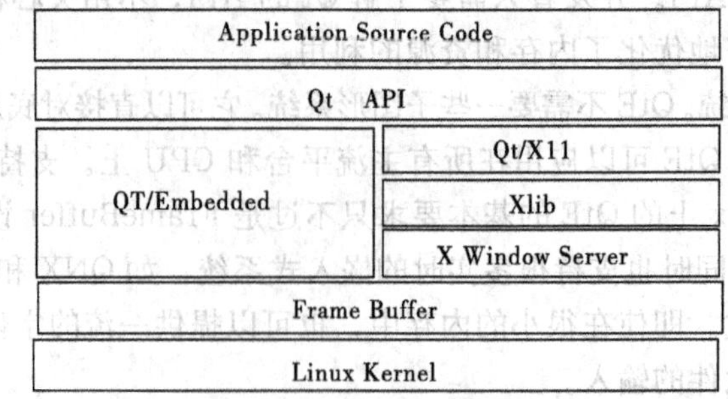

图 8-29 QTE 与 QT/X11 在嵌入式 Linux 中的比较

3. Qt/Embedded 窗口系统

一个 Qt/Embedded 窗口系统包含了一个或多个进程，其中的一个进程可作为服务器，这个服务进程会分配客户显示区域，以及产生鼠标和键盘事件。同时，这个服务进程还能为已经运行的客户程序提供输入方法和用户接口，这个服务进程实际上是一个有某些额外权限的客户进程。任何程序都可以在命令行上加上“-qws”选项，来把它作为一个服务器运行。

客户与服务器之间的通信使用共享内存的方法实现，通信量应该保持最小。例如，客户进程直接访问帧缓冲来完成全部的绘制操作，而不会通过服务器，客户程序需要负责绘制它们自己的标题栏和其他式样。这就是 Qt/Embedded 库内部层次分明的处理过程。

Qt/Embedded 支持 4 种不同的字体格式：TrueType（TTF）、PostScript Typel、位图发布字体（BDF）和 Qt 的预呈现（Pre-rendered）字体（QPF）。Qt 还可以通过增加 QFontFactory 的子类来支持其他字体，也可以支持以插件方式出现的反别名字体。

Qt/Embedded 支持几种鼠标协议：Bus Mouse、IntelliMouse、Microsoft Mouse 和 MouseMan。通过 QWSMouseHandler 或 QcalibratedMouseHandler 派生子类，可以支持更多的客户指示设备。通过 QWSKeyboardMouseHandler，可以支持更多的客户键盘和其他非指示设备。

8.7.3 Qt/Embedded 开发环境

嵌入式软件开发通常都采用交叉编译的方式进行，基于 Qt/Embedded 和 Qtopia 的 GUI 应用开发也采用这样的模式。先在宿主机上调试应用程序，调试通过后，经过交叉编译移植到目标板上。

1. 创建 Qt/Embedded 开发环境

在宿主机上创建 Qt/Embedded 开发环境，需要安装的工具软件及需要设置的环境变量如表 8-2 所示，各环境变量参数的意义如下：

- TMAKEPATH：Tmake 编译工具的路径。
- TMAKEDIR：Tmake 编译工具的目录。
- LD_LIBRARY_PATH：Qt 共享库存放的目录。
- QTEDIR：QtE 解压后的所在的目录。
- QPEDIR：Qtopia 解压后所在的目录。

- PATH：交叉编译工具 arm-linux-gcc 的路径。

表 8-2 创建 Qt/Embedded 开发环境需要安装的工具软件及环境变量

工具软件	描　述	需设置的环境变量
Tmake 1.11	生成 Makefile 文件	TMAKEDIR TMAKEPATH PATH
Qt/x11 2.3.2	Qvfb——虚拟帧缓存工具 Uic——用户界面编辑器 Designer Qt——图形设计器	LD_LIBRARY_PATH PATH
Qt/Embedded 2.3.7	Qt 库支持 libqte.so	QTEDIR LD_LIBRARY_PATH PATH
Qtopia free 1.7.0	应用程序开发包 桌面环境	QPEDIR LD_LIBRARY_PATH PATH

（1）下载工具软件源代码

在宿主机上创建 Qt/Embedded 开发环境首先要准备软件安装包：Tmake 工具安装包、Qt/Embedded 安装包、Qt/X11 安装包和具有友好人机界面的 Qtopia-free 安装包。把软件包下载到提前建立的 arm-qtopia 目录下。为了防止版本不同所造成的冲突，选择软件包时，需要注意一些基本原则，因为 Qt/X11 安装包的两个工具 Uic 和 Designer 产生的源文件会与 Qt-Embedded 库一起被编译链接，本着向前兼容的原则，Qt/X11 安装包的版本必须比 Qt-Embedded 安装包的版本旧。在 Trolltech 公司的网站上（ftp://ftp.trolltech.com/qt/source）可以下载该公司所提供的 Qt/Embedded 的免费版本。

（2）安装 Tmake

在宿主机的 Linux 系统终端将当前目录切换到存放 Tmake 源代码的目录 arm-qtopia，然后运行以下命令来安装 Tmake。

```
tar xfz tmake-1.11.tar.gz
export TMAKEDIR=$PWD/tmake-1.11
export TMAKEPATH=$TMAKEDIR/lib/qws/linux-arm-g++
export PATH=$TMAKEDIR/bin:$PATH
```

（3）安装 Qt/Embedded 2.3.7

在 Linux 系统终端下运行以下命令安装 Qt/Embedded 2.3.7。

```
tar xfz qt-embedded-2.3.7.tar.gz
cd qt-2.3.7
export QtDIR=$PWD
export QtEDIR=$QtDIR
export PATH=$QtDIR/bin:$PATH
export LD_LIBRARY_PATH=$QtDIR/lib:$LD_LIBRARY_PATH
cp $QPEDIR/src/qt/qconfig-qpe.h src/tools/
./configure -qconfig qpe -qvfb -depths 4,8,16,32
make sub-src
cd ..
```

"./configure -qconfig qpe -qvfb -depths 4,8,16,32"指定 Qt 嵌入式开发包生成虚拟缓冲帧工具 Qvfb，并支持 4、8、16、32 位的显示颜色深度。也可以在 configure 的参数中添加-system-jpeg 和 gif，使 Qtopia 平台能支持 JPEG、GIF 格式的图形。"make sub-src"指定按精简方式编译开发包。

(4) 安装 Qt/X11 2.3.2

在 Linux 系统终端下运行以下命令安装 Qt/X11 2.3.2。

```
tar xfz qt-x11-2.3.2.tar.gz
cd qt-2.3.2
export QtDIR=$PWD
export PATH=$QtDIR/bin:$PATH
export LD_LIBRARY_PATH=$QtDIR/lib:$LD_LIBRARY_PATH
./configure -no-opengl
make
make -C tools/qvfb
mv tools/qvfb/qvfb bin
cp bin/uic $QtEDIR/bin
cd ..
```

根据开发者本身的开发环境，也可以在 configure 的参数中添加其他参数，比如，-no-opengl 或-no-xfs，可以输入./configure -help 来获得一些帮助信息。

(5) 安装 Qtopia

在 Linux 系统终端下运行以下命令安装 Qtopia。

```
tar xfz qtopia-free-1.7.0.tar.gz
cd qtopia-free-1.7.x
export QtDIR=$QtEDIR
export QPEDIR=$PWD
export PATH=$QPEDIR/bin:$PATH
cd src
./configure
make
cd ../..
```

(6) 安装 Qtopia 桌面

在 Linux 系统终端下运行以下命令安装 Qtopia 桌面。

```
cd qtopia-free-1.7.x/src
export QtDIR=$QtEDIR
./configure -qtopiadesktop
make
mv qtopiadesktop/bin/qtopiadesktop ../bin
cd ..
```

由于安装 Qt/Embedded 开发环境的操作相对来说比较复杂，需要配置的环境变量也比较多，为了简化安装过程，可以设计一个 Linux Shell 脚本来执行所有工具软件的安装和环境变量的配置，这样只需在存放源代码的目录下执行脚本文件就可以完成整个开发环境的配置。

2. Qt/Embedded 的使用

(1) 信号与槽

信号与槽提供了对象间通信的机制，它们易懂易用，并且 Qt 设计器能够完整支持。

图形用户接口的应用程序能响应用户的动作。例如，当用户单击一个菜单项或工具栏按钮时，程序就会执行某些代码。大多数情况下，我们需要不同的对象之间能够通信。程序员必须将事件与相关的代码关联起来。以前的开发工具包使用的事件响应机制很容易崩溃，不够健全，同时也不是面向对象的，而 Trolltech 发明了一套叫做“信号与槽”的解决方案。信号与槽是一种强有力的对象间通信机制，这种机制既灵活，又面向对象，并且用 C++来实现，完全可以取代传统工具中的回调函数机制和消息映射机制。

以前，使用回调函数机制关联某段响应代码和一个按钮的动作时，需要将相应代码函数指针传递给按钮。当按钮被单击时，函数被调用。这种方式不能保证回调函数被执行时传递的参数都有着正确的类型，很容易造成进程崩溃。并且回调方式将 GUI 元素与其功能紧紧地捆绑在一起，使开发独立的类的操作变得很困难。

Qt 的信号与槽机制则不同，Qt 的窗口在事件发生后会激发信号。例如，当一个按钮被单击时会激发 clicked 信号。程序员通过创建一个函数（称做一个槽）并调用 connect()函数来连接信号，这样就可以将信号与槽连接起来。信号与槽机制不需要类之间相互知道细节，这使得开发代码可高度重用的类变得更加容易。因为这种机制是类型安全的，如果类型错误，则被当成警告并且不会引起崩溃。

信号与槽连接的示意图如图 8-30 所示。如果一个退出按钮的 clicked 信号被连接到一个应用程序的退出函数 quit()槽，用户就可以单击退出按钮来终止这个应用程序。代码可以这样写：

```
connect(button.SIGNAL(clicked()),qApp,SLOT(quit()));
```

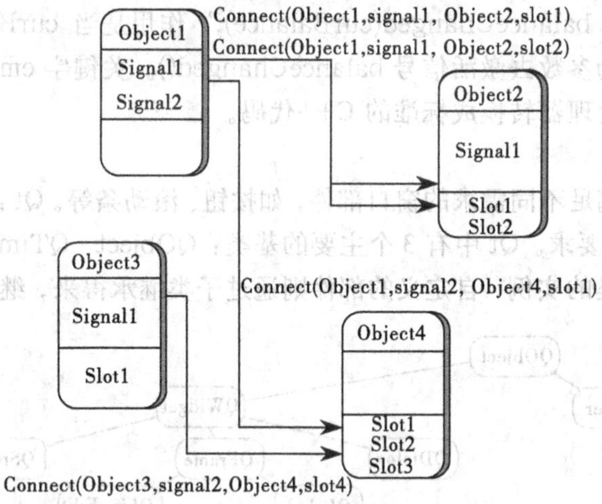

图 8-30　信号与槽连接示意图

在 Qt 程序执行期间，是可以随时增加或撤销信号与槽的连接的。它是类型安全的，可以重载或重新实现，并且可以在类的 public、protected 或 private 区间出现。如果要使用信号与槽机制，一个类必须继承 QObject 或它的一个子类，并且在定义这个类时包含 Q_OBJECT 宏。信号在 signal 区间里声明，而槽可以在 public slots、protected slots 或 private slots 区间声明。以下是子类化 QObject 的一个例子：

```
class BankAccount:public QObject
{
    Q_OBJECT
public:
```

```
        BankAccount() { curBalance = 0; }
        int balance() const { return curBalance; }
    public slots:
        void setBalance( int newBalance );
    signals:
        void balanceChanged( int newBalance );
    private:
        int curBalance;
    };
```

BankAccount 类有一个构造器，获取函数 balance()和设置函数 setBalance()。这个类还有一个 balanceChanged()信号，用来声明它在 BankAccount 类的成员 curBalance 的值改变时产生。信号不需要被实现，当信号被激发时，连接到它的槽就会执行。设置函数作为一个槽在 public slots 区间声明，槽是能像其他函数一样被调用，也能与信号相连接的成员函数。以下是 setBalance()函数的实现：

```
    void BankAccount::setBalance(int newBalance)
    {
        if(newBalance!=curBalance){
            curBalance=newBalance;
            emit balanceChanged(curBalance);
        }
    }
```

其中，语句“emit balanceChanged(curBalance);”作用是当 curBalance 的值改变时，将新的 curBalance 值作为参数去激活信号 balanceChanged()。关键字 emit 与信号和槽一样是 Qt 提供的，会被 C++预处理器转换成标准的 C++代码。

（2）窗口部件

Qt 拥有一系列能满足不同需求的窗口部件，如按钮、滚动条等。Qt 的窗口部件使用很灵活，能够适应子类化的特殊要求。Qt 中有 3 个主要的基类：QObject、QTimer 和 QWidget。窗口部件是 QWidget 或其子类的实例，自定义的部件则通过子类继承得来，继承关系如图 8-31 所示。

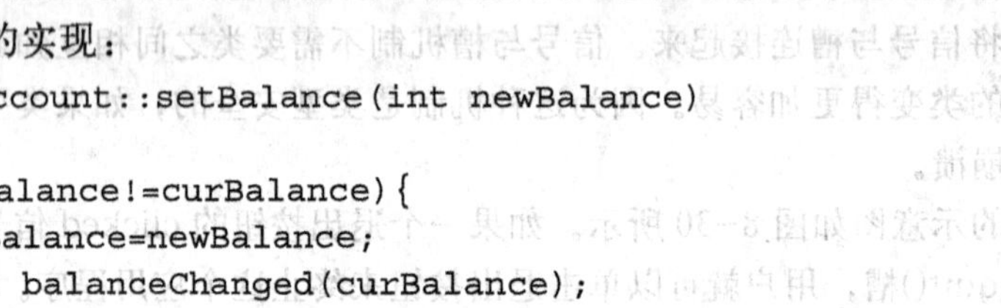

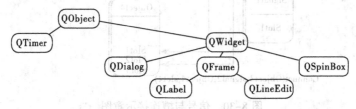

图 8-31　QWidget 类的继承关系

① 基部件。

一个窗口部件可包含任意数量的子部件。子部件在父部件的区域内显示。没有父部件的部件是顶级部件（比如一个窗口），Qt 不在窗口部件上施加任何限制。任何部件都可以是顶级部件；任何部件都可以是其他部件的子部件。通过使用布局管理器可以自动设定子部件在父部件区域中的位置，如果用户喜欢也可以手动设定。父部件被停用、隐藏或删除后，同样的动作会递归地应用于其所有子部件。

标签、消息框、工具提示等并不局限于使用同一种颜色、字体和语言。通过使用 HTML 的一个子集，Qt 的文本渲染部件能够显示多语言宽文本，下面是一个实例代码：

```
/*Helloqt.c*/
#include <qapplication.h>
#include <qlabel.h>
int main(int argc, char **argv)
{
   QApplication app( argc, argv );
   QLabel *hello=new QLabel( "<font color=blue>Hello"
   " <i>Qt/Embedded!</i></font>", 0 );
   app.setMainWidget( hello );
   hello->show();
   return app.exec();
}
```

这是我们接触到的第一个 Qt 程序，为了使大家便于理解，对程序的代码逐行进行解说。

```
#include <qapplication.h>
```

这一行代码引用了包含 QApplication 类定义的头文件。在每一个使用 Qt 的应用程序中都必须使用一个 QApplication 对象。QApplication 管理了各种应用程序的广泛资源，比如默认的字体和光标等。

```
#include <qlabel.h>
```

引用了包含 QLabel 类定义的头文件，因为本例使用了 QLabel 对象。QLabel 可以像其他 QWidget 一样管理自己的外形。一个窗口部件就是一个可以处理用户输入和绘制图形的用户界面对象。程序员可以改变它的全部外形和其他属性，以及这个窗口部件的内容。

```
int main(int argc, char **argv)
```

main()函数是程序的入口。在使用 Qt 的所有情况下，main()只需要在将控制转交给 Qt 库之前执行一些初始操作，然后 Qt 库通过事件来向程序告知用户的行为。

argc 是命令行变量的数量，argv 是命令行变量的数组，这是一个 C/C++特征。

```
QApplication app(argc, argv);
```

app 是这个程序的 QApplication 对象，它在这里被创建并且用于处理命令行变量。所有被 Qt 识别的命令行参数都会从 argv 中被移除，并且 argc 也因此而减少。在任何 Qt 的窗口系统部件被使用之前，必须创建 QApplication 对象。

```
QLabel *hello=new QLabel( "<font color=blue>Hello"
" <i>Qt/Embedded!</i></font>", 0 );
```

这是在 QApplication 之后接着的第一个窗口系统代码，创建了一个标签。这个标签被设置成显示“Hello Qt/Embedded!”，并且字体颜色为蓝色，“Qt/Embedded!”为斜体。因为构造函数指定 0 为它的父窗口，所以它自己构成了一个窗口。

```
app.setMainWidget( &hello );
```

这个按钮被选为这个应用程序的主窗口部件。如果用户关闭了主窗口部件，应用程序就退出了。设置主窗口部件并不是必需的步骤，但绝大多数程序都会这样做。

```
Hello→show();
```

当创建一个窗口部件的时候，它是不可见的。必须调用 show()来使它变为可见的。

```
return app.exec();
```

这里就是 main()把控制转交给 Qt，并且当应用程序退出的时候，exec()就会返回。在 exec()中，Qt 接受并处理用户和系统的事件，并且把它们传递给适当的窗口部件。程序的运行结果如图 8-32 所示。

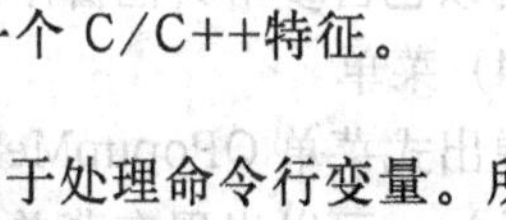

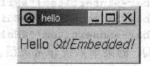

图 8-32　HelloQt.c 程序运行结果

② 画布。

QCanvas 类提供一个 2D 图形的高级接口。它能够处理大量的画布项目，描述直线、矩形、椭圆、文本、位图及动画等。画布项目很容易做成交互式界面，例如，支持用户移动等。

画布项目是 QCanvasItem 子类的实例。它们比窗口部件轻巧得多，能很快地移动、隐藏和显示。QCanvas 可以有效地支持冲突检测，还能罗列出指定区域中的所有画布项目。QCanvasItem 可以被子类化，用于提供自定义的项目类型或扩充已有类型的功能。

QCanvas 对象由 QCanvasView 对象绘制，QCanvasView 对象能以不同的译文、比例、角度和剪切方式显示同一个 QCanvas。QCanvas 是数据表现方式的典范，它可被用来绘制路线地图和展示网络拓扑，也适合开发快节奏、有大量角色的 2D 游戏。

（3）主窗口

QMainWindow 类为应用程序提供了一个典型的主窗口框架。一个主窗口包括一系列标准部件，顶部包含一个菜单栏，菜单栏下放置一个工具栏，在主窗口的下方有一个状态栏。工具栏可以任意放置在中心区域的四周，也可以拖曳到工具栏区域以外，作为独立的浮动工具托盘。

QToolButton 类实现了具有一个图标、一个 3D 框架和一个可选标签的工具栏按钮。切换型工具栏按钮可以打开或关闭某些特征，其他按钮则会执行一个命令，也能触发弹出式菜单。QToolButton 可以为不同的模式（活动、关闭、开启等）和状态（打开、关闭等）提供不同的图标。如果只提供一个图标，Qt 能根据可视化线索自动地辨别状态，例如，将禁用的按钮变灰。QToolButton 通常在 QToolBar 内并排出现。一个程序可含有任意数量的工具栏并且用户可以自由移动它们。工具栏可以包括几乎所有部件，例如，QComboBox 和 QSpinBox。主窗口的中间区域可以包含多个其他窗体。

（4）菜单

弹出式菜单 QPopupMenu 类在一个垂直列表中向用户呈现菜单项，它可以是单独的（如背景菜单），可以出现在菜单栏里，也可以是另一个弹出式菜单的子菜单。菜单项之间可以用分隔符隔开。每个菜单项可以有一个图标、一个复选框和一个快捷键。菜单项通常会响应一个动作（比如，保存）。分隔符通常显示为一条线，用来可视化地分组相关的动作。下面是一个创建了 New、Open、Exit 菜单项的文件菜单的例子：

```
QPopupMenu *fileMenu=new QPopupMenu(this);
fileMenu->insertItem("&New",this,SLOT(newFile()),CTRL+Key_N);
fileMenu->insertItem("&Open...",this,SLOT(open()),CTRL+Key_O);
fileMenu->insertSeparator();
fileMenu->insertItem("E&xit",qApp,SLOT(quit()),CTRL+Key_X);
```

QMenuBar 实现了一个菜单栏。它自动布局在其父部件（如一个 QMainWindow）的顶端，如果父窗口不够宽，就会自动地分割成多行。Qt 内置的布局管理器能够自动调整各种菜单栏。下面的代码展示了创建一个含有 File、Edit 和 Help 菜单的菜单栏的方法：

```
QMenuBar *bar=new QMenuBar(this);
bar->insertItem("&File",fileMenu);
bar->insertItem("&Edit",editMenu);
bar->insertItem("&Help",helpMenu);
```

Qt 的菜单系统非常灵活。菜单项能够被动态地使能、失效、增加或删除。通过子类化 QCustomMenuItem，可以创建自定义外观和行为的菜单。

应用程序通常提供几种不同的方式来执行特定的动作。比如，许多应用程序通过保存菜单（“File”→“Save”命令）、工具栏按钮（一个软盘图标的按钮）和快捷键（【Ctrl+S】）来执行“Save”动作。QAction 类封装了“动作”这个概念，它允许程序员定义一个动作。

下面的代码实现了一个“Save”菜单项、一个“Save”工具栏按钮和一个“Save”快捷键，并且有提示信息：

```
QAction *saveAct=new QAction("Save",saveIcon,"&Save",CTRL+Key_S,this);
connect(saveAct,SIGNAL(activated()),this,SLOT(save()));
saveAct->setWhatsThis("Saves the current file.");
saveAct->addTo(fileMenu);
saveAct->addTo(toolbar);
```

(5) Qt 设计器

用 Qt 设计器设计一个窗体是一个简单的过程。开发者单击一个工具箱按钮即可加入一个想要的窗口部件，然后在窗体上单击一下即可定位这个部件。部件的属性可以通过属性编辑器修改，部件的精确位置和大小并不重要。开发者可以选择部件并且在上面应用布局，例如，可以通过选择“水平布局”来让一些窗口部件并排放置。这种方法可以非常快速地完成设计，完成后的窗体能够正确地调整窗口为任意大小来适应最终用户的喜好。

Qt 设计器去掉了界面设计中费时的“编译、连接与运行”的循环，同时使得修改图形用户接口的设计变得更容易。Qt 设计器的预览选项能让开发者看到其他风格下的窗体，例如，一个 Macintosh 开发者可以预览到 Windows 风格的窗体。

开发者既可以创建对话框式程序，也可以创建带有菜单栏、工具栏、帮助和其他特征的主窗口式程序。Qt 本身提供了一些窗体模板，开发者也可以根据需要创建自己的模板以确保窗体的一致性。Qt 设计器利用向导方式使得工具栏、菜单栏和数据库程序的创建变得尽可能快。程序员还可以通过 Qt 设计器创建易于集成的自定义部件。

8.7.4　Qt/Embedded 开发实例

使用 Qt/Embedded 开发嵌入式应用软件的前期工作一般是在宿主机上进行的，在模拟环境下对开发的应用程序进行调试。在开发后期，要根据目标板的硬件将应用程序编译成适合在这个硬件平台上运行的二进制代码，另外，由于应用程序使用了 Qt/Embedded 的库，所以还要将 Qt/Embedded 的库文件编译成为适合在目标硬件平台上使用的二进制目标代码库。当一个 Qt/Embedded 应用程序被部署到目标硬件平台上并可靠地运行时，这个开发过程才算结束。基于 Qt/Embedded 开发嵌入式应用软件一般包括创建工程文件，设计应用程序窗体，创建主函数，生成 Makefile 文件，编译应用程序和部署应用程序 6 个基本步骤。本节将以一个串口通信软件为例，讲述基于 Qt/Embedded 开发嵌入式应用软件的方法，由于本例使用了 Linux 下串口编程的相关知识，因此需要读者对这部分知识有所了解。

1. 创建工程文件

利用 Qt 开发应用程序，首先应建立一个工程文件。在 Qt/X11 2.3.2 安装路径的 bin 目录下运行“./designer”命令，就启动了 Qt 设计器，打开了如图 8-33 所示的 QtDesigner 运行界面。从“File”菜单中选择“New”命令，在打开的对话框中选中“C++ Project”选项，单击“OK”按钮，将新建工程保存为 serial.pro，.pro 为 Qt 工程文件的扩展名。

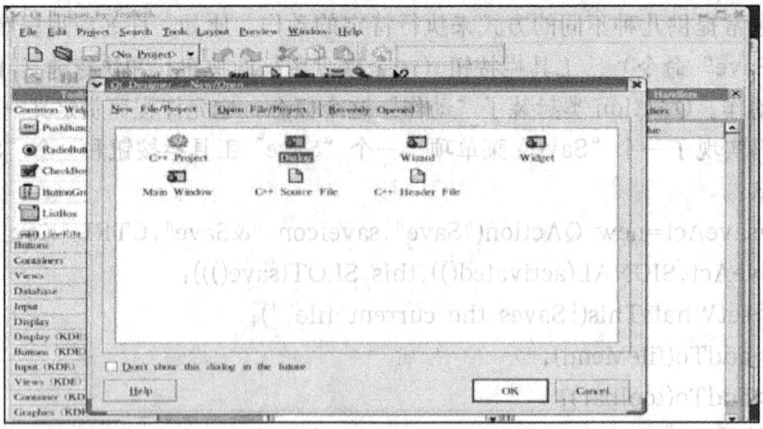

图 8-33　Qt Designer 运行界面

2. 创建应用程序窗体

选择“File”→“New”命令，双击“Dialog”图标，建立一个对话框图形界面，可以在属性编辑栏中修改窗体或控件的相关属性。根据设计需要，在窗体上添加 GroupBox 控件、TextLabel 控件、BomboBox 控件等，添加完成后对每个控件进行布局，并修改相应的属性。在本例中，第一个 ComboBox 下拉列表框控件用于选择打开的串口，并在其中添加 COM1、COM2、COM3 3 个数据项；第二个 ComboBox 下拉列表框控件用于选择串口通信的波特率，并在其中添加 300、600、1200、2400、4800、9600、19200、38400、43000、57600、115200 等数据项；第三个 ComboBox 下拉列表框控件用于选择串口通信的数据位，并在其中添加 8、7、6、5 等 4 个数据项；第四个 ComboBox 下拉列表框控件用于设置串口通信的起止位，在其中添加 1、1.5、2 等 3 个数据项；第五个 ComboBox 下拉列表框控件用于设置串口通信的奇偶校验位，在其中添加 Even、Odd 和 None 3 个数据项。其他控件的类型及布局如图 8-34 所示。

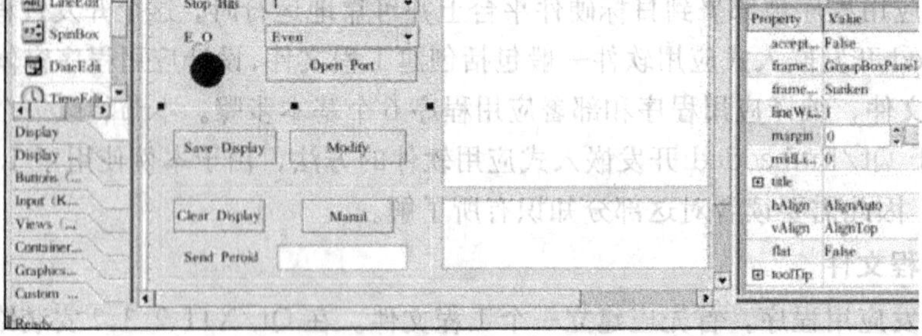

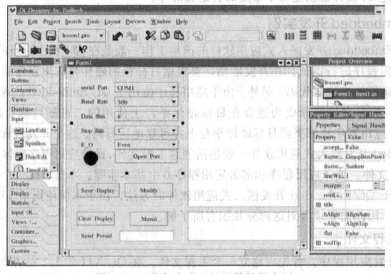

图 8-34　设备完成后的窗体控件布局

控件添加、布局完成后，选择“File”→“Save”命令或单击工具栏中的保存按钮，将新建的界面窗体保存为 serialform.ui，在 Qt Designer 中，用户界面窗体文件扩展名为.ui。

在嵌入式平台中无法对.ui 界面文件进行编译，因此需要将 Qt 提供的.ui 文件转换成标准的 C++头文件（.h）与实现文件(.cpp)。uic 是 Qt 提供的将 ui 文件转换成标准的 C++头文件与实现文件的工具，uic 工具还可以完成 C++子类继承文件的转换和将图片文件转换成头文件的形式。在终端下运行如下的命令，用 uic 工具将 serialform.ui 文件转换成标准的 C++头文件和实现文件。

```
[root@localhost serialarm]$uic -o serialform.h  serialform.ui
[root@localhost  serialarm]$uic  -o  serialform.cpp   -impl   serialform.h
serialform.ui
```

3. 创建程序主函数 main.cpp

如果在工程中具有 ui 界面文件，Qt 可以自动配置生成 main.cpp 文件，选择“File”→“New”命令，双击“C++ Main-File”图标，Qt 自动将当前窗体文件作为主界面，并自动生成 main.cpp 文件，如图 8-35 所示。在 main.cpp 添加并关联到 serialform 后，需要使用转换后的 C++头文件和实现文件替代原来的.ui 文件。在工程预览中选中 serialform.ui，右击，从弹出的快捷菜单中选择“Remove Form From Project”命令，移除 Qt 界面文件 serialform.ui，然后选择“Project”→“Add File”命令，将转换后的 C++头文件和实现文件添加到工程中。

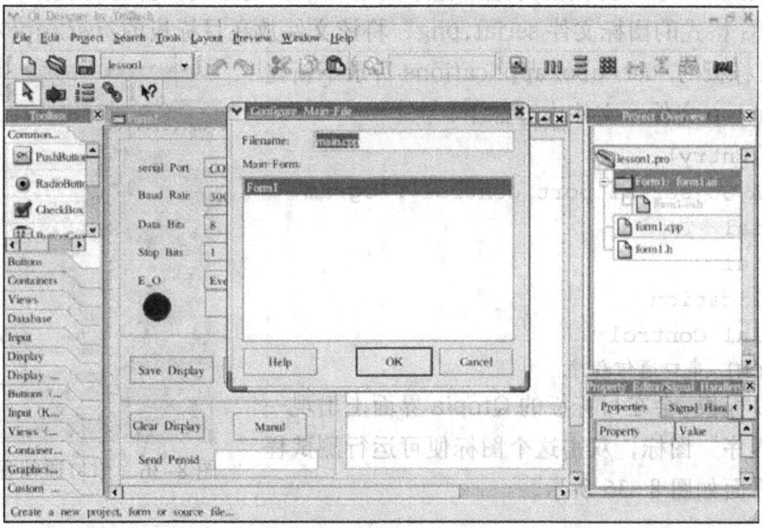

图 8-35　添加与窗体关联的 main.cpp 文件

4. 生成 Makefile 文件

在编译基于 ARM 平台运行的 Qt 应用程序时，需要利用开发环境中安装的 Tmake 工具生成编译应用程序所需的 Makefile 文件，然后利用 make 命令对应用程序进行编译。在编译基于 ARM 开发板的 Qt 应用程序时，应确保交叉编译工具 arm-linux-g++在环境参数 PATH 中和 Tmake 工具中的正确配置（具体设置可参考 8.7.3 节）。由于嵌入式平台中无法对.ui 界面文件进行编译，除了将.ui 界面文件转换为标准的 C++文件之外，还要对利用 Qt 集成开发平台生成的工程文件进行修改，否则无法编译。对 Qt 集成开发平台生成的原始工程文件 serial.pro 内容进行修改，删除“unix{ }”中的内容，并将 CONFIG 的内容修改为“CONFIG += qtopia qt warn_on release”，修改后的 serial.pro 文件内容如下：

```
TEMPLATE     = app
CONFIG       += qtopia qt warn_on release
```

```
HEADERS     = serial.h \
              serialform.h
SOURCES     = main.cpp \
              serial.cpp \
              serialform.cpp
INTERFACES  =
```

工程文件修改后，利用 Tmake 工具生成用于编译应用程序的 Makefile 文件，然后运行 make 命令进行编译，生成 ARM 平台可执行的二进制文件，命令如下：

```
[root@localhost serialarm]$tmake -o Makefile serial.pro
[root@localhost serialarm]$make
```

5. 部署应用程序到目标板

在目标板上执行 Qt 开发的应用程序的前提是目标板根文件系统中已经移植并配置好了 Qtopia 环境，假设目标板的 QPE 在文件系统中的路径为/usr/qpe，将编译好的 ARM 格式的应用程序 serial 下载到开发板的/usr/qpe/bin 目录下，并利用 chmod 命令修改 serial 的属性。下面需要在目标板的 Qtopia 界面上为应用程序创建一个快捷方式。首先要制作一个 32 像素×32 像素大小的 PNG 格式的图标文件 serial.png，将该文件放在目标板的/usr/qpe/pics/inline 目录下，然后在目标板的/usr/qpe/applications 目录下新建一个 serial.desktop 文件，文件内容如下：

```
[Desktop Entry]
Comment=A Qt serial port control Program
Exec=serial
Icon=serial
Type=Application
Name=Serial Control
Name[zh_CN]=串口通信程序
```

重新启动目标板，会在目标板的 Qtopia 界面上出现一个“串口通信程序”图标，双击这个图标便可运行测试程序，程序运行界面如图 8-36 所示。

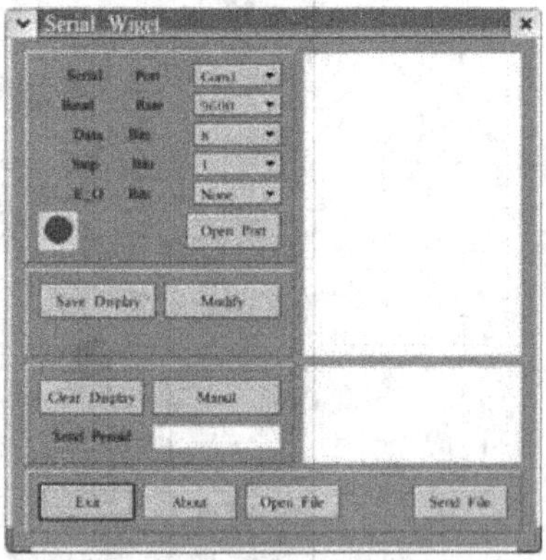

图 8-36　串口通信程序的运行界面

本章小结

本章介绍了基于 Linux 操作系统的嵌入式应用系统的开发过程和步骤，对开发环境的构建、Linux 系统的构建、设备驱动程序的开发等技术都进行了详细的讲述。通过本章的学习，读者可以较全面地掌握基于 Linux 操作系统的嵌入式系统设计的方法和技术。

习题

1. 简述嵌入式 Linux 内核的组成结构和启动流程。

2. 简述建立 ARM 平台和 Linux 系统的交叉编译环境需要哪些 GNU 工具，并说明每部分的功能。

3. 简述安装 arm-linux-gcc 工程链的主要流程和配置方法。

4. 在配置好宿主机的 minicom 工具后，目标平台通过串口与 PC 连接，用户启动目标平台时发现 minicom 串口终端出现乱码，请分析串口终端产生乱码的原因。

5．简述在嵌入式系统中 Bootloader 的主要作用及它有几种工作模式。

6．Bootloader 的运行过程可分为几个主要阶段？每个阶段主要完成哪些工作？

7．简述 Linux 内核源代码各目录结构以及每个目录中的内容？

8．简述 make config、make menuconfig、make xconfig 3 个 Linux 内核配置界面的区别，分析 Linux 内核编译命令 make、make zImage、make bzImage 的区别。

9．如何将新增设备的驱动程序添加到 Linux 内核？

10．嵌入式 Linux 系统支持的文件系统类型有哪几种？它们分别有什么特点？

11．简述使用 BusyBox 工具建立 Linux 根文件系统的主要步骤。

12．简述 Makefile 文件的基本结构和主要内容。

13．在一个工程的多级目录中存在着多个 Makefile 时，分析编译的顺序。

14．Linux 系统的设备可分为哪几类？每类有什么特点？

15．简述 Linux 系统中设备驱动程序的基本结构和开发流程。

16．简述 Qt/Embedded 系统的组成结构及其特点。

17．简述配置 Qt/Embedded 开发环境需要安装哪些工具，以及每个工具的功能及安装流程。

18．简述基于 Qt/Embedded 开发嵌入式应用程序的一般流程。

第9章　嵌入式应用系统的开发实例

本章导读

本章主要介绍嵌入式应用系统的一般开发步骤，并且通过两个实例介绍嵌入式应用系统开发的全过程，帮助读者进一步理解嵌入式系统的开发过程与设计原则，使其对嵌入式系统的开发有更为清楚的整体认识。

本章内容要点

- 嵌入式应用系统的开发步骤；
- 嵌入式应用系统的开发实例。

内容结构

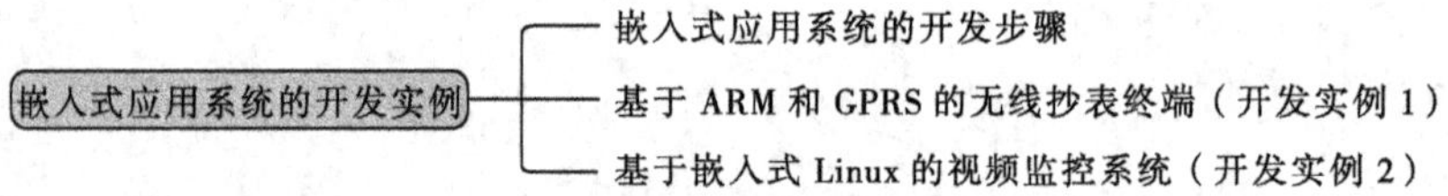

学习目标

通过对本章内容的学习，学生应该能够：

- 了解嵌入式应用系统的开发步骤；
- 完成一个简单的嵌入式应用系统的开发设计。

9.1　嵌入式应用系统的开发步骤

嵌入式应用系统开发过程一般分为以下 5 个步骤：方案论证、硬件系统设计、应用软件设计、软硬件调试和程序下载。

9.1.1　方案论证

确定开发题目后，首先要进行方案调研，这个过程至关重要，制定出一个好的方案，会使后面的开发工作较为顺利。调研工作主要解决以下几个问题：

① 了解用户的需求，确定设计规模和总体框架。

“以应用为中心”是嵌入式系统的基本特点，在开发设计嵌入式系统时，必须充分体现“以应用为中心”这一特点，这就需要充分了解用户的需求。

首先，必须明确要设计的系统是用来干什么的，需要具备哪些功能。由此可以设定系统由哪些功能模块构成，从而确定系统的设计规模和总体框架。

其次，必须明确该系统的用户是谁，以及他希望如何使用，然后画出使用流程图。由此可以确定系统的控制流程和软件模块。

② 摸清软硬件技术难度，明确技术主攻问题。

确定系统的设计规模和总体框架以后，就可以明确系统由哪些（软硬件）功能模块构成，各个功能模块的实现存在哪些技术难度，从而明确技术的主攻问题。

③ 针对主攻问题开展调研工作，查找中外有关资料，确定初步方案。

如果存在有技术难度的问题，就要通过查找资料、调研分析，确定解决问题的初步方案。

④ 嵌入式应用开发技术是软硬件结合的技术，方案设计要权衡任务的软硬件分工。

有时硬件设计会影响到软件程序结构。如果系统中增加某个硬件接口芯片，而给系统程序的模块化带来了可能和方便，那么这个硬件开销是值得的。在无碍大局的情况下，以软件代替硬件正是计算机技术的优势。

⑤ 尽量采纳可借鉴的成熟技术，减少重复性劳动。

9.1.2　硬件系统设计

嵌入式应用系统的设计可划分为两部分：一部分是与微处理器直接连接的数字电路范围内电路芯片的设计，如存储器和并行接口的扩展，定时系统、中断系统的扩展，一般外部设备的接口，甚至于 A/D、D/A 芯片的接口；另一部分是与模拟电路相关的电路设计，包括信号整形、变换、隔离和选用传感器，输出通道中的隔离和驱动，以及执行元件的选用。硬件系统的设计应注意以下几个方面：

① 从应用系统的总线观念出发，各局部系统和通道接口设计与微处理器要做到全局一盘棋。例如，芯片间的时间是否匹配，电平是否兼容，能否实现总线隔离缓冲等，避免“拼盘”战术。

② 尽可能选用符合微处理器用法的典型电路。

③ 尽可能采用新技术，选用新的元件及芯片。

选用集成度高的芯片，以减少芯片数量，缩小印制板面积。选用无黏合接口，如数据采集系统等集成度高、功能强的数字或模拟电路芯片，取代许多小规模集成电路芯片的集合。选用 PLD 可编程逻辑器件，取代部分电路设计。

④ 抗干扰设计是硬件设计的重要内容，如看门狗电路、去耦滤波、通道隔离、合理的印制板布线等。

⑤ 当系统扩展的各类接口芯片较多时，要充分考虑到总线驱动能力。当负载超过允许范围时，为了保证系统可靠工作，必须加总线驱动器。

⑥ 可用印制板辅助设计软件，如 Protel，进行印制板的设计。

9.1.3　应用软件设计

应用系统中测控任务的实现最终是靠程序的执行来完成的。应用软件设计得好坏，将决定系统的效率和它的优劣。软件设计需注意以下几个方面：

① 采用模块化程序设计。

模块化程序是把一个较长的、完整的程序，如监控程序，分成若干个小的功能程序模块，在分别进行独立设计、编程、调试之后，最终装配在一起，链接成一个完整的程序。模块化程序设计便于程序移植和修改。

② 采用自顶向下的程序设计。

进行程序设计时，要首先根据使用的流程画出控制的流程，然后根据控制的流程设计系统的主程序。从属程序或子程序用程序标志代替。当主程序编好后，再将标志扩展为从属程序或子程序。

③ 外部设备和外部事件尽量采用中断方式与 CPU 联络，这样，既便于系统模块化，也可提高程序效率。

④ 尽可能使用高级语言编程，这样可大大提高开发和调试效率。

ARM 应用系统的程序设计，一般可基于某个嵌入式操作系统，采用 C 语言进行。

⑤ 尽量借鉴一些成熟的程序段。

目前已有一些实用子程序发布，进行程序设计时可适当使用，其中包括运行子程序和控制算法程序等。

9.1.4 软硬件调试

一个嵌入式应用系统，经过方案论证、硬件设计、印制板设计加工和焊接、软件编写，还要进行软硬件调试，验证理论设计的正确性。

在利用开发装置进行调试时，应先把硬件电路调通。硬件调试可采用分块调试的方法，先易后难，先局部调试，局部调试都通过后再进行总调。对于硬件的分块调试，可编制相应模块的测试程序，有的测试程序稍加改动就可成为功能模块程序。

在硬件基本调通，验证存储空间分配可行之后，进行自顶向下的主程序设计调试。程序的调试可在调试环境下进行，采用断点调试或连续调试的方法，通过程序执行过程中内存或有关寄存器的状态变化找出故障点，也可借助于仪器仪表测试电路的状态和波形来验证软硬件的正确性。

9.1.5 程序下载

所有开发装置调试通过的程序，最终要下载到应用系统中的程序存储器中，之后应用系统才能够脱机运行。

有时在开发装置上运行正常的程序下载到程序存储器中后，脱机运行并不一定同样正常。若脱机运行有问题，需分析原因，例如，是否是总线驱动功率不够，或是对接口芯片操作的时间不匹配等，将修改后的程序再次输入。

9.2 基于 ARM 和 GPRS 的无线抄表终端（开发实例 1）

用电抄收是电力营销系统中的重要环节，目前抄表技术及方式比较多，如人工抄表、电力线载波抄表、红外抄表、电话有线抄表等。早期的抄表方法具有人力成本高，劳动强度大，抄表不到位等问题和弊端，成为长期以来困扰供电部门和用户的一个难题。随着移动通信技术及 Internet 技术的发展，利用商业通信网络 GPRS 的无线通信方式回抄用户的用电情况、电网数据等信息，可以较大限度地解决传统抄表方式的弊端，为电力系统提供简单高效的通信传输手段。同时，嵌入式 ARM 技术，凭借其性能、功耗、成本等各方面的优势，已经广泛地应用于工业控制、消费电子等生活的各个方面。

采用无线抄表，可以节省人力物力，有效地提高用电管理水平，较大限度地解决传统抄表方式的弊端。

9.2.1　方案论证

1．了解用户的需求，确定设计规模和总体框架

（1）系统的基本功能

本课题要求设计一种无线抄表终端，抄表终端能够连接若干个数字电表（本设计最多可以连接 32 个数字电表），在接收到上位机发来的抄表命令后，指挥数据采集模块采集电表数据，对数据进行处理后，传送到上位机进行收费。

抄表终端与数字电表的连接采用 RS-485 接口，通信协议要求符合“DLT645—1997 多功能电能表通信规约”标准规范。

抄表终端与上位机的电费收费系统的连接采用 GPRS 模块实现，通信采用 TEXT 短信格式，数据格式自定义。

（2）系统的主要功能模块

由系统的基本功能，可以设定系统的主要功能模块由 1 个控制模块和 2 个通信接口构成：

- 控制模块：系统的控制中心，用来控制系统的操作与运行。
- 与上位机的通信模块：采用 GPRS 模块构成。
- 与数字电表的连接接口模块：采用 RS-485 接口，通信协议要求符合“DLT645—1997 多功能电能表通信规约”标准规范。

（3）无线抄表系统的组成

根据系统的功能要求，可以得到无线抄表系统的组成，整个系统由上位机软件（电费收费管理系统）、无线抄表终端和数字电表组成，如图 9-1 所示。

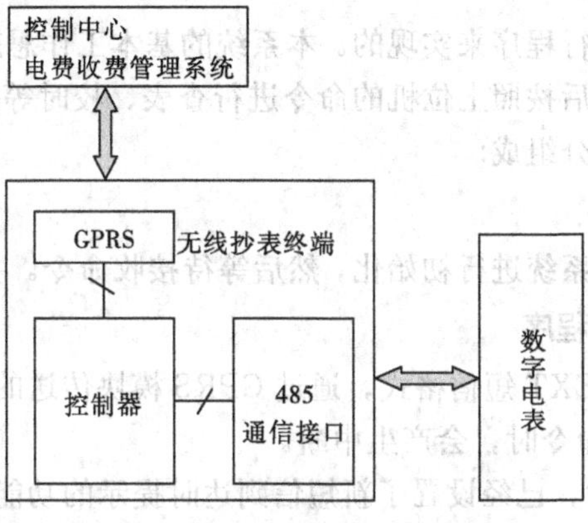

图 9-1　无线抄表系统框图

2．无线抄表终端的操作流程

必须明确该模块如何使用，画出使用流程图。由此可以确定系统的控制流程和软件模块。

（1）使用方法

该模块应该在通电以后自动工作，在接收到上位机发来的抄表命令后，指挥数据采集模块采集电表数据，对数据进行处理后，传送到上位机进行收费处理。

（2）使用流程

根据使用原理，可以画出使用流程图，如图 9-2 所示。

9.2.2 硬件系统设计

根据系统的主要功能模块，可以得出硬件系统由 3 部分组成，基本结构如图 9-3 所示。

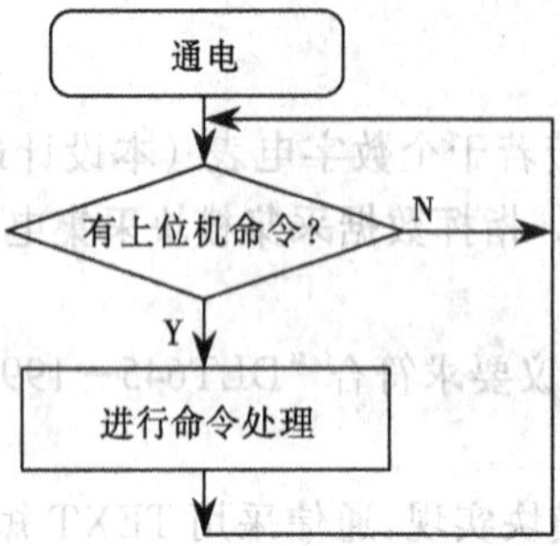

图 9-2 使用流程

图 9-3 硬件系统框图

1. 控制器

控制器是系统的控制中心，用来控制系统的操作与运行。这里选用 S3C2410A 核心模块。

2. GPRS 模块

GPRS 模块用来实现与上位机的无线通信，通信采用 TEXT 短信格式，数据格式自定义。

3. 485 通信接口

485 通信接口用来实现与数字电表的连接，通信协议要求符合“DLT645—1997 多功能电能表通信规约”标准规范。

9.2.3 应用软件设计

控制器的工作是通过执行程序来实现的。本系统的基本工作思想是：首先进行系统初始化，然后等待上位机的命令，最后按照上位机的命令进行查表、校时等相应的操作。

程序主要由以下几个部分组成：

1. 主程序

主程序的基本任务是对系统进行初始化，然后等待接收命令。主程序流程图如图 9-4 所示。

2. UART1 的中断服务程序

上位机的命令是采用 TEXT 短信格式，通过 GPRS 模块传送的。控制器使用 UART1 连接 GPRS，在接收到上位机的命令时，会产生中断。

在 GPRS 初始化工作时，已经设置了新短信到达时提示的功能，当系统识别到有新短信到达时，将读取短信内容，提取短信命令，然后按命令进行相应的处理。

中断服务程序流程图如图 9-5 所示。

上位机与终端之间的通信采用短信的形式，短信的收发实现有 3 种模式：BLOCK 模式、TEXT 模式和 PDU 模式。BLOCK 模式现在用得很少；TEXT 模式则只能发送 ASCII 码，不能发送中文的 Unicode 码——确切地讲，从技术上来说是可以用于发送中文短信息的；而 PDU 模式开发起来则较为复杂，它需要编写专门的函数来将文本转换为 PDU 格式，但 PDU 模式可以使用任何字符集。

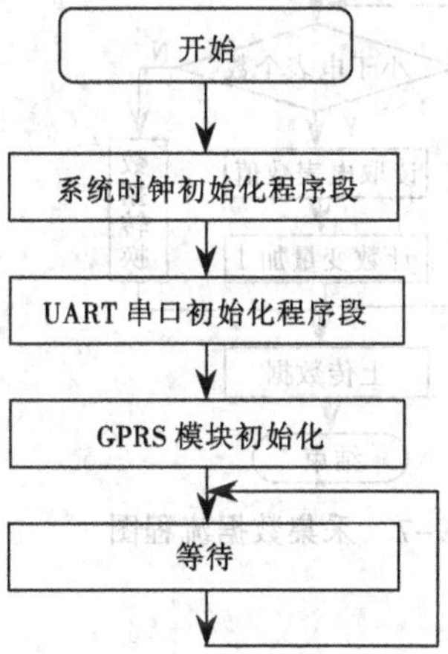

图 9-4　主程序流程图

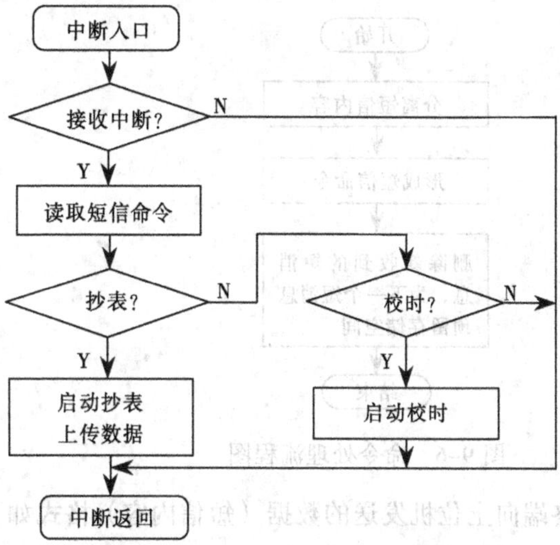

图 9-5　中断服务程序流程图

因为本系统中所有的通信内容都是数据信息，不需要发送中文信息，综合考虑之后，决定本系统收发短信均采用简单的 TEXT 格式。

例如，向接收方的 SIM 卡号 13812345678 发送短信，其过程如下：

AT+CMGS="13812345678"，按【回车】键，当返回“>”时输入短信内容“TEXT”，按【Ctrl+Z】组合键结束发送。

上位机向终端发送的命令格式如下：

```
$0     xx     xxx…x
|      |         └表号集合，采用十六进制
|      └表号集合的长度，为 1 个字节，采用十六进制形式
└抄表命令代码
```

例如，上位机发送抄表命令“$0020553011200000553011200002”，即抄 2 块电表 00 号和 02 号。

3．读取短信命令程序

命令处理主要是处理上位机发送过来的短信，因为有新的短信达到时，会有短信提示，短信提示中会有该短信的存储位置（序号），使用这个序号可以读出短信。读出短信之后，因为读出来的字符不都是短信内容，所以需要分离短信内容，找出操作码、操作内容。然后删除新收到的短信，为下一个短信预留存储空间。命令处理流程图如图 9-6 所示。

4．数据采集与上传程序

若上位机来的命令是查表，则进入数据采集程序。

首先从截取的短信内容中读取需要采集的电表个数，以及接收需要采集的所有电表号。然后向电表发送命令帧，包括采集峰值和谷值。每块电表先采集峰值，再采集谷值，采集的数据保存到存储器中。当采集完所有数据后，将电表数据转换成字符格式，再以短信的方式发送给

上位机。采集数据流程图如图 9-7 所示。

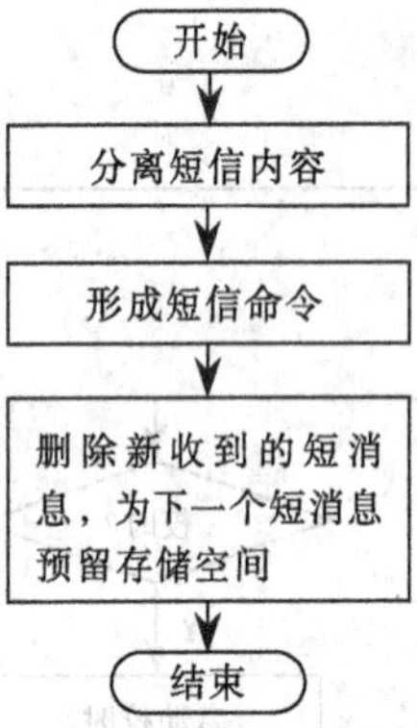

图 9-6　命令处理流程图

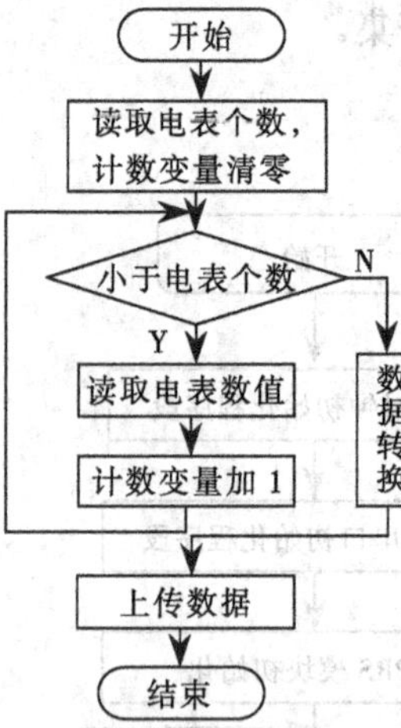

图 9-7　采集数据流程图

终端向上位机发送的数据（短信内容）格式如下：

```
#1 x     x          x…x        x…x
|        |          |              电表读数  峰值  采用 8 位十进制数
|        |          |
|        |          └电表读数  谷值   采用 8 位十进制数
|        └    电表代码          长度为 1 个字节，用十六进制形式表示
└#为传输电表读数代码     数字表示后面传送数据的用户数
```

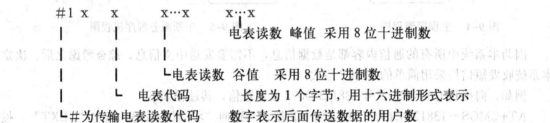

例如，终端发送电表数据"#102007055624753342402023019635877474010"，即用户数是 2，电表号 00 的峰值是 70556247，谷值是 53342402，电表号 02 的峰值是 30196358，谷值是 77474010。

9.2.4　实验与测试

1．模拟数字电表

由于没有数字电表，为了方便实验，这里在 PC 上编写了一个软件，用来模拟数字电表，其接口使用 PC 的 UART 接口，通信协议符合"DLT645—1997 多功能电能表通信规约"标准规范。

数字电表模拟系统运行后的界面如图 9-8 所示，使用时需要选择串口，并设置串口参数（初始波特率、偶校验、数据位、停止位）。

2．连接

用串口连接线连接好 PC 和控制器，连接好已插入 SIM 卡的 GPRS 模块，插好电源并启动 GPRS 模块，需要等待一段时间，当 GPRS 模块绿灯闪烁时，说明已经启动 GPRS 模块，系统能够正常工作了。

3．功能测试

这里主要是测试抄表功能，即发送抄表命令，测试模拟数字电表是否能正确处理。上位机发送抄表命令，抄电表号是 00、01 的 2 块电表的数据进行测试。另外，还向终端发送错误命令，

测试终端反应。为了验证抄表终端功能，这里采用手机与之配合运行。

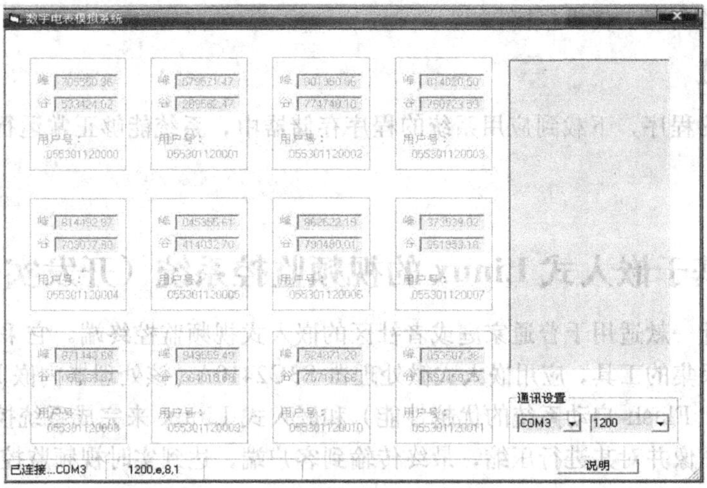

图 9-8　数字电表模拟系统

发送正确命令短信内容：$002055301120000055301120001。

接收短信：＃102007055624753342402015795218428956247。

电表显示结果如图 9-9 所示。

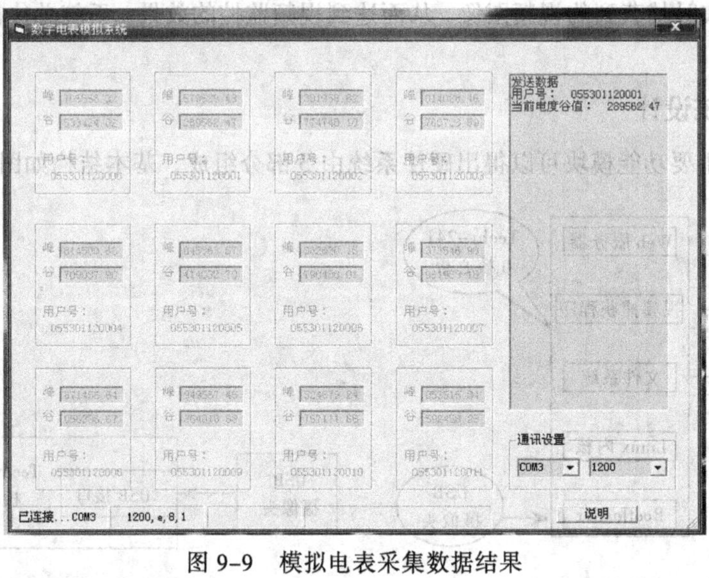

图 9-9　模拟电表采集数据结果

发送错误命令短信内容：$$0030001。

接收短信：＃＃Error。

4．结果分析

由测试结果得出，终端实现的功能有：

- 接收上位机发来的短信形式的命令，并识别和读取短信的内容。
- 根据需求采集电表数据。
- 向上位机发送短信（采集的电表数据）。

- 通过短信，发送正确抄表命令可以得到电表的返回值，而发送错误命令，电表不会返回结果，并且会向上位机报错。

9.2.5 程序下载

将调试通过的程序，下载到应用系统的程序存储器中，系统能够正常运行，功能符合设计目标。

9.3 基于嵌入式 Linux 的视频监控系统（开发实例 2）

本课题是设计一款适用于普通家庭或者社区的嵌入式视频监控终端。它采用低成本的 USB 摄像头作为视频采集的工具，应用嵌入式微处理器 S3C2410A（该处理器内嵌 Nand 控制器，并具有直接从 Nand Flash 启动系统的优越性能）和嵌入式 Linux 来完成系统控制，用视频捕获程序来捕获视频图像并对其进行压缩，最终传输到客户端，达到实时视频监控效果和目的。

9.3.1 方案论证

本系统的设计思想：将短小精悍的嵌入式 Linux 系统移植到 Techv-2410 核心板上，在操作系统的基础上，通过使用 Video for Linux 技术编写的视频捕获程序采集现场数据，并通过图像压缩算法得到视频图片，在嵌入式 Web 服务器 Boa 的运行下，客户端用浏览器通过网络访问服务器，观看实时捕获到的视频图像，从而达到视频监控的效果。系统总体描述如图 9-10 所示。

9.3.2 硬件系统设计

根据系统的主要功能模块可以得出硬件系统由 3 部分组成，基本结构如图 9-11 所示。

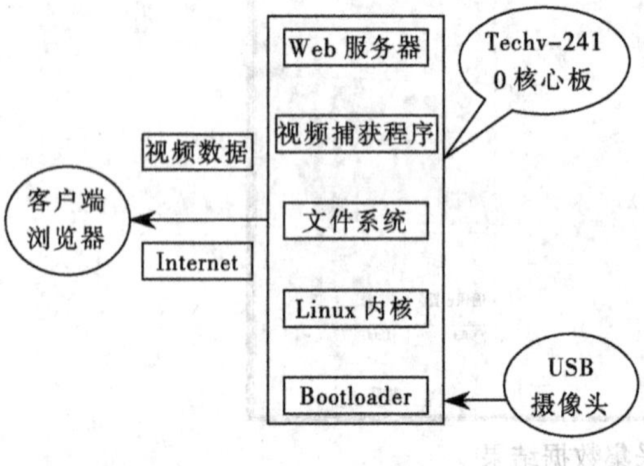

图 9-10 系统总体描述

图 9-11 系统硬件框图

1. 控制器

系统的控制中心，用来控制系统的操作与运行。这里选用 S3C2410A 核心模块。

2. USB 摄像头

USB 摄像头用来实现图像的采集。本系统所用到的网眼 USB 摄像头，其芯片名称为 OV511+，它提供了一种低成本、高集成的 USB 摄像头应用解决方案。OV511+是一个包括专有的压缩引擎和支持 USB 总线实时图像传输的控制器。摄像头接口原始数据输入形式如果是 16 位 YUV 4:2:2

或者 8 位 YUV4:0:0，其输出形式可以配置为 YUV 4:2:0,YUV4:0:0,YUV4:2:2，所以本系统在编程时，把捕获后输出的图片设置为 YUV420P 的调色板。

3. 网络接口

用来实现与 Internet 网络的连接，使用户可以通过 Internet 网络访问，获取视频图像。

9.3.3 Linux 系统制作

本系统软件的设计包括两大部分：一是 Linux 系统的制作，包括 Bootloader(vivi)制作、Linux 内核裁减与移植，文件系统的制作与移植；二是应用软件的设计，包括视频图像的采集（v4l 编程）与压缩和嵌入式 Web 服务器（Boa）的建立。

1. Bootloader 的制作

Bootloader 就是在操作系统内核运行之前运行的一段小程序。通过这段小程序，可以初始化硬件设备，建立内存空间的映射图，从而将系统的软硬件环境带到一个合适的状态，以便为最终调用操作系统内核准备好正确的环境。

Bootloader 的主要运行任务就是将内核映像从硬盘上读到 RAM 中，然后跳转到内核的入口点去运行，也即开始启动操作系统。

本系统所用的 Bootloader 是与 S3C2410A 所配套的 vivi。vivi 是由韩国 mizi 公司开发的一种 Bootloader，适用于 ARM9 处理器，支持 S3C2410x 处理器，和所有的 Bootloader 一样，vivi 有两种工作模式，即启动加载模式和下载模式。当 vivi 处于下载模式时，它为用户提供一个命令行接口，通过该接口能使用 vivi 提供的一些命令集。

2. Linux 内核镜像的制作

Linux 是一个内核。“内核”指的是一个提供硬件抽象层、磁盘及文件系统控制、多任务等功能的系统软件。一个内核不是一套完整的操作系统。一套基于 Linux 内核的完整操作系统叫作 Linux 操作系统，或是 GNU/Linux。

Linux 内核镜像制作需要如下文件：交叉编译器 arm-linux-gcc-4.3.2.tgz，Linux 内核压缩包 linux-2.6.26.6。这些源代码都可以从网上下载得到。我们需要根据系统的需要，对 Linux 内核进行裁剪配置及编译，最终得到其压缩镜像文件 zImage。具体制作过程如下：

① 配置交叉编译器。

② 设置环境变量。

③ 修改内核目录下的 Makefile。

④ 设置 Nand Flash 的分区。

⑤ 去掉 Nand Flash 的 ECC。

⑥ 设置 boot options。

⑦ 修改网卡芯片 AX88796（NE2000 兼容卡）。

只有开启了 ISA 设备支持，在配置内核时，才会在 Network device support 中出现对于 NE2000 兼容网卡的支持选项。

- 定义网卡 I/O 地址。在 S3C2410A 平台关于内存地址映射的头文件中增加对网卡的支持。
- 地址映射。将之前定义的网卡物理 I/O 地址和虚拟 I/O 地址间的映射关系注册到平台初始化文件中。
- 修改 NE2000 驱动文件。NE2000 网卡的初始化代码在 do_ne_probe()函数中，在该函数调用时，网卡设备的基地址空间、寄存器、中断等资源都未指定，所以在这里为该平台进行资源分配。

网卡的主要检测工作在 ne_probe1()函数中完成，其中最主要的是读取和配置网卡的 MAC 地址等信息。这里对 AX88796 的 MAC 地址的设置和典型的网卡不同。一般的网卡通过读取连接在 NE2000 网卡上的 EEPROM 的代码，而现在的平台并没有使用配置存储器，所以需要修改 ne_probe1()函数，设置网卡的 MAC 地址。

⑧ 修改 USB 接口初始化设置。

⑨ 使内核支持 yaffs2 文件系统。

⑩ 设置 S3C2410/S3C2440 默认项。

⑪ 内核配置剪裁（采用菜单形式对内核进行配置）：

[root@localhost linux-2.6.26.6]# make menuconfig

在默认 S3C2410/S3C2440 配置基础上，对 Linux 内核的主要配置如下：

- 设置 boot options。
- 确保以太网及网卡驱动。
- 支持 Video for Linux。
- 支持 USB OV511 Camera。
- 使用 yaffs2 文件系统。
- 支持 cramfs 文件系统。

⑫ Linux 内核编译。

Linux 内核有两种映像：一种是非压缩内核，叫 Image；另一种是其压缩版本，叫 zImage。根据内核映像的不同，Linux 内核的启动在开始阶段也有所不同。zImage 是 Image 经过压缩形成的，所以它的大小比 Image 小。但为了能使用 zImage，必须在它的开头加上解压缩的代码，将 zImage 解压缩之后才能执行，因此其执行速度比 Image 要慢。编译成功后将在 arch/arm/boot 目录下生成 zImage 文件，此文件是压缩的内核映像，一般大小只有 2MB 左右。

3. 文件系统的制作

系统启动后，操作系统要完成的最后一步操作是挂载根文件系统。Linux 的根文件系统具有非常独特的特点，就其基本组成来说，Linux 的根文件系统应该支持 Linux 系统正常运行的基本内容，包含系统使用的软件和库，以及所有用来为用户提供支持架构和使用的应用软件。这里采用 cramfs 格式的根文件系统，同时在 Flash 中的 user 分区挂载 yaffs 格式的文件系统，在此分区中可进行读写操作，存储应用程序。

在嵌入式 Linux 中，BusyBox 是构造文件系统最常用的软件工具包，它将许多常用的 Linux 命令和工具结合到了一个单独的可执行程序中，BusyBox 在设计上就充分考虑了硬件资源受限的特殊工作环境。它采用一直很巧妙的办法减小自己的体积：所有命令都通过插件的方式集中到一个可执行文件中，在实际应用过程中通过不同的符号链接来确定到底要执行哪个操作。在 BusyBox 的编译过程中，可非常方便地加减其插件，最后的符号链接也可以由编译系统自动生成。具体制作过程如下：

① 下载 BusyBox，修改 BusyBox 中的 Makefile 文件。

② 进行文件系统裁剪。

- 设置动态函数库。

- 选中 Username completion 和 Fancy shell prompts。

③ 其他的选择默认值即可。

④ 编译安装。

此时会在当前目录 busybox-1.15.2 下生成一个_install 目录，该目录下有 bin、sbin、usr 目录和 linuxrc 文件。

⑤ 补充其他文件。

- 复制_install 目录中的内容到新建的/root/Documents/root_fs 目录下。
- 创建根文件系统目录的脚本文件 create_rootfs，使用命令 chmod +x create_rootfs 改变文件的可执行权限，./create_rootfs 运行脚本就可完成根文件系统目录的创建。
- 在 etc/sysconfig 目录下新建文件 HOSTNAME，内容为 auts。
- 新建 etc/inittab 文件：

```
#etc/inittab
::sysinit:/etc/init.d/rcS
::askfirst:-/bin/sh
::ctrlaltdel:/sbin/reboot
::shutdown:/bin/umount -a -r
```

- 新建 etc/init.d/rcS 文件：

```
#!/bin/sh
PATH=/sbin:/bin
runlevel=S
prevlevel=N
umask 022
export PATH runlevel prevlevel
echo "----------mount all----------------"
/bin/mount -a
mkdir /dev/pts
mount -t devpts devpts /dev/pts
echo /sbin/mdev >/proc/sys/kernel/hotplug
/sbin/mdev -s
echo " mount -t yaffs /dev/mtdblock4 /mnt/yaffs2"
/bin/mount -t yaffs /dev/mtdblock4 /mnt/yaffs2
echo "ifconfig lo 127.0.0.1"
echo "ifconfig eth0 192.168.1.2"
/sbin/ifconfig lo 127.0.0.1
/sbin/ifconfig eth0 192.168.1.2
/bin/hostname -F /etc/sysconfig/HOSTNAME
echo "***********Studying Embeded Linux*************"
echo "          Kernel version:linux-2.26.6         "
echo "        busybox version:busybox-1.15.2        "
echo "             Student:auts_liyc                "
echo "*********************************************"
cp -a /www /mnt/yaffs2/lost\+found
cd /mnt/yaffs2/lost\+found/www
echo "current directory is:"
pwd
echo "starting boa"
/bin/boa
```

```
echo "starting monitor application"
./v4l_320x240
```

使用以下命令改变 rcS 的执行权限:

```
[root@localhost init.d]# chmod +x rcS
```

- 新建 etc/fstab 文件:

```
# <file system> <mount point> <type>  <options>   <dump> <pass>
proc           /proc        proc     defaults     0     0
sysfs          /sys         sysfs    defaults     0     0
mdev           /dev         ramfs    defaults     0     0
```

- 新建 etc/profile 文件:

```
#Ash profile
USER="'id -un'"
LOGNAME=$USER
PS1='[\u@\h \W]\#'
PATH=/bin:/sbin
HOSTNAME='/bin/hostname'
export USER LOGNAME PS1 PATH
```

- 新建 passwd 文件:

```
root::0:0:root:/:/bin/sh
nobody:*:99:99:Nobody:/:
```

- 把 arm-linux-gcc4.3.2 中的库文件和压缩图像生成 JPEG 文件所需的库文件 libjpeg.a、libjpeg.so.62、libjpeg.so.62.0.0 也复制到 lib 文件夹下。
- 制作根文件系统映像文件。

用 mkcramfs 命令来生成一个.cramfs 文件。

4. Linux 的移植

自此，启动 Linux 所需的文件 vivi、zIamge、root.cramfs 已基本制作好。再加上 Boa，以及应用程序就可一并移植到核心板上了。移植操作如下:

① 在 Windows 下新建一个超级终端，使得核心板处于 vivi 状态。

② 根据先前在 vivi 源码 smdk.c 中所设置的分区，格式化 Nand Flash。

```
vivi>bon part 0 1M 3M:m 23M:m
```

③ 移植 vivi，选用 XModerm 发送模式。

```
vivi>load flash vivi x
```

在超级终端中，右击，选择“发送文件”命令，发送 vivi。

④ 移植 Linux 内核，选用 XModerm 发送模式。

```
vivi>load flash kernel x
```

在超级终端中，右击，选择“发送文件”命令，发送 zImage。

⑤ 移植文件系统，选用 XModerm 发送模式

```
vivi>load flash root x
```

在超级终端中，右击，选择“发送文件”命令，发送 root.cramfs。

⑥ 启动 Linux 系统。

按复位键，即可启动 Linux 系统了。

9.3.4 应用软件设计

应用程序的基本任务有 3 个：通过 OV511+芯片的网眼 2000 USB 摄像头捕获监控现场的

图像信息（现场视频数据）；经过图像压缩算法程序得到经过压缩的 JPEG 图像；构建服务器，通过网络传输 JPEG 图像。

应用程序的程序流程图如图 9-12 所示。

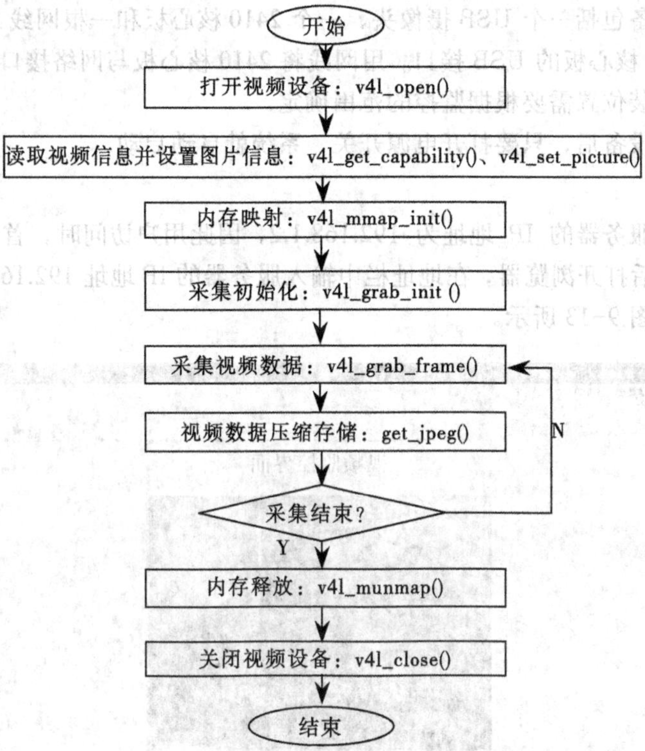

图 9-12　程序流程图

1. 捕获图像信息

利用 Video for Linux 的 API 函数可以从摄像头得到现场视频数据，这里需要使用以下模块：v4l_open()、v4l_get_capability()、v4l_set_picture()、v4l_mmap_init()、v4l_grab_init()、v4l_grab_frame()。

2. 视频数据压缩

当视频捕获成功后，可对捕获的帧数据进行处理。这里把它转化为本地的图片文件，利用与 JPEG 文件相关的库文件，调用 get_jpeg[1] (unsigned char *image,int quality,int gray)，运用压缩算法，实现视频数据的压缩，并存为本地 JPEG 图片。其中，image 是指向捕获的帧数据的指针；quality 是指设置图片的质量；gray 等于 1 时，表示所得的图片为灰色，为 0 时，表示所得的图片为彩色。

3. 服务器的构建

当视频捕获程序通过 USB 摄像头采集数据，并压缩得到 JPEG 图片后，客户端就可在服务器的支持下通过浏览器查看捕获到的数据。本系统采用 Boa 服务器。

将 mime.types 文件复制到根文件系统/etc 目录下，通常可以从 Linux 主机的/etc 目录下直接复制，在/etc 目录下新建一个 boa 目录，里面放入 Boa 的主要配置文件 boa.conf。在 Boa

源代码目录下已有一个示例 boa.conf，在其基础上进行修改即可。

9.3.5 系统测试

1. 系统的安装与启动

本系统硬件设备包括一个 USB 摄像头、一个 2410 核心板和一根网线。安装时只要将 USB 摄像头连接到 2410 核心板的 USB 接口，用网线将 2410 核心板与网络接口连接，然后接通电源即可。摄像头的安装位置需要根据监控的范围确定。

当安装好系统设备后，只要打开电源开关，系统就自动启动。

2. 访问系统

由于这里设置服务器的 IP 地址为 192.168.1.2，因此用户访问时，首先要设置用户使用的 PC 的 IP 地址，然后打开浏览器，在地址栏中输入服务器的 IP 地址 192.168.1.2，就可以看到监控的视频图像，如图 9-13 所示。

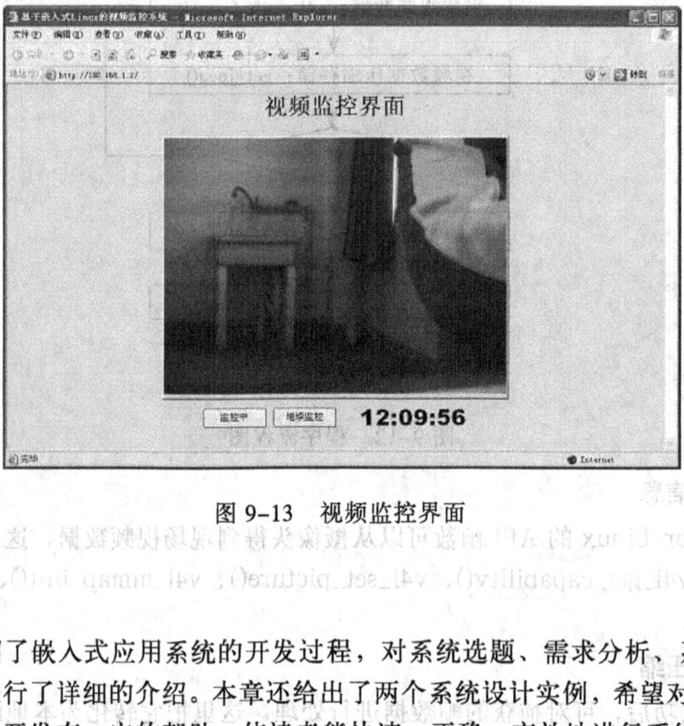

图 9-13　视频监控界面

本章小结

本章详细介绍了嵌入式应用系统的开发过程，对系统选题、需求分析、系统的软硬件设计及调试等方面都进行了详细的介绍。本章还给出了两个系统设计实例，希望对读者今后的学习、工作过程中的系统开发有一定的帮助，使读者能快速、正确、高效地进行系统开发。

附录 A　S3C2410A 方框图

S3C2410A 方框图如图 A-1 所示。

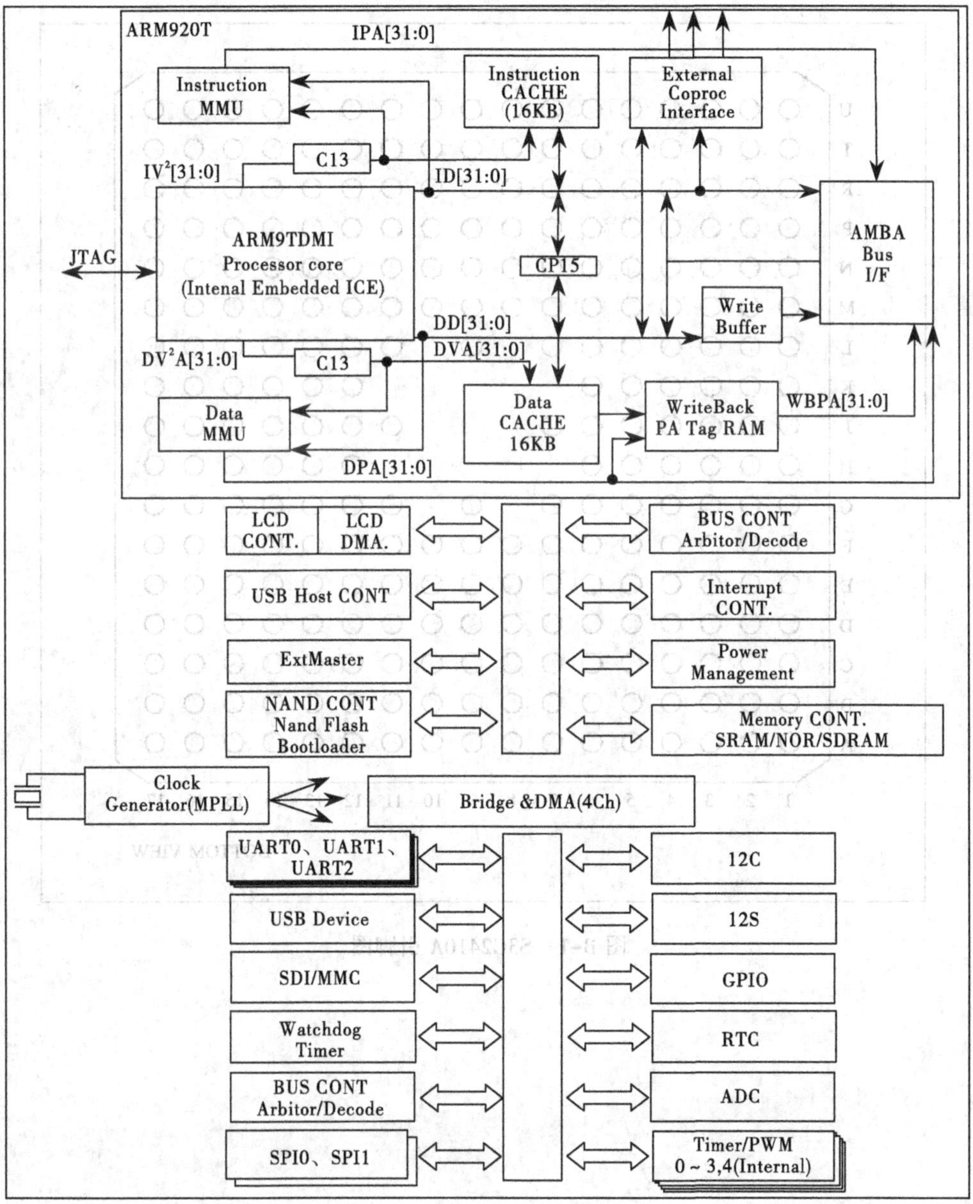

图 A-1　S3C2410A 方框图

附录 B S3C2410A 引脚图

S3C2410A 引脚图如图 B-1 所示。

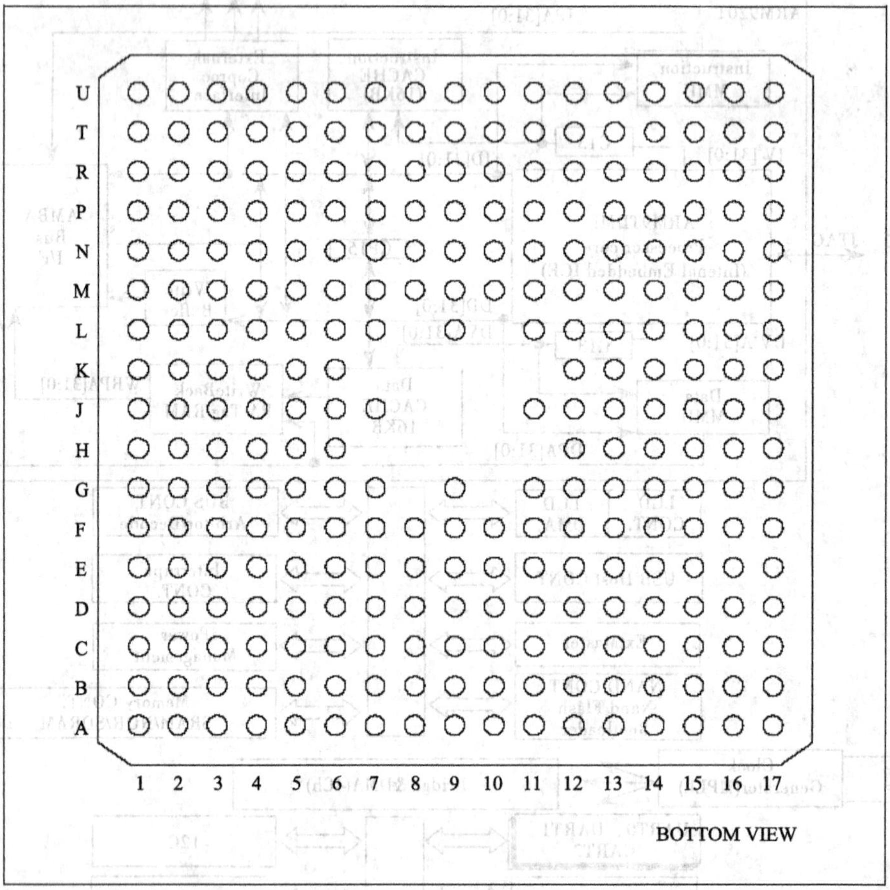

图 B-1 S3C2410A 引脚图

附录 C　S3C2410A 引脚功能

S3C2410A 引脚功能如表 C-1 所示。

表 C-1　S3C2410A 引脚功能

引脚号	引脚名	引脚号	引脚名	引脚号	引脚名
A1	DATA19	B14	ADDR0/GPA0	D10	ADDR19/GPA4
A2	DATA18	B15	nSRAS	D11	VDDi
A3	DATA16	B16	nBE1:nWBE1:DQM1	D12	ADDR10
A4	DATA15	B17	VSSi	D13	ADDR5
A5	DATA11	C1	DATA24	D14	ADDR1
A6	VDDMOP	C2	DATA23	D15	VSSMOP
A7	DATA6	C3	DATA21	D16	SCKE
A8	DATA1	C4	VDDi	D17	nGCS0
A9	ADDR21/GPA6	C5	DATA12	E1	DATA31
A10	ADDR16/GPA1	C6	DATA7	E2	DATA29
A11	ADDR13	C7	DATA4	E3	DATA28
A12	VSSMOP	C8	VDDi	E4	DATA30
A13	ADDR6	C9	ADDR25/GPA10	E5	VDDMOP
A14	ADDR2	C10	VSSMOP	E6	VSSMOP
A15	VDDMOP	C11	ADDR14	E7	DATA3
A16	nBE3:nWBE3:DQM3	C12	ADDR7	E8	ADDR26/GPA11
A17	nBE0:nWBE0:DQM0	C13	ADDR3	E9	ADDR23/GPA8
B1	DATA22	C14	nSCAS	E10	ADDR18/GPA3
B2	DATA20	C15	nBE2:nWBE2:DQM2	E11	VDDMOP
B3	DATA17	C16	nOE	E12	ADDR11
B4	VDDMOP	C17	VDDi	E13	nWE
B5	DATA13	D1	DATA27	E14	nGCS3/GPA14
B6	DATA9	D2	DATA25	E15	nGCS1/GPA12
B7	DATA5	D3	VSSMOP	E16	nGCS2/GPA13
B8	DATA0	D4	DATA26	E17	nGCS4/GPA15
B9	ADDR24/GPA9	D5	DATA14	F1	TOUT1/GPB1
B10	ADDR17/GPA2	D6	DATA10	F2	TOUT0/GPB0
B11	ADDR12	D7	DATA2	F3	VSSMOP
B12	ADDR8	D8	VDDMOP	F4	TOUT2/GPB2
B13	ADDR4	D9	ADDR22/GPA7	F5	VSSOP

续表

引脚号	引脚名	引脚号	引脚名	引脚号	引脚名
F6	VSSi	H4	nXDREQ1/GPB8	K13	TXD2/nRTS1/GPH6
F7	DATA8	H5	nTRST	K14	RXD1/GPH5
F8	VSSMOP	H6	TCK	K15	TXD0/GPH2
F9	VSSi	H12	CLE/GPA17	K16	TXD1/GPH4
F10	ADDR20/GPA5	H13	VSSOP	K17	RXD0/GPH3
F11	VSSi	H14	VDDMOP	L1	VD0/GPC8
F12	VSSMOP	H15	VSSi	L2	VD1/GPC9
F13	SCLK0	H16	XTOpll	L3	LCDVF2/GPC7
F14	SCLK1	H17	XTIpll	L4	VD2/GPC10
F15	nGCS5/GPA16	J1	TDI	L5	VDDiarm
F16	nGCS6:nSCS0	J2	VCLK:LCD_HCLK/GPC1	L6	LCDVF1/GPC6
F17	nGCS7:nSCS1	J3	TMS	L7	IICSCL/GPE14
G1	nXBACK/GPB5	J4	LEND:STH/GPC0	L9	EINT11/nSS1/GPG3
G2	nXDACK1/GPB7	J5	TDO	L11	VDDi_UPLL
G3	TOUT3/GPB3	J6	VLINE:HSYNC:CPV/GPC2	L12	nRTS0/GPH1
G4	TCLK0/GPB4	J7	VSSiarm	L13	UPLLCAP
G5	nXBREQ/GPB6	J11	EXTCLK	L14	nCTS0/GPH0
G6	VDDalive	J12	nRESET	L15	EINT6/GPF6
G7	VDDiarm	J13	VDDi	L16	UCLK/GPH8
G9	VSSMOP	J14	VDDalive	L17	EINT7/GPF7
G11	ADDR15	J15	PWREN	M1	VSSiarm
G12	ADDR9	J16	nRSTOUT/GPA21	M2	VD5/GPC13
G13	nWAIT	J17	nBATT_FLT	M3	VD3/GPC11
G14	ALE/GPA18	K1	VDDOP	M4	VD4/GPC12
G15	nFWE/GPA19	K2	VM:VDEN:TP/GPC4	M5	VSSiarm
G16	nFRE/GPA20	K3	VDDiarm	M6	VDDOP
G17	nFCE/GPA22	K4	VFRAME:VSYNC:STV/GPC3	M7	VDDiarm
H1	VSSiarm	K5	VSSOP	M8	IICSDA/GPE15
H2	nXDACK0/GPB9	K6	LCDVF0/GPC5	M9	VSSiarm
H3	nXDREQ0/GPB10	K12	RXD2/nCTS1/GPH7	M10	DP1/PDP0
M11	EINT23/nYPON/GPG15	P8	SPICLK0/GPE13	T5	I2SLRCK/GPE0
M12	RTCVDD	P9	EINT12/LCD_PWREN/GPG4	T6	SDCLK/GPE5
M13	VSSi_MPLL	P10	EINT18/GPG10	T7	SPIMISO0/GPE11
M14	EINT5/GPF5	P11	EINT20/XMON/GPG12	T8	EINT10/nSS0/GPG2
M15	EINT4/GPF4	P12	VSSOP	T9	VSSOP
M16	EINT2/GPF2	P13	DP0	T10	EINT17/GPG9

续表

引脚号	引脚名	引脚号	引脚名	引脚号	引脚名
M17	EINT3/GPF3	P14	VDDi_MPLL	T11	EINT22/YMON/GPG14
N1	VD6/GPC14	P15	VDDA_ADC	T12	DN0
N2	VD8/GPD0	P16	XTIrtc	T13	OM3
N3	VD7/GPC15	P17	MPLLCAP	T14	VSSA_ADC
N4	VD9/GPD1	R1	VDDiarm	T15	AIN1
N5	VDDiarm	R2	VD14/GPD6	T16	AIN3
N6	CDCLK/GPE2	R3	VD17/GPD9	T17	AIN5
N7	SDDAT1/GPE8	R4	VD18/GPD10	U1	VD15/GPD7
N8	VSSiarm	R5	VSSOP	U2	VD19/GPD11
N9	VDDOP	R6	SDDAT0/GPE7	U3	VD21/GPD13
N10	VDDiarm	R7	SDDAT3/GPE10	U4	VSSiarm
N11	DN1/PDN0	R8	EINT8/GPG0	U5	I2SSDI/nSS0/GPE3
N12	Vref	R9	EINT14/SPIMOSI1/GPG6	U6	I2SSDO/I2SSDI/GPE4
N13	AIN7	R10	EINT15/SPICLK1/GPG7	U7	SPIMOSI0/GPE12
N14	EINT0/GPF0	R11	EINT19/TCLK1/GPG11	U8	EINT9/GPG1
N15	VSSi_UPLL	R12	CLKOUT0/GPH9	U9	EINT13/SPIMISO1/GPG5
N16	VDDOP	R13	R/nB	U10	EINT16/GPG8
N17	EINT1/GPF1	R14	OM0	U11	EINT21/nXPON/GPG13
P1	VD10/GPD2	R15	AIN4	U12	CLKOUT1/GPH10
P2	VD12/GPD4	R16	AIN6	U13	NCON
P3	VD11/GPD3	R17	XTOrtc	U14	OM2
P4	VD23/nSS0/GPD15	T1	VD13/GPD5	U15	OM1
P5	I2SSCLK/GPE1	T2	VD16/GPD8	U16	AIN0
P6	SDCMD/GPE6	T3	VD20/GPD12	U17	AIN2
P7	SDDAT2/GPE9	T4	VD22/nSS1/GPD14	–	–

附录 D S3C2410A 的 IO 引脚功能

端口 A 的引脚功能如表 D-1 所示，共有 23 个 I/O 引脚。

表 D-1 端口 A 的引脚功能

引脚标号	功能 1	功能 2	功能 3
GPA22	普通输出	nFCE	—
GPA21	普通输出	nRSTOUT	—
GPA20	普通输出	nFRE	—
GPA19	普通输出	nFWE	—
GPA18	普通输出	ALE	—
GPA17	普通输出	CLE	—
GPA16	普通输出	nGCS5	—
GPA15	普通输出	nGCS4	—
GPA14	普通输出	nGCS3	—
GPA13	普通输出	nGCS2	—
GPA12	普通输出	nGCS1	—
GPA11	普通输出	ADDR26	—
GPA10	普通输出	ADDR25	—
GPA9	普通输出	ADDR24	—
GPA8	普通输出	ADDR23	—
GPA7	普通输出	ADDR22	—
GPA6	普通输出	ADDR21	—
GPA5	普通输出	ADDR20	—
GPA4	普通输出	ADDR19	—
GPA3	普通输出	ADDR18	—
GPA2	普通输出	ADDR17	—
GPA1	普通输出	ADDR16	—
GPA0	普通输出	ADDR0	—

注意：端口 A 的 I/O 引脚共有 23 个，只能作为输出引脚使用，不用作为输入引脚。除了作为普通的输出引脚外，另一个功能是可以定义成地址引脚等功能性引脚，但也是功能性输出引脚。而其他端口既可以作为输出引脚，也可以作为输入引脚。

端口 B 的引脚功能如表 D-2 所示，共有 11 个 I/O 引脚。

表 D-2　端口 B 的引脚功能

引脚标号	功能 1	功能 2	功能 3
GPB10	普通输入/输出	nXDREQ0	—
GPB9	普通输入/输出	nXDACK0	—
GPB8	普通输入/输出	nXDREQ1	—
GPB7	普通输入/输出	nXDACK1	—
GPB6	普通输入/输出	nXBREQ	—
GPB5	普通输入/输出	nXBACK	—
GPB4	普通输入/输出	TCLK0	—
GPB3	普通输入/输出	TOUT3	—
GPB2	普通输入/输出	TOUT2	—
GPB1	普通输入/输出	TOUT1	—
GPB0	普通输入/输出	TOUT0	—

端口 C 的引脚功能如表 D-3 所示，共有 16 个 I/O 引脚。

表 D-3　端口 C 的引脚功能

引脚标号	功能 1	功能 2	功能 3
GPC15	普通输入/输出	VD7	—
GPC14	普通输入/输出	VD6	—
GPC13	普通输入/输出	VD5	—
GPC12	普通输入/输出	VD4	—
GPC11	普通输入/输出	VD3	—
GPC10	普通输入/输出	VD2	—
GPC9	普通输入/输出	VD1	—
GPC8	普通输入/输出	VD0	—
GPC7	普通输入/输出	LCDVF2	—
GPC6	普通输入/输出	LCDVF1	—
GPC5	普通输入/输出	LCDVF0	—
GPC4	普通输入/输出	VM	—
GPC3	普通输入/输出	VFRAME	—
GPC2	普通输入/输出	VLINE	—
GPC1	普通输入/输出	VCLK	—
GPC0	普通输入/输出	LEND	—

端口 D 的引脚功能如表 D-4 所示，共有 16 个 I/O 引脚。

表 D-4　端口 D 的引脚功能

引脚标号	功能 1	功能 2	功能 3
GPD15	普通输入/输出	VD23	nSS0
GPD14	普通输入/输出	VD22	nSS1

续表

引脚标号	功能 1	功能 2	功能 3
GPD13	普通输入/输出	VD21	—
GPD12	普通输入/输出	VD20	—
GPD11	普通输入/输出	VD19	—
GPD10	普通输入/输出	VD18	—
GPD9	普通输入/输出	VD17	—
GPD8	普通输入/输出	VD16	—
GPD7	普通输入/输出	VD15	—
GPD6	普通输入/输出	VD14	—
GPD5	普通输入/输出	VD13	—
GPD4	普通输入/输出	VD12	—
GPD3	普通输入/输出	VD11	—
GPD2	普通输入/输出	VD10	—
GPD1	普通输入/输出	VD9	—
GPD0	普通输入/输出	VD8	—

端口 E 的引脚功能如表 D-5 所示，共有 16 个 I/O 引脚。

表 D-5　端口 E 的引脚功能

引脚标号	功能 1	功能 2	功能 3
GPE15	普通输入/输出	IICSDA	—
GPE14	普通输入/输出	IICSCL	—
GPE13	普通输入/输出	SPICLK0	—
GPE12	普通输入/输出	SPIMOSI0	—
GPE11	普通输入/输出	SPIMISO0	—
GPE10	普通输入/输出	SDDAT3	—
GPE9	普通输入/输出	SDDAT2	—
GPE8	普通输入/输出	SDDAT1	—
GPE7	普通输入/输出	SDDAT0	—
GPE6	普通输入/输出	SDCMD	—
GPE5	普通输入/输出	SDCLK	—
GPE4	普通输入/输出	IISSDO	IISSDI
GPE3	普通输入/输出	IISSDI	nSS0
GPE2	普通输入/输出	CDCLK	—
GPE1	普通输入/输出	IISSCLK	—
GPE0	普通输入/输出	IISLRCK	—

端口 F 的引脚功能如表 D-6 所示，共有 8 个 I/O 引脚。

表 D-6　端口 F 的引脚功能

引脚标号	功能 1	功能 2	功能 3
GPF7	普通输入/输出	EINT7	—
GPF6	普通输入/输出	EINT6	—
GPF5	普通输入/输出	EINT5	—
GPF4	普通输入/输出	EINT4	—
GPF3	普通输入/输出	EINT3	—
GPF2	普通输入/输出	EINT2	—
GPF1	普通输入/输出	EINT1	—
GPF0	普通输入/输出	EINT0	—

端口 G 的引脚功能如表 D-7 所示，共有 16 个 I/O 引脚。

表 D-7　端口 G 的引脚功能

引脚标号	功能 1	功能 2	功能 3
GPG15	普通输入/输出	EINT23	nYPON
GPG14	普通输入/输出	EINT22	YMON
GPG13	普通输入/输出	EINT21	nXPON
GPG12	普通输入/输出	EINT20	XMON
GPG11	普通输入/输出	EINT19	TCLK1
GPG10	普通输入/输出	EINT18	—
GPG9	普通输入/输出	EINT17	—
GPG8	普通输入/输出	EINT16	—
GPG7	普通输入/输出	EINT15	SPICLK1
GPG6	普通输入/输出	EINT14	SPIMOSI1
GPG5	普通输入/输出	EINT13	SPIMISO1
GPG4	普通输入/输出	EINT12	LCD_PWREN
GPG3	普通输入/输出	EINT11	nSS1
GPG2	普通输入/输出	EINT10	nSS0
GPG1	普通输入/输出	EINT9	—
GPG0	普通输入/输出	EINT8	—

端口 H 的引脚功能如表 D-8 所示，共有 11 个 I/O 引脚。

表 D-8　端口 H 的引脚功能

引脚标号	功能 1	功能 2	功能 3
GPH10	普通输入/输出	CLKOUT1	—
GPH9	普通输入/输出	CLKOUT0	—
GPH8	普通输入/输出	UCLK	—
GPH7	普通输入/输出	RXD2	nCTS1

续表

引脚标号	功能 1	功能 2	功能 3
GPH6	普通输入/输出	TXD2	nRTS1
GPH5	普通输入/输出	RXD1	—
GPH4	普通输入/输出	TXD1	—
GPH3	普通输入/输出	RXD0	—
GPH2	普通输入/输出	TXD0	—
GPH1	普通输入/输出	nRTS0	—
GPH0	普通输入/输出	nCTS0	—

附录E S3C2410A 专用寄存器

存储器控制相关寄存器如表 E-1 所示。

表 E-1 存储器控制相关寄存器

寄存器名	地址（大端）	地址（小端）	Acc.单元	读/写功能	功 能
BWSCON	0x48000000				总线宽度和等待控制
BANKCON0	0x48000004				Boot ROM 控制
BANKCON1	0x48000008				BANK1 控制
BANKCON2	0x4800000C				BANK2 控制
BANKCON3	0x48000010				BANK3 控制
BANKCON4	0x48000014				BANK4 控制
BANKCON5	0x48000018		W	R/W	BANK5 控制
BANKCON6	0x4800001C				BANK6 控制
BANKCON7	0x48000020				BANK7 控制
BANKSIZE	0x48000028				DRAM/SDRAM 刷新
MRSRB6	0x4800002C				存储器大小
MRSRB7	0x48000030				SDRAM 的模式设置
BANKSIZE	0x48000028				SDRAM 的模式设置

USB 主设备相关控制寄存器如表 E-2 所示。

表 E-2 USB 主设备相关控制寄存器

寄存器名	地址（大端）	地址（小端）	Acc.单元	读/写功能	功 能
HcRevision	0x49000000				
HcControl	0x49000004				
HcCommonStatus	0x49000008				控制和状态组
HcInterruptStatus	0x4900000C				
HcInterruptEnable	0x49000010		←	W	
HcInterruptDisable	0x49000014				
HcHCCA	0x49000018				
HcPeriodCurrentED	0x4900001C				存储器指针组
HcControlHeadED	0x49000020				

续表

寄存器名	地址（大端）	地址（小端）	Acc.单元	读/写功能	功 能
HcControlCurrentED	0x49000024				
HcBulkHeadED	0x49000028				
HcBulkCurrentED	0x4900002C				
HcDoneHead	0x49000030				
HcRmInterval	0x49000034				
HcFmRemaining	0x49000038				
HcFmNumber	0x4900003C				帧计数器组
HcPeriodicStart	0x49000040				
HcLSThreshold	0x49000044				
HcRhDescriptorA	0x49000048				
HcRhDescriptorB	0x4900004C				
HcRhStatus	0x49000050				根 Hub 组
HcRhPortStatus1	0x49000054				
HcRhPortStatus2	0x49000058				

中断控制相关寄存器如表 E-3 所示。

表 E-3 中断控制相关寄存器

寄存器名	地址（大端）	地址（小端）	Acc.单元	读/写功能	功 能
SRCPND	0X4A000000			R/W	中断请求状态
INTMOD	0X4A000004			W	中断模式控制
INTMSK	0X4A000008			R/W	中断屏蔽控制
PRIORITY	0X4A00000C	←	W	W	IRQ 优先级控制
INTPND	0X4A000010			R/W	中断请求状态
INTOFFSET	0X4A000014			R	中断请求源偏移
SUBSRCPND	0X4A000018			R/W	次级中断源请求
INTSUBMSK	0X4A00001C			R/W	次级中断屏蔽

DMA 控制相关寄存器如表 E-4 所示。

表 E-4 DMA 控制相关寄存器

寄存器名	地址（大端）	地址（小端）	Acc.单元	读/写功能	功 能
DISRC0	0x4B000000				DMA0 传输初始源
DISRCC0	0x4B000004				DMA0 传输初始源控制
DIDST0	0x4B000008		W	R/W	DMA0 传输初始目的地
DIDSTC0	0x4B00000C				DMA0 传输初始目的地控制

续表

寄存器名	地址 （大端）	地址 （小端）	Acc.单元	读/写功能	功　能
DCON0	0x4B000010				DMA0 控制
DSTAT0	0x4B000014				DMA0 传输计数
DCSRC0	0x4B000018			R	DMA0 传输当前源
DCDST0	0x4B00001C				DMA0 传输当前目的地
DMASKTRIG0	0x4B000020			R/W	DMA0 屏蔽触发器
DISRC1	0x4B000040				DMA1 传输初始源
DISRCC1	0x4B000044				DMA1 传输初始源控制
DIDST1	0x4B000048			R/W	DMA1 初始目的地
DIDSTC1	0x4B00004C				DMA1 初始目的地控制
DCON1	0x4B000050				DMA1 控制
DSTAT1	0x4B000054				DMA1 计数
DCSRC1	0x4B000058			R	DMA1 传输当前源
DCDST1	0x4B00005C				DMA1 传输当前目的地
DMASKTRIG1	0x4B000060			R/W	DMA1 屏蔽触发器
DISRC2	0x4B000080				DMA 2 初始源
DISRCC2	0x4B000084				DMA 2 初始源控制
DIDST2	0x4B000088			R/W	DMA 2 初始目的地
DIDSTC2	0x4B00008C				DMA 2 初始目的地控制
DCON2	0x4B000090				DMA 2 控制
DSTAT2	0x4B000094				DMA 2 计数
DCSRC2	0x4B000098			R	DMA 2 当前源
DCDST2	0x4B00009C				DMA 2 当前目的地
DMASKTRIG2	0x4B0000A0			R/W	DMA 2 屏蔽触发器
DISRC3	0x4B0000C0				DMA 3 初始源
DISRCC3	0x4B0000C4				DMA 3 初始源控制
DIDST3	0x4B0000C8			R/W	DMA 3 初始目的地
DIDSTC3	0x4B0000CC				DMA 3 初始目的地控制
DCON3	0x4B0000D0				DMA 3 控制
DSTAT3	0x4B0000D4				DMA 3 计数
DCSRC3	0x4B0000D8			R	DMA 3 当前源
DCDST3	0x4B0000DC				DMA 3 当前目的地
DMASKTRIG3	0x4B0000E0			R/W	DMA 3 屏蔽触发器

时钟和电源管理相关寄存器如表 E-5 所示。

表 E-5　时钟和电源管理相关寄存器

寄存器名	地址（大端）	地址（小端）	Acc.单元	读/写功能	功　能
LOCKTIME	0x4C000000	←	W	R/W	PLL 锁定时间计数器
MPLLCON	0x4C000004				MPLL 控制
UPLLCON	0x4C000008				UPLL 控制
CLKCON	0x4C00000C				时钟生成控制
CLKSLOW	0x4C000010				慢时钟控制
CLKDIVN	0x4C000014				时钟除法器控制

LCD 控制相关寄存器如表 E-6 所示。

表 E-6　LCD 控制相关寄存器

寄存器名	地址（大端）	地址（小端）	Acc.单元	读/写功能	功　能
LCDCON1	0X4D000000	←	W	R/W	LCD 控制 1
LCDCON2	0X4D000004				LCD 控制 2
LCDCON3	0X4D000008				LCD 控制 3
LCDCON4	0X4D00000C				LCD 控制 4
LCDCON5	0X4D000010				LCD 控制 5
LCDSADDR1	0X4D000014				STN/TFT：帧缓冲区起始地址 1
LCDSADDR2	0X4D000018				STN/TFT：帧缓冲区起始地址 2
LCDSADDR3	0X4D00001C				STN/TFT：虚拟屏地址设置
REDLUT	0X4D000020				STN：红色查找表
GREENLUT	0X4D000024				STN：绿色查找表
BLUELUT	0X4D000028				STN：蓝色查找表
DITHMODE	0X4D00004C				STN：抖动模式
TPAL	0X4D000050				TFT：临时调色板
LCDINTPND	0X4D000054				LCD 中断请求
LCDSRCPND	0X4D000058				LCD 中断源
LCDINTMSK	0X4D00005C				LCD 中断屏蔽
LPCSEL	0X4D000060				LPC3600 控制

Nand Flash 相关寄存器如表 E-7 所示。

表 E-7　Nand Flash 相关寄存器

寄存器名	地址（大端）	地址（小端）	Acc.单元	读/写功能	功　能
NFCONF	0x4E000000	←	W	R/W	Nand Flash 配置

续表

寄存器名	地址（大端）	地址（小端）	Acc.单元	读/写功能	功　能
NFCMD	0x4E000004				Nand Flash 命令
NFADDR	0x4E000008				Nand Flash 地址
NFDATA	0x4E00000C				Nand Flash 数据
NFSTAT	0x4E000010			R	Nand Flash 工作状态
NFECC	0x4E000014			R/W	Nand Flash ECC

UART 串口相关寄存器如表 E-8 所示。

表 E-8　UART 串口相关寄存器

寄存器名	地址（大端）	地址（小端）	Acc.单元	读/写功能	功　能
ULCON0	0x50000000		W	R/W	串口 0 线控制
UCON0	0x50000004				串口 0 控制
UFCON0	0x50000008				串口 0 FIFO 控制
UMCON0	0x5000000C				串口 0 Modem 控制
UTRSTAT0	0x50000010			R	串口 0 发送/接收状态
UERSTAT0	0x50000014				串口 T0 接收错误状态
UFSTAT0	0x50000018				串口 0 FIFO 状态
UMSTAT0	0x5000001C				串口 0 Modem 状态
UTXH0	0x50000023	0x50000020	B	W	串口 0 发送保持
URXH0	0x50000027	0x50000024		R	串口 0 接收缓冲区
UBRDIV0	0x50000028	←	W	R/W	串口 0 波特率除数
ULCON1	0x50004000	←	W	R/W	串口 1 线控制
UCON1	0x50004004				串口 1 控制
UFCON1	0x50004008				串口 1 FIFO 控制
UMCON1	0x5000400C				串口 1 Modem 控制
UTRSTAT1	0x50004010			R	串口 1 发送/接收状态
UERSTAT1	0x50004014				串口 1 接收错误状态
UFSTAT1	0x50004018				串口 1 FIFO 状态
UMSTAT1	0x5000401C				串口 1 Modem 状态
UTXH1	0x50004023	0x50004020	B	W	串口 1 发送保持
URXH1	0x50004027	0x50004024		R	串口 1 接收缓冲区
UBRDIV1	0x50004028	←	W	R/W	串口 1 波特率除数
ULCON2	0x50008000	←	W	R/W	串口 2 线控制
UCON2	0x50008004				串口 2 控制
UFCON2	0x50008008				串口 2 FIFO 控制
UTRSTAT2	0x50008010				串口 2 Tx/Rx 状态

续表

寄存器名	地址（大端）	地址（小端）	Acc.单元	读/写功能	功　能
UERSTAT2	0x50008014			R	串口 2 Rx 错误状态
UFSTAT2	0x50008018				串口 2 FIFO 状态
ULCON2	0x50008000				串口 2 线控制
UCON2	0x50008004				串口 2 控制
UTXH2	0x50008023	0x50008020	B	W	串口 2 传送保留
URXH2	0x50008027	0x50008024		R	串口 2 接收缓冲器
UBRDIV2	0x50008028	←	W	R/W	串口 2 波特率除数

PWM 定时器相关寄存器如表 E-9 所示。

表 E-9　PWM 定时器相关寄存器

寄存器名	地址（大端）	地址（小端）	Acc.单元	读/写功能	功　能
TCFG0	0x51000000	←	W	R/W	定时器配置
TCFG1	0x51000004				定时器配置
TCON	0x51000008				定时器控制
TCNTB0	0x5100000C				定时器计数缓冲区 0
TCMPB0	0x51000010				定时器比较缓冲区 0
TCNTO0	0x51000014			R	定时器观察缓冲区 0
TCNTB1	0x51000018			R/W	定时器计数缓冲区 1
TCMPB1	0x5100001C				定时器比较缓冲区 1
TCNTO1	0x51000020			R	定时器计数观察区 1
TCNTB2	0x51000024			R/W	定时器计数缓冲区 2
TCMPB2	0x51000028				定时器比较缓冲区 2
TCNTO2	0x5100002C			R	定时器计数观察区 2
TCNTB3	0x51000030			R/W	定时器计数缓冲区 3
TCMPB3	0x51000034				定时器比较缓冲区 3
TCNTO3	0x51000038			R	定时器计数观察区 3
TCNTB4	0x5100003C			R/W	定时器计数缓冲区 4
TCNTO4	0x51000040			R	定时器计数观察区 4

USB 从设备相关控制寄存器如表 E-10 所示。

表 E-10　USB 从设备相关控制寄存器

寄存器名	地址（大端）	地址（小端）	Acc.单元	读/写功能	功　能
FUNC_ADDR_REG	0x52000143	0x52000140	R	R/W	功能地址
PWR_REG	0x52000147	0x52000144			电源管理

续表

寄存器名	地址（大端）	地址（小端）	Acc.单元	读/写功能	功　能
EP_INT_REG	0x5200014B	0x52000148			EP 中断请求和清除
USB_INT_REG	0x5200015B	0x52000158			USB 中断请求和清理
EP_INT_EN_REG	0x5200015F	0x5200015C			中断使能
USB_INT_EN_REG	0x5200016F	0x5200016C			中断使能
FRAME_NUM1_REG	0x52000173	0x52000170		R	帧编号的低位字节
INDEX_REG	0x5200017B	0x52000178			寄存器索引
EP0_CSR	0x52000187	0x52000184			端点 0（Endpoint0）状态
IN_CSR1_REG	0x52000187	0x52000184			输入（In）端点状态控制
IN_CSR2_REG	0x5200018B	0x52000188		R/W	输入（In）端点状态控制
MAXP_REG	0x52000183	0x52000180			端点传输最大包
OUT_CSR1_REG	0x52000193	0x52000190			输出（Out）端点状态控制
OUT_CSR2_REG	0x52000197	0x52000194			输出（Out）端点状态控制
OUT_FIFO_CNT1_REG	0x5200019B	0x52000198		R	输出端点写入计数器
OUT_FIFO_CNT2_REG	0x5200019F	0x5200019C			输出端点写入计数器
EP0_FIFO	0x520001C3	0x520001C0			端点 0 FIFO
EP1_FIFO	0x520001C7	0x520001C4			端点 1 FIFO
EP2_FIFO	0x520001CB	0x520001C8			端点 2 FIFO
EP3_FIFO	0x520001CF	0x520001CC			端点 3 FIFO
EP4_FIFO	0x520001D3	0x520001D0			端点 4 FIFO
EP1_DMA_CON	0x52000203	0x52000200			EP1 DMA 接口控制
EP1_DMA_UNIT	0x52000207	0x52000204			EP1 DMA 发送单元计数
EP1_DMA_FIFO	0x5200020B	0x52000208			EP1 DMA 发送 FIFO 计数器
EP1_DMA_TTC_L	0x5200020F	0x5200020C			EP1 DMA 发送计数器低字节
EP1_DMA_TTC_M	0x52000213	0x52000210			EP1 DMA 发送计数器中字节
EP1_DMA_TTC_H	0x52000217	0x52000214		R/W	EP1 DMA 发送计数器高字节
EP2_DMA_CON	0x5200021B	0x52000218			EP2 DMA 接口控制
EP2_DMA_UNIT	0x5200021F	0x5200021C			EP2 DMA 发送单元计数
EP2_DMA_FIFO	0x52000223	0x52000220			EP2 DMA 发送 FIFO 计数器
EP2_DMA_TTC_L	0x52000227	0x52000224			EP2 DMA 发送计数器低字节
EP2_DMA_TTC_M	0x5200022B	0x52000228			EP2 DMA 发送计数器中字节
EP2_DMA_TTC_H	0x5200022F	0x5200022C			EP2 DMA 发送计数器高字节
EP3_DMA_CON	0x52000243	0x52000240			EP3 DMA 接口控制
EP3_DMA_UNIT	0x52000247	0x52000244			EP3 DMA 发送单元计数
EP3_DMA_FIFO	0x5200024B	0x52000248			EP3 DMA 发送 FIFO 计数
EP3_DMA_TTC_L	0x5200024F	0x5200024C			EP3 DMA 发送计数器低字节

续表

寄存器名	地址（大端）	地址（小端）	Acc.单元	读/写功能	功　能
EP3_DMA_TTC_M	0x52000253	0x52000250			EP3 DMA 发送计数器中字节
EP3_DMA_TTC_H	0x52000257	0x52000254			EP3 DMA 发送计数器高字节
EP4_DMA_CON	0x5200025B	0x52000258			EP4 DMA 接口控制
EP4_DMA_UNIT	0x5200025F	0x5200025C			EP4 DMA 发送单元计数
EP4_DMA_FIFO	0x52000263	0x52000260			EP4DMA 发送 FIFO 计数
EP4_DMA_TTC_L	0x52000267	0x52000264			EP4 DMA 发送计数器低字节
EP4_DMA_TTC_M	0x5200026B	0x52000268			EP4 DMA 发送计数器中字节
EP4_DMA_TTC_H	0x5200026F	0x5200026C			EP4 DMA 发送计数器高字节

看门狗定时器相关寄存器如表 E-11 所示。

表 E-11　看门狗定时器相关寄存器

寄存器名	地址（大端）	地址（小端）	Acc.单元	读/写功能	功　能
WTCON	0x53000000				看门狗定时器模式
WTDAT	0x53000004	←	W	R/W	看门狗定时器数据
WTCNT	0x53000008				看门狗定时器计数

IIC 接口相关寄存器如表 E-12 所示。

表 E-12　IIC 接口相关寄存器

寄存器名	地址（大端）	地址（小端）	Acc.单元	读/写功能	功　能
IICCON	0x54000000				IIC 控制
IICSTAT	0x54000004	←	W	R/W	IIC 状态
IICADD	0x54000008				IIC 地址
IICDS	0x5400000C				IIC 数据移位

IIS 接口相关寄存器如表 E-13 所示。

表 E-13　IIS 接口相关寄存器

寄存器名	地址（大端）	地址（小端）	Acc.单元	读/写功能	功　能
IISCON	0x55000000,02	0x55000000	HW,W		IIS 控制
IISMOD	0x55000004,06	0x55000004	HW,W		IIS 模式
IISPSR	0x55000008,0A	0x55000008	HW,W	R/W	IIS 预分频
IISFCON	0x5500000C,0E	0x5500000C	HW,W		IIS FIFO 控制
IISFIFO	0x55000012	0x55000010	HW		IIS FIFO 入口

I/O 接口相关寄存器如表 E-14 所示。

表 E-14　I/O 接口相关寄存器

寄存器名	地址（大端）	地址（小端）	Acc.单元	读/写功能	功　能
GPACON	0x56000000				端口 A 控制
GPADAT	0x56000004				端口 A 数据
GPBCON	0x56000010				端口 B 控制
GPBDAT	0x56000014				端口 B 数据
GPBUP	0x56000018				端口 B 上拉控制
GPCCON	0x56000020				端口 C 控制
GPCDAT	0x56000024				端口 C 数据
GPCUP	0x56000028				端口 C 上拉控制
GPDCON	0x56000030				端口 D 控制
GPDDA1T	0x56000034				端口 D 数据
GPDUP	0x56000038				端口 D 上拉控制
GPECON	0x56000040				端口 E 控制
GPEDAT	0x56000044				端口 E 数据
GPEUP	0x56000048				端口 E 上拉控制
GPFCON	0x56000050				端口 F 口控制
GPFDAT	0x56000054				端口 F 口数据
GPFUP	0x56000058				端口 F 上拉控制
GPGCON	0x56000060				端口 G 口控制
GPGDAT	0x56000064	←	W	R/W	端口 G 口数据
GPGUP	0x56000068				端口 G 上拉控制
GPHCON	0x56000070				端口 H 控制
GPHDAT	0x56000074				端口 H 数据
GPHUP	0x56000078				端口 H 上拉控制
MISCCR	0x56000080				多种控制
DCLKCON	0x56000084				DCLK0/1 控制
EXTINT0	0x56000088				外中断控制寄存器 0
EXTINT1	0x5600008C				外中断控制寄存器 1
EXTINT2	0x56000090				外中断控制寄存器 2
EINTFLT0	0x56000094				保留
EINTFLT1	0x56000098				保留
EINTFLT2	0x5600009C				外部中断滤波控制寄存器 2
EINTFLT3	0x560000A0				外部中断滤波控制寄存器 3
EINTMASK	0x560000A4				外部中断屏蔽
EINTPEND	0x560000A8				外部中断请求
GSTATUS0	0x560000AC				外部引脚状态
GSTATUS1	0x560000B0				外部引脚状态

RTC 相关寄存器如表 E-15 所示。

表 E-15　RTC 相关寄存器

寄存器名	地址（大端）	地址（小端）	Acc.单元	读/写功能	功　能
RTCCON	0x57000043		B	R/W	RTC 控制
TICNT	0x57000047	0x57000044			节拍计时
RTCALM	0x57000053	0x57000050			RTC 警报控制
ALMSEC	0x57000057	0x57000054			警报时间之秒
ALMMIN	0x5700005B	0x57000058			警报时间之分
ALMHOUR	0x5700005F	0x5700005C			警报时间之时
ALMDATE	0x57000063	0x57000060			警报时间之日期
ALMMON	0x57000067	0x57000064			警报时间之月
ALMYEAR	0x5700006B	0x57000068			警报时间之年
RTCRST	0x5700006F	0x5700006C			RTC 循环复位
BCDSEC	0x57000073	0x57000070			BCD 时间之秒
BCDMIN	0x57000077	0x57000074			BCD 时间之分
BCDHOUR	0x5700007B	0x57000078			BCD 时间之小时
BCDDATE	0x5700007F	0x5700007C			BCD 时间之日
BCDDAY	0x57000083	0x57000080			BCD 时间之星期
BCDMON	0x57000087	0x57000084			BCD 之月
BCDYEAR	0x5700008B	0x57000088			BCD 之年

A/D 转换控制寄存器如表 E-16 所示。

表 E-16　A/D 转换控制寄存器

寄存器名	地址（大端）	地址（小端）	Acc.单元	读/写功能	功　能
ADCCON	0x58000000	←	W	R/W	ADC 控制
ADCTSC	0x58000004				ADC 触摸屏控制
ADCDLY	0x58000008				ADC 起始或间隔延迟
ADCDAT0	0x5800000C			R	ADC 转换数据
ADCDAT1	0x58000010				ADC 转换数据

SPI 接口相关寄存器如表 E-17 所示。

表 E-17　SPI 接口相关寄存器

寄存器名	地址（大端）	地址（小端）	Acc.单元	读/写功能	功　能
SPCON0,1	0x59000000,20	←	W	R/W	SPI 控制
SPSTA0,1	0x59000004,24			R	SPI 状态
SPPIN0,1	0x59000008,28			R/W	SPI 引脚控制
SPPRE0,1	0x5900000C,2C				SPI 波特率预分频器
SPTDAT0,1	0x59000010,30				SPI 发送数据
SPRDAT0,1	0x59000014,34			R	SP 接收数据

SD 接口相关寄存器如表 E-18 所示。

表 E-18　SD 接口相关寄存器

寄存器名	地址（大端）	地址（小端）	Acc.单元	读/写功能	功　能
SDICON	0x5A000000	←	W	R/W	SDI 控制
SDIPRE	0x5A000004				SDI 波特率预分频器
SDICmdArg	0x5A000008				SDI 命令参数
SDICmdCon	0x5A00000C				SDI 命令控制
SDICmdSta	0x5A000010			R/(C)	SDI 命令状态
SDIRSP0	0x5A000014			R	SDI 响应
SDIRSP1	0x5A000018				SDI 响应
SDIRSP2	0x5A00001C				SDI 响应
SDIRSP3	0x5A000020				SDI 响应
SDIDTimer	0x5A000024			R/W	SDI 数据/忙定时器
SDIBSize	0x5A000028				SDI 块大小
SDIDatCon	0x5A00002C				SDI 数据控制
SDIDatCnt	0x5A000030			R	SDI 剩余数据计数器
SDIDatSta	0x5A000034			R/(C)	SDI 数据状态
SDIFSTA	0x5A000038			R	SDI FIFO 状态
SDIDAT	0x5A00003F	0x5A00003C	B	R/W	SDI 数据
SDIIntMsk	0x5A000040	←	W		SDI 中断屏蔽

S3C2410A 专用寄存器说明：

① 在小端模式下，必须使用小端地址；大端模式下，必须使用大端地址。

② 每个特殊寄存器必须按照推荐的方式进行操作。

③ 除了 ADC、RTC 和 UART 寄存器外，其他寄存器都必须以字为单元（32 位）进行读写。

④ 对 ADC、RTC、UART 寄存器进行读/写时，必须仔细考虑使用的大/小端模式。

⑤ W：32 位寄存器，必须用 LDR/STR 指令或整型数指针（int *）进行访问；
HW：16 位寄存器，必须用 LDRH/STRH 或短整型数指针（short int *）进行访问；
B ：8 位寄存器，必须用 LDRB/STRB 或字符型指针（char int *）进行访问。

附录 F S3C2410A 启动代码的配置

在程序中必须执行初始化 CPU 的操作以匹配目标硬件。各种系列的设备，Startup.S 文件会有所不同，Startup.S 文件中含有 ARM 目标程序的启动代码。同样，对于不同的工具链，Startup.S 源文件也会有所不同。这些文件分别存放在文件夹\ARM\Startup 中。S3C2410A 的启动代码文件为 S3C2410A.s。

在 μVision 中可以通过配置向导（Configuration Wizard）来配置启动代码，这是一种菜单驱动的配置方式。

在打开的工程文件中，双击 S3C2410A.s 文件名，打开 S3C2410A.s 文件的编辑窗口，如图 F-1 所示，然后，单击窗口下的“Configuration Wizard”标签，即可打开配置向导（Configuration Wizard）。

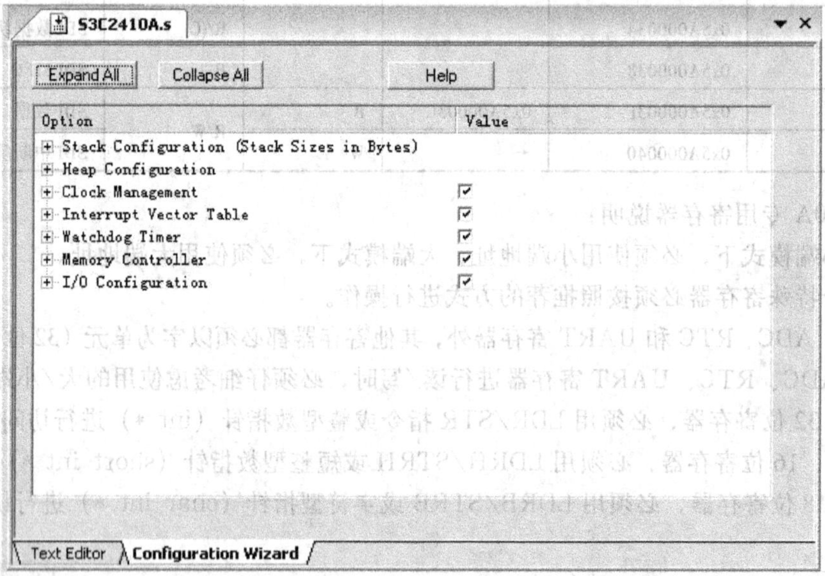

图 F-1 配置向导

1. 配置堆栈（Stack Configuration）

单击“Stack Configuration”项，展开工作模式，可以分别配置堆栈的空间与范围，如图 F-2 所示。

Undefined Mode	未定义指令中止模式
Supervisor Mode	管理模式
Abort Mode	数据访问终止模式

Fast Interrupt Mode　　快速中断模式
Interrupt Mode　　外部中断模式
Use/System Mode　　用户模式/系统模式

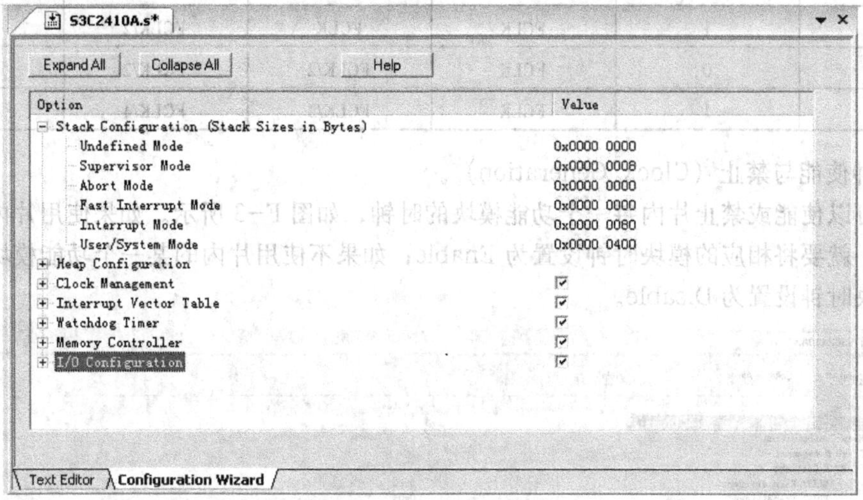

图 F-2　配置堆栈

2. 堆配置（Heap Configuration）

这里可以设置 Heap 的空间。

3. 时钟管理（Clock Management）

时钟管理包括 6 大任务：

- CPU 时钟设置（MPLL Settings）。

这里可以通过修改 PMS 值来设置 CPU 时钟。

$Fcpu = ((MDIV + 8) \times Fin) / ((PDIV + 2) \times 2^{SDIV})$

- USB 时钟设置（UPLL Settings）。

USB Host 和 USB Device 需要 48MHz 的时钟，这里可以通过修改 PMS 值来设置 USB 时钟。

- 锁存时间（LOCK TIME）。

这里可以分别设置 MPLL 和 UPLL 的锁存时间计数值。

- 主时钟控制（Moster Clock）。

这里可以开启 UCLK 时钟，关闭 PLL，启用低速时钟，以及设置低速时钟分频率。

- 时钟分频器控制（CLOCK DIVIDER CONTROL）。

这里可以通过设置 HDIVN 和 PDIVN，来选择 FCLK、HCLK 和 PCLK 之间的比例，如表 F-1 所示。

FCLK	用于 ARM 内核		
HCLK	用于 AHB 总线	HDIVN=0	HCLK=FCLK
		HDIVN=1	HCLK=FCLK/2
PCLK	用于 APB 总线	PDIVN=0	PCLK=HCLK
		PDIVN=1	PCLK=HCLK/2

表 F-1 FCLK、HCLK 和 RCLK 之间的比例

HDIVN	PDIVN	FCLK	HCLK	PCLK	比例
0	0	FCLK	FCLK	FCLK	1:1:1
0	1	FCLK	FCLK	FCLK/2	1:1:2
1	0	FCLK	FCLK/2	FCLK/2	1:2:2
1	1	FCLK	FCLK/2	FCLK/4	1:2:4

- 时钟使能与禁止（Clock Generation）。

这里可以使能或禁止片内每一个功能模块的时钟，如图 F-3 所示。如果使用片内的某一个功能模块，就要将相应的模块时钟设置为 Enable；如果不使用片内的某一个功能模块，就要将相应的模块时钟设置为 Disable。

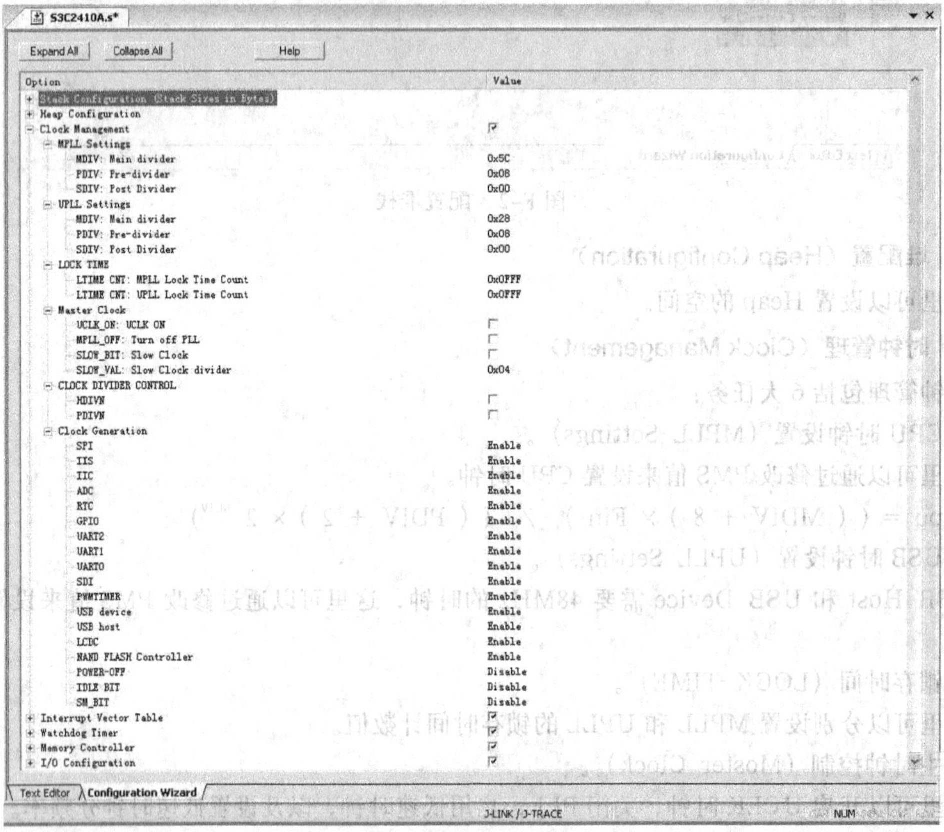

图 F-3 时钟使能与禁止

4. 中断向量表（Interrupt Vector Table）

这里用来设置中断向量表的位置。

5. 看门狗定时器设置（Watchdog Timer）

这里用来设置看门狗控制寄存器，包括 6 项内容：

- 使能或禁止看门狗定时器（Watchdog Timer Enable/Disable）。
- 使能或禁止复位（Reset Enable/Disable）。

- 使能或禁止中断产生（Interrupt Enable/Disable）。
- 时钟选择（Clock Select）。
- 预置比例器值（Prescale Value）。
- 看门狗定时器计数值（Time-out Value）。

6. 内存控制器设置（Memory Controller）

S3C2410A 处理器的存储控制器可以为片外存储器访问提供必要的控制信号，它主要包括以下特点：

- 支持大、小端模式（通过软件选择）。
- 地址空间：包含 8 个地址空间，每个地址空间的大小为 128 MB，总共有 1GB 的地址空间。
- 除 bank0 以外的所有地址空间都可以通过编程设置为 8 位、16 位或 32 位对准访问。bank0 可以设置为 16 位、32 位访问。
- 8 个地址空间中，6 个地址空间可以用于 ROM、SRAM 等存储器，2 个可以用于 ROM、SRAM、SDRAM 等存储器。
- 7 个地址空间的起始地址及空间大小是固定的。
- 1 个地址空间的起始地址和空间大小是可变的。
- 所有存储器空间的访问周期都可以通过编程配置。
- 提供外部扩展总线的等待周期。
- SDRAM 支持自动刷新和掉电模式。

这里可以分别对 bank0～bank7 8 个地址空间进行设置。主要参数如表 F-2 所示。

表 F-2　bank0～bank7 地址空间的主要参数

数据总线宽度	DW	8 位、16 位或 32 位
等待标志使能	WS	Enable/Disable
SRAM 类型	ST	using UB/LB、not using UB/LB
以上 3 个参数对 bank0 无效		
页模式结构	PMC	1、2、4、8 data
页模式访问周期	Tpac	2、3、4、6 clks
nGCSn 后寻址时间	Tcah	0、1、2、4 clks
nOE 片选保持时间	Toch	0、1、2、4 clks
访问周期	Tacc	0、1、2、3、4、6、8、10、14 clks
nOE 片选建立时间	Tcos	0、1、2、4 clks
nGCSn 地址建立时间	Tacs	0、1、2、4 clks
bank6～bank7 有以下一些设置参数：		
存储器空间	BK76MAP	2、4、8、16、32、64、128MB
存储器类型	MT	ROM OR SRAM、SDRAM
如果是 SDRAM，有以下一些设置参数：		
列地址位数	SCAN	8、9、10 位
RAS 到 CAS 的延时	Tred	2、3、4 clks
SCLK 使能	SCLK_EN	Enable/Disable

续表

断电模式使能	SCKE_EN	Enable/Disable
触发长度	BL	固定为 1
触发类型	BT	固定为 Sequential
CAS 反应时间	CL	1、2、3 clks
测试模式	TM	固定为模式寄存器
写允许宽度	WBL	固定为 0

7. 配置 I/O（I/O Configuration）

这里可以分别配置 I/O 引脚的功能。由于很多 I/O 引脚的功能复用，所以使用前必须选择 I/O 引脚的功能。

参 考 文 献

[1] 周立功，等．ARM 嵌入式系统基础教程[M]．北京：北京航空航天大学出版社，2005．
[2] 李敬兆，等．8086/8088 和 ARM 核汇编语言程序设计[M]．合肥：中国科学技术大学出版社，2008．
[3] 王黎明，等．ARM9 嵌入式系统开发与实践[M]．北京：北京航空航天大学出版社，2008．

学习笔记